新闻出版总署
"盘配书"项目

U0393508

中文版
AutoCAD 2014
从入门到精通

王 军 编著

DVD 高清晰影音
视频教学光盘

 **资深专家编著**	本书由业内**权威专家**和**CAD资深工程师**综合多年工作及教学经验精心编写而成	
海量内容放送	数十个高级综合实例、数百个课堂举例、数百个技巧提示，让您快速精通CAD制图方法和设计技巧	
视频教学文件	**98集**高清视频教学，总时长近**1200分钟**，手把手教您学习软件知识和**实例操作**	
配套实例文件	数百个素材、样板、图块、效果文件，让您轻松查阅和参考，以提高**学习效率**	

 北京希望电子出版社
Beijing Hope Electronic Press
www.bhp.com.cn

内容简介

本书以目前最新版本 AutoCAD 2014 为平台，涉及机械、建筑两大领域，从实际操作和具体应用的角度出发，全面讲解了 AutoCAD 2014 的操作技能和应用技巧。

全书共 4 篇 16 章，内容涵盖 AutoCAD 2014 的系统介绍与绘图环境、基本操作与基础绘图、特殊图形的创建与编辑、设计资源的创建与应用、图形尺寸的标注、三维建模、图纸的输出打印、在建筑设计与机械设计中的高级应用等，内容丰富，讲解到位，实例通俗易懂，具有很强的实用性、操作性和代表性。

本书主要面向 AutoCAD 初、中级用户，兼顾高级用户，适用于建筑制图、机械制图等相关行业的从业人员，也可作为大中专院校及社会培训班的辅导用书。

本书附赠 1 张 DVD 光盘，其中包括书中实例的素材文件、效果文件和语音视频教学文件，可以在学习过程中随时调用。

图书在版编目（ＣＩＰ）数据

中文版 AutoCAD 2014 从入门到精通 /王军编著.—北京：北京希望电子出版社，2013.11

ISBN 978-7-83002-139-9

Ⅰ．①中… Ⅱ．①王… Ⅲ．①AutoCAD 软件 Ⅳ．①TP391.72

中国版本图书馆 CIP 数据核字(2013)第 240104 号

出版：北京希望电子出版社	封面：深度文化
地址：北京市海淀区上地 3 街 9 号	编辑：李小楠
金隅嘉华大厦 C 座 611	校对：刘　伟
邮编：100085	开本：787mm×1092mm　1/16
网址：www.bhp.com.cn	印张：31.5
电话：010-62978181（总机）转发行部	印数：1- 3000
010-82702675（邮购）	字数：726 千字
传真：010-82702698	印刷：北京市四季青双青印刷厂
经销：各地新华书店	版次：2013 年 11 月 1 版 1 次印刷

定价：59. 80 元（配 1 张 DVD 光盘）

PREFACE 前言

AutoCAD是目前应用最为广泛的计算机辅助设计软件之一，操作简单、功能强大，是辅助设计人员和专业制图人员的首选软件。为了使广大用户快速掌握最新版AutoCAD 2014的操作技能，并将其应用到实际工作中去，我们编写了这本《中文版AutoCAD 2014从入门到精通》。

本书内容及特点

本书内容丰富，实用性较强，几乎涵盖了AutoCAD在建筑制图和机械零件设计等方面的所有操作技能。在章节内容的安排上，充分考虑到读者的学习习惯和接受能力，采用从易到难、循序渐进的讲解方式，同时穿插大量精彩实例的操作，深入浅出地教会读者如何使用AutoCAD 2014进行实际工作，自始至终都渗透了"实例导学"的思想模式。

随书光盘内容及特点

为了使读者更好地学习和使用本书，本书附有1张DVD光盘。光盘中收录了本书所有实例的素材文件、实例结果文件以及多媒体视频文件，以便读者在使用本书时随时调用。

样板文件：本书各章所使用的绘图样板文件

素材文件：本书各章所调用的素材文件

效果文件：本书各章实例的最终效果文件

图块文件：本书各章所调用的图块文件

视频文件：本书各章知识讲解和实例操作的视频讲解文件

读者对象

本书主要面向AutoCAD初、中级用户，同时兼顾高级用户，适用于建筑制图、机械制图等计算机辅助设计相关行业的从业人员，也可作为大中专院校及社会培训班相关专业师生的辅导用书。

PREFACE

本书由大庆职业学院王军老师负责编写和整理。此外，还要特别感谢秦真亮、史宇宏、张传记、白春英、陈玉蓉、林永、刘海芹、卢春洁、史小虎、孙爱芳、谭桂爱、唐美灵、王莹、张伟、徐丽、张伟、赵明富、朱仁成、边金良、王海宾、樊明、张洪东、孙红云、罗云凤等人对本书编写和光盘制作所提供的大力帮助。由于作者水平所限，书中难免有不妥之处，恳请广大读者批评指正。

感谢您选择了本书，如对本书有何意见及建议，请告诉我们。

我们的E－mail是：bhpbangzhu◎163.com

编著者

CONTENTS 目录

第1篇　快速入门

第1章
AutoCAD 2014快速入门
——系统介绍与基本操作

第2章
AutoCAD 2014系统设置
——创建便利的绘图环境

第3章
AutoCAD2014绘图基础
——点、线图元的绘制与编辑

第4章
AutoCAD 2014绘图进阶
——几何图元的绘制与编辑

第2篇 技能进阶

第5章
特殊图形的完善编辑
——边界、图案、阵列与夹点编辑

第6章
图形对象的有效管理与控制
——应用图层与快速选择

第7章
设计资源的创建、应用与查看
——块、属性与快速选择

第8章
设计图的参数化表达
——尺寸的标注与编辑

第9章
设计图的信息传递
——文字、符号与表格

第3篇　三维设计

第12章
AutoCAD三维设计高级应用
——三维模型的编辑细化

第13章
AutoCAD图形设计的最后阶段
——设计图纸的输出

第4篇　工程应用

第16章
AutoCAD 2014面向工程
——绘制机械零件图

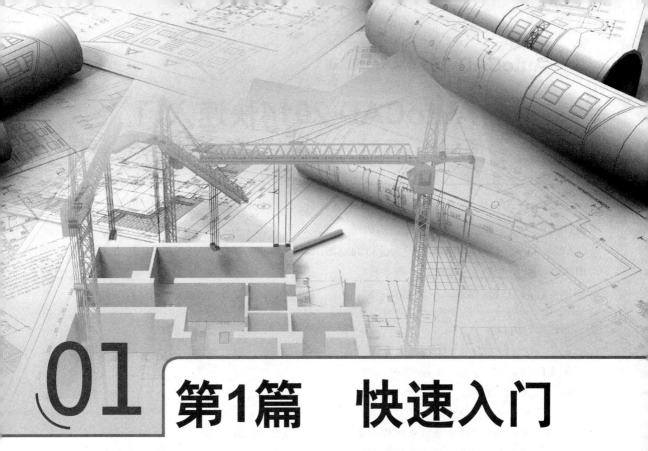

01

第1篇　快速入门

　　本篇重点讲解了AutoCAD 2014的基本操作与基本制图，具体内容包括AutoCAD 2014的工作空间、用户界面、视图控制、环境设置、基本图元的绘制与编辑等。读者通过对本篇内容的学习，可以初步掌握AutoCAD 2014软件的基本操作与基本制图，为后面更深入地学习AutoCAD 2014打下基础。

本篇学习内容：

AutoCAD 2014快速入门——系统介绍与基本操作

AutoCAD 2014系统设置——创建便利的绘图环境

AutoCAD2014绘图基础——点、线图元的绘制与编辑

AutoCAD 2014绘图进阶——几何图元的绘制与编辑

第1章 AutoCAD 2014快速入门
——系统介绍与基本操作

　　AutoCAD 2014是AutoCAD系列家族的最新成员。AutoCAD所提供的精确绘制功能、个性化造型设计功能以及开放性的设计功能，为机械、建筑、电子化工等各个学科的发展提供了广阔的舞台，AutoCAD现已经成为国际上广为流行的绘图工具。本章主要介绍AutoCAD 2014的基本概念、应用范围、配置要求、操作界面、命令执行、坐标输入及绘图文件的设置与管理等基础知识，使初级读者对AutoCAD 2014有一个基本的了解和认识，为后面深入学习AutoCAD 2014打下基础。

> **本章学习内容：**
> - AutoCAD 2014系统简介与基本操作
> - 【AutoCAD 经典】工作空间
> - AutoCAD 2014绘图文件的基本操作
> - AutoCAD 2014绘图命令的启动方式
> - AutoCAD 2014坐标系与坐标输入法
> - AutoCAD 2014图形的基本控制与操作
> - AutoCAD 2014视图的实时调控
> - AutoCAD 2014常用键盘操作键

1.1 AutoCAD 2014系统简介与基本操作

　　视频讲解 "视频文件" \ "第1章" \ "1.1.AutoCAD 2014系统简介与基本操作.avi"

　　在学习AutoCAD 2014绘图软件之前，首先简单介绍软件的基本概念、应用范围、配置需求及新增功能等知识。

1.1.1 AutoCAD 2014的基本概念与应用范围

　　AutoCAD是一款集多种功能于一体的高精度计算机辅助设计软件，具有功能强大、易于掌握、使用方便、系统开发等特点，不仅在机械、建筑、服装和电子等领域得到了广泛的应用，而且在地理、气象、航天、造船、石油勘探、乐谱、灯光和广告设计等领域也有不俗的表现。现在，AutoCAD已成为计算机CAD系统中应用最为广泛的图形软件之一，深受世界各国多个领域专业设计人员的青睐，是时下国际上广为流行的绘图工具。AutoCAD 2014是目前AutoCAD软件的最新版本。

1.1.2 AutoCAD 2014的系统配置要求

　　AutoCAD具有广泛的适应性，它可以在各种操作系统支持的微型计算机和工作站上运行。

1. 32 位操作系统的配置要求

针对32位的Windows 操作系统而言，其硬件和软件的最低配置需求如下。

（1）操作系统

以下操作系统的Service Pack 3 (SP3) 或更高版本。

- Microsoft® Windows® XP Professional
- Windows XP Home

其他操作系统如下。

- Microsoft Windows 7 Enterprise
- Microsoft Windows 7 Ultimate
- Microsoft Windows 7 Professional
- Microsoft Windows 7 Home Premium

（2）Web 浏览器

Internet Explorer 7.0 或更高版本。

（3）处理器

对于Windows XP系统而言，需要使用Intel® Pentium® 4或AMD Athlon™ 双核处理器，1.6 GHz 或更高，采用SSE2技术。

对于Windows 7系统而言，需要使用Intel Pentium 4 或 AMD Athlon 双核，3.0 GHz 或更高，采用 SSE2 技术。

（4）内存

无论是在哪种操作系统下，至少需要2 GB RAM，建议使用4 GB内存。

（5）显示分辨率

1024×768真彩色，建议使用1600×1050或更高。

（6）硬盘

安装需要6GB。不能在64位Windows操作系统上安装32位的AutoCAD，反之亦然。

（7）定点设备

MS-Mouse兼容。

（8）.NET Framework

.NET Framework版本4.0，更新1。

（9）3D建模其他要求

- *Intel Pentium 4或AMD Athlon处理器，3.0 GHz或更高；也可以是Intel或AMD Dual Core处理器，2.0 GHz或更高 。*
- *4 GB RAM或更大 。*
- *6GB可用硬盘空间（不包括安装需要的空间） 。*
- *1280×1024真彩色视频显示适配器，具有128 MB或更大显存、采用Pixel Shader 3.0或更高版本，且支持Direct3D®功能的工作站级图形卡。*

2. 64 位操作系统的配置要求

在安装AutoCAD 2014的过程中，会自动检测Windows操作系统是32位还是64位版本，然后安

第 **1** 篇 快速入门

第 **2** 篇 技能进阶

第 **3** 篇 三维设计

第 **4** 篇 工程应用

装适当版本的 AutoCAD。针对64位的操作系统而言，其硬件和软件的最低配置需求如下。

（1）操作系统

Service Pack 2 (SP2) 或更高版本，即Microsoft® Windows® XP Professional

其他操作系统如下。

- ◆ Microsoft Windows 7 Enterprise
- ◆ Microsoft Windows 7 Ultimate
- ◆ Microsoft Windows 7 Professional
- ◆ Microsoft Windows 7 Home Premium

（2）Web 浏览器

Internet Explorer 7.0或更高版本。

（3）处理器

- ◆ AMD Athlon 64，采用SSE2技术。
- ◆ AMD Opteron™，采用SSE2技术。
- ◆ Intel Xeon，具有Intel EM64T支持并采用SSE2技术。
- ◆ Intel Pentium 4，具有Intel EM 64T支持并采用SSE2技术。

（4）RAM

无论是在哪种操作系统下，至少需要2 GB内存，建议使用4 GB内存。

（5）显示分辨率

1024×768真彩色，建议使用1600×1050或更高。

（6）硬盘

6GB的安装空间。

（7）定点设备

MS-Mouse 兼容。

（8）.NET Framework

.NET Framework 版本 4.0，更新 1。

（9）3D建模其他要求

- ◆ Intel Pentium 4或AMD Athlon处理器，3.0 GHz或更高；也可以是Intel或AMD Dual Core 处理器，2.0 GHz 或更高。
- ◆ 4 GB RAM 或更大。
- ◆ 6 GB 可用硬盘空间（不包括安装需要的空间）。
- ◆ 1280×1024真彩色视频显示适配器，具有128 MB或更大显存，Pixel Shader 3.0或更高版本，支持 Direct3D®功能的工作站级图形卡。

1.1.3 AutoCAD 2014的启动与退出

下面主要学习AutoCAD 2014绘图软件的启动与退出。在成功安装AutoCAD 2014绘图软件之后，通过以下几种方式可以启动AutoCAD 2014软件。

- ◆ 双击桌面上的▲软件图标。
- ◆ 选择桌面任务栏【开始】|【程序】|【Autodesk】|【AutoCAD 2014简体中文版】中的

AutoCAD 2014 - 简体中文 (Simplified Chinese)选项。

◆ 双击*.dwg格式的文件。

通过以上任意方式，都可以轻松启动AutoCAD 2014程序。

当需要退出AutoCAD 2014软件时，首先要退出当前的AutoCAD文件，如果当前文件已经保存，那么用户可以使用以下几种方式退出AutoCAD绘图软件。

◆ 单击AutoCAD 2014标题栏的 ✕ 控制按钮。

◆ 按Alt+F4组合键。

◆ 执行【文件】|【退出】菜单命令。

◆ 在命令行中输入"Quit"或"Exit"后，按Enter键。

◆ 在应用程序菜单中单击 退出 Autodesk AutoCAD 2014 按钮。

需要注意的是，在退出AutoCAD 2014软件之前，如果没有将当前的AutoCAD绘图文件保存，那么系统将会弹出如图1-1所示的提示对话框，询问是否对当前文件进行保存。

图1-1　提示对话框

单击 是(Y) 按钮，将弹出【图形另存为】对话框，用于对图形进行命名保存；单击 否(N) 按钮，系统将放弃保存并退出AutoCAD 2014程序；单击 取消 按钮，系统将取消执行的【退出】命令。

1.1.4　认识AutoCAD 2014的操作界面与工作空间

当成功安装AutoCAD 2014绘图软件之后，即可进入AutoCAD 2014软件的操作界面与工作空间，同时系统会自动打开一个名为"AutoCAD 2014 Drawing1.dwg"的默认绘图文件。

与AutoCAD 2013版本相同，AutoCAD 2014版本同样为用户提供了4种工作空间，具体包括【草图与注释】、【三维基础】、【三维建模】、【AutoCAD经典】。其中，【草图与注释】工作空间为系统默认的初始工作空间。

下面对这4种工作空间分别进行介绍。

1.【草图与注释】工作空间

该工作空间是AutoCAD 2014的初始工作空间，当用户为初始用户时，即可进入该工作空间，如图1-2所示。

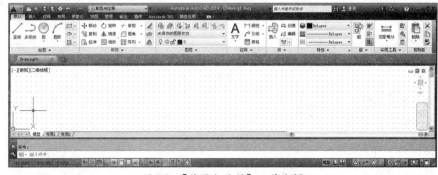

图1-2　【草图与注释】工作空间

该工作空间将AutoCAD 2014所有工具按钮及命令都集成到了相关的选项卡下，并放置在界

第 *1* 篇　快速入门

第 *2* 篇　技能进阶

第 *3* 篇　三维设计

第 *4* 篇　工程应用

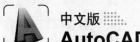

AutoCAD 2014从入门到精通

面的上方，具体包括【默认】、【插入】、【注释】、【布局】、【参数化】、【视图】、【管理】、【输出】、【插件】、【Autodesk360】以及【精选应用】选项卡，用户可以通过单击相关选项卡将其展开，然后单击相关工具按钮即可进行图形的绘制与编辑等操作。如图1-3所示，单击【插入】选项卡，显示【插入】的相关工具按钮。

图1-3 【插入】选项卡

这种工作空间为用户提供了广阔的绘图空间，非常适合绘制大型图形，如建筑工程图等。

2.【三维基础】工作空间

该工作空间是AutoCAD 2014进行三维基础建模的一种工作空间，如图1-4所示。

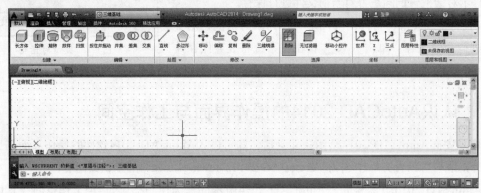

图1-4 【三维基础】工作空间

该工作空间与【草图与注释】工作空间相同，将AutoCAD 2014三维制图方面的工具按钮及命令都集成到了相关的选项卡下，并放置在界面的上方，具体包括【默认】、【渲染】、【插入】、【管理】、【输出】、【插件】、【Autodesk360】以及【精选应用】选项卡，用户通过单击相关选项卡，即可将其展开。如图1-5所示，单击【渲染】选项卡，展开渲染三维模型的相关工具按钮。

图1-5 【渲染】选项卡

【三维基础】工作空间非常适合进行三维基础建模、三维模型基础编辑等在三维空间进行的相关操作。

3.【三维建模】工作空间

【三维建模】工作空间是AutoCAD 2014进行三维模型的创建、编辑、修改等相关操作的专用工作空间，如图1-6所示。

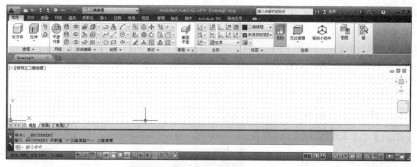

图1-6 【三维建模】工作空间

该工作空间将AutoCAD 2014中用于三维模型的创建、编辑、三维修改以及二维图形的创建、编辑、图形尺寸及文字的标注等的工具按钮及命令都集成到了相关的选项卡下，并放置在界面的上方，具体包括【常用】、【实体】、【曲面】、【网格】、【渲染】、【参数化】、【插入】、【注释】、【布局】、【视图】、【管理】、【输出】、【插件】、【Autodesk360】以及【精选应用】选项卡，用户通过单击相关选项卡，可以将其展开，然后单击相关工具按钮即可进行图形的绘制与编辑等操作。如图1-7所示，单击【实体】选项卡，即可显示实体建模的相关工具按钮。

图1-7 【实体】选项卡

4. 【AutoCAD经典】工作空间

【AutoCAD经典】工作空间是一种传统的工作空间，也是用户最熟悉的工作空间，这种工作空间的界面与AutoCAD 早期版本完全相同，主要包括标题栏、菜单栏、工具栏、绘图区、命令行、状态栏等几大部分。其中，标题栏包括应用程序菜单、快速访问工具栏以及软件名称、当前文件名、快速查询等功能按钮；工具栏包括主工具栏、绘图工具栏以及修改工具栏；状态栏包括坐标读数器、辅助功能区以及状态栏菜单等，如图1-8所示。

图1-8 【AutoCAD经典】工作空间

1.1.5 AutoCAD 2014工作空间的切换

　　用户可以根据自己的制图习惯和需要选择相应的工作空间，工作空间的相互切换方式具体有以下几种。

- ◆ 在任意工作空间中单击标题栏中的 工作空间切换按钮，在展开的列表中选择相应的工作空间，如图1-9所示。
- ◆ 执行【工具】|【工作空间】的级联菜单选项，如图1-10所示。

图1-9　工作空间切换列表

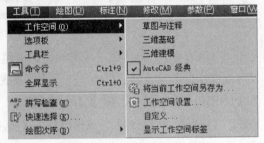

图1-10　【工作空间】级联菜单

- ◆ 展开【工作空间】工具栏中的【工作空间控制】下拉列表，选择工作空间，如图1-11所示。
- ◆ 单击状态栏中的 按钮，在弹出的菜单中选择所需工作空间，如图1-12所示。

图1-11　【工作空间控制】列表

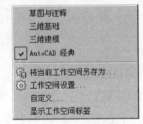

图1-12　菜单选项

　　无论选择何种工作空间，用户都可以在日后对其进行更改，也可以自定义并保存自己的自定义工作空间。

1.2 【AutoCAD 经典】工作空间

　视频讲解　"视频文件" \ "第1章" \ "1.2 .AutoCAD 2014经典工作空间简介.avi"

　　下面主要介绍【AutoCAD 经典】工作空间，包括标题栏、菜单栏、工具栏、绘图区、命令行、状态栏、功能区等。

1.2.1 应用程序菜单的应用

　　在【AutoCAD 经典】工作空间中，单击软件界面左上角的 AutoCAD 2014软件图标，可从打开如图1-13所示的应用程序菜单。通过此菜单，用户可以快速访问一些常用工具、搜索常用命令和浏览最近使用的文档等。

图1-13　应用程序菜单

1.2.2　标题栏

标题栏位于AutoCAD 2014工作界面的最顶部，包括快速访问工具栏、工作空间切换区、软件名称与当前文件名显示区、快速查询与信息中心和窗口控制按钮等内容，如图1-14所示。

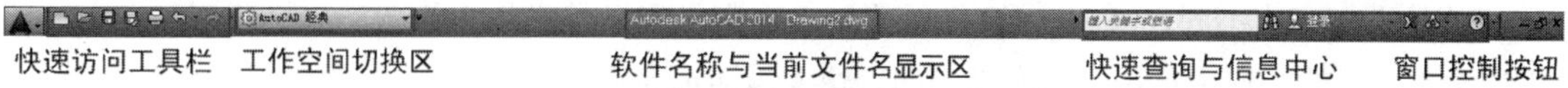

快速访问工具栏　工作空间切换区　　　　软件名称与当前文件名显示区　　　快速查询与信息中心　　窗口控制按钮

图1-14　标题栏

◆ 快速访问工具栏：不但可以快速执行某些命令，还可以添加、删除常用命令按钮到工具栏、控制菜单栏的显示及各工具栏的开关状态等。

◆ ⓞ AutoCAD 经典 按钮：单击该按钮，可以在多种工作空间内进行切换。

◆ 软件名称与当前文件名显示区：主要用于显示当前正在运行的程序名和当前被激活的绘图文件名称。

◆ 快速查询与信息中心：可以快速获取所需信息、搜索所需资源等。

◆ 窗口控制按钮：位于标题栏的最右端，主要有 ▬【最小化】、⧉【恢复】、▢【最大化】、⮾【关闭】按钮，分别用于控制AutoCAD窗口的大小和关闭。

1.2.3　菜单栏

【AutoCAD 经典】工作空间的菜单栏与其他工作空间不同，位于标题栏的下方，如图1-15所示。

图1-15　AutoCAD 2014经典工作空间的菜单栏

其中包括【文件】、【编辑】、【视图】、【插入】、【格式】、【工具】、【绘图】、【标注】、【修改】、【参数】、【窗口】、【帮助】等主菜单。AutoCAD 2014的常用制图工具和管理编辑工具等都分门别类地排列在这些菜单中，在主菜单项上单击鼠标左键，即可展开此主菜

第**1**篇 快速入门

第**2**篇 技能进阶

第**3**篇 三维设计

第**4**篇 工程应用

单，然后将光标移至所需命令选项上单击鼠标左键，激活该命令。

下面对各菜单的主要功能进行简单介绍。

- ◆ 【文件】菜单：用于对绘图文件进行设置、保存、清理、打印以及发布等。
- ◆ 【编辑】菜单：用于对图形进行一些常规编辑，包括复制、粘贴、链接等。
- ◆ 【视图】菜单：用于调整和管理视图，以方便视图内图形的显示、查看和修改。
- ◆ 【插入】菜单：用于向当前文件中引用外部资源，如块、参照、图像、布局以及超链接等。
- ◆ 【格式】菜单：用于设置与绘图环境有关的参数和样式等，如绘图单位、颜色、线型、文字、尺寸样式等。
- ◆ 【工具】菜单：为用户设置了一些辅助工具和常规的资源组织管理工具。
- ◆ 【绘图】菜单：是一个二维和三维图元的绘制菜单，几乎所有绘图和建模的工具都在此菜单内。
- ◆ 【标注】菜单：用于为图形标注尺寸，它包含了所有与尺寸标注相关的工具。
- ◆ 【修改】菜单：用于对图形进行修整、编辑、细化和完善。
- ◆ 【参数】菜单：用于为图形添加几何约束和标注约束等。
- ◆ 【窗口】菜单：用于控制AutoCAD多文档的排列方式以及AutoCAD界面元素的锁定状态。
- ◆ 【帮助】菜单：用于为用户提供一些帮助性的信息。

1.2.4 工具栏

与其他工作空间不同，【AutoCAD 经典】工作空间的工具栏位于绘图窗口的两侧和上方，将光标移至工具栏的按钮上单击鼠标左键，即可快速激活该命令。

系统默认设置下，AutoCAD 2014共为用户提供了52种工具栏。除了已经显示的主工具栏、绘图工具栏以及修改工具栏之外，其他工具栏都处于隐藏状态，在任意工具栏上单击鼠标右键，即可打开工具菜单，如图1-16所示。

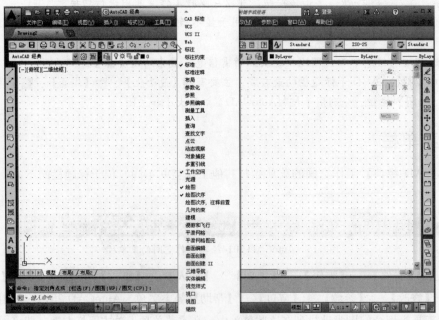

图1-16 工具菜单

在打开的工具菜单中，勾选的菜单选项表示相应的工具栏处于打开状态，未勾选的菜单选项表示相应的工具栏处于未打开状态。选择未打开的菜单选项，即可打开相应的工具栏。例如，选择【对象捕捉】菜单选项，即可打开【对象捕捉】工具栏，如图1-17所示。

图1-17　打开【对象捕捉】工具栏

将打开的工具栏拖到绘图区的任意处，松开鼠标左键可将其固定；相反，也可将固定工具栏拖至绘图区，灵活控制工具栏的开关状态。

在工具栏右键菜单上选择【锁定位置】|【固定的工具栏／面板】选项，可以将绘图区四周的工具栏固定，如图1-18所示。

工具栏一旦被固定后，是不可以被拖动的。另外，用户也可以单击状态栏中的█按钮，从弹出的按钮菜单中控制工具栏和窗口的固定状态，如图1-19所示。

图1-18　固定工具栏

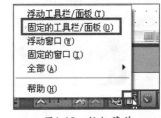

图1-19　按钮菜单

1.2.5　绘图区

绘图区位于工作界面的正中间，即被工具栏和命令行所包围的整个区域，如图1-20所示。此区域是用户的工作区域，图形的设计与修改工作就是在此区域内进行的。

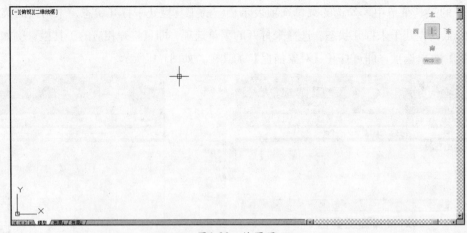

图1-20　绘图区

默认状态下，绘图区是一个无限大的电子屏幕，无论多大或多小尺寸的图形，都可以在绘图区中灵活绘制和显示。当用户移动光标时，绘图区中会出现一个随光标移动的十字符号，此符号被称为"十字光标"，它是由拾取点光标和选择光标叠加而成的。其中，拾取点光标是点坐标拾取器，当执行绘图命令时，显示为拾取点光标；选择光标是对象拾取器，当选择对象时，显示为选择光标；在没有任何命令执行的情况下，显示为十字光标，如图1-21所示。

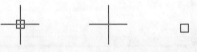

十字光标　　　拾取点光标　　　选择光标

图1-21　光标的3种状态

在绘图区左下方有3个标签，即【模型】、【布局1】、【布局2】，分别代表了两种绘图空间，即模型空间和布局空间。【模型】表示当前绘图区窗口处于模型空间，通常是在模型空间进行绘图。【布局1】和【布局2】是默认设置下的布局空间，主要用于图形的打印输出。用户可以通过单击标签，在这两种操作空间中进行切换。

1.2.6　命令行及文本窗口

绘图区的下方则是AutoCAD 2014独有的窗口组成部分，即命令行。它是用户与AutoCAD 2014软件进行数据交流的平台，主要功能是提示和显示用户当前的操作步骤，如图1-22所示。

输入 WSCURRENT 的新值 <"草图与注释">: AutoCAD 经典

键入命令

图1-22　命令行

命令行分为命令输入窗口和命令历史窗口两部分，上面一行为命令历史窗口，用于记录执行过的操作信息；下面一行是命令输入窗口，用于提示用户输入命令或命令选项。

　由于命令历史窗口的显示有限，如果需要直观快速地查看更多的历史信息，可以按F2功能键，系统会以文本窗口的形式显示历史信息，如图1-23所示，再次按F2功能键，即可关闭文本窗口。

第1篇　快速入门

第2篇　技能进阶

第3篇　三维设计

第4篇　工程应用

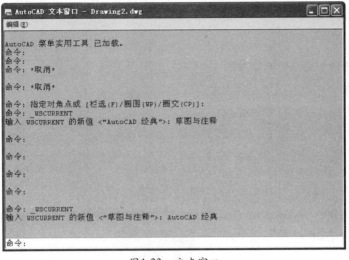

图1-23　文本窗口

1.2.7　状态栏

【AutoCAD 经典】工作空间的状态栏位于操作界面的最底部，它由坐标读数器、辅助功能区、状态栏菜单组成，如图1-24所示。

图1-24　状态栏

状态栏左侧为坐标读数器，用于显示十字光标所处位置的坐标值。坐标读数器右侧为辅助功能区，辅助功能区左侧的按钮主要用于控制点的精确定位和追踪；中间的按钮主要用于快速查看布局、查看图形、定位视点、注释比例等；右侧的按钮主要用于工具栏、窗口等的固定、工作空间的切换以及绘图区的全屏显示等，是一些辅助绘图功能。

单击状态栏右侧的三角按钮，打开如图1-25所示的状态栏快捷菜单，菜单中的各选项与状态栏中的各按钮功能一致，用户也可以通过各菜单项以及功能键控制各辅助按钮的开关状态。

图1-25　状态栏快捷菜单

1.3　AutoCAD 2014绘图文件的基本操作

视频讲解　"视频文件"\"第1章"\"1.3.AutoCAD 2014绘图文件的基本操作.avi"

下面继续学习AutoCAD 2014绘图文件的基本操作技能，具体包括新建绘图文件、保存与另存为绘图文件、打开绘图文件以及清理垃圾文件等。

1.3.1 新建绘图文件

启动AutoCAD 2014后，系统会自动打开一个名为"Drawing1.dwg"的绘图文件。另外，用户也可以通过执行【新建】命令，重新创建一个绘图文件。

执行【新建】命令主要有以下几种方式。

- ◆ 执行【文件】|【新建】菜单命令。
- ◆ 单击【标准】工具栏或【快速访问工具栏】中的按钮。
- ◆ 在命令行中输入"New"后按Enter键。
- ◆ 按Ctrl+N组合键。

执行【新建】命令后，打开如图1-26所示的【选择样板】对话框。

在此对话框中为用户提供了多种基本样板文件。其中，"acadISo-Named Plot Styles"和"acadiso"都是公制单位的样板文件，两者的区别在于前者使用的打印样式为"命名打印样式"，后者使用的打印样式为"颜色相关打印样式"，可以根据需求进行取舍。

选择"acadISo-Named Plot Styles"或"acadiso"样板文件后单击 打开(0) 按钮，即可创建一个新的空白文件，进入AutoCAD 2014默认设置的二维操作界面。

图1-26 【选择样板】对话框

如果用户需要创建一个三维工作空间的公制单位绘图文件，可以执行【新建】命令，在打开的【选择样板】对话框中，选择"acadISo-Named Plot Styles3D"或"acadiso3D"样板文件作为基础样板，进入如图1-27所示的三维工作空间。

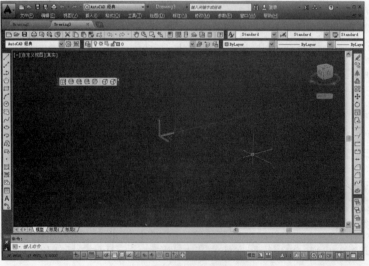

图1-27 选择样板文件

另外，AutoCAD 2014为用户提供了以"无样板"方式创建绘图文件的功能。具体操作是：在【选择样板】对话框中单击 打开⑩ 按钮右侧的下三角按钮，打开如图1-28所示的按钮菜单，在按钮菜单中选择"无样板打开-公制"选项，即可快速新建一个公制单位的绘图文件。

图1-28 打开按钮菜单

1.3.2 保存与另存为绘图文件

【保存】命令用于将绘制的图形以文件的形式进行保存。

执行【保存】命令主要有以下几种方式。

◆ 执行【文件】|【保存】菜单命令。

◆ 单击【标准】工具栏或【快速访问工具栏】中的 按钮。

◆ 在命令行中输入"Save"后按Enter键。

◆ 按Ctrl+S组合键。

执行【保存】命令后，可以打开如图1-29所示的【图形另存为】对话框。在此对话框内，可以进行如下操作。

◆ 设置保存路径。打开上方的【保存于】列表，在其中设置保存路径。

◆ 设置文件名。在【文件名】文本框内输入文件的名称，如"我的文档"。

◆ 设置文件格式。打开对话框底部的【文件类型】下拉列表，在其中设置文件的存储格式，如图1-30所示。

图1-29 【图形另存为】对话框

图1-30 设置文件的存储格式

◆ 当设置好路径、文件名以及文件格式后，单击 保存⑤ 按钮，即可将当前文件保存。

中文版
AutoCAD 2014从入门到精通

AutoCAD

默认的存储格式为"AutoCAD 2013图形（*.dwg）"。使用此格式保存文件后，文件只能被AutoCAD 2013及其以后的版本打开。如果用户需要在AutoCAD早期版本中打开该文件，必须使用低版本的文件格式进行保存。

另外，当用户在已保存的图形的基础上进行了其他修改工作，又不想将原来的图形覆盖，可以使用【另存为】命令，将修改后的图形以不同的路径或不同的文件名进行保存。

执行【另存为】命令主要有以下几种方式。

◆ 执行【文件】|【另存为】菜单命令。
◆ 单击【快速访问工具栏】中的国按钮。
◆ 在命令行中输入"Saveas"后按Enter键。
◆ 按Crtl+Shift+S组合键。

1.3.3　打开绘图文件

当用户需要查看、使用或编辑已经保存的图形时，可以使用【打开】命令，将此图形所在的文件打开。

执行【打开】命令主要有以下几种方式。

◆ 执行【文件】|【打开】菜单命令。
◆ 单击【标准】工具栏或【快速访问工具栏】中的按钮。
◆ 在命令行中输入"Open"后按Enter键。
◆ 按Ctrl+O组合键。

执行【打开】命令后，系统将打开【选择文件】对话框，如图1-31所示。

在此对话框中选择需要打开的绘图文件，单击打开(O)按钮，即可将此文件打开。

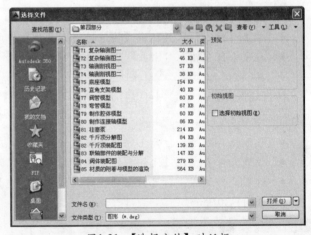

图1-31　【选择文件】对话框

1.3.4　清理垃圾文件

所谓"清理垃圾文件"，是指删除文件内部一些无用的垃圾资源，如图层、样式、图块等，这样可以为绘图文件"减肥"，以减小文件的存储空间。

清理垃圾文件时可以使用【清理】命令，执行【清理】命令主要有以下几种方法。

◆ 执行【文件】|【图形实用程序】|【清理】菜单命令。
◆ 在命令行中输入"Purge"后按Enter键。
◆ 使用命令简写"PU"。

执行【清理】命令，系统可打开如图1-32所示的【清理】对话框。

在此对话框中，带有"+"号的选项，表示内含未使用的垃圾项目，单击该选项将其展开，即可选择需要清理的项目。如果用户需要清理文件中所有未使用的垃圾项目，可以单击对话框底部的 全部清理(A) 按钮。

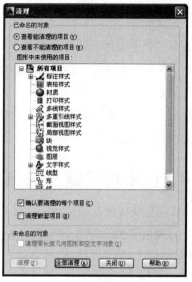

图1-32 【清理】对话框

1.4 AutoCAD 2014绘图命令的启动方式

视频讲解 "视频文件"\"第1章"\"1.4.AutoCAD 2014绘图命令的启动方式.avi"

下面继续学习AutoCAD 2014绘图命令的启动方式等知识，为后续学习打下基础。

1.4.1 通过菜单栏与右键菜单启动命令

选择菜单中的命令选项，是一种比较传统、常用的命令启动方式。另外，为了更加方便地启动某些命令或命令选项，AutoCAD为用户提供了右键菜单。所谓"右键菜单"，指的是单击鼠标右键后弹出的快捷菜单，用户只需选择右键菜单中的命令或选项，即可快速激活相应的功能。根据操作过程的不同，右键菜单归纳起来有一些几种。

◆ 默认模式菜单：此菜单是在没有命令执行的前提下或没有对象被选择的情况下，单击鼠标右键显示的菜单。
◆ 编辑模式菜单：此菜单是在有一个或多个对象被选择的情况下单击鼠标右键出现的快捷菜单。
◆ 模式菜单：此菜单是在一个命令执行的过程中，单击鼠标右键而弹出的快捷菜单。

1.4.2 通过工具栏与功能区启动命令

与其他电脑软件一样，单击工具栏或功能区中的命令按钮，也是一种常用、快捷的命令启动方式。以形象而又直观的图标按钮代替AutoCAD的命令，远比那些复杂繁琐的英文命令及菜单更为方便直接。用户只需将光标放在命令按钮上，系统就会自动显示出该按钮所代表的命令，单击按钮即可激活该命令。

中文版
AutoCAD 2014从入门到精通

1.4.3 通过在命令行中输入命令表达式启动命令

所谓"命令表达式"，指的是AutoCAD的英文命令。用户只需在命令行的输入窗口中输入CAD命令的英文表达式，然后按Enter键即可启动命令。此方式是一种最原始的方式，也是一种很重要的方式。

如果用户需要激活命令中的选项功能，可以在相应步骤的提示下，在命令行输入窗口中输入该选项的代表字母，然后按Enter键，也可以使用右键菜单方式启动命令的选项功能。

1.4.4 使用功能键及快捷键启动命令

功能键与快捷键是最便捷的一种命令启动方式。每一种软件都配置了一些命令功能键和快捷键。表1-1列出了AutoCAD 2014自身设定的一些启动命令的功能键和快捷键，在执行这些命令时只需按相应的键即可。

表1-1 AutoCAD功能键和快捷键

功能键和快捷键	功能	功能键和快捷键	功能
F1	AutoCAD帮助	Ctrl+N	新建文件
F2	打开文本窗口	Ctrl+O	打开文件
F3	对象捕捉开关	Ctrl+S	保存文件
F4	三维对象捕捉开关	Ctrl+P	打印文件
F5	转换等轴测平面	Ctrl+Z	撤销上一步操作
F6	动态UCS开关	Ctrl+Y	重复撤销的操作
F7	栅格开关	Ctrl+X	剪切
F8	正交开关	Ctrl+C	复制
F9	捕捉开关	Ctrl+V	粘贴
F10	极轴开关	Ctrl+K	超级链接
F11	对象跟踪开关	Ctrl+0	全屏
F12	动态输入	Ctrl+1	打开特性管理器
Delete	删除	Ctrl+2	打开设计中心
Ctrl+A	全选	Ctrl+3	打开【特性】窗口
Ctrl+4	图纸集管理器	Ctrl+5	打开信息选项板
Ctrl+6	数据库连接	Ctrl+7	打开标记集管理器
Ctrl+8	快速计算器	Ctrl+9	命令行
Ctrl+W	选择循环	Ctrl+Shift+P	启动快捷特性
Ctrl+Shift+I	推断约束	Ctrl+Shift+C	带基点复制
Ctrl+Shift+V	粘贴为块	Ctrl+Shift+S	另存为

另外，AutoCAD 2014还有一种更为方便的命令快捷键，即命令表达式的简写。严格来说，它算不上是命令快捷键，但是使用命令简写的确能起到快速执行命令的目的，所以也称其为"快捷键"。不过在使用此类快捷键时，需要配合Enter键。例如，【直线】命令的英文缩写为"L"，用户需要按L键后再按Enter键，以激活画线命令。

第1篇 快速入门

第2篇 技能进阶

第3篇 三维设计

第4篇 工程应用

1.5 AutoCAD 2014坐标系与坐标输入法

视频讲解 "视频文件"\"第1章"\"1.5.AutoCAD 2014坐标系与坐标输入法.avi"

在AutoCAD 2014系统中，坐标系与坐标输入法是使用AutoCAD 2014绘图的根本，下面继续学习坐标系与坐标输入法的相关知识。

1.5.1 认识坐标系

在AutoCAD 2014的绘图空间中，坐标系包括WCS（世界坐标系）与UCS（用户坐标系）两种坐标系，这两种坐标系是绘图的基础。AutoCAD默认坐标系为世界坐标系，此坐标系是由3个相互垂直并相交的坐标轴x、y、z组成，x轴正方向水平向右，y轴正方向垂直向上，z轴正方向垂直屏幕向外且指向用户，如图1-33所示。

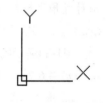

图1-33 世界坐标系

出于绘图的需要，用户有时需要重新定义坐标系，重新定义的坐标系被称为"用户坐标系"，此坐标系将在后面的章节中详细讲解。

坐标输入法主要包括绝对坐标输入法和相对坐标输入法。

1.5.2 绝对坐标输入法

绝对坐标输入法包括绝对直角坐标输入法和绝对极坐标输入法。

1. 绝对直角坐标输入法

绝对直角坐标是以坐标系原点（0,0）作为参考点以定位其他点，其表达式为（x,y,z），用户可以直接输入该点的x、y、z绝对坐标值来表示点。如图1-34所示的点A，其绝对直角坐标为（4,7）。其中，"4"表示从点A向x轴引垂线，垂足与坐标系原点的距离为4个图形单位；"7"表示从点A向y轴引垂线，垂足与原点的距离为7个图形单位。

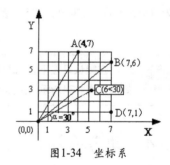

图1-34 坐标系

在默认设置下，当前视图为正交视图。用户在输入坐标点时，只需输入点的x坐标和y坐标值即可。数字和逗号应在英文En方式下进行输入，坐标中x和y之间必须以逗号分割，且标点必须为英文标点。

2. 绝对极坐标输入法

绝对极坐标也是以坐标系原点作为参考点，通过某点相对于原点的极长和角度来定义点的。其表达式为（L<α），"L"表示某点和原点之间的极长，即长度；"α"表示某点连接原点的边线与x轴的夹角。

如图1-34所示，点C（6<30）就是用绝对极坐标表示的，"6"表示点C和原点连线的长度，"30"表示点C和原点连线与x轴的正向夹角。

 在默认设置下，AutoCAD是以逆时针方向来测量角度的。0°水平向右，90°垂直向上，180°水平向左，270°垂直向下。

1.5.3 相对坐标输入法

与绝对坐标输入法类似，相对坐标输入法包括相对直角坐标输入法和相对极坐标输入法。

1. 相对直角坐标输入法

相对直角坐标是某一点相对于参照点在x轴、y轴和z轴3个方向上的坐标变化，其表达式为（@x,y,z）。在实际绘图中常把前一点看作参照点，后续绘图操作是相对于前一点而进行的。

如上图1-34所示的坐标系中，如果以点B作为参照点，使用相对直角坐标表示点A，那么表达式则为（@7-4,6-7）=（@3,-1）。

 AutoCAD为用户提供了一种变换相对坐标系的方法，只要在输入的坐标值前加"@"符号，就表示该坐标值是相对于前一点的相对坐标。

2. 相对极坐标点输入法

相对极坐标是通过相对于参照点的极长距离和偏移角度来表示的，其表达式为（@L<α），"L"表示极长，"α"表示角度。

在上图1-34所示的坐标系中，如果以点D作为参照点，使用相对极坐标表示点B，那么表达式则为（@5<90），其中，"5"表示点D和点B的极长距离为5个图形单位，"90"表示偏移角度为90°。

 在默认设置下，AutoCAD是以x轴正方向作为0°的起始方向，以逆时针方向进行计算的。如果在图1-34所示的坐标系中，以点B作为参照点，使用相对坐标表示点D，则为(@5<270)。

1.5.4 动态输入

在输入相对坐标点时，可配合状态栏中的【动态输入】功能。激活该功能后，输入的坐标点被看成是相对坐标点，用户只需输入点的坐标值即可，不需要输入符号"@"，因系统会自动在坐标值前添加此符号。

单击状态栏中的 按钮，或按F12功能键，都可激活状态栏中的【动态输入】功能。

1.6 AutoCAD 2014图形的基本控制与操作

视频讲解 "视频文件" \ "第1章" \ "1.6.AutoCAD 2014图形的基本控制与操作.avi"

下面继续学习AutoCAD 2014中图形的基本控制与操作技能，具体包括图形的基本选择、移动、删除、重做、放弃等。

1.6.1 图形对象的基本选择

图形对象的选择是AutoCAD 2014的基本操作技能之一。在对图形对象进行修改编辑之前，必须先选择图形对象。

1. 点选

"点选"是最简单的一种对象选择方式，此方式一次仅能选择一个对象。在命令行"选择对象："的提示下，系统自动进入点选模式，此时光标切换为矩形选择框状，将选择框放在对象的边沿上单击鼠标左键，即可选择该图形，被选择的图形对象以虚线显示，如图1-35所示。

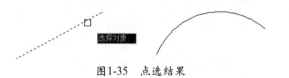

图1-35　点选结果

2. 窗口选择

"窗口选择"是一种常用的选择方式，使用此方式一次可以选择多个对象。在命令行 "选择对象："的提示下，从左向右拖出一矩形选择框，此选择框即为窗口选择框，选择框以实线显示，内部以浅蓝色填充，如图1-36所示。当指定窗口选择框的对角点之后，所有完全位于框内的对象被选择，如图1-37所示。

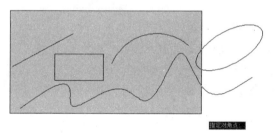

图1-36　窗口选择框

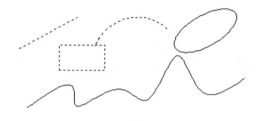

图1-37　选择结果

3. 窗交选择

"窗交选择"是使用频率非常高的选择方式，使用此方式一次也可以选择多个对象。在命令行"选择对象："的提示下，从右向左拖出一矩形选择框，此选择框即为窗交选择框，选择框以虚线显示，内部以绿色填充，如图1-38所示。当指定选择框的对角点之后，所有与选择框相交和完全位于选择框内的对象被选择，如图1-39所示。

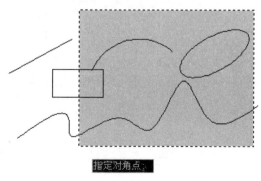

图1-38　窗交选择框

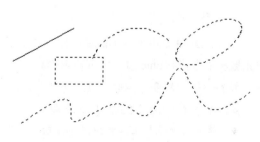

图1-39　选择结果

第**1**篇　快速入门

第**2**篇　技能进阶

第**3**篇　三维设计

第**4**篇　工程应用

1.6.2 图形对象的移动、删除与重做

下面继续学习图形对象的移动、删除、重做与放弃等操作技能。

1. 移动图形对象

【移动】命令用于将目标对象从一个位置移动到另一个位置，源对象的尺寸及形状均不发生变化，改变的仅仅是对象的位置。

执行【移动】命令主要有以下几种方式。

◆ 执行【修改】|【移动】菜单命令。

◆ 单击【修改】工具栏或面板中的 ✛ 按钮。

◆ 在命令行中输入"Move"后按Enter键。

◆ 使用命令简写"M"。

在移动对象时，一般需要配合点的捕捉功能或坐标的输入功能，以精确地位移对象。下面通过简单实例，学习使用【移动】命令移动对象的方法。

❶ 单击【标准】工具栏中的 📂 按钮，打开随书光盘中的"素材文件"\"1-1.dwg"文件。

❷ 单击【修改】工具栏中的 ✛ 按钮，激活【移动】命令，对矩形进行位移。命令行操作如下。

```
命令：_move
    选择对象：                            //单击如图1-40所示的矩形
    选择对象：                            //按Enter键，结束对象的选择
    指定基点或 [位移(D)] <位移>：          //输入"0,0"，按Enter键，定位基点
    指定第二个点或 <使用第一个点作为位移>： //输入"65<135"，按Enter键，位移结果如图1-41所示
```

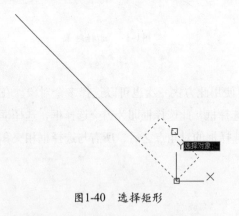

图1-40　选择矩形　　　　　　　　　　　图1-41　位移结果

2. 删除图形对象

【删除】命令用于将不需要的图形删除。当激活该命令后，首先选择需要删除的图形，然后单击鼠标右键或按Enter键，即可将图形删除。

执行【删除】命令主要有以下几种方式。

◆ 执行【修改】|【删除】菜单命令。

◆ 单击【修改】工具栏中的 🗑 按钮。

◆ 在命令行中输入"Erase"后按Enter键。

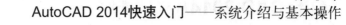

◆ 使用命令简写"E"。

3. 放弃和重做

当用户需要放弃已执行过的操作步骤或恢复放弃的步骤时，可以使用【放弃】和【重做】命令。其中，【放弃】用于撤销所执行的操作，【重做】命令用于恢复所撤销的操作。AutoCAD支持用户无限次放弃或重做操作。

单击【标准】工具栏中的 按钮，或执行【编辑】|【放弃】菜单命令，也可以在命令行中输入"Undo"或"U"，即可激活【放弃】命令。同样，单击【标准】工具栏中的 按钮，或执行【编辑】|【重做】菜单命令，也可以在命令行中输入"Redo"，都可激活【重做】命令，以恢复放弃的操作步骤。

1.7 AutoCAD 2014视图的实时调控

视频讲解 "视频文件"\"第1章"\"1.7.AutoCAD 2014视图的实时调控.avi"

AutoCAD 2014为用户提供了众多的视图调控功能，这些调控功能分别在【缩放】菜单、【缩放】工具栏以及导航栏中。在【视图】|【缩放】菜单下，即为【缩放】级联菜单，如图1-42所示。在工具栏空白位置处单击鼠标右键，打开工具栏菜单，选择【缩放】命令，即可打开【缩放】工具栏，如图1-43所示。将鼠标光标移动到绘图区左上角的【视口控件】按钮上，单击鼠标左键，打开【视口控件】菜单，选择【导航栏】命令，如图1-44所示，即可显示导航栏，如图1-45所示。默认设置下，导航栏位于绘图区的右侧位置。

使用这些功能可以随意调整图形在当前视图的显示位置，以方便用户观察、编辑视图内的图形细节或图形全貌。

图1-42 【缩放】级联菜单

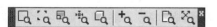

图1-43 【缩放】工具栏

图1-44 选择【导航栏】命令

图1-45 导航栏

第*1*篇 快速入门

第*2*篇 技能进阶

第*3*篇 三维设计

第*4*篇 工程应用

1.7.1 实时调控视图

所谓"实时调控"，是指可以随时调整缩放视图，以便观察图形在绘图区中的效果。执行如图1-42所示的菜单命令，或激活如图1-43所示的工具栏按钮，都可以对视图进行实时调控。

1. 【窗口】缩放

【窗口】缩放功能用于在需要缩放显示的区域内拖出一个矩形框，如图1-46所示。释放鼠标即可将位于框内的图形放大显示在视图内，如图1-47所示。

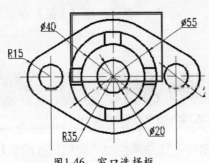

图1-46　窗口选择框

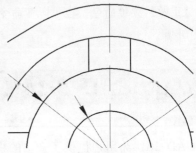

图1-47　窗口缩放结果

需要说明的是，当选择框的宽高比与绘图区的宽高比不同时，AutoCAD将使用选择框宽与高中相对当前视图放大倍数的较小者，以确保所选区域都能显示在视图中。

2. 【比例】缩放

【比例】缩放功能用于按照输入的比例参数调整视图。调整后视图的中心点保持不变。在输入比例参数时，有以下几种情况。

◆ 直接在命令行内输入数字，表示相对于图形界限的倍数。
◆ 在输入的数字后加字母"X"，表示相对于当前视图的缩放倍数。
◆ 在输入的数字后加字母"XP"，表示系统将根据图纸空间单位确定缩放比例。

通常情况下，相对于视图的缩放倍数比较直观，较为常用。

3. 【中心】缩放

【中心】缩放功能用于根据所确定的中心点调整视图。当激活该功能后，用户可直接用鼠标在屏幕上选择一个点作为新的视图中心点。确定中心点后，AutoCAD要求用户输入放大系数或新视图的高度，具体有以下两种情况。

◆ 直接在命令行中输入一个数值，系统将以此数值作为新视图的高度调整视图。
◆ 如果在输入的数值后加字母"X"，则系统将其看成视图的缩放倍数。

4. 【缩放】对象

【缩放】功能可以最大限度地显示在当前视图内选择的图形。使用此功能可以缩放单个对象，也可以缩放多个对象。

5. 【放大】和【缩小】对象

【放大】功能用于将视图放大1倍显示，【缩小】功能用于将视图缩小1倍显示。连续单击按钮，可以成倍地放大或缩小视图。

6. **【全部】缩放**

【全部】缩放功能用于按照图形界限或图形范围的尺寸，在绘图区内显示图形。图形界限与图形范围中哪个尺寸大，便由哪个决定图形显示的尺寸。

7. **【范围】缩放**

【范围】缩放功能将所有图形全部显示在屏幕中，并最大限度地充满整个屏幕，此选择方式与图形界限无关。

1.7.2　动态调控视图

【动态缩放】功能用于动态地浏览和缩放视图。此功能常用于观察和缩放比例比较大的图形。激活该功能后，屏幕将临时切换到虚拟显示屏状态，此时屏幕中显示3个视图框，如图1-48所示。

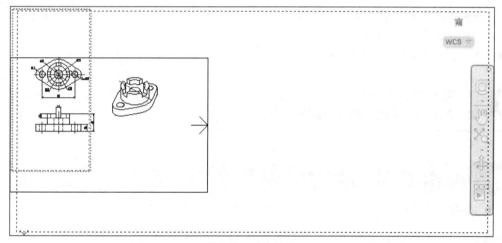

图1-48　动态缩放

◆ 图形范围或图形界限视图框是一个蓝色的虚线方框，该框显示图形界限和图形范围中较大的一个。

◆ 当前视图框是一个绿色的线框，该框中的区域就是在使用这一选项之前的视图区域。

◆ 以实线显示的矩形框为选择视图框，该视图框有两种状态，一种是平移视图框，其大小不能改变，只可任意移动；一种是缩放视图框，它不能平移，但可调节大小。可用鼠标左键在两种视图框之间进行切换。

 如果当前视图与图形界限或图形范围相同，蓝色虚线框便与绿色虚线框重合。平移视图框中有一个"×"号，表示下一视图的中心点位置。

1.7.3　视图的实时恢复

当视图被缩放或平移后，以前视图的显示状态会被AutoCAD自动保存起来。使用软件中的【缩放上一个】功能可以恢复上一个视图的显示状态。如果用户连续单击该工具按钮，系统将

第**1**篇　快速入门

第**2**篇　技能进阶

第**3**篇　三维设计

第**4**篇　工程应用

连续地恢复视图，直至退回到前10个视图。

1.7.4　视图的实时平移

使用视图的平移功能可以对视图进行平移，以方便观察视图内的图形。执行【视图】|【平移】级联菜单中的各命令，即可对视图进行平移，如图1-49所示。

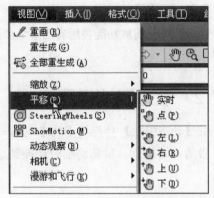

图1-49　平移视图的菜单命令

◆ 【实时】平移命令用于将视图随着光标的移动而平移，也可在【标准】工具栏中单击 🖑 按钮，以激活【实时平移】工具。

◆ 【点】平移命令是根据指定的基点和目标点平移视图。定点平移时，需要指定两点，第一点作为基点，第二点作为位移的目标点，以平移视图内的图形。

◆ 【左】、【右】、【上】和【下】命令分别用于在x轴和y轴方向上移动视图。

 激活【实时】命令后，鼠标光标变为 🖑 形状，此时可以按住鼠标左键向需要的方向平移视图，在任何时候都可以按Enter键或Esc键停止平移。

1.8　AutoCAD 2014常用键盘操作键

视频讲解　"视频文件"\"第1章"\"1.8. 了解AutoCAD 2014常用键盘操作键.avi"

在AutoCAD 2014绘图过程中，经常用到的键盘操作键主要有Enter、空格、Delete、Esc。当在命令行中输入某个命令表达式后，按Enter或空格键，可以激活该命令；在命令执行过程中，按Enter或空格键可以激活命令中的选项功能，而按Esc键则可以中止命令；在无命令执行的情况下选择了某图形后，按Delete键可以将图形删除，此键盘键的功能等同于【删除】命令。

AutoCAD 2014系统设置
——创建便利的绘图环境

AutoCAD 2014人性化的操控功能，允许用户根据自己的个性进行各种个性化的设置。通过个性化设置，可以更加方便、灵活、高效、精确地完成绘图工作，从而使绘图工作变得轻松愉快。

本章学习内容：

◆ AutoCAD 2014界面元素的设置
◆ AutoCAD 2014绘图区的设置
◆ 精确绘图基础——设置图形单位与精度
◆ AutoCAD 2014的捕捉模式设置
◆ AutoCAD 2014的追踪模式设置
◆ 应用【捕捉自】与【临时追踪点】功能

2.1 AutoCAD 2014界面元素的设置

视频讲解 "视频文件"\"第2章"\"2.1.AutoCAD 2014界面元素的设置.avi"

下面主要学习AutoCAD 2014界面元素的设置技能，具体包括设置绘图背景色、设置十字光标大小、设置拾取靶框大小以及设置与显示坐标系图标等。

2.1.1 设置绘图区的背景颜色

在AutoCAD 2014默认设置下，绘图区的背景色为深灰色，用户可以使用【工具】|【选项】菜单命令更改绘图区的背景色。下面通过将绘图区的背景色更改为白色，学习此操作知识。

❶ 执行【工具】|【选项】菜单命令，或使用快捷键"OP"，激活【选项】命令，打开如图2-1所示的【选项】对话框。

 在绘图区中单击鼠标右键，在打开的右键菜单中也可以执行【选项】命令，如图2-2所示。

❷ 进入【显示】选项卡，在如图2-3所示的【窗口元素】选项组中单击[颜色(C)...]按钮，打开【图形窗口颜色】对话框。

❸ 在【图形窗口颜色】对话框中展开【颜色】下拉列表，用户可以根据自己的喜好设置满意的颜色，在此将窗口颜色设置为白色，如图2-4所示。

❹ 单击 应用并关闭(A) 按钮返回【选项】对话框。

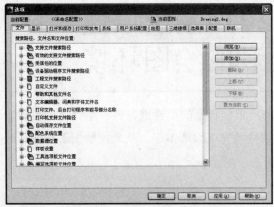

图2-1 【选项】对话框

图2-2 右键菜单

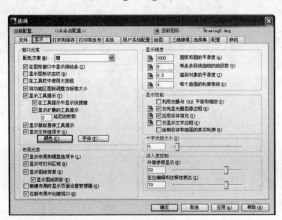

图2-3 【显示】选项卡

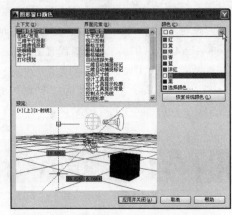

图2-4 【图形窗口颜色】对话框

❺ 单击 确定 按钮，绘图区的背景色显示为白色，设置结果如图2-5所示。

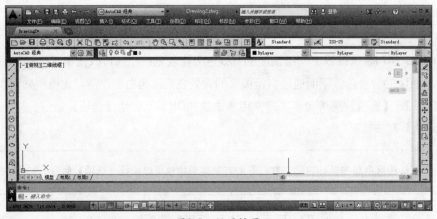

图2-5 设置结果

2.1.2 设置光标与十字靶框的大小

光标是在绘图区中随鼠标移动的十字形符号，它是由拾取点光标和选择光标叠加而成的。当没有进行任何操作时，光标显示为由十字与矩形叠加而成的状态，即十字光标，它是点的坐标拾取器，用于拾取图形的特征点。当执行绘图命令时，光标呈十字形，即拾取点光标；当选择对象时，光标显示为矩形，即选择光标，它是对象拾取器。

不管是十字光标、拾取点光标，还是选择光标，其大小都可以进行设置，这取决于个人喜好以及操作的需要。使用【选项】命令，可以设置光标的大小。

1. 设置光标的大小

默认设置下，光标相对于绘图区的大小为5。下面通过将十字光标的大小设置为100，学习十字光标大小的设置。

❶ 执行【选项】命令，打开【选项】对话框。

❷ 在【选项】对话框中进入【显示】选项卡。

❸ 在【十字光标大小】选项组中，可以看到十字光标大小的默认值为5，如图2-6所示。

❹ 在文本框中输入"100"，单击 应用(A) 按钮，然后单击 确定 按钮关闭【选项】对话框。回到绘图区，此时发现十字光标的尺寸被更改，结果如图2-7所示。

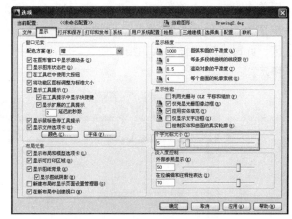

图2-6　默认十字光标大小

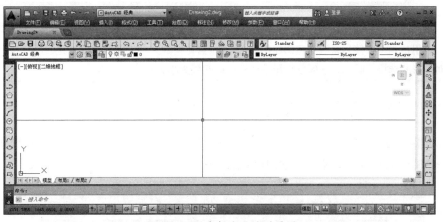

图2-7　设置光标大小后的效果

用户也可以使用系统变量CURSORSIZE快速更改十字光标的大小。

2. 设置十字靶框的大小

由于十字光标是由拾取点光标和选择光标叠加而成的，而选择光标是一个矩形靶框，当此靶框处在对象边缘上时单击鼠标左键，即可选择该对象。有时为了方便对象的选择，需要设置该靶框的大小。下面学习靶框大小的设置。

❶ 执行【选项】命令，打开【选项】对话框。

❷ 在【选项】对话框中进入【选择集】选项卡，在【拾取框大小】选项组内可以看到靶框的默认大小，如图2-8所示。

❸ 拖动滑块，即可设置靶框的大小，然后单击 应用(A) 按钮，再单击 确定 按钮关闭【选项】对话框。回到绘图区，此时发现靶框变大，结果如图2-9所示。

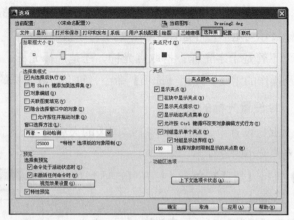

图2-8 默认靶框的大小

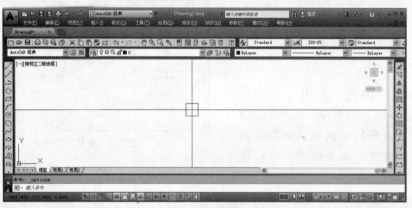

图2-9 设置后的拾取靶框大小

 用户也可以使用系统变量PICKBOX快速设置靶框的大小。需要说明的是，靶框过大，不利于对图形的选择。因此，一般以使用系统默认的靶框大小为宜。

2.1.3 设置坐标系图标的显示与隐藏

坐标系是定位绘图的依据，也是绘图过程中必不可少的工具。默认设置下，系统使用三维坐标系，位于绘图区的左下角位置，如图2-10所示。

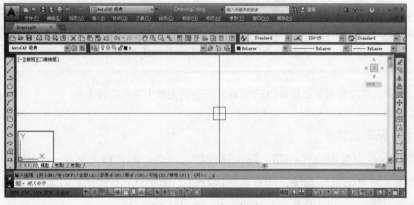

图2-10 默认的坐标系

但在绘图的过程中，有时需要设置坐标系图标的样式、大小或隐藏坐标系图标。下面学习坐标系图标的设置与隐藏。

① 执行【视图】|【显示】|【UCS图标】|【特性】菜单命令，打开如图2-11所示的【UCS图标】对话框。

 用户也可以在命令行中输入"Ucsicon"后按Enter键，打开【UCS图标】对话框。

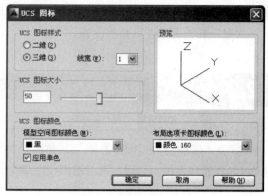

图2-11 【UCS图标】对话框

② 从【UCS图标】对话框中可以看出，默认设置下系统显示三维UCS图标样式，选中【二维】选项，将UCS图标设置为二维样式，单击 确定 按钮关闭【UCS图标】对话框。回到绘图区，此时发现绘图区显示二维坐标系，如图2-12所示。

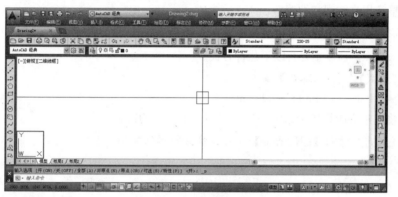

图2-12 二维坐标系

③ 在【UCS图标大小】选项组中可以设置坐标系图标的大小，默认为50。

④ 在【UCS图标颜色】选项组中可以设置UCS图标的颜色。模型空间中UCS图标的默认颜色为黑色，布局空间中UCS图标的默认颜色为160号色。

⑤ 执行【视图】|【显示】|【UCS图标】|【开】菜单命令，可以隐藏UCS图标，隐藏图标后绘图区左下角不会再出现坐标系图标，结果如图2-13所示。

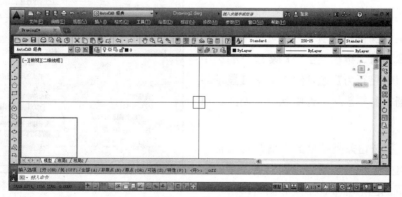

图2-13 隐藏UCS图标

第**1**篇 快速入门

第**2**篇 技能进阶

第**3**篇 三维设计

第**4**篇 工程应用

⑥ 再次执行【视图】|【显示】|【UCS图标】|【开】菜单命令，可以取消隐藏UCS图标，使其再次显示在绘图区左下角的位置。

2.2 AutoCAD 2014绘图区的设置

视频讲解 "视频文件"\"第2章"\"2.2.AutoCAD 2014绘图区域的设置.avi"

绘图区也被称为"图形界限"，指的是绘图的范围，相当于手工绘图时事先准备的图纸。在AutoCAD 2014系统中，用户可以根据绘图需要，设置合适的绘图界限。

2.2.1 设置图形界限

默认设置下，图形界限是一个矩形区域，长度为490，宽度为270，其左下角点位丁坐标系原点上。设置图形界限最实用的一个目的，是为了满足不同范围的图形在有限窗口中的适当显示，以便于视窗的调整及用户的观察编辑等。

执行【图形界限】命令，即可设置图形界限。

执行【图形界限】命令主要有以下几种方式。

◆ 执行【格式】|【图形界限】菜单命令。
◆ 在命令行中输入"Limits"后按Enter键。

下面通过将图形界限设置为220×210，学习图形界限的设置。

① 采用上述任意方式激活【图形界限】命令，命令行操作如下。

```
命令: '_limits
重新设置模型空间界限:
指定左下角点或[开(ON)/关(OFF)] <0.0000,0.0000>: //按Enter键
指定右上角点<420.0000,297.0000>:              //输入"220,210"后按Enter键
```

② 图形界限设置完成，执行【视图】|【缩放】|【全部】菜单命令，将图形界限最大化显示。

③ 将光标移到功能区中的▦【显示栅格】按钮上，单击鼠标左键将其激活，然后单击鼠标右键，在弹出的菜单中选择【设置】命令，打开【草图设置】对话框。

④ 进入【捕捉和栅格】选项卡，在【栅格样式】选项组中取消【二维模型空间】复选框的选中状态，在【栅格行为】选项组中取消【显示超出界限的栅格】复选框的选中状态，如图2-14所示。

⑤ 单击 确定 按钮关闭【草图设置】对话框。回到绘图区，此时可以看到，以栅格显示的区域就是设置的图形界限，结果如图2-15所示。

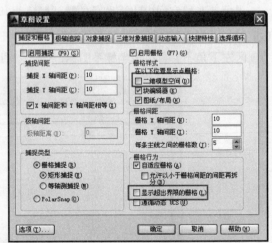

图2-14 设置栅格参数

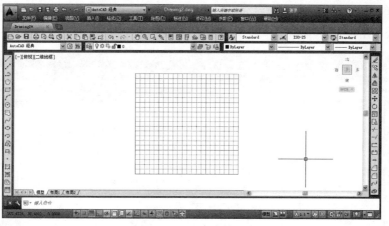

图2-15　设置的图形界限

❻ 如果在【栅格样式】选项组中选中了【二维模型空间】复选框，则设置的图形界限将以栅格点的形式显示，如图2-16所示。

图2-16　图形界限以栅格点的形式显示

❼ 如果在【栅格行为】选项组中选中了【显示超出界限的栅格】复选框，则系统会显示超出图形界限的栅格，如图2-17所示。

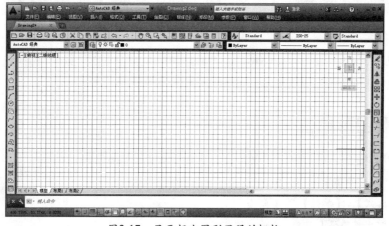

图2-17　显示超出图形界限的栅格

第 1 篇　快速入门

第 2 篇　技能进阶

第 3 篇　三维设计

第 4 篇　工程应用

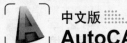

❽ 按F7键或单击功能区中的▦【显示栅格】按钮即可隐藏栅格，此时绘图区中将不出现栅格，结果如图2-18所示。

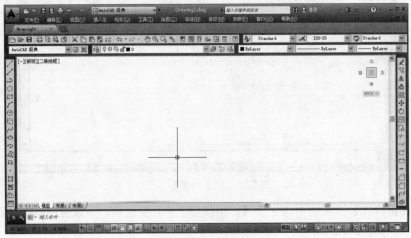

图2-18　隐藏栅格

2.2.2　图形界限的检测

默认设置下，系统允许用户既可以在设置的图形界限内绘图，也可以在图形界限外绘图。当用户不想在图形界限外绘图时，可以开启绘图界限的检测功能，禁止绘制的图形超出所设置的图形界限。此时，系统会自动将坐标点限制在设置的图形界限区域内，拒绝图形界限之外的点，这样就不会使绘制的图形超出边界。

开启绘图区域检测功能的操作步骤如下。

❶ 在命令行中输入"Limits"后按Enter键，激活【图形界限】命令。

❷ 在命令行中"指定左下角点或 [开（ON）/关（OFF）] <0.0000,0.0000>："的提示下，输入"ON"后按Enter键，即可打开图形界限的自动检测功能。

2.3　精确绘图基础——设置图形单位与精度

视频讲解　"视频文件"\ "第2章"\ "2.3. 精确绘图基础——设置绘图单位与精度.avi"

在AutoCAD 2014中，图形单位与精度是精确绘图的关键。下面继续学习图形单位与精度的设置技能，具体包括长度单位、角度单位、角度方向以及各自的精度等。

2.3.1　设置图形单位

在AutoCAD 2014中，图形单位的设置是在【图形单位】对话框中完成的。

执行【单位】命令主要有以下几种方式。

◆ 执行【格式】|【单位】菜单命令。

◆ 在命令行中输入"Units"后按Enter键。

◆ 使用命令简写"UN"。

执行【单位】命令后，打开如图2-19所示的【图形单位】对话框。

1. 设置长度单位类型

在【长度】选项组中展开【类型】下拉列表，设置长度的类型，默认为"小数"。除此之外，系统还提供了"分数"、"工程"、"建筑"和"科学"几种长度类型，用户可以根据绘图需要选择合适的单位类型，如图2-20所示。

2. 设置角度类型

图2-19 【图形单位】对话框

在【角度】选项组中展开【类型】下拉列表，设置角度的类型，默认为"十进制度数"。除此之外，系统还提供了"百分度"、"度/分/秒"、"弧度"和"勘测单位"几种角度类型，用户可以根据绘图需要选择合适的单位类型，如图2-21所示。

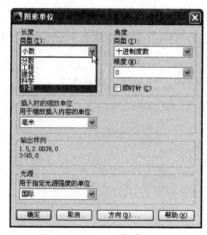

图2-20 设置长度单位类型

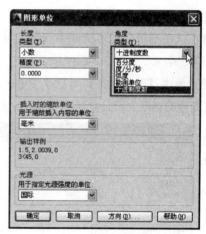

图2-21 设置角度单位类型

2.3.2 设置单位精度

在AutoCAD 2014中，图形单位的精度也是在【图形单位】对话框中完成的。下面继续学习图形单位精度的设置。

1. 设置图形单位精度

继续在【图形单位】对话框的【精度】下拉列表中设置单位的精度，默认为"0.0000"，如图2-22所示。

2. 设置角度单位精度

在【角度】选项组中展开【精度】下拉列表，设置角度的精度，默认为"0"，如图2-23所示。

第1篇 快速入门

第2篇 技能进阶

第3篇 三维设计

第4篇 工程应用

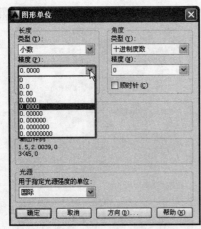

图2-22　设置长度单位精度　　　　　图2-23　设置角度单位精度

2.3.3　设置缩放单位与角度方向

除了图形单位与单位精度的设置之外，还需要设置插入时的缩放单位以及角度的方向，下面继续学习这些设置。

继续在【图形单位】对话框中【插入时的缩放单位】选项组的下拉列表中设置缩放内容的单位，默认为"毫米"，如图2-24所示。

另外，单击【图形单位】对话框下方的 方向(D)... 按钮，打开【方向控制】对话框，可以在其中设置角度的基准方向，默认为【东】，如图2-25所示。

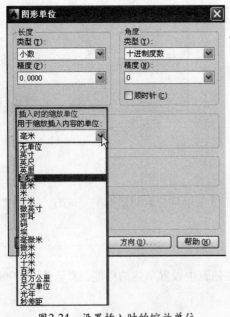

图2-24　设置插入时的缩放单位　　　　图2-25　【方向控制】对话框

除此之外，【图形单位】对话框中的【顺时针】单选项用于设置角度的方向。如果选中该选项，那么在绘图过程中则以顺时针为正角度方向，否则以逆时针为正角度方向。

第*1*篇　快速入门　　第*2*篇　技能进阶　　第*3*篇　三维设计　　第*4*篇　工程应用

2.4　AutoCAD 2014的捕捉模式设置

视频讲解　"视频文件"\"第2章"\"2.4.AutoCAD 2014的捕捉模式设置.avi"

在AutoCAD 2014绘图过程中，除了坐标点的精确输入外，AutoCAD还为用户提供了点的精确捕捉功能以及追踪功能。使用这些功能可以快速、准确地定位点，并以高精度绘制图形。

2.4.1　设置步长捕捉

所谓"步长捕捉"，指的是强制性地控制十字光标，使其按照事先定义的x轴、y轴方向的固定距离（即步长）进行跳动，从而精确定位点。例如，将x轴方向上的步长设置为50，将y轴方向上的步长设置为40，那么光标每水平跳动一次，走过50个图形单位的距离，每垂直跳动一次，走过40个图形单位的距离，如果连续跳动，则走过的距离是步长的整数倍。下面学习步长捕捉的设置。

1. 启用步长捕捉功能

启用【捕捉】功能主要有以下几种方式。

◆ 执行【工具】|【绘图设置】菜单命令，在打开的【草图设置】对话框中，进入【捕捉和栅格】选项卡，选中【启用捕捉】复选框，如图2-26所示。

◆ 单击状态栏中的■【捕捉模式】按钮将其激活，或在此按钮上单击鼠标右键，选择右键菜单中的【启用】命令。

◆ 按F9功能键。

2. 设置步长捕捉

从【草图设置】对话框的【捕捉间距】选项

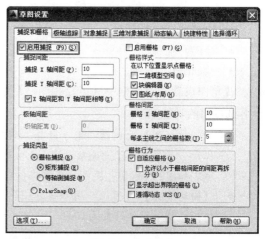

图2-26　启用捕捉

组中可以看出，系统默认的步长为10，用户可以根据自己的需要进行相关设置。下面通过将x轴方向上的步长设置为30、y轴方向上的步长设置为40，学习【捕捉】功能的参数设置和启用操作。

❶ 在【草图设置】对话框中进入【捕捉和栅格】选项卡，选中【启用捕捉】复选框，即可打开【捕捉】功能。

❷ 在【捕捉间距】选项组中的【捕捉X轴间距】文本框内输入数值"30"，将x轴方向上的捕捉间距设置为30。

❸ 取消选中【X轴间距和Y轴间距相等】复选框。

❹ 继续在【捕捉Y轴间距】文本框内输入数值"40"，将y轴方向上的捕捉间距设置为40。

❺ 单击　确定　按钮，完成捕捉参数的设置。

另外，【极轴间距】选项组和【捕捉类型】选项组的相关参数设置具体如下。

◆ 【极轴间距】选项组：用于设置极轴追踪的距离，需要在【PolarSnap】捕捉类型下使用。

◆ 【捕捉类型】选项组：用于设置捕捉的类型。其中，【栅格捕捉】单选项用于将光标沿垂直栅格或水平栅格进行点捕捉；【PolarSnap】单选项用于将光标沿当前极轴增量角方向进

第1篇　快速入门

第2篇　技能进阶

第3篇　三维设计

第4篇　工程应用

行点追踪，此选项需要配合【极轴追踪】功能使用。

2.4.2 启用栅格捕捉

所谓"栅格"，指的是由一些虚拟的栅格点或栅格线组成，以直观地显示当前文件内的图形界限区域。这些栅格点和栅格线仅起到一种参照显示功能，它不是图形的一部分，也不会被打印输出。

启用【栅格】功能主要有以下几种方式。

- 执行【工具】|【草图设置】菜单命令，在打开的【草图设置】对话框中进入【捕捉和栅格】选项卡，然后选中【启用栅格】复选框，如图2-27所示。
- 单击状态栏中的▦按钮或▦按钮，或在此按钮上单击鼠标右键，选择右键菜单中的【启用】命令。
- 按F7功能键。
- 按Ctrl+G组合键。

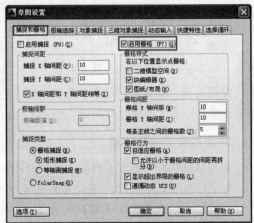

图2-27　启用栅格

【草图设置】对话框中【捕捉和栅格】选项卡各选项组的功能如下。

- 【栅格样式】选项组：用于设置二维模型空间、块编辑器窗口以及布局空间的栅格的显示样式。如果选中了此选项组中的3个复选框，那么系统将会以栅格点的形式显示图形界限区域，如图2-28所示；反之，系统将会以栅格线的形式显示图形界限区域，如图2-29所示。
- 【栅格间距】选项组：用于设置x轴方向和y轴方向的栅格间距。两个栅格点之间或两条栅格线之间的默认间距为10。
- 【栅格行为】选项组：【自适应栅格】复选框用于设置栅格点或栅格线的显示密度；【显示超出界限的栅格】复选框用于显示图形界限区域外的栅格点或栅格线；【遵循动态UCS】复选框用于更改栅格平面，以跟随动态UCS的xy平面。

图2-28　栅格点显示

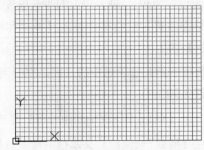

图2-29　栅格线显示

2.4.3 设置自动捕捉

所谓"自动捕捉"，是指当设置了捕捉后，系统会一直沿用该捕捉设置，除非用户取消相关的捕捉设置。

在【草图设置】对话框中进入【对象捕捉】选项卡，此选项卡内共为用户提供了13种对象捕捉功能，如图2-30所示。使用这些捕捉功能，可以非常方便、精确地将光标定位到图形的特征点上，如直线、圆弧的端点和中点，圆的圆心和象限点等。在所需捕捉模式上单击鼠标左键，即可开启该捕捉模式。

在此对话框内一旦设置了某种捕捉模式，系统将一直保持着这种捕捉模式，直到用户取消为止。因此，此对话框中的捕捉常被称为"自动捕捉"。

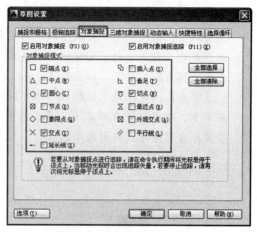

图2-30 【对象捕捉】选项卡

 设置【对象捕捉】功能时，不要开启全部捕捉功能，这样会适得其反。

启用【对象捕捉】功能有以下几种方式。

◆ 执行【工具】|【草图设置】菜单命令，在打开的对话框中进入【对象捕捉】选项卡，然后选中【启用对象捕捉】复选框。

◆ 单击状态栏中的□按钮或 对象捕捉 按钮（或在此按钮上单击鼠标右键，选择右键菜单中的【启用】命令。

◆ 按F3功能键。

2.4.4 启用临时捕捉

为了方便绘图，AutoCAD 2014为这13种对象捕捉模式提供了【临时捕捉】功能。所谓"临时捕捉"，指的是激活一次捕捉功能后，系统仅能捕捉一次；如果需要反复捕捉点，则需要多次激活该功能。

【临时捕捉】功能位于如图2-31所示的【对象捕捉】工具栏和如图2-32所示的临时捕捉菜单中。按Shift或Ctrl键，然后单击鼠标右键，即可打开临时捕捉菜单。

图2-32 临时捕捉菜单

图2-31 【对象捕捉】工具栏

13种捕捉模式的功能如下。

◆ 【端点】捕捉：用于捕捉图形上的端点，如线段的端点，矩形、多边形的角点等。激活此模式后，在命令行"指定点"的提示下，将光标放在对象上，系统在距离光标最近位置处显示端点标记符号，如图2-33所示，此时单击鼠标左键即可捕捉到该端点。

◆ 【中点】捕捉：用于捕捉线、弧等对象的中点。激活此模式后，在命令行"指定点"的提示下，将光标放在对象上，系统在中点处显示出中点标记符号，如图2-34所示，此时单击鼠标左键即可捕捉到该中点。

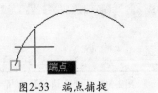

图2-33 端点捕捉

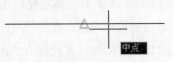

图2-34 中点捕捉

◆ 【交点】捕捉：用于捕捉对象之间的交点。激活此模式后，在命令行"指定点"的提示下，将光标放在对象的交点处，系统显示出交点标记符号，如图2-35所示，此时单击鼠标左键即可捕捉到该交点。

    如果需要捕捉图线延长线的交点，那么首先需要将光标放在其中的一个对象上单击，拾取该延伸对象，如图2-36所示，然后再将光标放在另一个对象上，系统将自动在延伸交点处显示出交点标记符号，如图2-37所示，此时单击鼠标左键即可精确捕捉到对象延长线的交点。

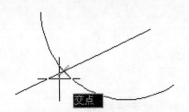

图2-35 交点捕捉

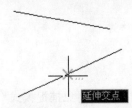

图2-36 拾取延伸对象

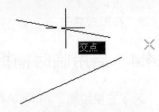

图2-37 捕捉延长线交点

◆ 【外观交点】捕捉：用于捕捉三维空间内对象在当前坐标系平面内投影的交点。

◆ 【延长线】捕捉：用于捕捉对象延长线上的点。激活该模式后，在命令行"指定点"的提示下，将光标放在对象的末端稍做停留，然后沿着延长线方向移动光标，系统会在延长线处引出一条追踪虚线，如图2-38所示，此时单击鼠标左键或输入距离值，即可在对象延长线上精确定位点。

◆ 【圆心】捕捉：用于捕捉圆、弧或圆环的圆心。激活该模式后，在命令行"指定点"的提示下，将光标放在圆或弧等的边缘上，也可直接放在圆心位置上，系统在圆心处显示出圆心标记符号，如图2-39所示，此时单击鼠标左键即可捕捉到圆心。

◆ 【象限点】捕捉：用于捕捉圆或弧的象限点。激活该模式后，在命令行"指定点"的提示下，将光标放在圆的象限点位置处，系统会显示出象限点捕捉标记，如图2-40所示，此时单击鼠标左键即可捕捉到该象限点。

◆ 【切点】捕捉：用于捕捉圆或弧的切点，绘制切线。激活该模式后，在命令行"指定点"的提示下，将光标放在圆或弧的边缘上，系统会在切点处显示出切点标记符号，如图2-41所示，此时单击鼠标左键即可捕捉到切点，绘制出对象的切线，如图2-42所示。

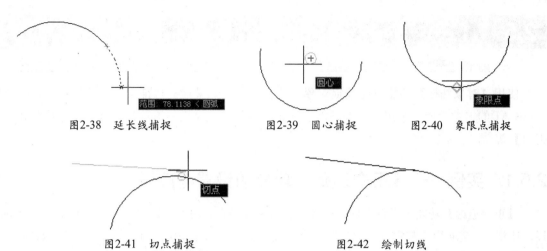

图2-38　延长线捕捉　　　　图2-39　圆心捕捉　　　　图2-40　象限点捕捉

图2-41　切点捕捉　　　　　　　图2-42　绘制切线

◆ 　【垂足】捕捉：常用于捕捉对象的垂足点，绘制对象的垂线。激活该模式后，在命令行 "指定点"的提示下，将光标放在对象边缘上，系统会在垂足点处显示出垂足标记符号，如图2-43所示，此时单击鼠标左键即可捕捉到垂足点，绘制对象的垂线，如图2-44所示。

图2-43　垂足点捕捉　　　　　　图2-44　绘制垂线

◆ 　【平行线】捕捉：用于绘制线段的平行线。激活该模式后，在命令行"指定点："的提示下，把光标放在已知线段上，此时会出现一平行的标记符号，如图2-45所示，移动光标，系统会在平行位置处显示一条向两端无限延伸的追踪虚线，如图2-46所示，单击鼠标左键即可绘制出与拾取对象相互平行的线，如图2-47所示。

图2-45　平行标记　　　图2-46　引出平行追踪线　　　　图2-47　绘制平行线

◆ 　【节点】捕捉：用于捕捉使用【点】命令绘制的点对象。使用时需将拾取框放在节点上，系统会显示出节点的标记符号，如图2-48所示，单击鼠标左键即可拾取该点。

◆ 　【插入点】捕捉：用于捕捉块、文字、属性或属性定义等的插入点，如图2-49所示。

◆ 　【最近点】捕捉：用于捕捉光标距离对象最近的点，如图2-50所示。

图2-48　节点捕捉　　　　图2-49　插入点捕捉　　　　图2-50　最近点捕捉

2.5 AutoCAD 2014的追踪模式设置

视频讲解 "视频文件"\"第2章"\"2.5.AutoCAD 2014的追踪模式设置.avi"

使用【对象捕捉】功能只能捕捉对象上的特征点，如果捕捉特征点外的目标点，可以使用AutoCAD的追踪功能。常用的追踪功能有【正交追踪】、【极轴追踪】、【对象追踪】和【捕捉自】等。

2.5.1 实例——【正交追踪】功能的设置与应用

【正交追踪】功能用于将光标强行控制在水平或垂直方向上，以追踪并绘制水平和垂直的线段。使用此功能可以追踪定位4个方向，向右引导光标，系统定位0°方向，如图2-51所示；向上引导光标，系统定位90°方向，如图2-52所示，向左引导引导光标，系统定位180°方向，如图2-53所示；向下引导光标，系统定位270°方向，如图2-54所示。

启用【正交】功能主要有以下几种方式。

◆ 单击状态栏中的 按钮或 按钮（或在此按钮上单击鼠标右键，选择右键菜单中的【启用】命令。

◆ 按F8功能键。

◆ 在命令行中输入表达式"Ortho"后按Enter键。

下面通过绘制如图2-55所示的台阶截面轮廓图，学习【正交追踪】功能的使用方法和使用技巧。

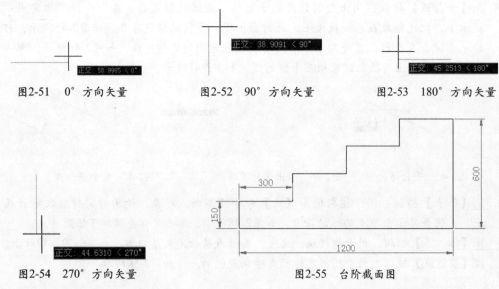

图2-51　0°方向矢量　　　　图2-52　90°方向矢量　　　　图2-53　180°方向矢量

图2-54　270°方向矢量　　　　图2-55　台阶截面图

❶ 新建空白绘图文件。

❷ 按F8功能键，打开状态栏中的【正交追踪】功能。

❸ 执行【绘图】|【直线】菜单命令，或单击【绘图】工具栏中的 按钮激活【直线】命令，配合【正交追踪】功能精确绘图。命令行操作如下。

```
命令: _line
    指定第一点:                                //在绘图区中拾取一点作为起点
    指定下一点或 [放弃(U)]:                     //向上引导光标，输入"150"后按Enter键
    指定下一点或 [放弃(U)]:                     //向右引导光标，输入"300"后按Enter键
    指定下一点或 [闭合(C)/放弃(U)]:             //向上引导光标，输入"150"后按Enter键
    指定下一点或 [闭合(C)/放弃(U)]:             //向右引导光标，输入"300"后按Enter键
    指定下一点或 [放弃(U)]:                     //向上引导光标，输入"150"后按Enter键
    指定下一点或 [放弃(U)]:                     //向右引导光标，输入"300"后按Enter键
    指定下一点或 [闭合(C)/放弃(U)]:             //向上引导光标，输入"150"后按Enter键
    指定下一点或 [闭合(C)/放弃(U)]:             //向右引导光标，输入"300"后按Enter键
    指定下一点或 [闭合(C)/放弃(U)]:             //向下引导光标，输入"600"后按Enter键
    指定下一点或 [闭合(C)/放弃(U)]:             //输入"c"后按Enter键，闭合图形，完成图形的绘制
```

2.5.2 实例——【极轴追踪】功能的设置与应用

【极轴追踪】功能用于根据当前设置的追踪角度，引出相应的极轴追踪虚线，以追踪定位目标点。

执行【极轴追踪】功能有以下几种方式。

◆ 单击状态栏中的 按钮或 按钮（或在此按钮上单击鼠标右键，选择右键菜单中的【启用】命令。

◆ 按F10功能键。

◆ 执行【工具】|【草图设置】菜单命令，在打开的对话框中进入【极轴追踪】选项卡，然后选中【启用极轴追踪】复选框，如图2-56所示。

【正交追踪】与【极轴追踪】功能不能同时打开，因为前者是使光标限制在水平或垂直轴上，而后者则可以追踪任意方向矢量。

下面通过绘制边长为120、角度为60°的等边三角形，如图2-57所示，学习【极轴追踪】功能的设置与应用。

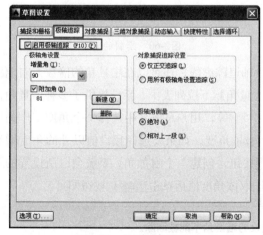

图2-56 启用极轴追踪

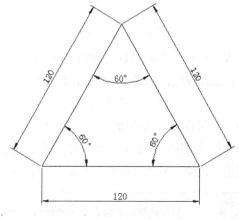

图2-57 等边三角形

❶ 新建空白绘图文件。

❷ 在状态栏中的 ■■■ 按钮上单击鼠标右键，在弹出的菜单中选择【设置】命令，打开【草图设置】对话框。

❸ 选中对话框中的【启用极轴追踪】复选框，打开【极轴追踪】功能。

❹ 在【极轴角设置】选项组中单击 ■新建(N)■ 按钮，新建一个增量角，然后输入增量角度为"60"，如图2-58所示。

❺ 单击 ■确定■ 按钮关闭对话框，完成角度追踪设置。

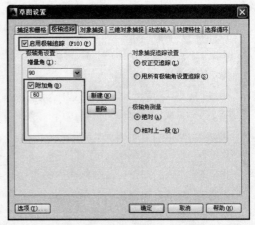

图2-58　设置增量角

❻ 执行【绘图】|【直线】菜单命令，或单击【绘图】工具栏中的 ▱ 按钮激活【直线】命令，配合【极轴追踪】功能绘制等边三角形。命令行操作如下。

```
命令: _line
    指定第一个点:                  //在绘图区中拾取一点
    指定下一点或 [放弃(U)]:        //向右引出0°方向矢量，输入"120"后按Enter键
    指定下一点或 [放弃(U)]:
                    //向左上角引出120°方向矢量，如图2-59所示，然后输入"120"后按Enter键
    指定下一点或 [闭合(C)/放弃(U)]:  //输入"c"后按Enter键，闭合图形，绘制结果如图2-60所示
```

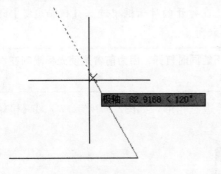

图2-59　引出120°方向矢量

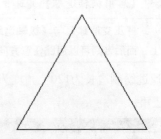

图2-60　绘制的三角形

AutoCAD 2014不但可以在增量角方向上出现极轴追踪虚线，还可以在增量角的倍数方向上出现极轴追踪虚线。在【极轴角设置】选项组中的【增量角】下拉列表中，系统提供了多种增量角，如90°、45°、30°、22.5°、18°、15°、10°、5°等，用户可以从中选择一个角度值作为增量角，如果没有合适的增量角度，则可以新建一个增量角度。如果要选择预设值以外的角度增量值，需选中【附加角】复选框，然后单击 ■新建(N)■ 按钮，创建一个附加角，系统会以所设置的附加角进行追踪。另外，如果要删除一个角度值，在选取该角度值后单击 ■删除■ 按钮即可。

只能删除用户自定义的附加角，而系统预设的增量角不能被删除。

2.5.3 【对象追踪】功能的设置

【对象追踪】功能用于以对象上的某些特征点作为追踪点，引出向两端无限延伸的对象追踪虚线，如图2-61所示，在此追踪虚线上拾取点或输入距离值，即可精确定位到目标点。

图2-61　对象追踪虚线

启用【对象追踪】功能主要有以下几种方式。

◆ 单击状态栏中的 ∠ 按钮或 对象追踪 按钮。

◆ 按F11功能键。

◆ 执行【工具】|【草图设置】菜单命令，在打开的对话框中进入【对象捕捉】选项卡，然后选中【启用对象捕捉追踪】复选框。

在默认设置下，系统仅以水平或垂直的方向追踪点，如果用户需要按照某一角度追踪点，可以在【极轴追踪】选项卡中设置追踪的样式，如图2-62所示。

图2-62　设置追踪样式

　　【对象追踪】功能只有在【对象捕捉】和【对象追踪】同时打开的情况下才可使用，而且只能追踪对象捕捉类型里设置的自动对象捕捉点。

◆ 【对象捕捉追踪设置】选项组：【仅正交追踪】单选项与当前极轴角无关，它仅水平或垂直地追踪对象，即在水平或垂直方向上显示向两端无限延伸的对象追踪虚线。【用所有极轴角设置追踪】单选项是根据当前所设置的极轴角及极轴角的倍数显示对象追踪虚线，用户可以根据需要进行取舍。

◆ 【极轴角测量】选项组：【绝对】单选项用于根据当前坐标系确定极轴追踪角度；而【相对上一段】单选项用于根据上一个绘制的线段确定极轴追踪的角度。

2.6 应用【捕捉自】与【临时追踪点】功能

视频讲解 "视频文件"\"第2章"\"2.6.应用【捕捉自】与临时追踪功能.avi"

除了以上所讲的捕捉与追踪功能之外，AutoCAD 2014还提供了【捕捉自】功能与【临时追踪点】功能，这两个功能也是在精确绘图时必须使用的。下面继续学习这两个相对捕捉功能。

2.6.1 捕捉自

【捕捉自】功能是借助捕捉和相对坐标定义窗口中相对于某一捕捉点的另外一点。使用【捕捉自】功能时，需要先捕捉对象特征点作为目标点的偏移基点，然后再输入目标点的坐标值。

启用【捕捉自】功能主要有以下几种方式。

◆ 单击【对象捕捉】工具栏中的 按钮。
◆ 在命令行中输入"_from"后按Enter键。
◆ 按住Ctrl或Shift键单击鼠标右键，在弹出的菜单中选择【自】命令。

2.6.2 临时追踪点

【临时追踪点】功能与【对象追踪】功能类似。不同的是，前者需要事先精确定位临时追踪点，然后才能通过此追踪点，引出向两端无限延伸的临时追踪虚线，以追踪定位目标点。

启用【临时追踪点】功能主要有以下几种方式。

◆ 选择临时捕捉菜单中的【临时追踪点】命令。
◆ 单击【对象捕捉】工具栏中的 按钮。
◆ 使用快捷键"_tt"。

AutoCAD2014绘图基础
——点、线图元的绘制与编辑

在AutoCAD 2014图形设计中，点、线是组成图形的最基本的单元。掌握点、线图元的绘制与编辑技能，是使用AutoCAD软件绘图的基本技能之一。本章首先学习点、线基本图元的绘制与编辑。

本章学习内容：
- ◆ 绘制直线、构造线与射线
- ◆ 绘制及应用多段线
- ◆ 线图元的编辑细化
- ◆ 多线的应用与编辑
- ◆ 点、点样式与点的应用
- ◆ 综合实例——绘制建筑墙体平面图

3.1 绘制直线、构造线与射线

视频讲解 "视频文件" \ "第3章" \ "3.1.绘制直线、构造线和射线.avi"

线图元是构成图形的主要元素。AutoCAD 2014提供了多种线图元，这些线图元包括直线、构造线、射线、多段线、多线、样条线、修订云线以及螺旋线等。下面主要学习直线、构造线与射线的绘制。

3.1.1 绘制直线

直线是由两点连成的线图元。在AutoCAD 2014中，使用【直线】命令可以绘制一条或多条直线段，系统将每条直线都看成是一个独立的对象。

执行【直线】命令有以下几种方式。

- ◆ 执行【绘图】|【直线】菜单命令。
- ◆ 单击【绘图】工具栏或面板中的 ╱ 按钮。
- ◆ 在命令行中输入"Line"后按Enter键。
- ◆ 使用命令简写"L"。

执行【直线】命令后，在绘图区中单击拾取一点作为线的起点，移动光标到合适位置，单击拾取线的第2点，或在命令行中输入第2点的坐标，依次绘制直线。下面通过绘制边长为100的正三角形，学习【直线】命令的应用。

❶ 新建空白绘图文件，使用【实时平移】功能，将坐标系图标平移至绘图区的中央。

❷ 按F12键启用【动态输入】功能。

第 *1* 篇 快速入门

第 *2* 篇 技能进阶

第 *3* 篇 三维设计

第 *4* 篇 工程应用

❸ 执行【绘图】|【直线】菜单命令，或单击【绘图】工具栏中的 按钮，激活【直线】命令，根据命令行的提示，配合【绝对坐标输入】功能绘制图形。命令行操作如下。

```
命令: _line
    指定第一点:                     //输入"0,0"后按Enter键，以原点作为起点
    指定下一点或 [放弃(U)]:          //输入"100,0"后按Enter键，定位第2点
    指定下一点或 [放弃(U)]:          //输入"100<120"后按Enter键，定位第3点
    指定下一点或 [闭合(C)/放弃(U)]: //输入"c"后按Enter键，闭合图形，绘制结果如图3-1所示
```

📮 **选项解析**

◆ 【放弃（U）】：可以取消上一步的操作。

◆ 【闭合（C）】：可以绘制首尾相连的封闭图形。

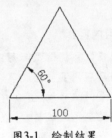

图3-1　绘制结果

3.1.2　绘制射线

射线是一种向一端无限延伸的特殊的线图元。这种线图元是AutoCAD 2014绘图中必不可少的辅助线，它不能直接作为图形的轮廓线，但可以通过对这种线的编辑，将其转换为图形的轮廓线。

执行【射线】命令主要有以下几种方式。

◆ 执行【绘图】|【射线】菜单命令。

◆ 在【草图与注释】工作空间中，单击【绘图】工具栏中的 按钮。

◆ 在命令行中输入"Ray"后按Enter键。

在执行【射线】命令后，可以连续绘制无数条射线，直到按Esc键结束命令为止。命令行操作如下。

```
命令: _ray
    指定起点:       //指定射线的起点
    指定通过点:     //指定射线的通过点
    指定通过点:     //指定射线的通过点
    ......
    指定通过点:     //按Enter键，结束命令，绘制结果如图3-2所示
```

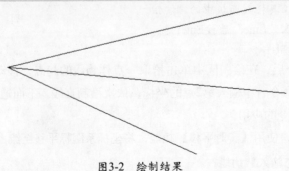

图3-2　绘制结果

3.1.3 绘制构造线

构造线是一种向两端无限延伸的特殊的线图元。这种线图元通常用为绘图时的辅助线或参照线，不能作为图形轮廓线的一部分，但是可以通过修改工具将其编辑为图形轮廓线。

执行【构造线】命令有以下几种方式。

- ◆ 执行【绘图】|【构造线】菜单命令。
- ◆ 单击【绘图】工具栏或面板中的 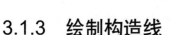 按钮。
- ◆ 在命令行中输入"Xline"后按Enter键。
- ◆ 使用快捷键"XL"。

执行【构造线】命令后，可以连续绘制多条构造线，直到按Esc键结束命令为止。命令行操作如下。

```
命令: _xline
    指定点或 [水平(H)/垂直(V)/角度(A)/二等分(B)/偏移(O)]:  //定位构造线上的一点
    指定通过点:                              //定位构造线上的通过点
    指定通过点:                              //定位构造线上的通过点
    ......
    指定通过点:          //按Enter键，结束命令，绘制结果如图3-3所示
```

图3-3　绘制结果

3.1.4 构造线的特殊应用

使用【构造线】命令，不仅可以绘制任意角度的构造线，还可以绘制具有一定角度的辅助线以及角的等分线。

当执行【构造线】命令后，在其命令行中会有相关选项，如图3-4所示。

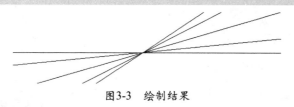

图3-4　命令行选项

> **📌 选项解析**
>
> - ◆ 【水平（H）】：激活该选项，可以绘制向两端无限延伸的水平构造线，如图3-5所示。 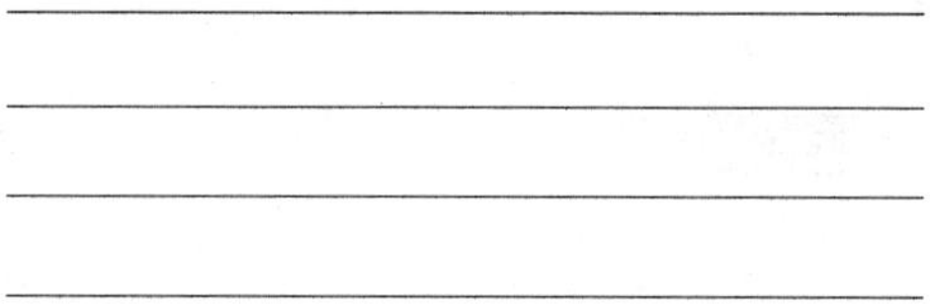
>
> 图3-5　水平构造线

💻 **选项解析**

◆ 【垂直（V）】：激活该选项，可以绘制向两端无限延伸的垂直构造线，如图3-6所示。

◆ 【偏移（O）】：激活该选项，可以绘制与参照线平行的构造线。

图3-6　垂直构造线

① 新建空白绘图文件。

② 执行【绘图】|【直线】菜单命令，或单击【绘图】工具栏中的 ╱ 按钮激活【直线】命令。根据命令行的提示，配合【绝对坐标输入】功能，绘制一条长度为100、角度为60°的倾斜直线，如图3-7所示。

③ 激活【构造线】命令，命令行操作如下。

```
命令：_xline
    指定点或 [水平(H)/垂直(V)/角度(A)/二等分(B)/偏移(O)]：
                                    //输入"o"后按Enter键，激活【偏移（O）】选项
    指定偏移距离或 [通过(T)] <通过>：    //输入"50"后按Enter键，指定偏移距离
    选择直线对象：                      //单击选择倾斜直线，如图3-8所示
```

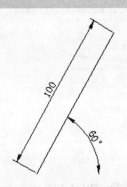

图3-7　绘制的倾斜直线

图3-8　选择直线

```
    指定向哪侧偏移：      //在直线的左侧单击
    选择直线对象：        //单击选择倾斜直线，如图3-9所示
    指定向哪侧偏移：      //在直线的右侧单击
    选择直线对象：        //按Enter键，结束操作，绘制结果如图3-10所示
```

图3-9　单击选择直线

图3-10　绘制结果

🖥 **选项解析**

◆ 【角度（A）】：激活该选项，可以绘制具有任意角度的制图辅助线。

```
命令：_xline
    指定点或 [水平(H)/垂直(V)/角度(A)/二等分(B)/偏移(O)]:
                                    //输入"a"后按Enter键，激活【角度（A）】选项
    输入构造线的角度 (0) 或 [参照(R)]:     //输入"30"后按Enter键
    指定通过点:                       //拾取通过点
    指定通过点:                       //按Enter键，结果如图3-11所示
```

🖥 **选项解析**

◆ 【二等分（B）】：激活该选项，可以绘制任意角度的角平分线。

① 新建空白绘图文件。

② 执行【绘图】|【直线】菜单命令，或单击【绘图】工具栏中的 ✏ 按钮激活【直线】命令。根据命令行的提示，配合【绝对坐标输入】功能，绘制边长为100的两条线，线的夹角为60°，如图3-12所示。

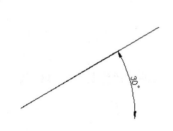

图3-11　角度为30°的构造线

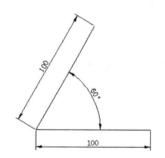

图3-12　绘图结果

③ 激活【构造线】命令，命令行操作如下。

```
命令：_xline
    指定点或 [水平(H)/垂直(V)/角度(A)/二等分(B)/偏移(O)]:
                                    //输入"B"后按Enter键，激活【二等分（B）】选项
    指定角的顶点:                     //捕捉如图3-13所示的角的顶点
    指定角的起点:                     //捕捉如图3-14所示的线的端点
```

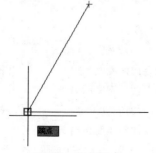

图3-13　捕捉顶点

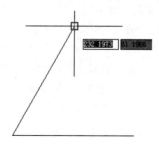

图3-14　捕捉端点

第 **1** 篇　快速入门

第 **2** 篇　技能进阶

第 **3** 篇　三维设计

第 **4** 篇　工程应用

指定角的端点： //捕捉如图3-15所示的线的端点，按Enter键，结果如图3-16所示

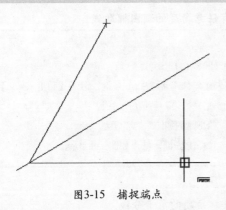

图3-15 捕捉端点

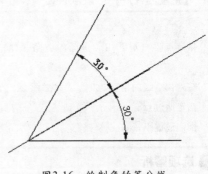

图3-16 绘制角的等分线

3.2 绘制及应用多段线

视频讲解 "视频文件"\"第3章"\"3.2.多段线及其应用.avi"

所谓"多段线"，指的是由一系列直线段或弧线段连接而成的一种特殊几何图元，此图元无论包括多少条直线元系或弧线元素，系统都将其看成单个对象。

3.2.1 绘制多段线

使用【多段线】命令可以绘制二维多段线图元，所绘制的多段线具有宽度以及可以闭合或不闭合的特性。

执行【多段线】命令主要有以下几种方式。

◆ 执行【绘图】|【多段线】菜单命令。
◆ 单击【绘图】工具栏或面板中的◢按钮。
◆ 在命令行中输入"Pline"后按Enter键。
◆ 使用快捷键"PL"。

激活【多段线】命令后，命令行操作如下。

```
命令: _pline
    指定起点:                                                    //拾取第1点
    当前线宽为 0.0000
    指定下一个点或 [圆弧(A)/半宽(H)/长度(L)/放弃(U)/宽度(W)]:        //拾取第2点
    指定下一点或 [圆弧(A)/闭合(C)/半宽(H)/长度(L)/放弃(U)/宽度(W)]:   //拾取第3点
    指定下一点或 [圆弧(A)/闭合(C)/半宽(H)/长度(L)/放弃(U)/宽度(W)]:   //拾取第4点
    指定下一点或 [圆弧(A)/闭合(C)/半宽(H)/长度(L)/放弃(U)/宽度(W)]:   //拾取第5点
    指定下一点或 [圆弧(A)/闭合(C)/半宽(H)/长度(L)/放弃(U)/宽度(W)]:   //拾取第6点
    指定下一点或 [圆弧(A)/闭合(C)/半宽(H)/长度(L)/放弃(U)/宽度(W)]:
                                              //按Enter键，绘制结果如图3-17所示
```

图3-17 绘制结果

3.2.2 实例——使用【多段线】命令绘制沙发平面图

下面通过绘制如图3-18所示的沙发平面图，学习【多段线】命令在实际绘图过程中的应用。

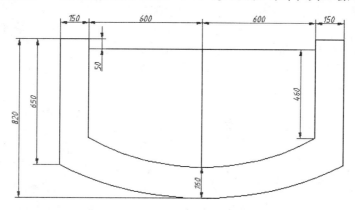

图3-18 沙发平面图

❶ 新建空白绘图文件。

❷ 打开【对象捕捉】功能，设置捕捉模式为端点、中点和延伸捕捉。

❸ 执行【视图】|【缩放】|【中心】菜单命令，将视图高度调整为1200。

❹ 单击【绘图】工具栏中的 按钮，激活【多段线】命令，配合【坐标输入】功能，绘制沙发的外轮廓线。命令行操作如下。

```
命令：_pline
  指定起点：                              //在绘图区中拾取一点作为起点
  当前线宽为 0.0000
  指定下一个点或 [圆弧(A)/半宽(H)/长度(L)/放弃(U)/宽度(W)]:
                                        //输入"@650<-90"后按Enter键
  指定下一点或 [圆弧(A)/闭合(C)/半宽(H)/长度(L)/放弃(U)/宽度(W)]:
                                        //输入"a"后按Enter键
```

 激活【圆弧（A）】选项，可以将当前画线模式转化为画弧模式，以绘制弧线段。

```
  指定圆弧的端点或[角度(A)/圆心(CE)/闭合(CL)/方向(D)/半宽(H)/直线(L)/半径(R)/第二个点
(S)/放弃(U)/宽度(W)]:                     //输入"s"后按Enter键，激活【第二个点（S）】选项
```

指定圆弧上的第二个点：　　　　　//输入"@750,-170"后按Enter键

指定圆弧的端点：　　　　　　　　//输入"@750,170"后按Enter键

指定圆弧的端点或[角度(A)/圆心(CE)/闭合(CL)/方向(D)/半宽(H)/直线(L)/半径(R)/第二个点(S)/放弃(U)/宽度(W)]：　　　　　//输入"1"后按Enter键，转入画线模式

> 激活【直线（L）】选项，可以将当前画弧模式转化为画线模式，以绘制直线段。

指定下一点或　[圆弧(A)/闭合(C)/半宽(H)/长度(L)/放弃(U)/宽度(W)]：

　　　　　　　　　　　　//输入"@650<90"后按Enter键

指定下一点或　[圆弧(A)/闭合(C)/半宽(H)/长度(L)/放弃(U)/宽度(W)]：

　　　　　　　　　　　　//输入"@-150,0"后按Enter键

指定下一点或　[圆弧(A)/闭合(C)/半宽(H)/长度(L)/放弃(U)/宽度(W)]：

　　　　　　　　　　　　//输入"@0,-510"后按Enter键

指定下一点或　[圆弧(A)/闭合(C)/半宽(H)/长度(L)/放弃(U)/宽度(W)]：

　　　　　　　　　　　　//输入"a"后按Enter键

指定圆弧的端点或[角度(A)/圆心(CE)/闭合(CL)/方向(D)/半宽(H)/直线(L)/半径(R)/第二个点(S)/放弃(U)/宽度(W)]：　　　　　//输入"s"后按Enter键

指定圆弧上的第二个点：　　　　　//激活【捕捉自】功能

　_from 基点：　　　　　　　　//捕捉如图3-19所示的圆弧中点

　<偏移>：　　　　　　　　　　//输入"@0,160"后按Enter键

指定圆弧的端点：　　　　　　　　//激活【捕捉自】功能

　_from 基点：　　　　　　　　//捕捉如图3-20所示的端点

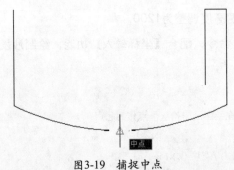

图3-19　捕捉中点

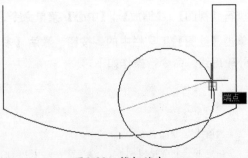

图3-20　捕捉端点

　<偏移>：　　　　　　　　　　//输入"@-1200,0"后按Enter键

指定圆弧的端点或[角度(A)/圆心(CE)/闭合(CL)/方向(D)/半宽(H)/直线(L)/半径(R)/第二个点(S)/放弃(U)/宽度(W)]：　　　　　//输入"1"后按Enter键，转入画线模式

指定下一点或　[圆弧(A)/闭合(C)/半宽(H)/长度(L)/放弃(U)/宽度(W)]：

　　　　　　　　　　　　//输入"@510<90"后按Enter键

指定下一点或　[圆弧(A)/闭合(C)/半宽(H)/长度(L)/放弃(U)/宽度(W)]：

　　　　　　　　　　　　//输入"cL"后按Enter键，闭合图形，绘制结果如图3-21所示

❺ 重复执行【多段线】命令，配合【延伸捕捉】功能，绘制水平轮廓线。命令行操作如下。

命令: _pline
    指定起点: //引出如图3-22所示的延伸矢量,输入"50"后按Enter键

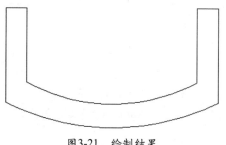

图3-21　绘制结果

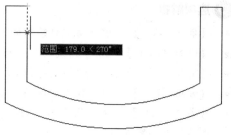

范围: 179.0 < 270°

图3-22　引出延伸矢量

当前线宽为 0.0
    指定下一个点或 [圆弧(A)/半宽(H)/长度(L)/放弃(U)/宽度(W)]:
                                //输入"@1200,0"后按Enter键
    指定下一点或 [圆弧(A)/闭合(C)/半宽(H)/长度(L)/放弃(U)/宽度(W)]:
                                //按Enter键,结束命令,绘制结果如图3-23所示

❻ 重复执行【多段线】命令,配合【中点捕捉】功能,绘制垂直轮廓线,结果如图3-24所示。

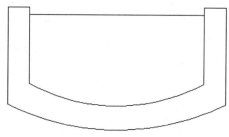

图3-23　绘制水平轮廓线

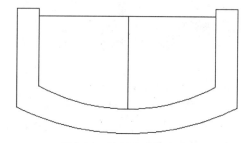

图3-24　绘制垂直轮廓线

❼ 执行【保存】命令,将绘制结果保存为"沙发平面图.dwg"文件。

3.2.3　【多段线】命令的选项设置

【多段线】命令是一个非常实用的绘图工具。当激活该命令后,命令行会出现相关的选项设置,如图3-25所示。

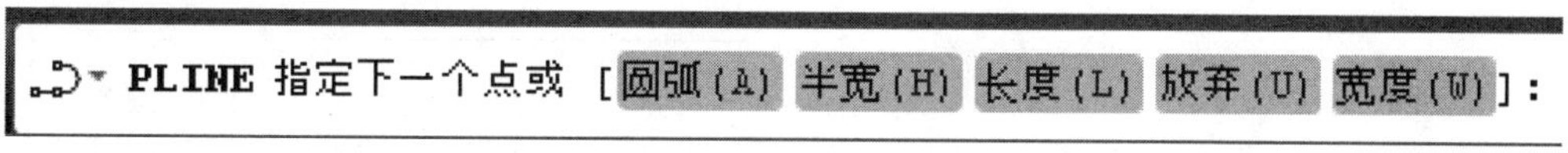

PLINE 指定下一个点或 [圆弧(A) 半宽(H) 长度(L) 放弃(U) 宽度(W)]:

图3-25　命令行选项

1.【圆弧(A)】选项

【圆弧(A)】选项用于将当前的多段线模式切换为画弧模式,以绘制由弧线组合而成的多段线。在命令行提示下输入"A",或在绘图区中单击鼠标右键,在右键菜单中选择【圆弧】命令,即可激活此选项,系统自动切换到画弧状态,命令行提示如下。

第1篇 快速入门

第2篇 技能进阶

第3篇 三维设计

第4篇 工程应用

"指定圆弧的端点或 [角度（A）/圆心（CE）/闭合（CL）/方向（D）/半宽（H）/直线（L）/半径（R）/第二个点（S）/放弃（U）/ 宽度（W）]："

选项解析

- ◆ 【角度（A）】：用于指定要绘制的圆弧的圆心角。
- ◆ 【圆心（CE）】：用于指定圆弧的圆心。
- ◆ 【闭合（CL）】：用于以弧线封闭多段线。
- ◆ 【方向（D）】：用于取消直线与圆弧的相切关系，改变圆弧的起始方向。
- ◆ 【半宽（H）】：用于指定圆弧的半宽值。激活此选项后，AutoCAD将提示用户输入多段线的起点半宽值和终点半宽值。
- ◆ 【直线（L）】：用于切换直线模式。

```
命令：_pline
    指定起点：                              //拾取一点
    当前线宽为 0.0000
    指定下一个点或 [圆弧(A)/半宽(H)/长度(L)/放弃(U)/宽度(W)]：
                                //输入"a"后按Enter键，激活画弧模式
    指定圆弧的端点或[角度(A)/圆心(CE)/方向(D)/半宽(H)/直线(L)/半径(R)/第二个点(S)/放弃(U)/
宽度(W)]：                              //拾取一点
    指定圆弧的端点或
    [角度(A)/圆心(CE)/闭合(CL)/方向(D)/半宽(H)/直线(L)/半径(R)/第二个点(S)/放弃(U)/宽度
(W)]：                                 //拾取一点
    指定圆弧的端点或
    [角度(A)/圆心(CE)/闭合(CL)/方向(D)/半宽(H)/直线(L)/半径(R)/第二个点(S)/放弃(U)/宽度
(W)]：                                 //拾取一点
    指定圆弧的端点或
    [角度(A)/圆心(CE)/闭合(CL)/方向(D)/半宽(H)/直线(L)/半径(R)/第二个点(S)/放弃(U)/宽度
(W)]：                                 //输入"1"后按Enter键，激活直线模式
    指定下一点或 [圆弧(A)/闭合(C)/半宽(H)/长度(L)/放弃(U)/宽度(W)]：        //拾取一点
    指定下一点或 [圆弧(A)/闭合(C)/半宽(H)/长度(L)/放弃(U)/宽度(W)]：
                                //按Enter键，结束操作，绘制结果如图3-26所示
```

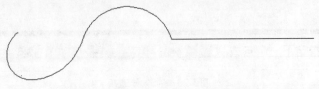

图3-26　绘制的圆弧到直线的多段线

选项解析

- ◆ 【半径（R）】：用于指定圆弧的半径。
- ◆ 【第二个点（S）】：用于选择三点画弧方式中的第二个点。
- ◆ 【宽度（W）】：用于设置弧线的宽度值。

2. 其他选项

> ⊡ **选项解析**
>
> ◆ 【闭合（C）】：激活此选项后，AutoCAD将使用直线段封闭多段线，并结束多段线命令。当用户需要绘制一条闭合的多段线时，最后一定要使用此选项，才能保证绘制的多段线是完全封闭的。
>
> ◆ 【长度（L）】：用于定义下一段多段线的长度，AutoCAD按照上一线段的方向绘制这一段多段线。若上一段是圆弧，AutoCAD绘制的直线段与圆弧相切。
>
> ◆ 【半宽（H）】、【宽度（W）】：【半宽（H）】用于设置多段线的半宽。【宽度（W）】用于设置多段线的起始宽度值，起始点的宽度值可以相同也可以不同。

```
命令：_pline
    指定起点：                          //拾取一点
    当前线宽为 0.0000
    指定下一个点或 [圆弧(A)/半宽(H)/长度(L)/放弃(U)/宽度(W)]:
                                        //输入"w"后按Enter键，激活【宽度（W）】选项
    指定起点宽度 <0.0000>:              //输入"10"后按Enter键
    指定端点宽度 <10.0000>:             //输入"30"后按Enter键
    指定下一个点或 [圆弧(A)/半宽(H)/长度(L)/放弃(U)/宽度(W)]:
                                        //按Enter键，结果如图3-27所示
```

图3-27　绘制不同宽度的多段线

　在绘制宽度多段线时，变量FILLMODE控制着多段线是否被填充。当FILLMODE=1时，宽度多段线被填充；当FILLMODE=0时，宽度多段线不会被填充，如图3-28所示。

图3-28　非填充多段线

3.3　线图元的编辑细化

　视频讲解　"视频文件"\"第3章"\"3.3.线图元的编辑细化.avi"

　　线图元是绘图的重要操作对象，下面继续学习线图元的编辑细化知识，具体包括修剪、延伸、倒角、圆角、打断、合并以及偏移等。

3.3.1 修剪对象

【修剪】命令用于修剪掉对象上的指定部分。在修剪对象时，需要事先指定一个边界，而边界必须要与修剪对象相交，或与其延长线相交，这样才能成功修剪对象。

执行【修剪】命令主要有以下几种方式。

◆ 执行【修改】|【修剪】菜单命令。

◆ 单击【修改】工具栏或面板中的 ⊬ 按钮。

◆ 在命令行中输入"Trim"后按Enter键。

◆ 使用快捷键"TR"。

1. 相交线的修剪

下面通过简单实例，学习相交线的修剪过程。

❶ 使用【直线】命令绘制内条相交的直线A和直线B，如图3-29所示。

❷ 执行【修改】|【修剪】菜单命令，或单击【修改】工具栏中的 ⊬ 按钮激活【修剪】命令，对线段B进行修剪。命令行操作如下。

```
命令: _trim
    当前设置:投影=UCS，边=无
    选择剪切边...
    选择对象或 <全部选择>:        //选择直线A作为修剪边界，如图3-30所示
```

图3-29 绘制的直线   图3-30 选择边界

```
    选择对象:                    //按Enter键，结束对象的选择
    选择要修剪的对象，或按住 Shift 键选择要延伸的对象，或[栏选(F)/窗交(C)/投影(P)/边(E)/删除
(R)/放弃(U)]: //在如图3-31所示的图线位置单击鼠标左键，处于边界下的图线被修剪掉，结果如图3-32所示
```

图3-31 选择修剪对象   图3-32 修剪结果

📮 **选项解析**

◆ 【边 (E)】：用于确定修剪边的隐含延伸模式。其中，【延伸 (E)】表示剪切边界可以无限延长，边界与被剪实体不必相交；【不延伸 (N)】表示剪切边界只在与被剪实体相交时才有效。

第 **1** 篇 快速入门

第 **2** 篇 技能进阶

第 **3** 篇 三维设计

第 **4** 篇 工程应用

2. 隐含交点下的修剪

所谓"隐含交点"，指的是边界与对象没有实际的交点，而边界被延长后，与对象存在一个隐含交点。对隐含交点下的图线进行修剪时，需要使用【边（E）】选项更改默认的修剪模式，即将默认模式更改为"修剪模式"。

❶ 使用画线命令，绘制如图3-33所示的直线A和直线B。

❷ 单击【修改】工具栏中的 ⊱ 按钮，对水平图线进行修剪。命令行操作如下。

```
命令：_trim
    当前设置：投影=UCS，边=无
    选择剪切边...
    选择对象或 <全部选择>：            //选择边界A，如图3-34所示
```

图3-33　绘制直线　　　　　　　　　图3-34　选择边界

```
    选择对象：                        //按Enter键，结束对象的选择
    选择要修剪的对象，或按住 Shift 键选择要延伸的对象，或[栏选(F)/窗交(C)/投影(P)/边(E)/删除
(R)/放弃(U)]：                       //输入"e"后按Enter键，激活【边（E）】选项
    输入隐含边延伸模式 [延伸(E)/不延伸(N)] <不延伸>：
                                     //输入"e"后按Enter键，设置修剪模式为延伸模式
    选择要修剪的对象，或按住 Shift 键选择要延伸的对象，或[栏选(F)/窗交(C)/投影(P)/边(E)/删除
(R)/放弃(U)]：                       //在图3-33中直线B的右端单击鼠标左键，如图3-35所示
    选择要修剪的对象，或按住 Shift 键选择要延伸的对象，或[栏选(F)/窗交(C)/投影(P)/边(E)/删除
(R)/放弃(U)]：                       //按Enter键，结束命令，修剪结果如图3-36所示
```

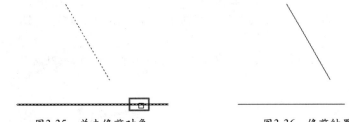

图3-35　单击修剪对象　　　　　　　图3-36　修剪结果

当系统提示"选择剪切边"时，直接按Enter键，即可选择待修剪的对象，系统在修剪对象时将使用最靠近的候选对象作为剪切边。

3. 其他选项

【投影（P）】选项用于设置三维空间剪切实体的不同投影方法。选择该选项后，AutoCAD出

现"输入投影选项[无（N）/UCS（U）/视图（V）]<无>："的操作提示。

> **选项解析**
>
> ◆ 【无（N）】：表示不考虑投影方式，按实际三维空间的相互关系修剪。
> ◆ 【UCS（U）】：表示在当前UCS的*xoy*平面上修剪。
> ◆ 【视图（V）】：表示在当前视图平面中修剪。

另外，当修剪多个对象时，可以使用【栏选（F）】和【窗交（C）】两种选项功能选择对象，这样可以快速对多条线进行修剪。

3.3.2 延伸对象

【延伸】命令用于将图形对象延长到指定的边界上，用于延伸的对象有直线、圆弧、椭圆弧、非闭合的二维多段线和三维多段线以及射线等。

执行【延伸】命令主要有以下几种方式。

◆ 执行【修改】|【延伸】菜单命令。
◆ 单击【修改】工具栏或面板中的⊸⁄按钮。
◆ 在命令行中输入"Extend"后按Enter键。
◆ 使用快捷键"EX"。

1. 实际相交下的延伸

所谓"实际相交"，是指边界与延伸对象通过延伸会有实际的交点。下面通过简单实例，学习制作这种延伸效果的具体过程。

❶ 继续上例的操作。

❷ 单击【修改】工具栏或面板中的⊸⁄按钮，激活【延伸】命令，对上图3-36所示的图线进行延伸。命令行操作如下。

```
命令: _extend
    当前设置:投影=UCS，边=无
    选择边界的边...
    选择对象或 <全部选择>:          //选择上图3-36所示的水平边作为边界
    选择对象:                    //按Enter键
    选择要延伸的对象，或按住 Shift 键选择要修剪的对象，或[栏选(F)/窗交(C)/投影(P)/边(E)/放弃
(U)]:
    //在如图3-37所示的斜线的下方位置单击，对其进行延伸，延伸结果如图3-38所示
```

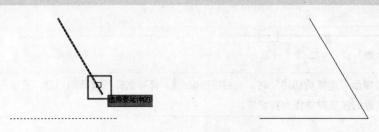

图3-37　指定延伸位置　　　　　　　　　图3-38　延伸结果

在选择延伸对象时，要在靠近延伸边界的一端选择，否则对象将不被延伸。

2. 隐含交点下的延伸

所谓"隐含交点"，指的是边界与对象延长线没有实际的交点，而在边界被延长后，与对象延长线存在一个隐含交点。对隐含交点下的图线进行延伸时，需要更改默认的延伸模式。

❶ 绘制如图3-39所示的直线A和直线B。

❷ 单击【修改】工具栏或面板中的 ⊣ 按钮，激活【延伸】命令，将垂直图线的下端延长，使之与水平图线的延长线相交。命令行操作如下。

```
命令: _extend
    当前设置:投影=UCS，边=无
    选择边界的边...
    选择对象:                        //选择水平图线A作为延伸边界
    选择对象:                        //按Enter键，结束边界的选择
    选择要延伸的对象，或按住 Shift 键选择要修剪的对象，或[栏选(F)/窗交(C)/投影(P)/边(E)/放
弃(U)]:                              //输入"e"后按Enter键，激活【边（E）】选项
    输入隐含边延伸模式 [延伸(E)/不延伸(N)] <不延伸>: //输入"e"后按Enter键，设置延伸模式
    选择要延伸的对象，或按住 Shift 键选择要修剪的对象，或[栏选(F)/窗交(C)/投影(P)/边(E)/放
弃(U)]:                              //在倾斜图线B的下端单击鼠标左键
    选择要延伸的对象，或按住 Shift 键选择要修剪的对象，或[栏选(F)/窗交(C)/投影(P)/边(E)/放
弃(U)]:                              //按Enter键，结束命令，对图线B进行延伸，结果如图3-40所示
```

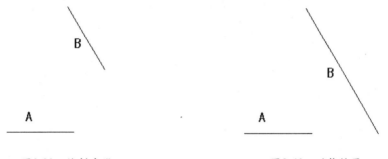

图3-39　绘制直线　　　　　　　　图3-40　延伸结果

🖥 选项解析

【边（E）】：用来确定延伸边的方式。【延伸（E）】将使用隐含的延伸边界来延伸对象，而实际上边界和延伸对象并没有真正相交，AutoCAD会假想将延伸边延长，然后再延伸；【不延伸（N）】确定边界不延伸，而只有边界与延伸对象真正相交后才能完成延伸操作。

3.3.3　倒角对象

【倒角】命令用于对图线进行倒角操作，倒角的结果是使用一条线段连接两个非平行的图线。执行【倒角】命令主要有以下几种方式。

中文版
AutoCAD 2014从入门到精通

◆ 执行【修改】|【倒角】菜单命令。

◆ 单击【修改】工具栏或面板中的 按钮。

◆ 在命令行中输入"Chamfer"后按Enter键。

◆ 使用快捷键"CHA"。

在进行倒角操作时有多种方式，包括距离倒角、角度倒角以及多段线倒角等。

1. 距离倒角

所谓"距离倒角"，指的是直接输入两条图线上的倒角距离，以进行图线倒角。下面通过实例学习此倒角操作。

❶ 绘制如图3-41所示的直线A和直线B。

❷ 单击【修改】工具栏或面板中的 按钮，对两条直线进行距离倒角操作。命令行操作如下。

```
命令：_chamfer
  ("修剪"模式) 当前倒角距离 1 = 0.0000，距离 2 = 0.0000
  选择第一条直线或 [放弃(U)/多段线(P)/距离(D)/角度(A)/修剪(T)/方式(E)/多个(M)]：
                            //输入"d"后按Enter键，激活【距离(D)】选项
  指定第一个倒角距离 <0.0000>： //输入"150"后按Enter键，设置第一倒角长度
  指定第二个倒角距离 <25.0000>： //输入"100"后按Enter键，设置第二倒角长度
  选择第一条直线或 [放弃(U)/多段线(P)/距离(D)/角度(A)/修剪(T)/方式(E)/多个(M)]：
                            //选择图线A
  选择第二条直线，或按住 Shift 键选择要应用角点的直线：
                            //选择图线B，倒角结果如图3-42所示
```

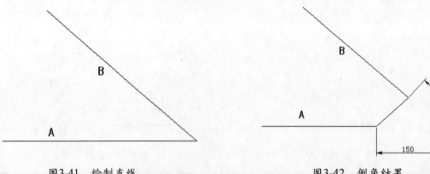

图3-41　绘制直线　　　　　　　　　　　　图3-42　倒角结果

　　用于倒角的两个倒角距离值不能为负值。如果将两个倒角距离值设置为0，那么倒角的结果就是两条图线被修剪或延长，直至相交于一点。

2. 角度倒角

所谓"角度倒角"，指的是通过设置一条图线的倒角长度和倒角角度，为图线进行倒角操作。使用此方式为图线倒角时，首先需要设置对象的长度尺寸和角度尺寸。

❶ 执行【直线】命令，绘制如图3-43所示的直线A和直线B。

❷ 单击【修改】工具栏或面板中的 按钮，对两条图形进行角度倒角。命令行操作如下。

```
命令：_chamfer
   （"修剪"模式）当前倒角距离 1 = 25.0000，距离 2 = 15.0000
   选择第一条直线或 [放弃(U)/多段线(P)/距离(D)/角度(A)/修剪(T)/方式(E)/
   多个(M)]：                         //输入"a"后按Enter键，激活【角度（A）】选项
   指定第一条直线的倒角长度 <0.0000>：    //输入"100"后按Enter键，设置倒角长度
   指定第一条直线的倒角角度 <0>：       //输入"30"后按Enter键，设置倒角角度
   选择第一条直线或 [放弃(U)/多段线(P)/距离(D)/角度(A)/修剪(T)/方式(E)/多个(M)]：
                                       //选择图线A
   选择第二条直线，或按住Shift键选择要应用角点的直线：   //选择图线B，倒角结果如图3-44所示
```

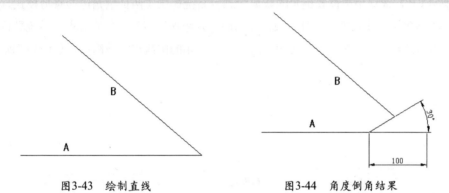

图3-43　绘制直线　　　　　　　　　图3-44　角度倒角结果

> **选项解析**
>
> 　　【方式（E）】：用于确定倒角的方式，可以选择【距离倒角】或【角度倒角】。

　　系统变量CHAMMODE控制着倒角的方式。当CHAMMODE=0时，系统支持【距离倒角】模式；当CHAMMODE=1时，系统支持【角度倒角】模式。

3. 多段线倒角

　　【多段线】选项用于为整条多段线的所有相邻元素边同时进行倒角操作。在为多段线进行倒角操作时，可以使用相同的倒角距离值，也可以使用不同的倒角距离值。命令行操作如下。

❶ 执行【多段线】命令，绘制如图3-45所示的多段线。

❷ 单击【修改】工具栏或面板中的◻按钮，对多段线进行距离倒角。命令行操作如下。

```
命令：_chamfer
   （"修剪"模式）当前倒角距离 1 = 0.0000，距离 2 = 0.0000
选择第一条直线或 [放弃(U)/多段线(P)/距离(D)/角度(A)/修剪(T)/方式(E)/多个(M)]：
                       //输入"d"后按Enter键，激活【距离（D）】选项
指定第一个倒角距离 <0.0000>：   //输入"50"后按Enter键，设置第一倒角长度
指定第二个倒角距离 <50.0000>：  //输入"30"后按Enter键，设置第二倒角长度
选择第一条直线或 [放弃(U)/多段线(P)/距离(D)/角度(A)/修剪(T)/方式(E)/多个(M)]：
                       //输入"p"后按Enter键，激活【多段线（P）】选项
选择二维多段线：                //选择绘制的多段线，倒角结果如图3-46所示
```

第 **1** 篇 快速入门

第 **2** 篇 技能进阶

第 **3** 篇 三维设计

第 **4** 篇 工程应用

图3-45　绘制多段线

图3-46　多段线倒角结果

4. 设置修剪模式

【修剪（T）】选项用于设置倒角的修剪状态。系统提供了两种倒角边的修剪模式，即修剪和不修剪。当将倒角模式设置为修剪时，被倒角的两条直线被修剪到倒角的端点，系统默认的模式为修剪模式；当将倒角模式设置为不修剪时，那么用于倒角的图线将不被修剪，如图3-47所示。

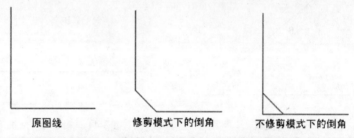

原图线　　　　　修剪模式下的倒角　　　　不修剪模式下的倒角

图3-47　修剪模式和不修剪模式下的倒角结果

系统变量TRIMMODE控制倒角的修剪状态。当TRIMMODE=0时，系统保持对象不被修剪；当TRIMMODE=1时，系统支持倒角的修剪模式。

3.3.4　圆角对象

所谓"圆角"，是指使用一段给定半径的圆弧光滑连接两条图线。一般情况下，用于圆角的图线有直线、多段线、样条曲线、构造线、射线、圆弧和椭圆弧等。

执行【圆角】命令主要有以下几种方式。

◆ 执行【修改】|【圆角】菜单命令。

◆ 单击【修改】工具栏或面板中的◻按钮。

◆ 在命令行中输入"Fillet"后按Enter键。

◆ 使用快捷键"F"。

下面通过对直线和圆弧进行圆角操作，学习【圆角】命令的使用方法。

❶ 执行【直线】命令，绘制如图3-48所示的图线。

❷ 单击【修改】工具栏或面板中的◻按钮，对直线进行圆角操作。命令行操作如下。

```
命令: _fillet
    当前设置: 模式 = 修剪, 半径 = 0.0000
    选择第一个对象或 [放弃(U)/多段线(P)/半径(R)/修剪(T)/多个(M)]: //输入"r"后按Enter键
    指定圆角半径 <0.0000>:                    //输入"100"后按Enter键
```

选择第一个对象或 [放弃(U)/多段线(P)/半径(R)/修剪(T)/多个(M)]: //选择倾斜线段
选择第二个对象,或按住 Shift 键选择对象以应用角点或 [半径(R)]:
　　　　　　　　　　　　　　　　　　　　　//选择水平图线,圆角结果如图3-49所示

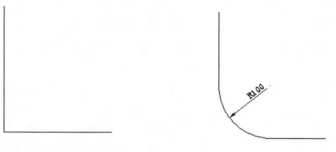

图3-48　绘制直线　　　　　　　　　　　图3-49　圆角结果

　　　　如果用于圆角操作的图线是相互平行的,那么在执行【圆角】命令后,AutoCAD将不考虑当前的圆角半径,而是自动使用一条半圆弧连接两条平行图线,半圆弧的直径为两条平行线之间的距离,如图3-50所示。

平行图线　　　　　　　　　　　　　**圆角结果**

图3-50　平行线圆角效果

　　与【倒角】命令一样,【圆角】命令也存在两种圆角模式,即修剪和不修剪。以上各例都是在修剪模式下进行圆角操作的,而不修剪模式下的圆角效果如图3-51所示。

图3-51　不修剪模式下的圆角效果

　　用户也可通过系统变量TRIMMODE设置圆角的修剪模式。当TRIMMODE=0时,保持对象不被修剪;当TRIMMODE=1时,表示执行圆角操作后修剪对象。

　　另外,【圆角】命令中的其他选项与【倒角】命令中的选项相同,在此不再赘述。

3.3.5　打断对象

　　【打断】命令用于将选择的图线打断为相连的两部分,或打断并删除图线上的一部分。
　　执行【打断】命令主要有以下几种方式。
- 执行【修改】|【打断】菜单命令。
- 单击【修改】工具栏或面板中的□按钮。

◆ 在命令行中输入"Break"后按Enter键。

◆ 使用快捷键"BR"。

在打断图线时，需要配合【对象捕捉】功能或【坐标输入】功能精确定位断点。下面通过简单实例，学习【打断】命令的使用方法。

❶ 执行【直线】命令，绘制长度为200的直线，结果如图3-52所示。

❷ 单击【修改】工具栏中的■按钮，配合捕捉功能，在中点位置将水平图线进行打断。命令行操作如下。

```
命令：_break
    选择对象：                        //选择水平图线
    指定第二个打断点 或 [第一点(F)]：   //输入"f"后按Enter键，激活【第一点（F）】选项
    指定第一个打断点：                 //捕捉水平图线的一个端点，如图3-53所示
```

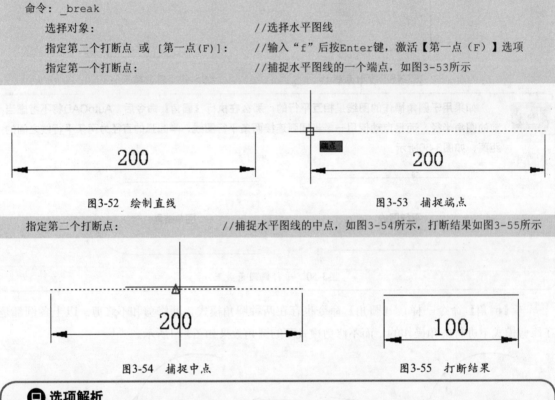

图3-52　绘制直线　　　　　　　　　　　　　　　　图3-53　捕捉端点

```
    指定第二个打断点：                 //捕捉水平图线的中点，如图3-54所示，打断结果如图3-55所示
```

图3-54　捕捉中点　　　　　　　　　　　　　　　　图3-55　打断结果

💻 **选项解析**

【第一点（F）】：用于重新确定第一断点。由于在选择对象时不可能拾取到准确的第一点，所以需要激活该选项，以重新定位第一断点。

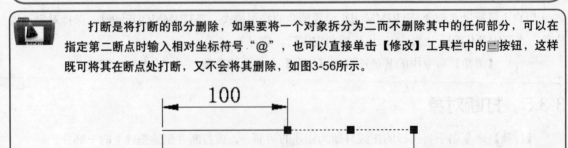

打断是将打断的部分删除，如果要将一个对象拆分为二而不删除其中的任何部分，可以在指定第二断点时输入相对坐标符号"@"，也可以直接单击【修改】工具栏中的■按钮，这样既可将其在断点处打断，又不会将其删除，如图3-56所示。

图3-56　打断结果

第1篇 快速入门

第2篇 技能进阶

第3篇 三维设计

第4篇 工程应用

3.3.6　合并对象

【合并】命令用于将两个或多个相似对象合并成一个完整的对象，还可以将圆弧或椭圆弧合并为一个整圆和椭圆。

执行【合并】命令主要有以下几种方式。

◆　执行【修改】|【合并】菜单命令。
◆　单击【修改】工具栏或面板中的┿按钮。
◆　在命令行中输入"Join"后按Enter键。
◆　使用快捷键"J"。

下面通过将两条直线合并为一条直线，学习【合并】命令的使用方法。

❶ 使用画线命令，绘制如图3-57所示的两条直线。

————————————————　　　————————————————

图3-57　绘制的直线

❷ 单击【修改】工具栏中的┿【合并】按钮，激活【合并】命令，将两条直线合并为一条直线。命令行操作如下。

```
命令：_join
    选择源对象或要一次合并的多个对象：　　　　　//选择左侧的直线作为源对象
    选择要合并的对象：　　　　　　　　　　　　　//选择右侧的直线
    选择要合并的对象：　　　　　　　　　　　　　//按Enter键，合并结果如图3-58所示
```

———————————————————————————————————

图3-58　合并结果

3.3.7　偏移对象

【偏移】命令用于将选择的图线按照一定的距离或指定的通过点进行偏移复制，以创建同尺寸或同形状的复合对象。此命令是使用频率非常高的一种工具。

执行【偏移】命令主要有以下几种方式。

◆　执行【修改】|【偏移】菜单命令。
◆　单击【修改】工具栏或面板中的┗按钮。
◆　在命令行中输入"Offset"后按Enter键。
◆　使用快捷键"O"。

 不同结构的对象，其偏移结果也会不同。例如，在对圆、椭圆等对象进行偏移后，对象的尺寸发生了变化，而对直线偏移后，对象的尺寸保持不变。

偏移对象有两种方式，一种是定距偏移，另一种是定点偏移。下面通过简单实例，学习这两种偏移对象的方法。

1. 定距偏移

所谓"定距偏移"，是指通过指定偏移距离偏移对象。

❶ 绘制如图3-59所示的图线。

———————————————————————————————

图3-59　绘制的图线

❷ 单击【修改】工具栏中的⬛按钮，激活【偏移】命令，对图线进行距离偏移。命令行操作如下。

```
命令: _offset
    当前设置: 删除源=否  图层=源  OFFSETGAPTYPE=0
    指定偏移距离或 [通过(T)/删除(E)/图层(L)] <10.0000>:
                              //输入"10"后按Enter键，设置偏移距离
    选择要偏移的对象，或 [退出(E)/放弃(U)] <退出>: //选择水平图线
    指定要偏移的那一侧上的点，或 [退出(E)/多个(M)/放弃(U)] <退出>:
                              //在水平图线的上方拾取一点
    选择要偏移的对象，或 [退出(E)/放弃(U)] <退出>: //选择水平图线
    指定要偏移的那一侧上的点，或 [退出(E)/多个(M)/放弃(U)] <退出>:
                              //在水平图线的下方拾取一点
    选择要偏移的对象，或 [退出(E)/放弃(U)] <退出>:
                              //按Enter键，结束命令，偏移结果如图3-60所示
```

———————————————————————————————◀━ **偏移的图线**
———————————————————————————————◀━**原图线**
———————————————————————————————◀━ **偏移的图线**

图3-60　偏移结果

在选择偏移对象时，只能以点选的方式选择对象，且每次只能偏移一个对象。

2. 定点偏移

所谓"定点偏移"，是指通过某特征点偏移对象。

❶ 使用快捷键C激活【圆】命令，绘制一个圆，然后使用快捷键L激活【直线】命令，配合【象限点捕捉】功能，绘制圆的直径，如图3-61所示。

❷ 单击【修改】工具栏中的⬛按钮，激活【偏移】命令，通过圆的上、下象限点对圆的直径进行定点偏移。命令行操作如下。

```
命令: _offset
    当前设置: 删除源=否  图层=源  OFFSETGAPTYPE=0
    指定偏移距离或 [通过(T)/删除(E)/图层(L)] <10.0000>:
                              //输入"t"后按Enter键，激活【通过(T)】选项
    选择要偏移的对象，或 [退出(E)/放弃(U)] <退出>: //选择圆的直径
    指定要偏移的那一侧上的点，或 [退出(E)/多个(M)/放弃(U)] <退出>:
```

//捕捉圆的上象限点

选择要偏移的对象，或 [退出(E)/放弃(U)] <退出>: //选择圆的直径

指定要偏移的那一侧上的点，或 [退出(E)/多个(M)/放弃(U)] <退出>: //捕捉圆的下象限点

选择要偏移的对象，或 [退出(E)/放弃(U)] <退出>:

//按Enter键，结束命令，偏移结果如图3-62所示

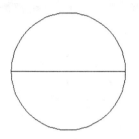

图3-61　绘制的圆及其直径

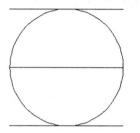

图3-62　偏移结果

3. 偏移并删除源对象

在偏移对象时，使用【偏移】命令中的【删除（E）】选项，可以在偏移图线的过程中将源图线删除。下面将上图3-61所示的圆的直径通过其上象限点进行偏移，同时删除原直径。

❶ 继续上例的操作。

❷ 单击【修改】工具栏中的按钮，激活【偏移】命令，将圆的直径通过圆的上、下象限点进行定点偏移。命令行操作如下。

```
命令: _offset
    当前设置：删除源=否　图层=源　OFFSETGAPTYPE=0
    指定偏移距离或 [通过(T)/删除(E)/图层(L)] <通过>:
                        //输入"e"后按Enter键，激活【删除（E）】选项
    要在偏移后删除源对象吗？[是(Y)/否(N)] <否>:            //输入"y"后按Enter键
    指定偏移距离或 [通过(T)/删除(E)/图层(L)] <通过>:
                        //输入"t"后按Enter键，激活【通过（T）】选项
    选择要偏移的对象，或 [退出(E)/放弃(U)] <退出>:         //选择圆的直径
    指定通过点或 [退出(E)/多个(M)/放弃(U)] <退出>:        //捕捉圆的上象限点
    选择要偏移的对象，或 [退出(E)/放弃(U)] <退出>: //按Enter键，偏移结果如图3-63所示
```

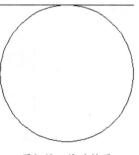

图3-63　偏移结果

第 **1** 篇 快速入门

第 **2** 篇 技能进阶

第 **3** 篇 三维设计

第 **4** 篇 工程应用

3.4 多线的应用与编辑

实例效果 "效果文件"\"第3章"\"立面柜.dwg"
视频讲解 "视频文件"\"第3章"\"3.4.多线的应用与编辑.avi"

多线是由两条或两条以上的平行线元素构成的复合对象。无论多线图元中包含多少条平行线元素，系统都将其看成是一个对象，并且平行线元素的线型、颜色及间距都是可以设置的，如图3-64所示。

图3-64 多线

执行【多线】命令主要有以下几种方式。

◆ 执行【绘图】|【多线】菜单命令。
◆ 在命令行中输入"Mline"后按Enter键。
◆ 使用快捷键"ML"。

3.4.1 设置多线样式

默认设置下，多线是由两条平行线组成的。如果需要绘制其他样式的多线，可以使用【多线样式】命令。下面通过设置如图3-65所示的多线样式，学习多线样式的设置方法。

图3-65 绘制多线

❶ 执行【绘图】|【格式】|【多线样式】菜单命令，或使用命令表达式"Mlstyle"激活【多线样式】命令，打开【多线样式】对话框，如图3-66所示。

❷ 单击【多线样式】对话框中的 新建(N)... 按钮，在打开的【创建新的多线样式】对话框中为新样式命名，如图3-67所示。

❸ 单击 继续 按钮，打开如图3-68所示的【新建多线样式】对话框。

图3-66 【多线样式】对话框

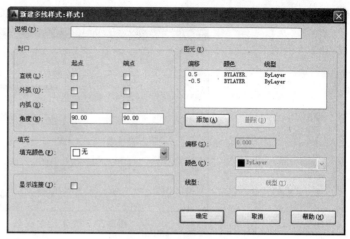

图3-67 【创建新的多线样式】对话框　　　　图3-68 【新建多线样式】对话框

④ 单击 添加(A) 按钮，添加一个"0"号元素，并设置元素的颜色以及偏移值等，如图3-69所示。

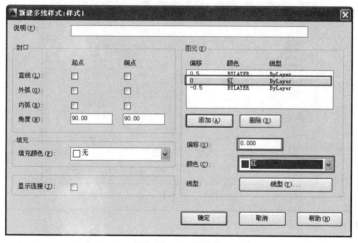

图3-69 设置参数

⑤ 单击 线型(T)... 按钮，在打开的【选择线型】对话框中单击 加载(L)... 按钮，打开【加载或重载线型】对话框，如图3-70所示。

⑥ 单击 确定 按钮，选择的线型被加载到【选择线型】对话框中，如图3-71所示。

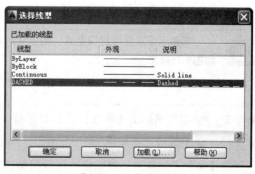

图3-70 选择线型　　　　　　　　　图3-71 加载的线型

第 **1** 篇 快速入门

第 **2** 篇 技能进阶

第 **3** 篇 三维设计

第 **4** 篇 工程应用

❼ 选择加载的线型，单击 确定 按钮，将此线型赋给刚添加的多线元素，结果如图3-72所示。

图3-72　设置元素线型

❽ 在左侧【封口】选项组中，设置多线两端的封口形式，其中【起点】与【端点】均为直线，如图3-73所示。

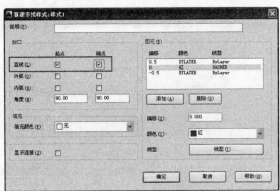

图3-73　设置封口形式

选项解析

◆ 【直线】：选中该复选框，表示多线两端均以直线进行封口，如图3-74所示。

◆ 【外弧】：选中该复选框，表示多线两端均以外弧进行封口，如图3-75所示。

图3-74　直线封口形式　　　　　　　　　　　　图3-75　外弧封口形式

◆ 【内弧】：选中该复选框，表示多线两端均以内弧进行封口。

如果不设置任何封口形式，则多线两端不封口，如图3-76所示。

图3-76　无封口形式

❾ 单击 确定 按钮返回【多线样式】对话框，新多线样式出现在预览框中，如图3-77所示。

❿ 选择设置的新样式，单击 置为当前(U) 按钮，将其设置为当前样式，然后单击 保存(A)... 按钮，在打开的【保存多线样式】对话框中可以将新样式以*.mln的格式进行保存，如图3-78所示，这样可以方便在以后的操作中在其他文件中进行使用。

图3-77　设置的多线样式效果

图3-78　保存多线样式

⓫ 关闭【多线样式】对话框，完成对多线样式的设置。

⓬ 执行【多线】命令，命令行操作如下。

```
命令：_mline
    当前设置：对正 = 上，比例 = 200.00，样式 = 样式1
    指定起点或 [对正(J)/比例(S)/样式(ST)]：    //拾取一点
    指定下一点：                          //引出0°方向矢量，拾取另一点
    指定下一点或 [放弃(U)]：               //按Enter键，结束操作
```

3.4.2　编辑多线

绘制多线后，可以使用【多线编辑工具】对话框对多线进行编辑，例如编辑多线的交叉点、断开多线和增加多线顶点等。

下面通过一个简单实例，学习编辑多线的相关技能。

❶ 继续上例的操作，使用设置的多线样式，创建相互垂直相交的两条多线，如图3-79所示。

❷ 执行【修改】|【对象】|【多线】菜单命令，或在需要编辑的多线上双击左键，即可打开如图3-80所示的【多线编辑工具】对话框。

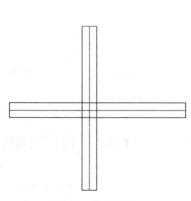

图3-79　绘制多线

图3-80　【多线编辑工具】对话框

❸ 在此对话框中可以看出，AutoCAD 2014共提供了4类12种编辑工具。

1. 十字交线

所谓"十字交线"，指的是两条多线呈十字形交叉状态，如图3-81（左）所示，A、B分别代表选择多线的次序，水平多线为A，垂直多线为B。此状态下的编辑功能包括【十字闭合】、【十字打开】和【十字合并】，各种编辑效果如图3-81（右）所示。

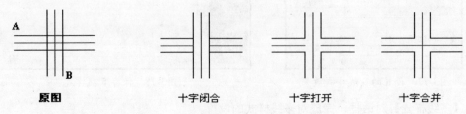

图3-81　十字编辑

- ⊞【十字闭合】：表示相交两条多线的十字封闭状态。
- ⊞【十字打开】：表示相交两条多线的十字开放状态，将两线的相交部分全部断开，第1条多线的轴线在相交部分也要断开。
- ⊞【十字合并】：表示相交两条多线的十字合并状态，将两线的相交部分全部断开，但两条多线的轴线在相交部分相交。

2. T形交线

所谓"T形交线"，指的是两条多线呈"T"形相交状态，如图3-82（左）所示。此状态下的编辑功能包括【T形闭合】、【T形打开】和【T形合并】，各种编辑效果如图3-82（右）所示。

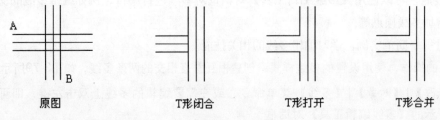

图3-82　T形编辑

- ▆【T形闭合】：表示相交两条多线的T形封闭状态，将选择的第1条多线与第2条多线的相交部分修剪掉，而第2条多线保持原样连通。
- ▆【T形打开】：表示相交两条多线的T形开放状态，将两线的相交部分全部断开，第1条多线的轴线在相交部分也断开。
- ▆【T形合并】：表示相交两条多线的T形合并状态，将两线的相交部分全部断开，但第1条与第2条多线的轴线在相交部分相交。

3. 角形交线

"角形交线"编辑功能包括【角点结合】、【添加顶点】和【删除顶点】，其编辑效果如图3-83所示。

- ∟【角点结合】：表示修剪或延长两条多线，直到它们接触形成一相交角，将第1条和第2条多线的拾取部分保留，并将其相交部分全部断开剪去。

◆ 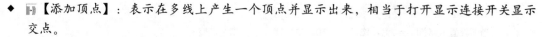【添加顶点】：表示在多线上产生一个顶点并显示出来，相当于打开显示连接开关显示交点。

◆ 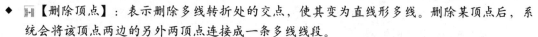【删除顶点】：表示删除多线转折处的交点，使其变为直线形多线。删除某顶点后，系统会将该顶点两边的另外两顶点连接成一条多线线段。

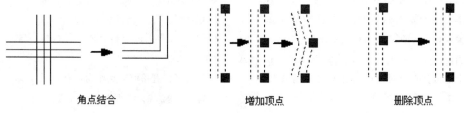

角点结合 增加顶点 删除顶点

图3-83 角形编辑

4. 切断交线

"切断交线"编辑功能包括【单个剪切】、【全部剪切】和【全部接合】，其编辑效果如图3-84所示。

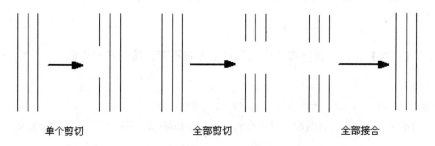

单个剪切 全部剪切 全部接合

图3-84 多线的剪切与接合

◆ 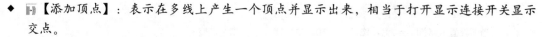【单个剪切】：表示在多线中的某条线上拾取两个点，从而断开此线。

◆ 【全部剪切】：表示在多线上拾取两个点，从而将此多线全部切断一截。

◆ 【全部接合】：表示连接多线中的所有可见间断，但不能用来连接两条单独的多线。

3.4.3 实例——使用【多线】绘制立面柜立面图

下面通过绘制双扇立面柜，学习【多线】命令的使用方法。

❶ 执行【新建】命令，新建空白绘图文件。

❷ 打开【对象捕捉】功能，并设置捕捉模式为端点捕捉。

❸ 执行【绘图】|【格式】|【多线样式】菜单命令，在打开的【多线样式】对话框中将系统默认的"STANDARD"多线样式设置为当前样式，并修改其封口形式为直线封口形式，如图3-85所示。

❹ 关闭【多线样式】对话框，然后执行【多线】命令，绘制左扇立面柜。命令行操作如下。

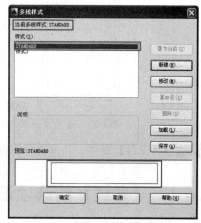

图3-85 设置当前多线样式

第 **1** 篇 快速入门

第 **2** 篇 技能进阶

第 **3** 篇 三维设计

第 **4** 篇 工程应用

```
命令:_mline
    当前设置: 对正 = 上, 比例 = 20.00, 样式 = STANDARD
    指定起点或 [对正(J)/比例(S)/样式(ST)]:        //输入"s"后按Enter键
    输入多线比例 <20.00>:                        //输入"15"后按Enter键, 设置多线比例
    当前设置: 对正 = 上, 比例 = 15.00, 样式 = STANDARD
    指定起点或 [对正(J)/比例(S)/样式(ST)]:        //输入"j"后按Enter键
    输入对正类型 [上(T)/无(Z)/下(B)] <上>:        //输入"b"后按Enter键, 设置对正方式
    当前设置: 对正 = 下, 比例 = 12.00, 样式 = STANDARD
    指定起点或 [对正(J)/比例(S)/样式(ST)]:        //在适当位置拾取一点作为起点
    指定下一点:                                   //输入"@250,0"后按Enter键
    指定下一点或 [放弃(U)]:                        //输入"@0,450"后按Enter键
    指定下一点或 [闭合(C)/放弃(U)]:                //输入"@-250,0"后按Enter键
    指定下一点或 [闭合(C)/放弃(U)]:                //输入"c"后按Enter键, 闭合图形, 绘制结果如图3-86所示
```

在设置好多线的对正方式之后, 还要注意光标的引导方向。引导方向不同, 绘制的图形的尺寸也不同。

❺ 重复执行【多线】命令, 保持多线比例和对正方式不变, 绘制右扇立面柜。命令行操作如下。

```
命令:_mline
    当前设置: 对正 = 下, 比例 = 15.00, 样式 = STANDARD
    指定起点或 [对正(J)/比例(S)/样式(ST)]:        //捕捉如图3-86所示的端点作为起点
    指定下一点:                                   //输入"@250,0"后按Enter键
    指定下一点或 [放弃(U)]:                        //输入"@0,450"后按Enter键
    指定下一点或 [闭合(C)/放弃(U)]:                //输入"@250<180"后按Enter键
    指定下一点或 [闭合(C)/放弃(U)]:                //输入"c"后按Enter键, 闭合图形, 结果如图3-87所示
```

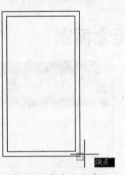

图3-86 左扇立面柜

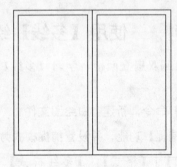

图3-87 绘制结果

❻ 执行【保存】命令, 将该文件保存为"立面柜.dwg"文件。

3.4.4 【多线】的选项设置

当激活【多线】命令后, 命令行中会出现多线的相关选项, 如图3-88所示。

⊡ 选项解析

◆ 【对正（J）】：用于设置多线的对正方式。激活该选项后，会进入其对正设置选项，如图3-89所示。其中，【上（T）】对正，多线的上方与对象对齐，如图3-90（左）所示；【无（Z）】对正，多线的中心与对象对齐，如图3-90（中）所示；【下（B）】对正，多线的下方与对象对齐，如图3-90（右）所示。

当前设置: 对正 = 上, 比例 = 20.00, 样式 = STANDARD
╲╲▾ MLINE 指定起点或 [对正(J) 比例(S) 样式(ST)]:

╲╲▾ MLINE 输入对正类型 [上(T) 无(Z) 下(B)] <上>:

图3-88 命令行选项   图3-89 对正设置选项

图3-90 3种对正方式

◆ 【比例（S）】：用于设置多线的比例。激活该选项后，系统要求输入多线的比例，默认为20.00，如图3-91所示。

◆ 【样式（ST）】：用于选择多线的样式。激活该选项后，系统要求输入多线的样式名称。在此可以输入已经设置的样式的名称，则系统会使用该样式进行绘制，否则系统使用当前样式进行绘制，如图3-92所示。

指定起点或 [对正(J)/比例(S)/样式(ST)]: s
╲╲▾ MLINE 输入多线比例 <20.00>:

指定起点或 [对正(J)/比例(S)/样式(ST)]: st
╲╲▾ MLINE 输入多线样式名或 [?]:

图3-91 多线的比例   图3-92 样式名称

3.5 点、点样式与点的应用

视频讲解 "视频文件"\"第3章"\"3.5.点、点样式与点的应用.avi"

在AutoCAD 2014中，点图元是最基本、最简单的一种几何图元。使用点，可以等分直线、创建灯具等。下面主要学习点的绘制、点样式的设置以及点图元的应用技巧等相关知识。

3.5.1 设置点样式

默认模式下，点是以一个小点显示。如果该点处于某轮廓线上，那么将会看不到。因此，在绘制点时，首先需要设置点样式。AutoCAD 2014为用户提供了点的显示样式设置功能，用户可以根据需要设置点的显示样式。

❶ 执行【格式】|【点样式】菜单命令，或在命令行中输入"Ddptype"并按Enter键，打开如图3-93所示的【点样式】对话框。

❷ 由此对话框可以看出，系统共提供了20种点样式，用户可以在所需样式上单击，将此样式设置为当前点样式。例如，在此设置 ⊠ 为当前点样式，如图3-94所示。

❸ 设置点的尺寸。在【点大小】文本框中输入点的大小尺寸；【相对于屏幕设置大小】选项表示

按照屏幕尺寸的百分比显示点；【按绝对单位设置大小】选项表示按照点的实际尺寸显示点。

④ 设置完成后单击 确定 按钮，关闭该对话框，完成点样式的设置。

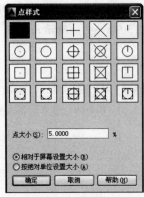

图3-93 【点样式】对话框

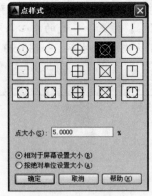

图3-94 设置点样式

3.5.2 绘制单点

单点是指一个点，使用【单点】命令可以绘制单个的点对象。执行一次该命令，仅可以绘制一个点。

执行【单点】命令主要有以下几种方式。

◆ 执行【绘图】|【点】|【单点】菜单命令。
◆ 在命令行中输入"Point"后按Enter键。
◆ 使用快捷键"PO"。

执行【单点】命令后，命令行提示如下。

```
命令：_point
    当前点模式：PDMODE=0  PDSIZE=0.0000
    指定点：        //在绘图区中拾取点或输入点坐标，系统即以当前点样式绘制单点，如图3-95所示
```

3.5.3 绘制多个点

所谓"多个点"，是指执行【多点】命令后，可以连续绘制多个点对象，直到用户按Esc键结束命令为止。

执行【多点】命令主要有以下几种方式。

◆ 执行【绘图】|【点】|【多点】菜单命令。
◆ 单击【绘图】工具栏或面板中的 · 按钮。

执行【多点】命令后，命令行提示如下。

```
命令：_Point
    当前点模式：  PDMODE=0  PDSIZE=0.0000 (Current point modes:  PDMODE=0
PDSIZE=0.0000)
    指定点：              //在绘图区中单击绘制点
    ……
```

继续在绘图区中单击，可以绘制多个点对象，结果如图3-96所示。

图3-95　绘制单点

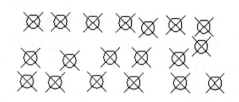

图3-96　绘制多点

3.5.4　点的应用——定数等分

所谓"定数等分"，是指按照指定的等分数目使用点对直线进行等分。直线被等分的结果仅仅是在等分点处放置了点的标记符号，而源对象并没有被等分为多个对象。

执行【定数等分】命令主要有以下几种方式。

◆ 执行【绘图】|【点】|【定数等分】菜单命令。
◆ 在命令行中输入"Divide"后按Enter键。
◆ 单击功能区【常用】选项卡中【绘图】面板中的 按钮。
◆ 使用快捷键"DVI"。

下面通过将长度为120的线段进行五等分，学习【定数等分】命令的使用方法。

❶ 绘制一条长度为120的水平直线，如图3-97所示。

❷ 执行【格式】|【点样式】菜单命令，将当前点的样式设置为✕。

❸ 执行【绘图】|【点】|【定数等分】菜单命令，根据命令行的提示，将线段五等分。命令行操作如下。

```
命令: _divide
    选择要定数等分的对象：        //选择刚绘制的水平直线
    输入线段数目或 [块(B)]：      //输入"5"后按Enter键，设置等分数目
```

❹ 线段被五等分，在等分点处放置了4个定数等分点，如图3-98所示。

图3-97　绘制直线

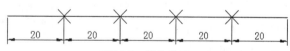

图3-98　等分结果

　　　　使用【块（B）】选项，可以在等分点处放置内部块。在执行此选项时，必须确保当前文件中存在所需使用的内部图块。如图3-99所示的图形，是使用了点的等分工具将圆弧进行等分，并在等分点处放置了会议椅内部块。

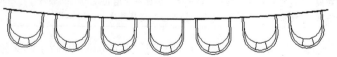

图3-99　在等分点处放置块

3.5.5 点的应用——定距等分

所谓"定距等分"，是指按照指定的等分距离使用点等分线对象，等分的结果仅仅是在等分点处放置了点的标记符号，而源对象并没有被等分为多个对象。

执行【定距等分】命令主要有以下几种方式。

◆ 执行【绘图】|【点】|【定距等分】菜单命令。

◆ 在命令行中输入"Measure"后按Enter键。

◆ 单击功能区【常用】选项卡中【绘图】面板中的 按钮。

◆ 使用快捷键"ME"。

下面通过将长度为250的线段每隔50的距离进行等分，学习【定距等分】命令的使用方法。

❶ 绘制长度为250的水平直线，如图3-100所示。

❷ 执行【点样式】命令，将点的样式设置为 ⊠ 。

❸ 执行【绘图】|【点】|【定距等分】菜单命令，对线段进行定距等分。命令行操作如下。

```
命令: _measure
    选择要定距等分的对象:          //在绘制的直线右端单击选择直线
    指定线段长度或 [块(B)]:        //输入"50"后按Enter键，设置等分距离
```

❹ 定距等分的结果如图3-101所示。

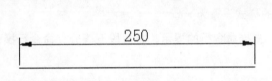

图3-100 绘制直线

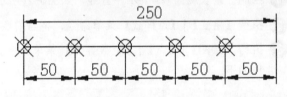

图3-101 等分结果

在此要注意，在进行定距等分时，选择直线的位置不同，等分结果也不同。在命令行"选择要定距等分的对象:"的提示下，在直线的左侧单击，则等分结果如图3-102所示；如果在直线的右侧单击，则等分结果如上图3-101所示。

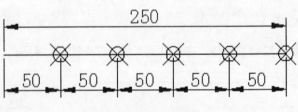

图3-102 等分结果

3.6 综合实例——绘制建筑墙体平面图

 实例效果 "效果文件"\"第3章"\"建筑墙体平面图.dwg"
视频讲解 "视频文件"\"第3章"\"3.6 绘制建筑墙体平面图.avi"

上面主要学习了线图元的绘制与编辑，下面通过绘制如图3-103所示的某建筑墙体平面图，对所学知识进行巩固和练习。

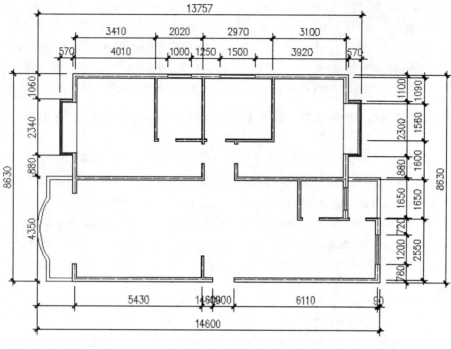

图3-103   实例效果

3.6.1 绘制墙体轴线

下面首先使用【直线】、【偏移】等命令绘制墙体轴线，学习【直线】和【偏移】命令在实际工作中的应用技巧。

❶ 执行【新建】命令，选择随书光盘中的"样板文件"\"建筑样板.dwt"文件作为基础样板，新建空白文件。

❷ 展开【图层控制】下拉列表，将"轴线层"设置为当前图层，如图3-104所示。

❸ 在命令行中输入"Ltscale"，将线型比例暂时设置为1。命令行操作如下。

图3-104   设置"轴线层"为当前图层

```
命令：ltscale                        //按Enter键，激活命令
    输入新线型比例因子 <100.0000>：      //输入"1"后按Enter键
```

❹ 单击状态栏中的▇按钮或按F8功能键，打开【正交】功能。

❺ 单击【绘图】工具栏中的╱按扭，激活【直线】命令，绘制两条垂直相交的直线作为基准轴线。命令行操作如下。

中文版
AutoCAD 2014从入门到精通

第 **1** 篇　快速入门

第 **2** 篇　技能进阶

第 **3** 篇　三维设计

第 **4** 篇　工程应用

```
命令: _line
    指定第一点:                                    //在绘图区中指定起点
    指定下一点或 [放弃(U)]:                         //向下引导光标，输入"8450"后按Enter键
    指定下一点或 [放弃(U)]:                         //向右引导光标，输入"12900"后按Enter键
    指定下一点或 [闭合(C)/放弃(U)]:                  //按Enter键，绘制结果如图3-105所示
```

❻ 单击【修改】工具栏中的 按钮，激活【偏移】命令，将水平基准轴线向上偏移。命令行操作如下。

```
命令: _offset
    当前设置: 删除源=否  图层=源  OFFSETGAPTYPE=0
    指定偏移距离或 [通过(T)/删除(E)/图层(L)] <通过>:           //输入"4200"后按Enter键
    选择要偏移的对象，或 [退出(E)/放弃(U)] <退出>:            //选择水平基准轴线
    指定要偏移的那一侧上的点，或 [退出(E)/多个(M)/放弃(U)] <退出>: //在所选轴线的上方拾取点
    选择要偏移的对象，或 [退出(E)/放弃(U)] <退出>:            //按Enter键，结束命令
    命令:
    OFFSET当前设置: 删除源=否  图层=源  OFFSETGAPTYPE=0
    指定偏移距离或 [通过(T)/删除(E)/图层(L)] <4200.0>:         //输入"1600"后按Enter键
    选择要偏移的对象，或 [退出(E)/放弃(U)] <退出>:            //选择刚偏移出的水平轴线
    指定要偏移的那一侧上的点，或 [退出(E)/多个(M)/放弃(U)] <退出>:
                                                        //在所选轴线的上方拾取点
    选择要偏移的对象，或 [退出(E)/放弃(U)] <退出>:            //按Enter键，结束命令
    命令:
    OFFSET当前设置: 删除源=否  图层=源  OFFSETGAPTYPE=0
    指定偏移距离或 [通过(T)/删除(E)/图层(L)] <1600.0>:         //输入"2650"后按Enter键
    选择要偏移的对象，或 [退出(E)/放弃(U)] <退出>:            //选择刚偏移出的水平轴线
    指定要偏移的那一侧上的点，或 [退出(E)/多个(M)/放弃(U)] <退出>://在所选轴线的上方拾取点
    选择要偏移的对象，或 [退出(E)/放弃(U)] <退出>:            //按Enter键，偏移结果如图3-106所示
```

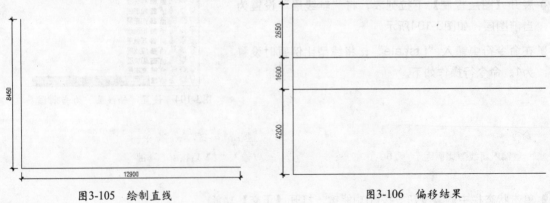

图3-105　绘制直线　　　　　　　　　　　　图3-106　偏移结果

❼ 重复执行【偏移】命令，将最左侧的垂直轴线向右进行偏移，偏移距离为3410、5430和12900，结果如图3-107所示。

❽ 使用快捷键 "CO" 激活【复制】命令，将最上方的水平轴线向下进行复制，距离为5900。命令行操作如下。

```
命令：_copy
    选择对象：                                          //选择最上方的水平轴线
    选择对象：                                          //按Enter键，结束选择
    当前设置： 复制模式 = 多个
    指定基点或 [位移(D)/模式(O)] <位移>：                //拾取任意点
    指定第二个点或 [阵列(A)] <使用第一个点作为位移>：     //输入 "@0,-5900" 后按Enter键
    指定第二个点或 [阵列(A)/退出(E)/放弃(U)] <退出>：    //按Enter键，复制结果如图3-108所示
```

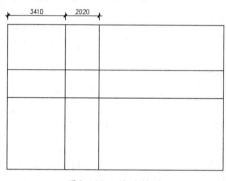

图3-107　偏移结果

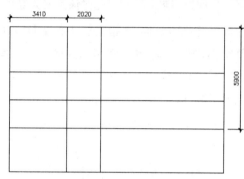

图3-108　复制结果

❾ 重复执行【复制】命令，配合【坐标输入】功能，对垂直轴线进行复制。命令行操作如下。

```
命令：_copy
    选择对象：                                          //选择最右侧的垂直轴线
    选择对象：                                          //按Enter键，结束选择
    当前设置： 复制模式 = 多个
    指定基点或 [位移(D)/模式(O)] <位移>：                //拾取任意点
    指定第二个点或 [阵列(A)] <使用第一个点作为位移>：     //输入 "@-1400,0" 后按Enter键
    指定第二个点或 [阵列(A)/退出(E)/放弃(U)] <退出>：    //输入 "@-3350,0" 后按Enter键
    指定第二个点或 [阵列(A)/退出(E)/放弃(U)] <退出>：    //输入 "@-4500,0" 后按Enter键
    指定第二个点或 [阵列(A)/退出(E)/放弃(U)] <退出>：    //输入 "@-6050,0" 后按Enter键
    指定第二个点或 [阵列(A)/退出(E)/放弃(U)] <退出>：//按Enter键，复制结果如图3-109所示
```

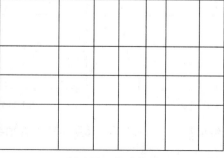

图3-109　偏移结果

第 **1** 篇 快速入门

第 **2** 篇 技能进阶

第 **3** 篇 三维设计

第 **4** 篇 工程应用

3.6.2 完善墙体轴线

下面继续使用【复制】、【夹点编辑】与【打断】等命令完善墙体轴线，学习【复制】、【夹点编辑】和【打断】命令在实际工作中的应用技巧。

❶ 继续上一节的操作。

❷ 在无命令执行的前提下，选择最右侧的垂直轴线，使其呈现夹点显示状态，如图3-110所示。

❸ 在上方的夹点上单击鼠标左键，使其变为夹基点（也称为"热点"），此时该点变为红色。

❹ 在命令行"*** 拉伸 ** 指定拉伸点或 [基点(B)/复制(C)/放弃(U)/退出(X)]:"的提示下，捕捉如图3-111所示的点，对其进行夹点拉伸，结果如图3-112所示。

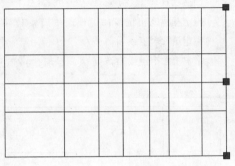

图3-110　夹点显示效果

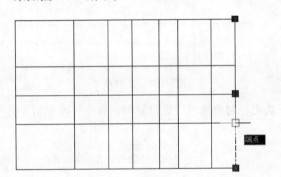

图3-111　捕捉端点

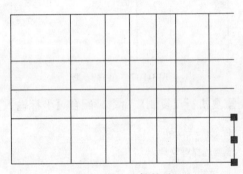

图3-112　编辑结果

❺ 按Esc键，取消对象的夹点显示状态，结果如图3-113所示。

❻ 参照以上操作，配合【端点捕捉】和【交点捕捉】功能，分别对其他轴线进行夹点拉伸，编辑结果如图3-114所示。

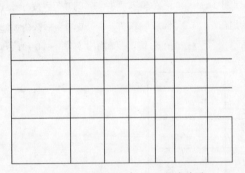

图3-113　取消夹点显示后的效果

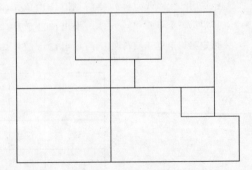

图3-114　编辑其他轴线

❼ 使用快捷键"TR"激活【修剪】命令，以图3-115所示的垂直轴线1和垂直轴线2作为边界，对水平轴线3进行修剪，结果如图3-116所示。

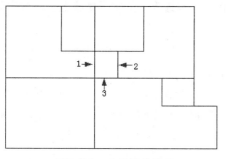

图3-115　定位修剪边界

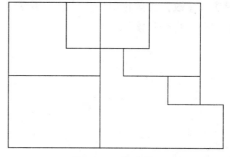

图3-116　修剪结果

❽ 执行【修改】|【偏移】菜单命令，将最上方的水平轴线向下偏移，以创建辅助线。命令行操作如下。

```
命令: _offset
    当前设置: 删除源=否  图层=源  OFFSETGAPTYPE=0
    指定偏移距离或 [通过(T)/删除(E)/图层(L)]:              //输入"1090"后按Enter键
    选择要偏移的对象, 或 [退出(E)/放弃(U)]<退出>:          //选择最上方的水平轴线
    指定要偏移的那一侧上的点, 或 [退出(E)/多个(M)/放弃(U)]<退出>://在所选择轴线的下方拾取点
    选择要偏移的对象, 或 [退出(E)/放弃(U)]<退出>:          //按Enter键, 结束命令
    命令:
    OFFSET当前设置: 删除源=否  图层=源  OFFSETGAPTYPE=0
    指定偏移距离或 [通过(T)/删除(E)/图层(L)]<1090.0>:      //输入"2100"后按Enter键
    选择要偏移的对象, 或 [退出(E)/放弃(U)]<退出>:          //选择刚偏移出的的轴线
    指定要偏移的那一侧上的点, 或 [退出(E)/多个(M)/放弃(U)]<退出>://在所选择轴线的下方拾取点
    选择要偏移的对象, 或 [退出(E)/放弃(U)]<退出>:          //按Enter键, 结果如图3-117所示
```

❾ 单击【修改】工具栏中的 ⊬ 按钮，以刚偏移出的两条辅助轴线作为边界，对左侧的垂直轴线进行修剪，以创建宽度为2100的窗洞，修剪结果如图3-118所示。

❿ 执行【修改】|【删除】菜单命令，删除刚偏移出的两条水平辅助线，结果如图3-119所示。

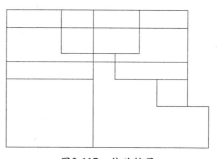

图3-117　偏移结果

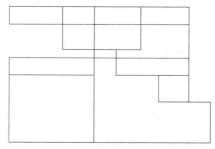

图3-118　修剪结果

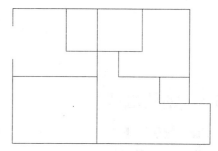

图3-119　删除结果

第1篇 快速入门

第2篇 技能进阶

第3篇 三维设计

第4篇 工程应用

⓫ 单击【修改】工具栏中的 按钮，激活【打断】命令，在最上方的水平轴线上创建宽度为1000的窗洞。命令行操作如下。

```
命令：_break
    选择对象：                          //选择最上方的水平轴线
    指定第二个打断点 或 [第一点(F)]：     //输入"F"后按Enter键，重新指定第一断点
    指定第一个打断点：                   //激活【捕捉自】功能
    _from 基点：                        //捕捉如图3-120所示的端点
    <偏移>：                            //输入"@3920,0"后按Enter键
    指定第二个打断点：                   //输入"@1000,0"后按Enter键，结果如图3-121所示
```

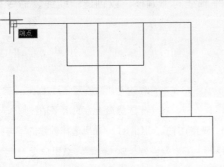

图3-120　捕捉端点

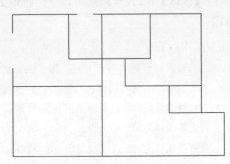

图3-121　打断结果

⓬ 参照上述打洞方法，综合使用【偏移】、【修剪】和【打断】命令，分别创建其他位置的门洞和窗洞，结果如图3-122所示。

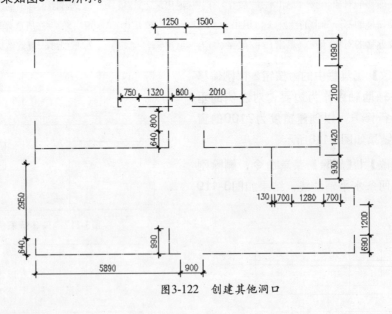

图3-122　创建其他洞口

3.6.3　创建墙线

下面继续使用【多线】和【多线编辑】命令创建墙线，学习【多线】和【多线编辑】命令在实际工作中的应用技巧。

❶ 继续上一节的操作。

❷ 展开【图层】工具栏中的【图层控制】下拉列表，将"墙线层"设置为当前图层，如图3-123所示。

❸ 执行【格式】|【多线样式】菜单命令，将"墙线样式"设置为当前多线样式，如图3-124所示。

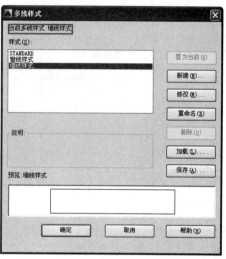

图3-123　设置当前图层　　　　图3-124　设置多线样式

❹ 执行【绘图】|【多线】菜单命令，配合【端点捕捉】功能，绘制主墙线。命令行操作如下。

```
命令：_mline
    当前设置：对正 = 上，比例 = 20.00，样式 = 墙线样式
    指定起点或 [对正(J)/比例(S)/样式(ST)]：    //输入"s"后按Enter键
    输入多线比例 <20.00>：                    //输入"180"后按Enter键
    当前设置：对正 = 上，比例 = 180.00，样式 = 墙线样式样式
    指定起点或 [对正(J)/比例(S)/样式(ST)]：    //输入"j"后按Enter键
    输入对正类型 [上(T)/无(Z)/下(B)] <上>：   //输入"z"后按Enter键
    当前设置：对正 = 无，比例 = 180.00，样式 = 墙线样式样式
    指定起点或 [对正(J)/比例(S)/样式(ST)]：    //捕捉如图3-125所示的端点1

    指定下一点：                            //捕捉如图3-125所示的端点2
    指定下一点或 [闭合(C)/放弃(U)]：          //捕捉如图3-125所示的端点3
    指定下一点或 [放弃(U)]：                 //按Enter键，绘制结果如图3-126所示
```

❺ 重复执行【多线】命令，设置多线比例和对正方式保持不变，配合【端点捕捉】和【交点捕捉】功能绘制其他主墙线，结果如图3-127所示。

❻ 重复执行【多线】命令，设置多线对正方式保持不变，绘制宽度为120的非承重墙线，结果如图3-128所示。

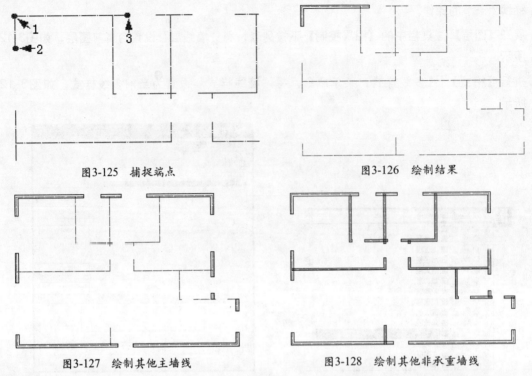

图3-125 捕捉端点　　　　　图3-126 绘制结果

图3-127 绘制其他主墙线　　　　图3-128 绘制其他非承重墙线

7 展开【图层】工具栏中的【图层控制】下拉列表，关闭"轴线层"，结果如图3-129所示。

8 执行【修改】|【对象】|【多线】菜单命令，在打开的【多线编辑工具】对话框中单击⊣⊢按钮，激活【T形合并】功能，如图3-130所示。

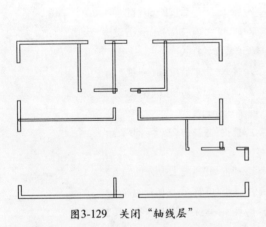

图3-129 关闭"轴线层"　　　　图3-130 激活【T形合并】功能

9 返回绘图区，在命令行"选择第一条多线："的提示下，选择如图3-131所示的墙线。

10 在命令行"选择第二条多线："的提示下，选择如图3-132所示的墙线，这两条T形相交的多线被合并，结果如图3-133所示。

11 继续在命令行"选择第一条多线或 [放弃（U）]："的提示下，分别选择其他位置的T形墙线进行合并，合并结果如图3-134所示。

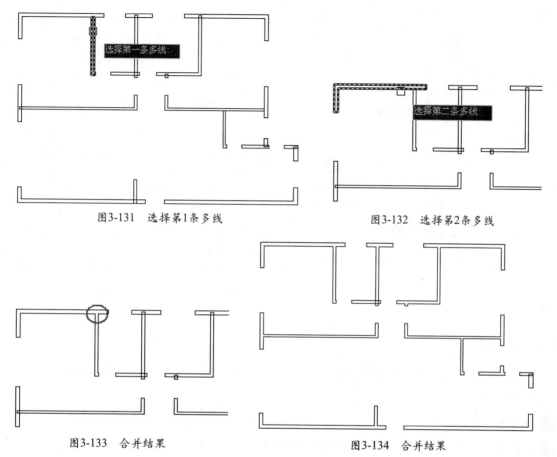

图3-131　选择第1条多线　　　　　　　图3-132　选择第2条多线

图3-133　合并结果　　　　　　　　图3-134　合并结果

⑫ 在任意墙线上双击鼠标左键，在打开的【多线编辑工具】对话框中激活【角点结合】功能，如图3-135所示。

⑬ 返回绘图区，在命令行"选择第一条多线或 [放弃（U）]："的提示下，单击如图3-136所示的墙线。

⑭ 在命令行"选择第二条多线："的提示下，选择如图3-137所示的墙线，这两条T形相交的多线被合并，结果如图3-138所示。

⑮ 在任意墙线上双击鼠标左键，在打开的【多线编辑工具】对话框中激活【十字合并】功能。

⑯ 返回绘图区，在命令行"选择第一条多线或 [放弃（U）]："的提示下，单击如图3-139所示的墙线。

⑰ 在命令行"选择第二条多线："的提示下，选择如图3-140所示的墙线，这两条T形相交的多线被合并，结果如图3-141所示。

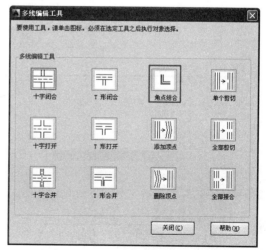

图3-135　激活【角点结合】功能

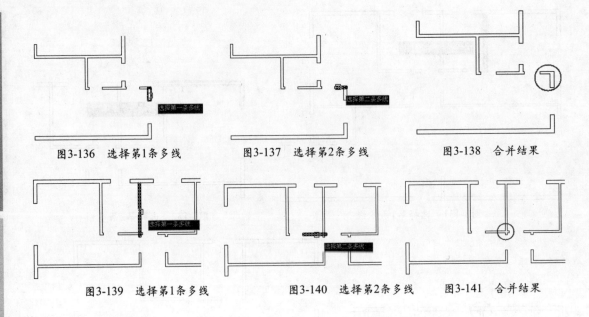

图3-136　选择第1条多线　　　　图3-137　选择第2条多线　　　　图3-138　合并结果

图3-139　选择第1条多线　　　　图3-140　选择第2条多线　　　　图3-141　合并结果

3.6.4　创建阳台

　　下面继续使用【多线】和【多段线】命令创建阳台线，学习【多线】和【多段线】命令在实际工作中的应用技巧。

❶ 继续上一节的操作。

❷ 展开【图层】工具栏中的【图层控制】下拉列表，将"门窗层"设置为当前图层，如图3-142所示。

❸ 执行【格式】|【多线样式】菜单命令，在打开的【多线样式】对话框中设置"窗线样式"为当前样式，如图3-143所示。

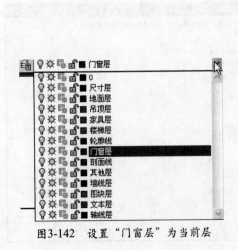

图3-142　设置"门窗层"为当前层

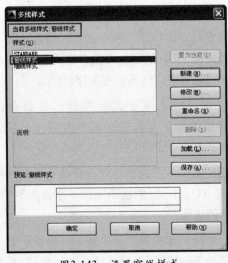

图3-143　设置窗线样式

❹ 执行【绘图】|【多线】菜单命令，配合【中点捕捉】功能绘制窗线。命令行操作如下。

```
命令: _mline
    当前设置: 对正 = 上, 比例 = 100.00, 样式 = 窗线样式
    指定起点或 [对正(J)/比例(S)/样式(ST)]:    //输入"s"后按Enter键
    输入多线比例 <100.00>:                  //输入"180"后按Enter键
    当前设置: 对正 = 上, 比例 = 180.00, 样式 = 窗线样式
    指定起点或 [对正(J)/比例(S)/样式(ST)]:    //输入"j"后按Enter键
    输入对正类型 [上(T)/无(Z)/下(B)] <上>:    //输入"z"后按Enter键
    当前设置: 对正 = 无, 比例 = 180.00, 样式 = 窗线样式
    指定起点或 [对正(J)/比例(S)/样式(ST)]:    //捕捉如图3-144所示的中点
    指定下一点:                             //捕捉如图3-145所示的中点
```

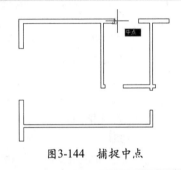

图3-144　捕捉中点

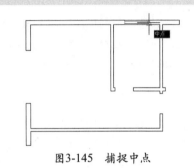

图3-145　捕捉中点

```
    指定下一点或 [放弃(U)]:                  //按Enter键, 绘制结果如图3-146所示
```

❺ 重复上一步骤, 设置多线比例和对正方式保持不变, 配合【中点捕捉】功能, 绘制其他窗线, 结果如图3-147所示。

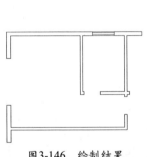

图3-146　绘制结果

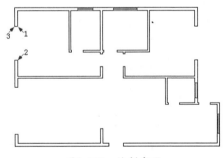

图3-147　绘制窗线

❻ 执行【绘图】|【多段线】菜单命令, 配合【点的追踪】和【坐标输入】功能, 绘制凸窗轮廓线。命令行操作如下。

```
命令: _pline
    指定起点:                                        //捕捉如图3-147所示的端点1
    当前线宽为 0.0
    指定下一个点或 [圆弧(A)/半宽(H)/长度(L)/放弃(U)/宽度(W)]:   //捕捉图3-147所示的端点2
    指定下一点或 [圆弧(A)/闭合(C)/半宽(H)/长度(L)/放弃(U)/宽度(W)]://按Enter键
命令:                                             //按Enter键
PLINE指定起点:                                     //捕捉如图3-147所示的端点3
```

第 **1** 篇　快速入门

第 **2** 篇　技能进阶

第 **3** 篇　三维设计

第 **4** 篇　工程应用

当前线宽为 0.0

指定下一个点或 [圆弧(A)/半宽(H)/长度(L)/放弃(U)/宽度(W)]://输入"@450,0"后按Enter键

指定下一点或 [圆弧(A)/闭合(C)/半宽(H)/长度(L)/放弃(U)/宽度(W)]:

//输入"@0,-2100"后按Enter键

指定下一点或 [圆弧(A)/闭合(C)/半宽(H)/长度(L)/放弃(U)/宽度(W)]:

//输入"@450,0"后按Enter键

指定下一点或 [圆弧(A)/闭合(C)/半宽(H)/长度(L)/放弃(U)/宽度(W)]:

//按Enter键,绘制结果如图3-148所示

❼ 使用快捷键"O"激活【偏移】命令,将凸窗轮廓线向外侧偏移。命令行操作如下。

命令: _o

OFFSET当前设置: 删除源=否 图层=源 OFFSETGAPTYPE=0

指定偏移距离或 [通过(T)/删除(E)/图层(L)] <2350.0>: //输入"40"后按Enter键

选择要偏移的对象,或 [退出(E)/放弃(U)] <退出>: //选择左侧的凸窗轮廓线

指定要偏移的那一侧上的点,或 [退出(E)/多个(M)/放弃(U)] <退出>:

//在所选轮廓线的左侧拾取点

选择要偏移的对象,或 [退出(E)/放弃(U)] <退出>: //选择刚偏移出的轮廓线

指定要偏移的那一侧上的点,或 [退出(E)/多个(M)/放弃(U)] <退出>:

//在所选轮廓线的左侧拾取点

选择要偏移的对象,或 [退出(E)/放弃(U)] <退出>: //选择刚偏移出的轮廓线

指定要偏移的那一侧上的点,或 [退出(E)/多个(M)/放弃(U)] <退出>:

//在所选轮廓线的左侧拾取点

选择要偏移的对象,或 [退出(E)/放弃(U)] <退出>: //按Enter键,结果如图3-149所示

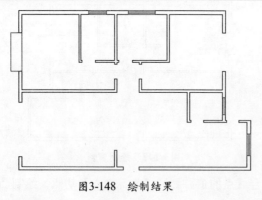
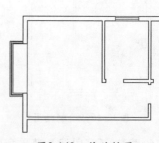

图3-148 绘制结果　　　　　　　　　　图3-149 偏移结果

❽ 参照上面的步骤,综合使用【多段线】和【偏移】命令,绘制右侧的凸窗轮廓线,结果如图3-150所示。

❾ 执行【绘图】|【多段线】菜单命令,配合【坐标输入】功能,绘制阳台轮廓线。命令行操作如下。

命令: _pline

指定起点: //捕捉左下方墙线的外角点

当前线宽为 0

指定下一个点或 [圆弧(A)/半宽(H)/长度(L)/放弃(U)/宽度(W)]:

//输入"@-1120,0"后按Enter键

指定下一点或 [圆弧(A)/闭合(C)/半宽(H)/长度(L)/放弃(U)/宽度(W)]:

//输入"@0,875"后按Enter键

指定下一点或 [圆弧(A)/闭合(C)/半宽(H)/长度(L)/放弃(U)/宽度(W)]:

//输入"a"后按Enter键

指定圆弧的端点或[角度(A)/圆心(CE)/闭合(CL)/方向(D)/半宽(H)/直线(L)/半径(R)/第二个点(S)/放弃(U)/宽度(W)]:

//输入"s"后按Enter键

指定圆弧上的第二个点:

//输入"@-400,1300"后按Enter键

指定圆弧的端点:

//输入"@400,1300"后按Enter键

指定圆弧的端点或[角度(A)/圆心(CE)/闭合(CL)/方向(D)/半宽(H)/直线(L)/半径(R)/第二个点(S)/放弃(U)/宽度(W)]:

//输入"l"后按Enter键

指定下一点或 [圆弧(A)/闭合(C)/半宽(H)/长度(L)/放弃(U)/宽度(W)]:

//输入"@0,875"后按Enter键

指定下一点或 [圆弧(A)/闭合(C)/半宽(H)/长度(L)/放弃(U)/宽度(W)]:

//输入"@1120,0"后按Enter键

指定下一点或 [圆弧(A)/闭合(C)/半宽(H)/长度(L)/放弃(U)/宽度(W)]:

//按Enter键,绘制结果如图3-151所示

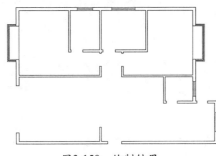

图3-150　绘制结果

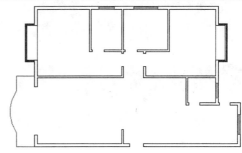

图3-151　绘制结果

⓾ 使用快捷键"O"激活【偏移】命令,将刚绘制的阳台轮廓线向右进行偏移,偏移距离为120,结果如图3-152所示。

⓫ 重复执行【多段线】命令,配合捕捉或追踪的相关功能,绘制右侧的阳台轮廓线,完成建筑墙体平面图的绘制,结果如图3-153所示。

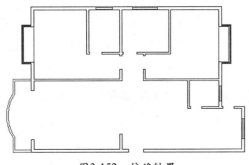

图3-152　偏移结果

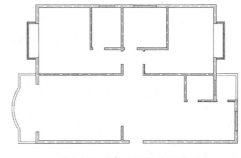

图3-153　建筑墙体平面图

⓬ 执行【另存为】命令,将图形命名存储为"建筑墙体平面图.dwg"文件。

第 **1** 篇 快速入门

第 **2** 篇 技能进阶

第 **3** 篇 三维设计

第 **4** 篇 工程应用

 AutoCAD 2014绘图进阶
——几何图元的绘制与编辑

在AutoCAD 2014图形设计中，几何图元是非常重要的图形元素。掌握几何图元的绘制与编辑，可以使绘图工作变得更加轻松、方便。这些几何图元包括矩形、多边形、圆、圆弧、圆环、椭圆等。

本章学习内容：

◆ 绘制矩形
◆ 绘制多边形
◆ 绘制圆形
◆ 绘制圆环
◆ 绘制椭圆
◆ 绘制圆弧
◆ 绘制云线、螺旋线和样条线
◆ 几何图元的编辑
◆ 综合实例——绘制连杆零件二视图

4.1 绘制矩形

视频讲解 "视频文件"\"第4章"\"4.1.绘制矩形.avi"

矩形是一种较常用的几何图元，它是由4条直线组成的复合图元。系统将这种复合图元看成是一条闭合的多段线，属于一个独立的对象。

执行【矩形】命令主要有以下几种方式。

◆ 执行【绘图】|【矩形】菜单命令。
◆ 单击【绘图】工具栏或面板中的 按钮。
◆ 在命令行中输入"Rectang"后按Enter键。
◆ 使用快捷键"REC"。

在AutoCAD 2014中，可以绘制多种类型的矩形。激活【矩形】命令后，命令行提供绘制多种类型的矩形的相关设置，包括标准矩形、圆角矩形、倒角矩形、具有厚度的矩形以及具有一定宽度的矩形等，如图4-1所示。

RECTANG 指定第一个角点或 [倒角(C) 标高(E) 圆角(F) 厚度(T) 宽度(W)]:

图4-1 矩形命令行提示

4.1.1 绘制标准矩形

所谓"标准矩形"，是指由4条直线组成、4个角均为90°的矩形，这是系统默认的一种矩形类型。另外，系统还允许以3种方式绘制各种类型的矩形。

激活【矩形】命令，在确定矩形的一个角点后，命令行会出现3种绘制矩形的方式，如图4-2所示。

RECTANG 指定另一个角点或 [面积(A) 尺寸(D) 旋转(R)]：

图4-2 绘制矩形的3种方式

下面以绘制标准矩形为例，对这3种方式进行一一讲解。

1. 以【面积（A）】方式绘制标准矩形

以【面积（A）】方式绘制矩形，是指根据矩形的面积绘制矩形。这种方式一般用于知道矩形的面积、长度（或宽度）的情况下。下面通过绘制面积为1000、长度为50的矩形，学习这种绘制矩形的方法。

❶ 新建空白绘图文件。

❷ 使用上述任意方式，激活【矩形】命令。命令行操作如下。

```
命令：_rectang
    指定第一个角点或 [倒角(C)/标高(E)/圆角(F)/厚度(T)/宽度(W)]：    //在绘图区中拾取一点
    指定另一个角点或 [面积(A)/尺寸(D)/旋转(R)]：//输入"a"后按Enter键，激活【面积（A）】选项
    输入以当前单位计算的矩形面积 <1000.0000>：    //输入"1000"后按Enter键，输入面积
    计算矩形标注时依据 [长度(L)/宽度(W)] <长度>：//按Enter键
    输入矩形长度 <500.0000>：    //输入"50"后按Enter键，输入长度值，绘制结果如图4-3所示
```

2. 以【尺寸（D）】方式绘制标准矩形

以【尺寸（D）】方式绘制矩形，是指根据矩形的宽度和长度绘制矩形。这种方式一般用于知道矩形的长度和宽度的情况下。下面通过绘制长度为100、宽度为50的矩形，学习这种绘制矩形的方法。

❶ 新建空白绘图文件。

❷ 使用上述任意方式，激活【矩形】命令。命令行操作如下。

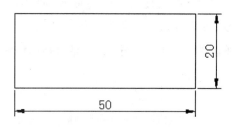

图4-3 绘制结果

```
命令：_rectang
    指定第一个角点或 [倒角(C)/标高(E)/圆角(F)/厚度(T)/宽度(W)]：    //在绘图区中拾取一点
    指定另一个角点或 [面积(A)/尺寸(D)/旋转(R)]：
                        //输入"d"后按Enter键，激活【尺寸（D）】选项
    指定矩形的长度 <50.0000>：    //输入"100"后按Enter键
    指定矩形的宽度 <20.0000>：    //输入"50"后按Enter键
    指定另一个角点或 [面积(A)/尺寸(D)/旋转(R)]：//拾取一点确定矩形的方向，绘制结果如图4-4所示
```

3. 以【旋转（R）】方式绘制标准矩形

以【旋转（R）】方式绘制矩形，是指绘制具有旋转角度的矩形。当设置旋转角度后，系统

进入选择绘制方式状态，此时用户可以选择使用【面积（A）】方式或【尺寸（D）】方式绘制矩形。下面通过绘制长度为100、宽度为50、旋转角度为30°的矩形，学习使用此绘制方式。

❶ 新建空白绘图文件。

❷ 使用上述任意方式，激活【矩形】命令。命令行操作如下。

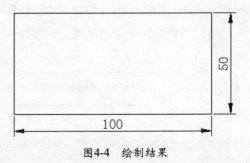

图4-4 绘制结果

```
命令：_rectang
    当前矩形模式：  旋转=30
    指定第一个角点或 [倒角(C)/标高(E)/圆角(F)/厚度(T)/宽度(W)]：    //拾取一点
    指定另一个角点或 [面积(A)/尺寸(D)/旋转(R)]：
                                        //输入"r"后按Enter键，激活【旋转（R）】选项
    指定旋转角度或 [拾取点(P)] <30>：            //输入"30"后按Enter键
    指定另一个角点或 [面积(A)/尺寸(D)/旋转(R)]：   //输入"d"后按Enter键，选择绘制方式
    指定矩形的长度 <50.0000>：                //输入"100"后按Enter键，输入长度值
    指定矩形的宽度 <20.0000>：                //输入"50"后按Enter键，输入宽度值
    指定另一个角点或 [面积(A)/尺寸(D)/旋转(R)]：   //拾取一点，绘制结果如图4-5所示
```

4. 默认方式绘制矩形

除了以上3种绘制矩形的方式之外，系统默认一种绘制矩形的方式，这种方式被称为"对角点"方式，即通过确定矩形的两个对角点的坐标绘制矩形，这是一种最常用的绘制矩形的方式。下面通过绘制长度为100、宽度为50的矩形，学习使用此绘制方式。

❶ 新建空白绘图文件。

❷ 使用上述任意方式，激活【矩形】命令。命令行操作如下。

```
命令：_rectang
    当前矩形模式：  旋转=30
    指定第一个角点或 [倒角(C)/标高(E)/圆角(F)/厚度(T)/宽度(W)]：    //拾取一点
    指定另一个角点或 [面积(A)/尺寸(D)/旋转(R)]：
                                //输入"@100,50"后按Enter键，绘制结果如图4-6所示
```

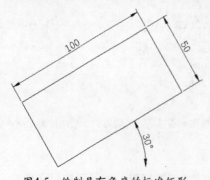

图4-5 绘制具有角度的标准矩形

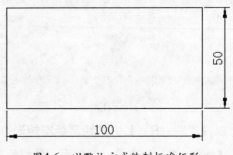

图4-6 以默认方式绘制标准矩形

4.1.2　绘制倒角矩形

所谓"倒角矩形"，是指矩形的4个角呈一定尺寸的倒角。使用【矩形】命令中的【倒角（C）】选项，可以绘制具有一定倒角的特征矩形。下面通过绘制长度为200、宽度为100、倒角距离分别为25和10的倒角矩形，学习绘制倒角矩形的方法。

❶ 新建空白绘图文件。

❷ 使用上述任意方式，激活【矩形】命令。命令行操作如下。

```
命令: _rectang
    指定第一个角点或 [倒角(C)/标高(E)/圆角(F)/厚度(T)/宽度(W)]:    //输入"c"后按Enter键
    指定矩形的第一个倒角距离 <0.0000>:        //输入"25"后按Enter键，设置第一倒角距离
    指定矩形的第二个倒角距离 <25.0000>:       //输入"10"后按Enter键，设置第二倒角距离
    指定第一个角点或 [倒角(C)/标高(E)/圆角(F)/厚度(T)/宽度(W)]:    //在适当位置拾取一点
    指定另一个角点或 [面积(A)/尺寸(D)/旋转(R)]:
                                    //输入"d"后按Enter键，激活【尺寸（D）】选项
    指定矩形的长度 <10.0000>:       //输入"200"后按Enter键
    指定矩形的宽度 <10.0000>:       //输入"100"后按Enter键
    指定另一个角点或 [面积(A)/尺寸(D)/旋转(R)]:    //在绘图区中拾取一点，结果如图4-7所示
```

最后一步操作仅用来确定矩形位置，即确定另一个顶点相对于第一顶点的位置。如果在第一顶点的左侧拾取点，则另一个对象点位于第一个顶点的左侧，反之位于右侧。

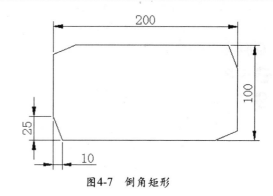

图4-7　倒角矩形

4.1.3　绘制圆角矩形

所谓"圆角矩形"，是指矩形的4个角呈一定半径的圆角。使用【矩形】命令中的【圆角（F）】选项，可以绘制具有一定圆角的特征矩形。下面通过绘制面积为20000、长度为200、圆角半径为20的圆角矩形，学习绘制圆角矩形的方法。

❶ 新建空白绘图文件。

❷ 使用上述任意方式，激活【矩形】命令。命令行操作如下。

```
命令: _rectang
    指定第一个角点或 [倒角(C)/标高(E)/圆角(F)/厚度(T)/宽度(W)]:    //输入"f"后按Enter键
    指定矩形的圆角半径 <0.0000>:             //输入"20"后按Enter键，设置圆角半径
    指定第一个角点或 [倒角(C)/标高(E)/圆角(F)/厚度(T)/宽度(W)]:    //拾取一点作为起点
    指定另一个角点或 [面积(A)/尺寸(D)/旋转(R)]:
```

第**1**篇　快速入门

第**2**篇　技能进阶

第**3**篇　三维设计

第**4**篇　工程应用

中文版
AutoCAD 2014从入门到精通

第**1**篇 快速入门

第**2**篇 技能进阶

第**3**篇 三维设计

第**4**篇 工程应用

```
                                      //输入 "a" 后按Enter键，激活【面积（A）】选项
输入以当前单位计算的矩形面积 <100.0000>：   //输入 "20000" 后按Enter键，指定矩形面积
计算矩形标注时依据 [长度(L)/宽度(W)] <长度>：
                                      //输入 "1" 后按Enter键，激活【长度（L）】选项
输入矩形长度 <200.0000>：       //输入 "200" 后按Enter键，绘制结果如图4-8所示
```

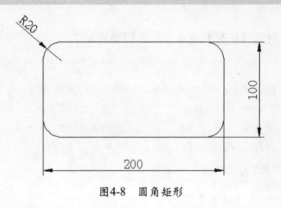

图4-8　圆角矩形

4.1.4　绘制厚度矩形

所谓"厚度矩形"，是指矩形具有一定的厚度。使用【矩形】命令中的【厚度（T）】选项，可以绘制具有一定厚度的特征矩形。下面通过绘制面积为20000，长度为200、圆角半径为20、厚度为50的矩形，学习绘制倒角矩形的方法。

❶ 新建空白绘图文件。

❷ 使用上述任意方式，激活【矩形】命令。命令行操作如下。

```
命令：_rectang
    当前矩形模式：  圆角=20.0000
    指定第一个角点或 [倒角(C)/标高(E)/圆角(F)/厚度(T)/宽度(W)]：
                                      //输入 "t" 后按Enter键，激活【厚度（T）】选项
    指定矩形的厚度 <0.0000>：           //输入 "50" 后按Enter键，输入厚度值
    指定第一个角点或 [倒角(C)/标高(E)/圆角(F)/厚度(T)/宽度(W)]：
                                      //输入 "f" 后按Enter键，激活【圆角（F）】选项
    指定矩形的圆角半径 <20.0000>：      //输入 "20" 后按Enter键，输入圆角值
    指定第一个角点或 [倒角(C)/标高(E)/圆角(F)/厚度(T)/宽度(W)]：    // 拾取一点
    指定另一个角点或 [面积(A)/尺寸(D)/旋转(R)]：
                                      //输入 "a" 后按Enter键，激活【面积（A）】选项
    输入以当前单位计算的矩形面积 <20000.0000>：//输入 "20000" 后按Enter键，输入面值值
    计算矩形标注时依据 [长度(L)/宽度(W)] <长度>：
                                      //输入 "1" 后按Enter键，激活【长度（L）】选项
    输入矩形长度 <200.0000>：           //输入 "200" 后按Enter键，输入长度值，完成绘制
```

❸ 矩形的厚度只有在轴测图绘图环境中才能看到，因此需要将当前视图切换为轴测视图。

④ 执行【视图】|【三维视图】|【西南等轴测】菜单命令，将视图切换为西南等轴测视图，此时矩形效果如图4-9所示。

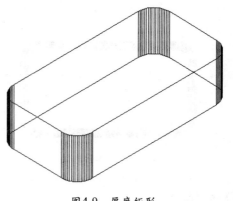

图4-9　厚度矩形

4.1.5　绘制宽度矩形

所谓"宽度度矩形"，是指矩形具有一定的宽度。使用【矩形】命令中的【宽度（W）】选项，可以绘制具有一定宽度的特征矩形。下面通过绘制面积为20000、长度为200、圆角半径为20、厚度为50、宽度为10的矩形，学习绘制宽度矩形的方法。

❶ 新建空白绘图文件。

❷ 使用上述任意方式，激活【矩形】命令。命令行操作如下。

```
命令: _rectang
    当前矩形模式:  标高=100.0000    圆角=20.0000    厚度=50.0000    宽度=50.0000
    指定第一个角点或 [倒角(C)/标高(E)/圆角(F)/厚度(T)/宽度(W)]:
                           //输入"w"后按Enter键，激活【宽度（W）】选项
    指定矩形的线宽 <50.0000>:    //输入"10"后按Enter键，输入宽度值
    指定第一个角点或 [倒角(C)/标高(E)/圆角(F)/厚度(T)/宽度(W)]:
                           //输入"t"后按Enter键，激活【厚度（T）】选项
    指定矩形的厚度 <50.0000>:    //输入"50"后按Enter键，输入厚度值
    指定第一个角点或 [倒角(C)/标高(E)/圆角(F)/厚度(T)/宽度(W)]:
                           //输入"f"后按Enter键，激活【圆角（F）】选项
    指定矩形的圆角半径 <20.0000>://输入"20"后按Enter键，输入圆角半径值
    指定第一个角点或 [倒角(C)/标高(E)/圆角(F)/厚度(T)/宽度(W)]:    //拾取一点
    指定另一个角点或 [面积(A)/尺寸(D)/旋转(R)]://输入"a"后按Enter键，激活【面积（A）】选项
    输入以当前单位计算的矩形面积 <20000.0000>: //输入"20000"后按Enter键，输入面积值
    计算矩形标注时依据 [长度(L)/宽度(W)] <长度>:
                           //输入"1"后按Enter键，激活【长度（L）】选项
    输入矩形长度 <200.0000>:    //输入"200"后按Enter键，输入长度值，绘制结果如图4-10所示
```

❸ 矩形的厚度只有在轴测图绘图环境中才能看到，因此需要将当前视图切换为轴测视图。

❹ 执行【视图】|【三维视图】|【西南等轴测】菜单命令，将视图切换为西南等轴测视图，此时矩形效果如图4-11所示。

第**1**篇　快速入门

第**2**篇　技能进阶

第**3**篇　三维设计

第**4**篇　工程应用

中文版
AutoCAD 2014从入门到精通

第1篇 快速入门

第2篇 技能进阶

第3篇 三维设计

第4篇 工程应用

图4-10　宽度矩形

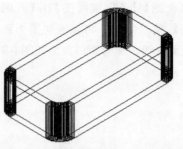

图4-11　轴测图环境下的宽度矩形

> 🖳 **选项解析**
>
> 【标高（E）】：用于设置矩形在三维空间内的基面高度，即距离当前坐标系的*xoy*坐标平面的高度。

4.2　绘制多边形

🔵 **视频讲解**　"视频文件"\"第4章"\"4.2.绘制多边形.avi"

多边形也是复合对象，是由相等的边角组成的闭合图形。不管内部包含有多少直线元素，系统都将其看成是一个单一的对象。

执行【正多边形】命令主要有以下几种方式。

◆ 执行【绘图】|【正多边形】菜单命令。
◆ 单击【绘图】工具栏或面板中的按钮。
◆ 在命令行中输入"Polygon"后按Enter键。
◆ 使用快捷键"POL"。

AutoCAD 2014提供了多种绘制多边形的方式，具体有"内接于圆"方式、"外切于圆"方式以及"边"方式。

4.2.1　以"内接于圆"方式绘制多边形

"内接于圆"方式为系统默认方式。在指定了多边形的边数和中心点后，直接输入正多边形外接圆的半径，即可精确绘制正多边形。下面通过绘制边数为5、外接圆半径为100的多边形，学习这种绘制多边形的方法。

❶ 新建空白绘图文件。

❷ 使用上述任意方式，激活【多边形】命令。命令行操作如下。

```
命令: _polygon
    输入边的数目 <4>:                     //输入 "5" 后按Enter键，设置正多边形的边数
    指定正多边形的中心点或 [边(E)]:        //在绘图区中拾取一点作为中心点
    输入选项 [内接于圆(I)/外切于圆(C)] <I>:
                        //输入 "I" 后按Enter键，激活【内接于圆（I）】选项
```

指定圆的半径：　　　　　　　　　　　　//输入"100"后按Enter键，输入外接圆的半径，结果如图4-12所示

4.2.2　以"外切于圆"方式绘制多边形

所谓"外切于圆"方式，是指当确定了多边形的边数和中心点之后，输入多边形内切圆的半径，就可精确绘制出正多边形。下面通过绘制边数为5、内切圆半径为100的多边形，学习这种绘制多边形的方法。

❶ 新建空白绘图文件。

❷ 使用上述任意方式，激活【多边形】命令。命令行操作如下。

```
命令：_polygon
    输入边的数目 <4>：　　//输入"5"后按Enter键，设置正多边形的边数
    指定正多边形的中心点或 [边(E)]：　　　　//在绘图区中拾取一点定位中心点
    输入选项 [内接于圆(I)/外切于圆(C)] <C>：
                        //输入"c"后按Enter键，激活【外切于圆（C）】选项
    指定圆的半径：　　//输入"100"后按Enter键，输入内切圆的半径，绘制结果如图4-13所示
```

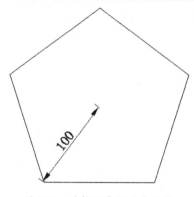

图4-12　外接圆半径的多边形

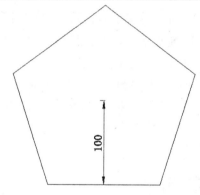

图4-13　内切圆半径的多边形

4.2.3　以"边"方式绘制多边形

所谓"边"方式，是指通过输入多边形一条边的边长，精确绘制正多边形。在具体定位边长时，需要分别定位出边的两个端点。下面通过绘制边数为5、多边形边长为50的多边形，学习这种绘制多边形的方法。

❶ 新建空白绘图文件。

❷ 使用上述任意方式，激活【多边形】命令。命令行操作如下。

```
命令：_polygon
    输入边的数目 <4>：　　　　　　　　//输入"5"后按Enter键，设置正多边形的边数
    指定正多边形的中心点或 [边(E)]：　　//输入"e"后按Enter键，激活【边（E）】选项
    指定边的第一个端点：　　　　　　　//拾取一点作为边的一个端点
    指定边的第二个端点：　//输入"@50,0"后按Enter键，定位第2个端点，绘制结果如图4-14所示
```

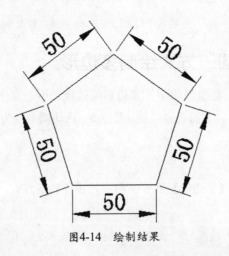

图4-14 绘制结果

4.3 绘制圆形

视频讲解 "视频文件"\ "第4章"\ "4.3.绘制圆.avi"

圆是复合图形，这类图形是图形设计中重要的图形元素。AutoCAD 2014为用户提供了多种画圆方式，分别是定点画圆、定距画圆和相切画圆。

执行【圆】命令主要有以下几种方式。

◆ 执行【绘图】|【圆】级联菜单中的各命令。
◆ 单击【绘图】工具栏或面板中的◎按钮。
◆ 在命令行中输入"Circle"后按Enter键。
◆ 使用快捷键"C"。

4.3.1 定距画圆

所谓"定距画圆"，是指按照指定的圆的直径或半径进行画圆，包括"半径画圆"和"直径画圆"。当定位出圆心后，只需输入圆的半径或直径，即可精确画圆，系统默认方式为"半径画圆"。下面通过绘制半径为50的圆，学习这两种画圆的方法。

1 新建空白绘图文件。

2 使用上述任意方式，激活【圆】命令。命令行操作如下。

```
命令：_circle
    指定圆的圆心或 [三点(3P)/两点(2P)/切点、切点、半径(T)]：
                        //在绘图区中拾取一点作为圆的圆心
    指定圆的半径或 [直径(D)]：    //输入"50"后按Enter键，输入半径值，绘制结果如图4-15所示
    命令：_circle
    指定圆的圆心或 [三点(3P)/两点(2P)/切点、切点、半径(T)]：//在绘图区中拾取一点作为圆的圆心
    指定圆的半径或 [直径(D)]：    //输入"d"后按Enter键，激活【直径（D）】选项
    指定圆的半径或 [直径(D)]：    //输入"100"后按Enter键，输入直径值，绘制结果如图4-16所示
```

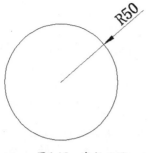

图4-15 半径画圆

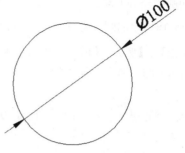

图4-16 直径画圆

4.3.2 定点画圆

　　"定点画圆"分为"两点画圆"和"三点画圆"。"两点画圆"需要指定圆直径的两个端点，而"三点画圆"需要拾取圆上的3个点。下面通过简单实例，学习这种画圆方法。

❶ 新建空白绘图文件。

❷ 使用上述任意方式，激活【圆】命令。命令行操作如下。

```
命令：_circle
    指定圆的圆心或 [三点(3P)/两点(2P)/切点、切点、半径(T)]：
                            //输入"2p"后按Enter键，激活【两点（2P）】选项
    指定圆直径的第一个端点：     //指定圆直径的一个端点A
    指定圆直径的第二个端点：     //指定圆直径的另一个端点B，绘制结果如图4-17所示
命令：_circle
    指定圆的圆心或 [三点(3P)/两点(2P)/切点、切点、半径(T)]：
                            //输入"3p"后按Enter键，激活【三点（3P）】选项
    指定圆上的第一个点：        //指定圆上的点1
    指定圆上的第二个点：        //指定圆上的点2
    指定圆上的第三个点：        //指定圆上的点3，绘制结果如图4-18所示
```

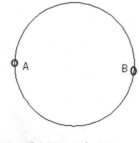

图4-17 两点画圆

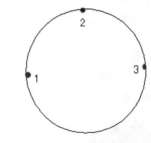

图4-18 三点画圆

4.3.3 相切画圆

　　"相切画圆"有两种绘制方式，即"相切、相切、半径"和"相切、相切、相切"。前一种方式需要拾取两个相切对象，然后再输入相切圆半径；后一种方式是直接拾取3个相切对象。下面

第**1**篇 快速入门

第**2**篇 技能进阶

第**3**篇 三维设计

第**4**篇 工程应用

学习两种相切圆的绘制方法。

❶ 绘制如图4-19所示的圆和直线。

❷ 执行【绘图】|【圆】|【相切、相切、半径】菜单命令，根据命令行的提示，绘制与直线和已知圆都相切的圆。命令行操作如下。

```
命令: _circle
    指定圆的圆心或 [三点(3P)/两点(2P)/切点、切点、半径(T)]: : _ttr
    指定对象与圆的第一个切点:        //在直线下端单击鼠标左键，拾取第1个相切对象
    指定对象与圆的第二个切点:        //在圆下方边缘上单击鼠标左键，拾取第2个相切对象
    指定圆的半径 <56.0000>:          //输入"100"后按Enter键，给定相切圆半径，结果如图4-20所示
```

❸ 执行【绘图】|【圆】|【相切、相切、相切】菜单命令，绘制与3个已知对象都相切的圆。命令行操作如下。

```
命令: _circle
    指定圆的圆心或 [三点(3P)/两点(2P)/切点、切点、半径(T)]: _3p 指定圆上的第一个点: _tan 到
                                    //拾取直线作为第1个相切对象
    指定圆上的第二个点: _tan 到      //拾取小圆作为第2个相切对象
    指定圆上的第三个点: _tan 到      //拾取大圆作为第3个相切对象，结果如图4-21所示
```

图4-19　绘制结果

图4-20　绘制结果

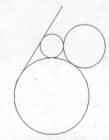
图4-21　绘制结果

4.4 绘制圆环

视频讲解　"视频文件"\ "第4章"\ "4.4.绘制圆环.avi"

　　圆环是一种常见的几何图元，由两条圆弧多段线组成，这两条圆弧多段线首尾相连形成圆形。圆环的宽度是由圆环的内径和外径决定的，如果需要创建实心圆环，则可以将内径设置为0，几种圆环如图4-22所示。

填充圆环

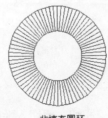
非填充圆环

实心圆环

图4-22　圆环

执行【圆环】命令主要有以下几种方式：

◆ 执行【绘图】|【圆环】菜单命令。

◆ 单击【绘图】面板中的◎按钮。

◆ 在命令行中输入"Donut"后按Enter键。

圆环的绘制比较简单，下面通过绘制内径为100、外径为200的圆环，学习圆环的绘制方法。

❶ 新建空白绘图文件。

❷ 使用上述任意方式，激活【圆环】命令。命令行操作如下。

```
命令:_donut
    指定圆环的内径 <0.0>:          //输入"100"后按Enter键，输入内径
    指定圆环的外径 <100.0>:        //输入"200"后按Enter键，输入外径
    指定圆环的中心点或 <退出>:     //按Enter键，绘制结果如图4-23所示
```

默认设置下绘制的圆环是填充的。用户可以使用系统变量FILLMODE控制圆环的填充与非填充特性。当FILLMODE=1时，绘制的圆环为填充圆环，如上图4-22（左）所示；当FILLMODE=0时，绘制的圆环为非填充圆环，如图4-24所示。

   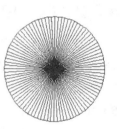

图4-23　填充圆环　　　　　　　　　　　　图4-24　非填充圆环

4.5　绘制椭圆

　　视频讲解　"视频文件"\"第4章"\"4.5.绘制椭圆.avi"

椭圆是由两条不等的椭圆轴所控制的闭合曲线，包含中心点、长轴和短轴等几何特征。

执行【椭圆】命令主要有以下几种方式。

◆ 执行【绘图】|【椭圆】级联菜单命令。

◆ 单击【绘图】工具栏或面板中的◯按钮。

◆ 在命令行中输入"Ellipse"后按Enter键。

◆ 使用快捷键"EL"。

AutoCAD 2014提供了两种绘制椭圆的方式，即"轴端点"方式和"中心点"方式。

4.5.1　以"轴端点"方式绘制椭圆

　　"轴端点"方式用于指定一条轴的两个端点和另一条轴的半长，然后即可精确绘制椭圆。下面通过绘制长轴为150、短轴为60的椭圆，学习使用"轴端点"方式绘制椭圆的方法。

第**1**篇　快速入门

第**2**篇　技能进阶

第**3**篇　三维设计

第**4**篇　工程应用

❶ 新建空白绘图文件。

❷ 使用上述任意方式,激活【椭圆】命令。命令行操作如下。

```
命令: _ellipse
    指定椭圆轴的端点或 [圆弧(A)/中心点(C)]:      //拾取一点,定位椭圆轴的一个端点
    指定轴的另一个端点:                          //输入"@150,0"后按Enter键
    指定另一条半轴长度或 [旋转(R)]:             //输入"30"后按Enter键,绘制结果如图4-25所示
```

如果在轴测图模式下执行了【椭圆】命令,那么在此操作步骤中将增加【等轴测圆】选项,用于绘制轴测圆,如图4-26所示。

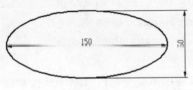

图4-25 以"轴端点"方式绘制的椭圆

图4-26 等轴测圆

4.5.2 以"中心点"方式绘制椭圆

以"中心点"方式绘制椭圆时,需要先确定出椭圆的中心点,然后再确定椭圆轴的一个端点和椭圆另一半轴的长度。下面通过绘制长轴为60、短轴为40的椭圆,学习以"中心点"方式绘制椭圆的方法。

❶ 继续上例的操作。

❷ 激活【椭圆】命令,命令行操作如下。

```
命令: _ellipse
    指定椭圆的轴端点或 [圆弧(A)/中心点(C)]: _c
    指定椭圆的中心点:                           //捕捉刚绘制的椭圆的中心点
    指定轴的端点:                               //输入"@0,30"后按Enter键
    指定另一条半轴长度或 [旋转(R)]:            //输入"20"后按Enter键,绘制结果如图4-27所示
```

💻 **选项解析**

【旋转 (R) 】:以椭圆的短轴和长轴的比值,将一个圆绕定义的第一轴旋转成椭圆。

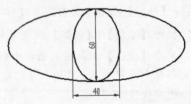

图4-27 以"中心点"方式绘制椭圆

4.6 绘制圆弧

视频讲解 "视频文件"\ "第4章"\ "4.6.绘制圆弧.avi"

圆弧是一种非封闭的椭圆,也是图形设计中非常重要的图形元素之一。

第**4**章
AutoCAD 2014绘图进阶——几何图元的绘制与编辑

第**1**篇 快速入门
第**2**篇 技能进阶
第**3**篇 三维设计
第**4**篇 工程应用

执行【圆弧】命令主要有以下几种方式。

◆ 执行【绘图】|【圆弧】级联菜单中的各命令。

◆ 单击【绘图】工具栏或面板中的 ⌒ 按钮。

◆ 在命令行中输入"Arc"后按Enter键。

◆ 使用快捷键"A"。

AutoCAD2014提供了5类共11种绘制圆弧的方式，这11种圆弧绘制方式的相关命令分别在【绘图】|【圆弧】级联菜单中，如图4-28所示。

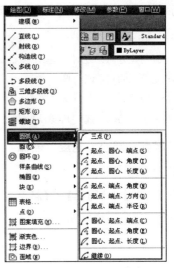

图4-28　圆弧级联菜单

4.6.1　以"三点画弧"方式绘制圆弧

所谓"三点画弧"，是指直接定位出3个点以绘制圆弧，其中第1个点和第3个点分别被作为圆弧的起点和端点。下面通过简单实例，学习"三点画弧"的方法。

❶ 新建空白绘图文件。

❷ 执行【绘图】|【圆弧】|【三点】菜单命令。命令行操作如下。

```
命令: _arc
    指定圆弧的起点或 [圆心(C)]:              //拾取第1点作为圆弧的起点
    指定圆弧的第二个点或 [圆心(C)/端点(E)]:   //在适当位置拾取圆弧上的第2点
    指定圆弧的端点:                          //拾取第3点作为圆弧的端点，结果如图4-29所示
```

图4-29　三点画弧

4.6.2　以"起点、圆心"方式绘制圆弧

"起点、圆心"方式分为"起点、圆心、端点"、"起点、圆心、角度"和"起点、圆心、长度"。当用户确定出圆弧的起点和圆心后，只需要定位出圆弧的端点、角度、弧长等参数，即可精确绘制圆弧。

1."起点、圆心、端点"画弧

❶ 新建空白绘图文件。

❷ 执行【绘图】|【圆弧】|【起点、圆心、端点】菜单命令。命令行操作如下。

```
命令: _arc
    圆弧创建方向: 逆时针(按住 Ctrl 键可切换方向)。
    指定圆弧的起点或 [圆心(C)]:                    //拾取一点
    指定圆弧的第二个点或 [圆心(C)/端点(E)]: _c 指定圆弧的圆心:        //拾取圆心
    指定圆弧的端点或 [角度(A)/弦长(L)]:            //拾取端点, 结果如图4-30所示
```

2."起点、圆心、角度"画弧

❶ 新建空白绘图文件。

❷ 执行【绘图】|【圆弧】|【起点、圆心、角度】菜
单命令。命令行操作如下。

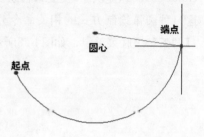

图4-30 "起点、圆心、端点"画弧

```
命令: _arc
    圆弧创建方向: 逆时针(按住 Ctrl 键可切换方向)。
    指定圆弧的起点或 [圆心(C)]:                    //拾取一点
    指定圆弧的第二个点或 [圆心(C)/端点(E)]: _c 指定圆弧的圆心:
                                            //拾取圆心, 如图4-31所示
    指定圆弧的端点或 [角度(A)/弦长(L)]: _a 指定包含角:
        //输入"180"后按Enter键, 指定圆弧的包含角度, 绘制结果如图4-32所示
```

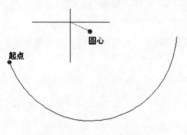

图4-31 指定起点和圆心

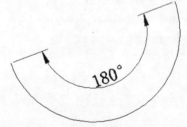

图4-32 绘制圆弧

3."起点、圆心、长度"画弧

❶ 新建空白绘图文件。

❷ 执行【绘图】|【圆弧】|【起点、圆心、长度】菜单命令。命令行操作如下。

```
命令: _arc
    圆弧创建方向: 逆时针(按住 Ctrl 键可切换方向)。
    指定圆弧的起点或 [圆心(C)]:                            //拾取一点
    指定圆弧的第二个点或 [圆心(C)/端点(E)]: _c 指定圆弧的圆心:   //拾取圆心, 如图4-33所示
    指定圆弧的端点或 [角度(A)/弦长(L)]: _l 指定弦长:
            //输入"100"后按Enter键, 指定圆弧的弦长, 绘制结果如图4-34所示
```

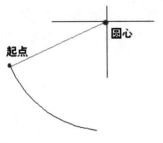

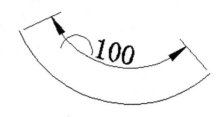

图4-33 指定起点和圆心　　　　图4-34 绘制圆弧

4.6.3 以"起点、端点"方式画弧

"起点、端点"画弧方式可分为"起点、端点、角度"、"起点、端点、方向"和"起点、端点、半径"。当定位出圆弧的起点和端点后，只需再确定圆弧的角度、半径或方向，即可精确绘制圆弧。

1."起点、端点、角度"画弧

❶ 新建空白绘图文件。

❷ 执行【绘图】|【圆弧】|【起点、端点、角度】菜单命令。命令行操作如下。

```
命令: _arc
    圆弧创建方向: 逆时针(按住 Ctrl 键可切换方向)。
    指定圆弧的起点或 [圆心(C)]:                //拾取一点
    指定圆弧的第二个点或 [圆心(C)/端点(E)]: _e
    指定圆弧的端点:                            //拾取一点，确定端点，如图4-35所示
    指定圆弧的圆心或 [角度(A)/方向(D)/半径(R)]: _a 指定包含角:
                    //输入"90"后按Enter键，指定圆弧的角度，绘制结果如图4-36所示
```

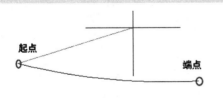

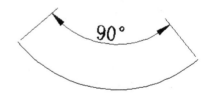

图4-35 指定起点和端点　　　　图4-36 绘制圆弧

2."起点、端点、方向"画弧

❶ 新建空白绘图文件。

❷ 执行【绘图】|【圆弧】|【起点、端点、方向】菜单命令。命令行操作如下。

```
命令: _arc
    圆弧创建方向: 逆时针(按住 Ctrl 键可切换方向)。
    指定圆弧的起点或 [圆心(C)]:                //拾取一点
    指定圆弧的第二个点或 [圆心(C)/端点(E)]: _e
    指定圆弧的端点:                            //拾取一点，确定端点
```

指定圆弧的圆心或 [角度(A)/方向(D)/半径(R)]: _d 指定圆弧的起点切向:
　　　　　　　　　　　//引导光标指定切向，如图4-37所示，绘制结果如图4-38所示

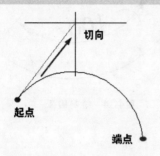

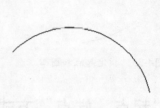

图4-37　指定起点、端点和切向　　　　　　图4-38　绘制圆弧

3. "起点、端点、半径"画弧

❶ 新建空白绘图文件。

❷ 执行【绘图】|【圆弧】|【起点、端点、半径】菜单命令。命令行操作如下。

```
命令: _arc
    圆弧创建方向: 逆时针(按住 Ctrl 键可切换方向)。
    指定圆弧的起点或 [圆心(C)]:        //拾取一点
    指定圆弧的第二个点或 [圆心(C)/端点(E)]: _e
    指定圆弧的端点:                    //拾取一点，确定端点，如图4-39所示
    指定圆弧的圆心或 [角度(A)/方向(D)/半径(R)]: _r 指定圆弧的半径:
        //输入"100"后按Enter键，指定圆弧的半径，绘制结果如图4-40所示
```

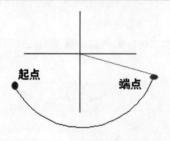

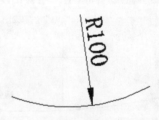

图4-39　指定起点和端点　　　　　　图4-40　绘制圆弧

4.6.4 以"圆心、起点"方式画弧

"圆心、起点"方式分为"圆心、起点、端点"、"圆心、起点、角度"和"圆心、起点、长度"。当确定了圆弧的圆心和起点后，只需再给出圆弧的端点、角度或弧长等参数，即可精确绘制圆弧。

1. "圆心、起点、端点"画弧

❶ 新建空白绘图文件。

❷ 执行【绘图】|【圆弧】|【圆心、起点、端点】菜单命令。命令行操作如下。

```
命令: _arc
    圆弧创建方向: 逆时针(按住 Ctrl 键可切换方向)。
    指定圆弧的起点或 [圆心(C)]: _c 指定圆弧的圆心:    //拾取一点
    指定圆弧的起点:                              //拾取一点
    指定圆弧的端点或 [角度(A)/弦长(L)]:          //拾取一点,如图4-41所示
```

2."圆心、起点、角度"画弧

1 新建空白绘图文件。

2 执行【绘图】|【圆弧】|【圆心、起点、角度】菜单命令。命令行操作如下。

```
命令: _arc
    圆弧创建方向: 逆时针(按住 Ctrl 键可切换方向)。
    指定圆弧的起点或 [圆心(C)]: _c 指定圆弧的圆心:    //拾取一点
    指定圆弧的起点:                              //拾取一点,如图4-42所示
    指定圆弧的端点或 [角度(A)/弦长(L)]: _a 指定包含角:
                            //输入"120"后按Enter键,指定角度值,绘制结果如图4-43所示
```

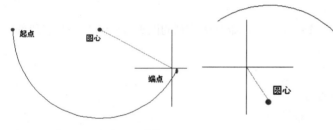

图4-41 "圆心、起点、端点"画弧　　　图4-42 指定圆心和起点　　　图4-43 绘制圆弧

3."圆心、起点、长度"画弧

1 新建空白绘图文件。

2 执行【绘图】|【圆弧】|【圆心、起点、长度】菜单命令。命令行操作如下。

```
命令: _arc
    圆弧创建方向: 逆时针(按住 Ctrl 键可切换方向)。
    指定圆弧的起点或 [圆心(C)]: _c 指定圆弧的圆心:    //拾取一点
    指定圆弧的起点:                              //拾取一点,如图4-44所示
    指定圆弧的端点或 [角度(A)/弦长(L)]: _l 指定弦长:
                            //输入"200"后按Enter键,指定弧长值,绘制结果如图4-45所示
```

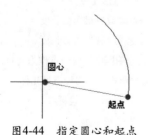

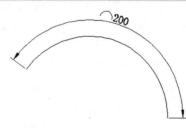

图4-44 指定圆心和起点　　　图4-45 绘制圆弧

4.6.5 "连续"圆弧

所谓"连续画弧"，是指在已知弧的基础上继续画弧。执行【绘图】|【圆弧】|【继续】菜单命令，可进入连续画弧状态，所绘制的圆弧与上一个圆弧自动相切，如图4-46所示。

另外，在结束画弧命令后，连续两次按Enter键，也可进入"连续圆弧"模式。

图4-46 连续画弧

4.7 绘制云线、螺旋线和样条曲线

视频讲解 "视频文件"\"第4章"\"4.7.绘制云线、螺旋线和样条线.avi"

云线、螺旋线以及样条线是3种比较特殊的线图形，下面继续学习绘制这3种线图形的方法。

4.7.1 绘制云线

云线是由连续圆弧构成的图线。使用【修订云线】命令所绘制的图线被看成是一条多段线，此图线可以是闭合的，也可以是断开的。

执行【修订云线】命令主要有以下几种方式。

◆ 执行【绘图】|【修订云线】菜单命令。
◆ 单击【绘图】工具栏或面板中的按钮。
◆ 在命令行中输入"Revcloud"后按Enter键。

云线的绘制比较简单，执行【绘图】|【修订云线】菜单命令，在绘图区中拾取一点作为起点，沿云线路径引导十字光标，即可绘制云线图形。

下面以绘制最大弧长为25、最小弧长为10的非闭合云线为例，学习【弧长（A）】选项的应用方法。

❶ 新建空白绘图文件。

❷ 单击【绘图】工具栏中的◎按钮，激活【修订云线】命令。命令行操作如下。

```
命令: _revcloud
    最小弧长: 30    最大弧长: 30    样式: 普通
    指定起点或 [弧长(A)/对象(O)/样式(S)] <对象>:
                        //输入"a"后按Enter键，激活【弧长（A）】选项
    指定最小弧长 <30>:        //输入"10"后按Enter键，设置最小弧长度
    指定最大弧长 <10>:        //输入"25"后按Enter键，设置最大弧长度
    指定起点或 [弧长(A)/对象(O)/样式(S)] <对象>:    //在绘图区中拾取一点作为起点
    沿云线路径引导十字光标...        //按住鼠标左键不放，沿着所需闭合路径引导光标
    反转方向 [是(Y)/否(N)] <否>:    //输入"n"后按Enter键，采用默认设置
                        //修订云线完成，结果如图4-47所示
```

图4-47　绘制结果

> 📺 **选项解析**
>
> ◆ 【弧长（A）】：可以设置云线的最小弧和最大弧的长度，所设置的最大弧长最大为最小弧长的3倍。
>
> ◆ 【对象（O）】：用于按照当前的样式和尺寸，将非云线图形（如直线、圆弧、矩形以及圆形等）转化为云线图形。
>
> ◆ 【样式（S）】：用于设置修订云线的样式，具体有【普通】和【手绘】两种样式，默认为【普通】样式。

4.7.2　绘制螺旋线

螺旋线是一种特殊线图形，该线图形一般用为 SWEEP 命令的扫掠路径以创建弹簧、螺纹和环形楼梯等。

执行【螺旋】命令主要有以下几种方式。

◆ 执行【绘图】|【螺旋】菜单命令。

◆ 单击【建模】工具栏或【绘图】面板中的📧按钮。

◆ 在命令行中输入"Helix"后按Enter键。

下面通过绘制高度为120、圈数为3的螺旋线，学习绘制螺旋线的方法。

❶ 新建空白绘图文件。

❷ 执行【视图】|【三维视图】|【西南等轴测】菜单命令，将当前视图切换为西南等轴测视图。

❸ 单击【建模】工具栏中的📧按钮，激活【螺旋】命令。根据命令行的提示，创建螺旋线。

```
命令：_Helix
    圈数 = 3.0000        扭曲=CCW
    指定底面的中心点：                    //在绘图区中拾取一点
    指定底面半径或 [直径(D)] <27.9686>：  //输入"50"后按Enter键
    指定顶面半径或 [直径(D)] <50.0000>：  //输入"20"后按Enter键
```

 　　　　如果指定一个值同时作为底面半径和顶面半径，将创建圆柱形螺旋；如果指定不同值作为顶面半径和底面半径，将创建圆锥形螺旋；不能指定"0"同时作为底面半径和顶面半径。

```
指定螺旋高度或 [轴端点(A)/圈数(T)/圈高(H)/扭曲(W)] <923.5423>： //输入"t"后按Enter键
输入圈数 <3.0000>：                    //输入"3"后按Enter键
指定螺旋高度或 [轴端点(A)/圈数(T)/圈高(H)/扭曲(W)] <23.5423>：
                                      //输入"120"后按Enter键，绘制结果如图4-48所示
```

 　　　　默认设置下，螺旋圈数为3。绘制图形时，圈数的默认值始终是先前输入的圈数值，螺旋的圈数不能超过 500。另外，如果螺旋指定的高度值为 0，则将创建扁平的二维螺旋。

中文版
AutoCAD 2014从入门到精通

第**1**篇 快速入门

第**2**篇 技能进阶

第**3**篇 三维设计

第**4**篇 工程应用

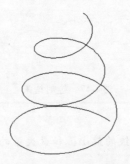

图4-48 绘制的螺旋线

4.7.3 绘制样条曲线

样条曲线是一种特殊的线图形，常用于绘制通过某些拟合点（接近控制点）的光滑曲线。该曲线可以是二维曲线，也可是三维曲线。

执行【样条曲线】命令主要有以下几种方式。

◆ 执行【绘图】|【样条曲线】菜单命令。
◆ 单击【绘图】工具栏或面板中的╱按钮。
◆ 在命令行中输入"Spline"后按Enter键。
◆ 使用快捷键"SPL"。

在实际工作中，光滑曲线也是较为常见的一种几何图元。激活【样条曲线】命令后，命令行操作如下。

```
命令：_spline
    当前设置：方式=拟合    节点=弦
    指定第一个点或 [方式(M)/节点(K)/对象(O)]：//输入"0,0"后按Enter键，指定样条曲线的起点
    输入下一个点或 [起点切向(T)/公差(L)]：         //输入下一点坐标，按Enter键
    输入下一个点或 [端点相切(T)/公差(L)/放弃(U)]：    //输入下一点坐标，按Enter键
    输入下一个点或 [端点相切(T)/公差(L)/放弃(U)/闭合(C)]：//输入下一点坐标，按Enter键
    输入下一个点或 [端点相切(T)/公差(L)/放弃(U)/闭合(C)]：//按Enter键，结果如图4-49所示
```

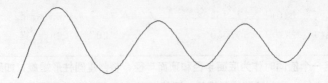

图4-49 绘制样条曲线

4.8 几何图元的编辑

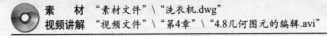

素 材 "素材文件"\"洗衣机.dwg"
视频讲解 "视频文件"\"第4章"\"4.8几何图元的编辑.avi"

在上面章节学习了绘制几何图元的相关技能，下面继续学习编辑几何图元的相关技能，主要

包括缩放、旋转、拉伸、拉长、对齐、分解等。

4.8.1　缩放对象

【缩放】命令用于将选定的对象进行等比例放大或缩小。使用此命令可以创建形状相同、大小不同的图形结构。

执行【缩放】命令主要有以下几种方式。

◆ 执行菜单【修改】|【缩放】菜单命令。

◆ 单击【修改】工具栏或面板中的 按钮。

◆ 在命令行中输入"Scale"后按Enter键。

◆ 使用快捷键"SC"。

在缩放对象时，还可以进行缩放复制。下面通过将洗衣机图形文件缩小0.5倍并进行复制的操作，学习【缩放】命令的应用方法。

1. 缩放对象

❶ 打开随书光盘中的"素材文件"\"洗衣机.dwg"文件，如图4-50所示。

❷ 使用上述任意方式，激活【缩放】命令，对该图形进行缩放。命令行操作如下。

```
命令: _scale
    选择对象:                                //使用窗口选择方式选择洗衣机图形
    选择对象:                                //按Enter键，结束选择
    指定基点:                                //捕捉洗衣机图形左侧边的中点
    指定比例因子或 [复制(C)/参照(R)] <1.0000>: //输入"0.5"后按Enter键，结果如图4-51所示
```

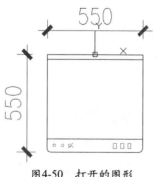

图4-50　打开的图形

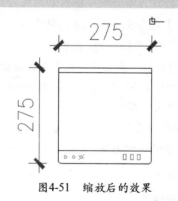

图4-51　缩放后的效果

❑ 选项解析

◆ 【参照（R）】：使用参考值作为比例因子缩放操作对象。此选项需要用户分别指定参照长度和新长度，AutoCAD将以参照长度和新长度的比值决定缩放的比例因子。

2. 缩放并复制对象

❶ 继续上例的操作。

❷ 按Enter键重复执行【缩放】命令，再次对洗衣机图形进行缩放复制。命令行操作如下。

第**1**篇　快速入门

第**2**篇　技能进阶

第**3**篇　三维设计

第**4**篇　工程应用

命令: _scale

选择对象:	//使用窗口选择方式选择洗衣机图形
选择对象:	//按Enter键, 结束选择
指定基点:	//捕捉洗衣机图形左侧边的中点
指定比例因子或 [复制(C)/参照(R)] <1.0000>:	//输入"c"后按Enter键, 激活【复制(C)】选项
指定比例因子或 [复制(C)/参照(R)] <1.0000>:	//输入"0.5"后按Enter键, 结果如图4-52所示

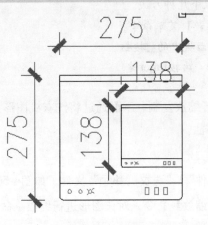

图4-52　缩放复制对象

4.8.2　旋转对象

【旋转】命令用于将图形围绕指定的基点进行角度旋转。在旋转对象时, 输入的角度为正值, 系统将按逆时针方向旋转; 输入的角度为负值, 系统将按顺时针方向旋转。

执行【旋转】命令主要有以下几种方式。

◆ 执行【修改】|【旋转】菜单命令。

◆ 单击【修改】工具栏或面板中的 按钮。

◆ 在命令行中输入"Rotate"后按Enter键。

◆ 使用快捷键"RO"。

在旋转对象时, 还可以进行旋转复制。下面通过将洗衣机图形旋转30°并进行复制的操作, 学习【旋转】命令的应用方法。

1. 旋转对象

❶ 继续上例的操作。

❷ 使用上述任意方式, 激活【旋转】命令, 对洗衣机图形进行旋转30°的操作。命令行操作如下。

命令: _rotate

UCS 当前的正角方向: ANGDIR=逆时针 ANGBASE=0	
选择对象:	//选择洗衣机图形
选择对象:	//按Enter键
指定基点:	//拾取洗衣机的左下角点
指定旋转角度, 或 [复制(C)/参照(R)] <0>:	//输入"30"后按Enter键, 旋转结果如图4-53所示

2. 旋转并复制对象

① 继续上例的操作。

② 按Enter键重复执行【旋转】命令，再次对洗衣机图形进行旋转复制。命令行操作如下。

```
命令：_rotate
    UCS 当前的正角方向：  ANGDIR=逆时针  ANGBASE=0
    选择对象：                          //选择洗衣机图形
    选择对象：                          //按Enter键
    指定基点：                          //拾取洗衣机的左下角点
    指定旋转角度，或 [复制(C)/参照(R)] <0>：  //输入"c"后按Enter键，激活【复制（C）】选项
    指定旋转角度，或 [复制(C)/参照(R)] <0>：
                            //输入"30"后按Enter键，旋转并复制的结果如图4-54所示
```

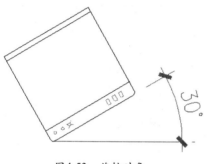
图4-53　旋转对象

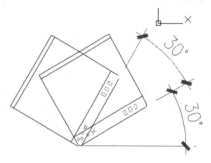
图4-54　旋转并复制对象

□ 选项解析

◆ 【参照（R）】：用于将对象进行参照旋转，即指定一个参照角度和新角度，两个角度的差值就是对象的实际旋转角度。

4.8.3　拉伸对象

　　【拉伸】命令用于将图形对象进行不等比缩放，进而改变对象的尺寸或形状。通常用于拉伸的基本几何图形主要有直线、圆弧、椭圆弧、多段线、样条曲线等。

　　执行【拉伸】命令主要有以下几种方式。

◆ 执行【修改】|【拉伸】菜单命令。

◆ 单击【修改】工具栏或面板中的 按钮。

◆ 在命令行中输入"Stretch"后按Enter键。

◆ 使用快捷键"S"。

　　下面通过将沙发图形进行拉伸、拉伸距离为50的操作，学习【拉伸】命令的使用方法。

① 打开随书光盘中的"素材文件"\"沙发平面图.dwg"文件，如图4-55所示。

② 使用上述任意方式，激活【拉伸】命令。命令行操作如下。

```
命令：_stretch
    以交叉窗口或交叉多边形选择要拉伸的对象...
```

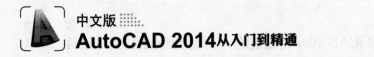
选择对象：　　　　　　　　　　//从右向左拖出如图4-56所示的矩形选择框，选择沙发对象

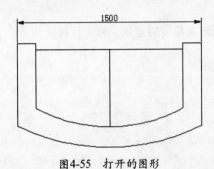

图4-55　打开的图形

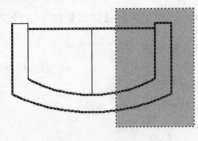

图4-56　选择对象

　在窗交选择时，需要拉伸的图形必须与选择框相交，需要平移的图线只需处在选择框内即可。

选择对象：　　　　　　　　　//按Enter键，结束选择

指定基点或 [位移(D)] <位移>：

　　　　　　　　　//拾取沙发的右上角点作为拉伸基点，此时系统进入拉伸状态，如图4-57所示

指定第二个点或 [阵列(A)] <使用第一个点作为位移>：

　　　　　　　　　//向右拖出水平的极轴虚线，输入"50"后按Enter键，结果如图4-58所示

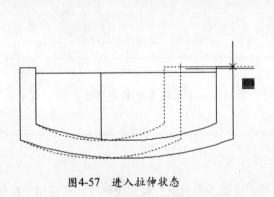

图4-57　进入拉伸状态

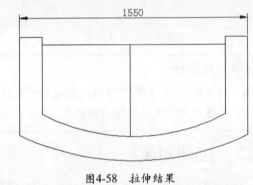

图4-58　拉伸结果

4.8.4　拉长对象

【拉长】命令用于将图线拉长或缩短，在拉长的过程中不仅可以改变图线对象的长度，还可以更改弧的角度。

执行【拉长】命令主要有以下几种方式。

◆　执行【修改】|【拉长】菜单命令。

◆　单击【常用】选项卡中【修改】面板中的 按钮。

◆　在命令行中输入"Lengthen"后按Enter键。

◆　使用快捷键"LEN"。

AutoCAD 2014提供了多种拉长对象的方式，包括"增量拉长"、"百分数拉长"、"全部拉长"以及"动态拉长"。

1. 增量拉长

增量拉长是一种常用的拉长方式，是按照事先指定的长度增量或角度增量拉长或缩短对象。下面通过简单实例，学习【拉长】命令的使用方法。

1 执行【直线】命令，绘制长度为100的线段，结果如图4-59所示。

2 使用上述任意方式，激活【拉长】命令，将水平线段拉长50。命令行操作如下。

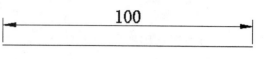

图4-59 绘制线段

```
命令：_lengthen
    选择对象或 [增量(DE)/百分数(P)/全部(T)/动态(DY)]：
                              //输入"de"后按Enter键，激活【增量（DE）】选项
    输入长度增量或 [角度(A)] <0.0000>：    //输入"50"后按Enter键，设置长度增量
    选择要修改的对象或 [放弃(U)]：        //在水平线的右端单击
    选择要修改的对象或 [放弃(U)]：        //按Enter键，拉长结果如图4-60所示
```

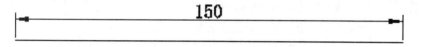

图4-60 拉长结果

 如果将增量值设置为正值，系统将拉长对象；如果将增量设置为负值，系统将缩短对象。

2. 百分数拉长

所谓"百分数拉长"，是指以总长的百分比值拉长或缩短对象，长度的百分数值必须为正且非0。

继续上例的操作，激活【拉长】命令。命令行操作如下。

```
命令：_lengthen
    选择对象或 [增量(DE)/百分数(P)/全部(T)/动态(DY)]：
                              //输入"p"后按Enter键，激活【百分数（P）】选项
    输入长度百分数 <100.0000>：    //输入"50"后按Enter键，设置拉长的百分比值
    选择要修改的对象或 [放弃(U)]：    //在图4-60中直线的右端单击
    选择要修改的对象或 [放弃(U)]：    //按Enter键，结果如图4-61所示
```

 当长度百分数比值小于100时，将缩短对象；当百分数比值大于100时，将拉长对象。

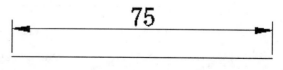

图4-61 拉长结果

3. 全部拉长

所谓"全部拉长"，是指指定一个总长度或者总角度以拉长或缩短对象。

继续上例的操作，激活【拉长】命令。命令行操作如下。

第**1**篇 快速入门

第**2**篇 技能进阶

第**3**篇 三维设计

第**4**篇 工程应用

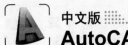
第1篇 快速入门

第2篇 技能进阶

第3篇 三维设计

第4篇 工程应用

```
命令：_lengthen
    选择对象或 [增量(DE)/百分数(P)/全部(T)/动态(DY)]:
                            //输入"t"后按Enter键，激活【全部（T）】选项
    指定总长度或 [角度(A)] <1.0000>:        //输入"100"后按Enter键，设置总长度
    选择要修改的对象或 [放弃(U)]:          //在图4-61中直线的右端单击
    选择要修改的对象或 [放弃(U)]:          //按Enter键，拉长结果如图4-62所示
```

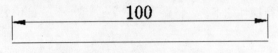

图4-62 拉长结果

如果原对象的总长度或总角度大于所指定的总长度或总角度，则原对象将被缩短；反之，将被拉长。

4. 动态拉长

所谓"动态拉长"，是指根据图形对象的端点位置动态改变其长度。激活【动态（DY）】选项功能之后，AutoCAD将端点移动到所需的长度或角度，另一端保持固定。

继续上例的操作，激活【拉长】命令。命令行操作如下。

```
命令：_lengthen
    选择对象或 [增量(DE)/百分数(P)/全部(T)/动态(DY)]:
                            //输入"dy"后按Enter键，激活【动态（DY）】选项
    选择要修改的对象或 [放弃(U)]:
                //在图4-62中直线的右端单击，此时进入动态拉长状态，如图4-63所示
```

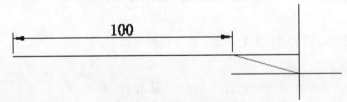

图4-63 动态拉长状态

```
指定新端点:.50]:        //向右引出0°矢量，输入"50"后按Enter键，结果如图4-64所示
```

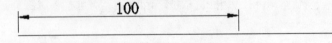

图4-64 动态拉长

```
选择要修改的对象或 [放弃(U)]: //按Enter键，拉长结果如图4-65所示
```

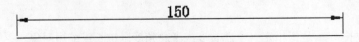

图4-65 拉长结果

4.8.5 对齐对象

【对齐】命令用于将选择的图形对象在二维空间或三维空间中与其他图形对象进行对齐。在对齐图形时，需要指定3个源点和3个目标点，这些点不能处在同一水平或垂直位置上。

执行【对齐】命令主要有以下几种方式。

◆ 执行【修改】|【三维操作】|【对齐】菜单命令。

◆ 单击【常用】选项卡中【修改】面板中的 按钮。

◆ 在命令行中输入"Align"后按Enter键。

◆ 使用快捷键"AL"。

下面通过将某零件进行组装的操作，学习【对齐】命令的使用方法。

❶ 打开随书光盘中的"素材文件"\"零件组装图.dwg"文件，如图4-66所示。

❷ 采用上述任意方式，激活【对齐】命令，对零件图进行对齐组装。命令行操作如下。

```
命令: _align
    选择对象:                    //窗交选择如图4-67所示的右侧的零件图形
```

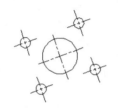
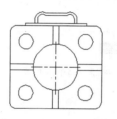

图4-66　零件组装图　　　　　　　　　　　　　　图4-67　选择图形

```
    选择对象:                    //按Enter键，结束选择
    指定第一个源点:              //捕捉如图4-68所示的圆心作为对齐的第1个源点
    指定第一个目标点:            //捕捉如图4-69所示的圆心作为对齐的第1个目标点
```

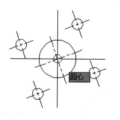
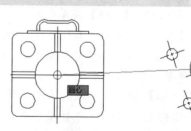

图4-68　指定第1个源点　　　　　　　　　　图4-69　指定第1个目标点

```
    指定第二个源点:              //捕捉如图4-70所示的圆心作为对齐的第2个源点
```

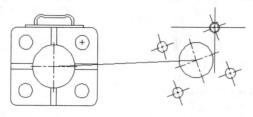

图4-70　指定第2个源点

指定第二个目标点： //捕捉如图4-71所示的圆心作为对齐的第2个目标点
指定第三个源点或 <继续>： //捕捉如图4-72所示的圆心作为对齐的第3个源点

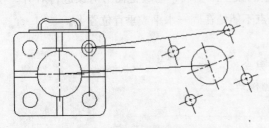
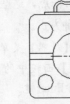
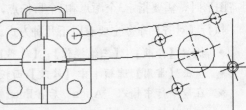

图4-71　指定第2个目标点　　　　　　　　图4-72　定位第3个源点

指定第三个目标点： //捕捉如图4-73所示的圆心作为第3个目标点，对齐结果如图4-74所示

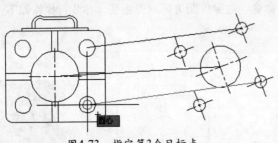

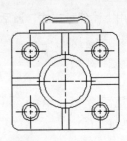

图4-73　指定第3个目标点　　　　　　　　图4-74　对齐结果

4.8.6　分解对象

【分解】命令用于将复合图形分解成各自独立的对象，以方便对分解后的各对象进行修改编辑。

执行【分解】命令主要有以下几种方式。

◆ 执行【修改】|【分解】菜单命令。
◆ 单击【修改】工具栏或面板中的按钮。
◆ 在命令行中输入"Explode"后按Enter键。
◆ 使用命令简写"X"。

在激活【分解】命令后，只需选择需要分解的对象，然后按Enter键，即可将对象分解。如图4-75所示，矩形未分解前的4条边是一个独立对象；如图4-76所示，矩形被分解后，4条边各自成为单独对象。

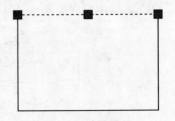

图4-75　分解前的矩形　　　　　　　　图4-76　分解后的矩形

若对具有一定宽度的多段线进行分解，AutoCAD将忽略其宽度并沿多段线的中心放置分解多段线，如图4-77所示。

图4-77　分解宽度多段线

4.8.7　复制对象

【复制】命令用于复制图形。通过复制图形，可以创建结构相同、位置不同的复合图形。

 　　　　【复制】命令只能在当前文件中使用。如果用户要在多个文件之间复制对象，需执行【编辑】|【复制】菜单命令。

执行【复制】命令主要有以下几种方式。

◆ 执行【修改】|【复制】菜单命令。
◆ 单击【修改】工具栏中的 按钮。
◆ 在命令行中输入"Copy"按Enter键。
◆ 使用命令简写"CO"。

下面通过简单实例，学习【复制】命令的使用方法。

❶ 打开随书光盘中的"素材文件"\"机械平面图.dwg"文件。

❷ 单击【修改】工具栏中的 按钮，激活【复制】命令，配合【坐标输入】功能，快速复制对象。命令行操作如下。

```
命令: _copy
    选择对象:                      //由左向右拖出如图4-78所示的窗口选择框，选择孔图形
    选择对象:                            //按Enter键，结束选择
    当前设置:  复制模式 = 多个
    指定基点或 [位移(D)/模式(O)] <位移>:             //捕捉孔的圆心
    指定第二个点或 [阵列(A)] <使用第一个点作为位移>: //输入"@160,0"后按Enter键
    指定第二个点或 [阵列(A)/退出(E)/放弃(U)] <退出>: //按Enter键，复制结果如图4-79所示
```

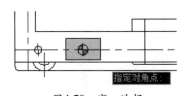

图4-78　窗口选择

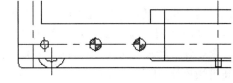

图4-79　复制结果

❸ 重复执行【复制】命令，配合【坐标输入】功能，继续对孔进行复制。命令行操作如下。

```
命令: _copy
    选择对象:                      //拖出如图4-80所示的窗口选择框
    选择对象:                            //按Enter键，结束选择
    当前设置:  复制模式 = 多个
```

中文版
AutoCAD 2014从入门到精通

第 **1** 篇 快速入门

第 **2** 篇 技能进阶

第 **3** 篇 三维设计

第 **4** 篇 工程应用

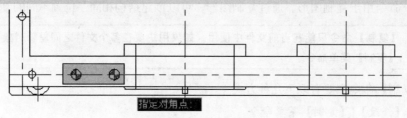

指定基点或 [位移(D)/模式(O)] <位移>:	//捕捉孔的圆心
指定第二个点或 [阵列(A)] <使用第一个点作为位移>:	//输入"@740,0"后按Enter键
指定第二个点或 [阵列(A)/退出(E)/放弃(U)] <退出>:	//输入"@1400,0"后按Enter键
指定第二个点或 [阵列(A)/退出(E)/放弃(U)] <退出>:	//输入"@0,716"后按Enter键
指定第二个点或 [阵列(A)/退出(E)/放弃(U)] <退出>:	//输入"@740,716"后按Enter键
指定第二个点或 [阵列(A)/退出(E)/放弃(U)] <退出>:	//输入"@1400,716"后按Enter键
指定第二个点或 [阵列(A)/退出(E)/放弃(U)] <退出>:	//按Enter键,复制结果如图4-81所示

图4-80　窗口选择

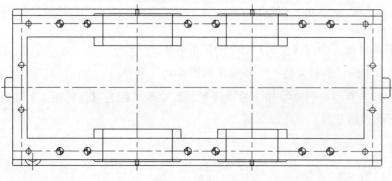

图4-81　复制结果

4.8.8　编辑多段线

【编辑多段线】命令用于编辑多段线或具有多段线性质的图形,如矩形、正多边形、圆环、三维多段线、三维多边形网格等。

执行【编辑多段线】命令主要有以下几种方式。

◆ 执行【修改】|【对象】|【多段线】菜单命令。

◆ 单击【修改II】工具栏或【修改】面板中的⚠按钮。

◆ 在命令行中输入"Pedit"后按Enter键。

◆ 使用快捷键"PE"。

执行【编辑多段线】命令可以闭合、打断、拉直、拟合多段线,还可以增加、移动、删除多段线顶点等。

❶ 执行【编辑多段线】命令后,命令行操作如下。

```
命令: _Pedit
    选择多段线或 [多条(M)]:        //系统提示选择需要编辑的多段线
```

❷ 如果用户选择了直线或圆弧,而不是多段线,系统出现如下提示。

是否将其转换为多段线？ <Y>：

//输入"y"，将选择的对象（即直线或圆弧）转换为多段线，再进行编辑

③ 如果选择的对象是多段线，命令行提示如下，选择相应的选项进行操作。

输入选项 [闭合(C)/合并(J)/宽度(W)/编辑顶点(E)/拟合(F)/样条曲线(S)/非曲线化(D)/线型生成(L)/反转(R)/放弃(U)]：

📖 选项解析

◆ 【闭合（C）】：用于打开或闭合多段线。如果用户选择的多段线是非闭合的，使用该选项可使之封闭；如果用户选择的多段线是闭合的，该选项被替换为【打开】，使用该选项可打开闭合的多段线。

◆ 【合并（J）】：用于将其他的多段线、直线或圆弧连接到正在编辑的多段线上，形成一条新的多段线。要在多段线上连接实体，与原多段线必须有一个共同的端点，即需要连接的对象必须首尾相连。

◆ 【拟合（F）】：用于对多段线进行曲线拟合，将多段线变成通过每个顶点的光滑连续的圆弧曲线，曲线经过多段线的所有顶点并使用任何指定的切线方向，如图4-82所示。

曲线拟合前　　　　　　　　　曲线拟合后

图4-82　对多段线进行曲线拟合

◆ 【样条曲线（S）】：用样条曲线拟合多段线，生成由多段线顶点控制的样条曲线。变量SPLINESEGS控制样条曲线的精度，值越大，曲线越光滑。变量SPLFRAME决定是否显示原多段线，将值设置为1时，样条曲线与原多段线一起显示，将值设置为0时，不显示原多段线。变量SPLINETYPE控制样条曲线的类型，将值设置为5时，为二次样条曲线；将值设置为6时，为三次样条曲线，如图4-83所示。

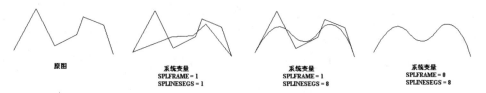

原图　　　　　　　　　系统变量　　　　　　　系统变量　　　　　　系统变量
　　　　　　　　　　SPLFRAME = 1　　　　SPLFRAME = 1　　　SPLFRAME = 0
　　　　　　　　　　SPLINESEGS = 1　　　SPLINESEGS = 8　　SPLINESEGS = 8

图4-83　选项示例

◆ 【宽度（W）】：用于修改多段线的线宽，并将多段线的各段线宽统一为新输入的线宽值。激活该选项后，系统提示输入所有线段的新宽度。

◆ 【非曲线化（D）】：用于还原已被编辑的多段线。取消拟合、样条曲线以及【多段线】命令创建的圆弧段，将多段线中的各段拉直，同时保留多段线顶点的所有切线信息。

◆ 【线型生成（L）】：用于控制多段线为非实线状态时的显示方式。当该选项为ON状态时，虚线或中心线等非实线线型的多段线在角点处封闭；当该选项为OFF状态时，角点处是否封闭取决于线型比例的大小。

第**1**篇 快速入门

第**2**篇 技能进阶

第**3**篇 三维设计

第**4**篇 工程应用

4.9 综合实例——绘制连杆零件二视图

 实例效果 "效果文件"\"第4章"\"连杆零件二视图.dwg"
视频讲解 "视频文件"\"第4章"\"4.9 绘制连杆零件二视图.avi"

在上面章节学习了几何图元的绘制与编辑，下面通过绘制如图4-84所示的连杆零件二视图，对本章所学知识进行巩固和练习。

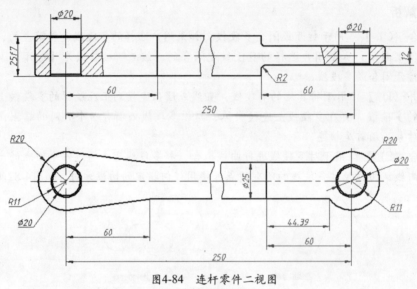

图4-84 连杆零件二视图

4.9.1 绘制连杆零件俯视图基本图形

❶ 执行【新建】命令，以随书光盘中的"样板文件"\"机械样板.dwt"文件作为基础样板，新建空白绘图文件。

❷ 打开状态栏中的【对象捕捉】、【极轴追踪】等功能。

❸ 使用快捷键"Z"激活【视图缩放】命令，将视图高度设置为180。

❹ 展开【图层】工具栏中的【图层控制】下拉列表，将"中心线"图层设置为当前图层。

❺ 执行【绘图】|【构造线】菜单命令，绘制水平和垂直的构造线作为定位辅助线，结果如图4-85所示。

❻ 展开【图层】工具栏中的【图层控制】下拉列表，将"轮廓线"图层设置为当前图层。

❼ 使用快捷键"C"激活【圆】命令，配合【交点捕捉】功能，绘制两组同心圆，同心圆的半径分别为10、11和20，结果如图4-86所示。

图4-85 绘制构造线

图4-86　绘制同心圆

❽ 使用快捷键"O"激活【偏移】命令，对水平构造线和垂直构造线进行偏移。命令行操作如下。

命令：o	//按Enter键
OFFSET当前设置：删除源=否　图层=源　OFFSETGAPTYPE=0	
指定偏移距离或 [通过(T)/删除(E)/图层(L)] <180.0>：	//输入"1"后按Enter键
输入偏移对象的图层选项 [当前(C)/源(S)] <源>：	//输入"c"后按Enter键
指定偏移距离或 [通过(T)/删除(E)/图层(L)] <180.0>：	//输入"60"后按Enter键
选择要偏移的对象，或 [退出(E)/放弃(U)] <退出>：	//选择左侧的垂直构造线
指定要偏移的那一侧上的点，或 [退出(E)/多个(M)/放弃(U)] <退出>：//在所选构造线的右侧拾取点	
选择要偏移的对象，或 [退出(E)/放弃(U)] <退出>：	//选择右侧的垂直构造线
指定要偏移的那一侧上的点，或 [退出(E)/多个(M)/放弃(U)] <退出>：//在所选构造线的左侧拾取点	
选择要偏移的对象，或 [退出(E)/放弃(U)] <退出>：	//按Enter键
命令：	//按Enter键
OFFSET当前设置：删除源=否　图层=当前　OFFSETGAPTYPE=0	
指定偏移距离或 [通过(T)/删除(E)/图层(L)] <60.0>：	//输入"12.5"后按Enter键
选择要偏移的对象，或 [退出(E)/放弃(U)] <退出>：	//选择下方的水平构造线
指定要偏移的那一侧上的点，或 [退出(E)/多个(M)/放弃(U)] <退出>：//在所选构造线的上方拾取点	
选择要偏移的对象，或 [退出(E)/放弃(U)] <退出>：	//选择下方的水平构造线
指定要偏移的那一侧上的点，或 [退出(E)/多个(M)/放弃(U)] <退出>：//在所选构造线的下方拾取点	
选择要偏移的对象，或 [退出(E)/放弃(U)] <退出>：	//按Enter键，结果如图4-87所示

❾ 执行【绘图】|【直线】菜单命令，配合【交点捕捉】和【切点捕捉】功能，绘制如图4-88所示的两条切线。

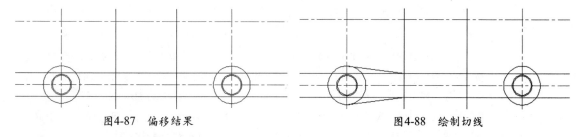

图4-87　偏移结果　　　　　　　　　　　　　　　图4-88　绘制切线

4.9.2　完善连杆零件俯视图

❶ 继续上一节的操作，使用快捷键"TR"激活【修剪】命令，对图4-88中的图线进行修整，结果如图4-89所示。

❷ 展开【图层】工具栏中的【图层控制】下拉列表，将"波浪线"图层设置为当前图层。

中文版
AutoCAD 2014从入门到精通

第**1**篇 快速入门

第**2**篇 技能进阶

第**3**篇 三维设计

第**4**篇 工程应用

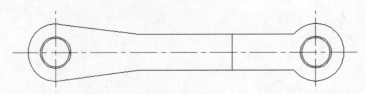

图4-89　修剪结果

❸ 使用快捷键"SPL"激活【样条曲线】命令，配合【最近点捕捉】功能，绘制如图4-90所示的两条边界线。

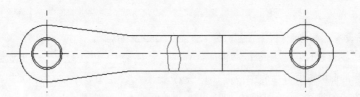

图4-90　绘制结果

❹ 使用快捷键"TR"激活【修剪】命令，以两条样条曲线作为边界，对两条水平的轮廓线进行修剪，结果如图4-91所示。

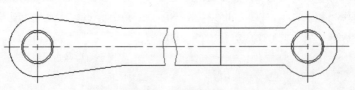

图4-91　修剪结果

4.9.3　绘制连杆零件主视图基本图形

❶ 继续上一节的操作。

❷ 展开【图层】工具栏中的【图层控制】下拉列表，将"轮廓线"图层设置为当前图层。

❸ 使用快捷键"O"激活【偏移】命令，对上方的水平构造线进行偏移。命令行操作如下。

```
命令：o                                              //按Enter键
    OFFSET当前设置：删除源=否　图层=当前　OFFSETGAPTYPE=0
    指定偏移距离或 [通过(T)/删除(E)/图层(L)] <60.0>：       //输入"12.5"后按Enter键
    选择要偏移的对象，或 [退出(E)/放弃(U)] <退出>：          //选择上方的水平构造线
    指定要偏移的那一侧上的点，或 [退出(E)/多个(M)/放弃(U)] <退出>：//在所选构造线的上方拾取点
    选择要偏移的对象，或 [退出(E)/放弃(U)] <退出>：          //选择上方的水平构造线
    指定要偏移的那一侧上的点，或 [退出(E)/多个(M)/放弃(U)] <退出>：//在所选构造线的下方拾取点
    选择要偏移的对象，或 [退出(E)/放弃(U)] <退出>：          //按Enter键
    命令：                                              //按Enter键
    指定偏移距离或 [通过(T)/删除(E)/图层(L)] <12.5>：       //输入"6"后按Enter键
    选择要偏移的对象，或 [退出(E)/放弃(U)] <退出>：          //选择上方的水平构造线
    指定要偏移的那一侧上的点，或 [退出(E)/多个(M)/放弃(U)] <退出>：//在所选构造线的上方拾取点
    选择要偏移的对象，或 [退出(E)/放弃(U)] <退出>：          //选择上方的水平构造线
```

指定要偏移的那一侧上的点，或 [退出(E)/多个(M)/放弃(U)] <退出>://在所选构造线的下方拾取点
选择要偏移的对象，或 [退出(E)/放弃(U)] <退出>：   //按Enter键，结果如图4-92所示

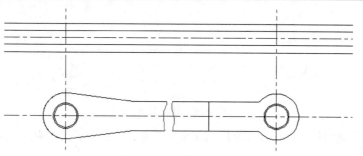

图4-92   偏移结果

❹ 重复执行【偏移】命令，对两条垂直的构造线进行偏移。命令行操作如下。

命令：   //按Enter键
OFFSET当前设置：删除源=否   图层=当前   OFFSETGAPTYPE=0
指定偏移距离或 [通过(T)/删除(E)/图层(L)] <6>: //输入"20"后按Enter键
选择要偏移的对象，或 [退出(E)/放弃(U)] <退出>： //选择左侧的垂直构造线
指定要偏移的那一侧上的点，或 [退出(E)/多个(M)/放弃(U)] <退出>://在所选构造线的左侧拾取点
选择要偏移的对象，或 [退出(E)/放弃(U)] <退出>： //选择右侧的垂直构造线
指定要偏移的那一侧上的点，或 [退出(E)/多个(M)/放弃(U)] <退出>://在所选构造线的右侧拾取点
选择要偏移的对象，或 [退出(E)/放弃(U)] <退出>： //按Enter键
命令：   //按Enter键
OFFSET当前设置：删除源=否   图层=当前   OFFSETGAPTYPE=0
指定偏移距离或 [通过(T)/删除(E)/图层(L)] <20>: //输入"60"后按Enter键
选择要偏移的对象，或 [退出(E)/放弃(U)] <退出>： //再次选择左侧的垂直构造线
指定要偏移的那一侧上的点，或 [退出(E)/多个(M)/放弃(U)] <退出>://在所选构造线的右侧拾取点
选择要偏移的对象，或 [退出(E)/放弃(U)] <退出>： //再次选择右侧的垂直构造线
指定要偏移的那一侧上的点，或 [退出(E)/多个(M)/放弃(U)] <退出>://在所选构造线的左侧拾取点
选择要偏移的对象，或 [退出(E)/放弃(U)] <退出>： //按Enter键，结果如图4-93所示

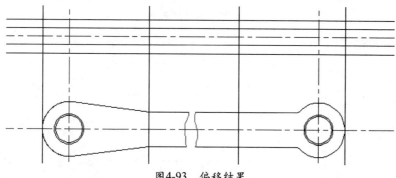

图4-93   偏移结果

❺ 执行【修改】|【修剪】菜单命令，对各构造线进行修剪，编辑出主视图的外轮廓结构，结果如
图4-94所示。

第**1**篇 快速入门

第**2**篇 技能进阶

第**3**篇 三维设计

第**4**篇 工程应用

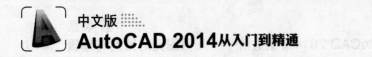

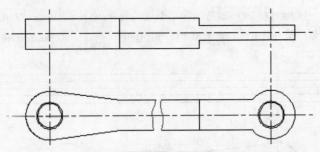

图4-94　修剪结果

6 绘制边界线和抹角结构。执行【修改】|【复制】菜单命令，对俯视图中的两条样条曲线进行复制。命令行操作如下。

```
命令：_copy
    选择对象：                              //选择两条样条曲线边界
    选择对象：                              //按Enter键
    当前设置：  复制模式 = 多个
    指定基点或 [位移(D)/模式(O)] <位移>：    //捕捉如图4-95所示的端点
```

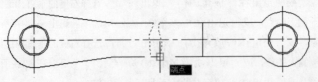

图4-95　捕捉端点

指定第二个点或 [阵列(A)] <使用第一个点作为位移>　//捕捉如图4-96所示的端点

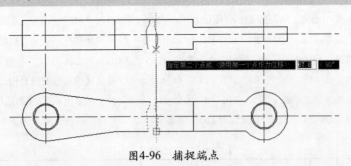

图4-96　捕捉端点

指定第二个点或 [阵列(A)/退出(E)/放弃(U)] <退出>：//按Enter键，复制结果如图4-97所示

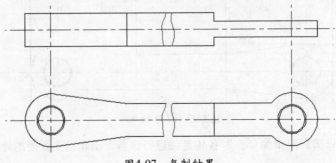

图4-97　复制结果

❼ 使用快捷键"TR"激活【修剪】命令，以复制出的两条样条曲线作为边界，对主视图两侧的
水平轮廓线进行修剪，结果如图4-98所示。

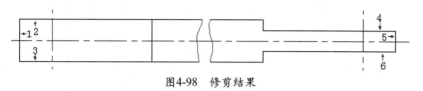

图4-98　修剪结果

4.9.4　连杆零件二视图的最后完善

❶ 继续上一节的操作，执行【修改】|【倒角】菜单命令，对主视图外轮廓线进行倒角操作。命令
行操作如下。

```
命令: _chamfer
    ("修剪"模式) 当前倒角距离 1 = 0.0,距离 2 = 0.0
    选择第一条直线或 [放弃(U)/多段线(P)/距离(D)/角度(A)/修剪(T)/方式(E)/多个(M)]:
                                    //输入"a"后按Enter键
    指定第一条直线的倒角长度 <0.0>:      //输入"1"后按Enter键
    指定第一条直线的倒角角度 <0>:        //输入"45"后按Enter键
    选择第一条直线或 [放弃(U)/多段线(P)/距离(D)/角度(A)/修剪(T)/方式(E)/多个(M)]:
                                    //输入"m"后按Enter键
    选择第一条直线或 [放弃(U)/多段线(P)/距离(D)/角度(A)/修剪(T)/方式(E)/多个(M)]:
                                    //在图4-98中图线1的上端单击
    选择第二条直线，或按住 Shift 键选择要应用角点的直线：      //在图4-98中图线2的左端单击
    选择第一条直线或 [放弃(U)/多段线(P)/距离(D)/角度(A)/修剪(T)/方式(E)/多个(M)]:
                                    //在图4-98中图线3的左端单击
    选择第二条直线，或按住 Shift 键选择要应用角点的直线：      //在图4-98中图线1的下端单击
    选择第一条直线或 [放弃(U)/多段线(P)/距离(D)/角度(A)/修剪(T)/方式(E)/多个(M)]:
                                    //在图4-98中水平轮廓线6的右端单击
    选择第二条直线，或按住 Shift 键选择要应用角点的直线：      //在图4-98中图线5的下端单击
    选择第一条直线或 [放弃(U)/多段线(P)/距离(D)/角度(A)/修剪(T)/方式(E)/多个(M)]:
                                    //在图4-98中水平轮廓线4的右端单击
    选择第二条直线，或按住 Shift 键选择要应用角点的直线：      //在图4-98中图线5的上端单击
    选择第一条直线或 [放弃(U)/多段线(P)/距离(D)/角度(A)/修剪(T)/方式(E)/多个(M)]:
                                    //按Enter键，结果如图4-99所示
```

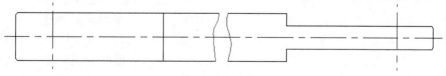

图4-99　倒角结果

❷ 绘制柱孔结构。执行【修改】|【偏移】菜单命令，根据视图间的对正关系，绘制如图4-100所
示的4条垂直构造线。

中文版
AutoCAD 2014从入门到精通

第**1**篇 快速入门

第**2**篇 技能进阶

第**3**篇 三维设计

第**4**篇 工程应用

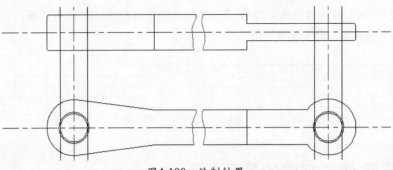

图4-100　绘制结果

❸ 执行【修改】|【修剪】菜单命令，以主视图的外轮廓线作为边界，对4条垂直构造线进行修剪，结果如图4-101所示。

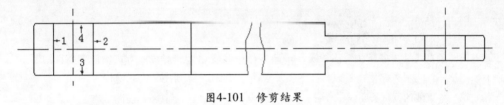

图4-101　修剪结果

❹ 执行【修改】|【倒角】菜单命令，对主视图外轮廓线和修剪后产生的垂直轮廓线进行倒角操作。命令行操作如下。

```
命令: _chamfer
    ("修剪"模式) 当前倒角长度 = 1.0，角度 = 45
    选择第一条直线或 [放弃(U)/多段线(P)/距离(D)/角度(A)/修剪(T)/方式(E)/多个(M)]:
                                        //输入"t"后按Enter键
    输入修剪模式选项 [修剪(T)/不修剪(N)] <修剪>:      //输入"n"后按Enter键
    选择第一条直线或 [放弃(U)/多段线(P)/距离(D)/角度(A)/修剪(T)/方式(E)/多个(M)]:
                                        //输入"m"后按Enter键
    选择第一条直线或 [放弃(U)/多段线(P)/距离(D)/角度(A)/修剪(T)/方式(E)/多个(M)]:
                                //在图4-101中垂直轮廓线1的上端单击
    选择第二条直线，或按住 Shift 键选择要应用角点的直线:      //在图4-101中图线4的左端单击
    选择第一条直线或 [放弃(U)/多段线(P)/距离(D)/角度(A)/修剪(T)/方式(E)/多个(M)]:
                                //在图4-101中垂直轮廓线1的下端单击
    选择第二条直线，或按住 Shift 键选择要应用角点的直线: //在图4-101中图线3的左端单击
    选择第一条直线或 [放弃(U)/多段线(P)/距离(D)/角度(A)/修剪(T)/方式(E)/多个(M)]:
                                //在图4-101中垂直轮廓线2的上端单击
    选择第二条直线，或按住 Shift 键选择要应用角点的直线:      //在图4-101中图线4的右端单击
    选择第一条直线或 [放弃(U)/多段线(P)/距离(D)/角度(A)/修剪(T)/方式(E)/多个(M)]:
                                //在图4-101中垂直轮廓线2的下端单击
    选择第二条直线，或按住 Shift 键选择要应用角点的直线:      //在图4-101中图线3的右端单击
    选择第一条直线或 [放弃(U)/多段线(P)/距离(D)/角度(A)/修剪(T)/方式(E)/多个(M)]:
                                //按Enter键，结束命令，结果如图4-102所示
```

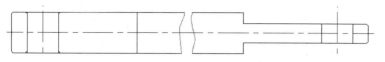

图4-102　倒角结果

5 执行【修改】|【修剪】菜单命令，以倒角后产生的4条倾斜图线作为边界，对柱孔两侧的垂直轮廓线进行修剪，结果如图4-103所示。

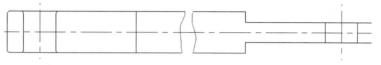

图4-103　修剪结果

6 使用快捷键"L"激活【直线】命令，配合【端点捕捉】功能，绘制倒角位置的水平轮廓线，结果如图4-104所示。

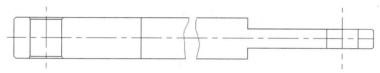

图4-104　绘制结果

7 参照上述步骤，综合使用【倒角】、【修剪】、【直线】命令，绘制右侧柱孔的内部结构，结果如图4-105所示。

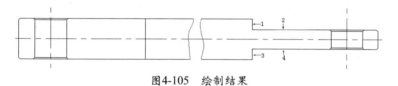

图4-105　绘制结果

8 执行【修改】|【圆角】菜单命令，对主视图的外轮廓线进行圆角操作。命令行操作如下。

```
命令: _fillet
    当前设置: 模式 = 不修剪，半径 = 0.0
    选择第一个对象或 [放弃(U)/多段线(P)/半径(R)/修剪(T)/多个(M)]:  //输入"r"后按Enter键
    指定圆角半径 <0.0>:                //输入"2"后按Enter键
    选择第一个对象或 [放弃(U)/多段线(P)/半径(R)/修剪(T)/多个(M)]:  //输入"t"后按Enter键
    输入修剪模式选项 [修剪(T)/不修剪(N)] <不修剪>:              //输入"t"后按Enter键
    选择第一个对象或 [放弃(U)/多段线(P)/半径(R)/修剪(T)/多个(M)]:  //输入"m"后按Enter键
    选择第一个对象或 [放弃(U)/多段线(P)/半径(R)/修剪(T)/多个(M)]:
                                        //单击图4-105中的垂直轮廓线1
    选择第二个对象，或按住 Shift 键选择要应用角点的对象:     //单击图4-105中的水平轮廓线2
    选择第一个对象或 [放弃(U)/多段线(P)/半径(R)/修剪(T)/多个(M)]:
                                        //单击图4-105中的垂直轮廓线3
    选择第二个对象，或按住 Shift 键选择要应用角点的对象:     //单击图4-105中的水平轮廓线4
    选择第一个对象或 [放弃(U)/多段线(P)/半径(R)/修剪(T)/多个(M)]:
                                        //按Enter键，结果如图4-106所示
```

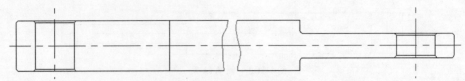

图4-106 圆角结果

⑨ 执行【绘图】|【样条曲线】菜单命令，配合【最近点捕捉】功能，在"波浪线"图层内绘制如图4-107所示的样条曲线作为边界线。

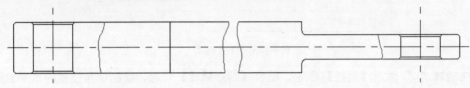

图4-107 绘制结果

⑩ 将"剖面线"图层设置为当前图层，然后采用默认参数，为主视图填充ANSI31图案，结果如图4-108所示。

⑪ 使用快捷键"TR"激活【修剪】命令，以两视图的外轮廓线作为剪切边界，对构造线进行修剪，将其转换为中心线，结果如图4-109所示。

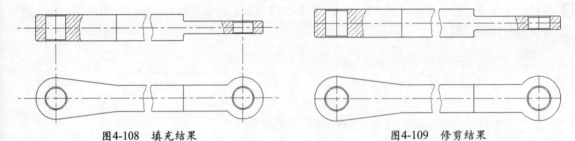

图4-108 填充结果   图4-109 修剪结果

⑫ 执行【修改】|【拉长】菜单命令，将长度增量设置为5，分别对两视图的中心线进行两端拉长，拉长结果如图4-110所示。

⑬ 单击状态栏中的➕按钮，打开状态栏中的【线宽显示】功能，最终结果如图4-111所示。

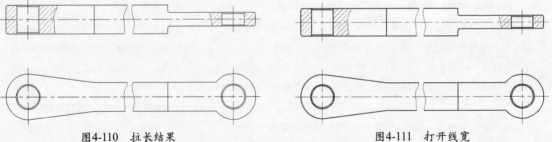

图4-110 拉长结果   图4-111 打开线宽

⑭ 连杆零件二视图绘制完毕，执行【保存】命令，将图形命名存储为"连杆零件二视图.dwg"文件。

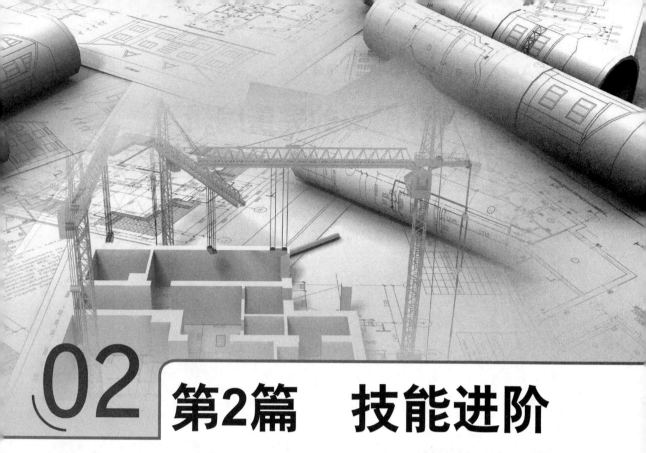

02

第2篇　技能进阶

　　本篇重点讲解了AutoCAD 2014特殊图形的创建和编辑、图形资源的创建和应用、图形尺寸的标注和编辑等技能，具体内容包括边界、面域、图案填充、夹点编辑、阵列、镜像复制、图块，属性、标注等。读者通过对本篇内容的学习，可以掌握AutoCAD 2014在绘制特殊图形，标注图形尺寸、文字、符号等方面的知识，进一步提高使用AutoCAD 2014进行图形设计的水平。

本篇学习内容：

特殊图形的完善编辑——边界、图案、阵列与夹点编辑

图形对象的有效管理与控制——应用图层与快速选择

设计资源的创建、应用与查看——块、属性与快速选择

设计图的参数化表达——尺寸的标注与编辑

设计图的信息传递——文字、符号与表格

第5章 特殊图形的完善编辑
——边界、图案、阵列与夹点编辑

前几章主要学习了基本图形和常用几何图元的绘制和编辑。本章继续学习特殊图形的绘制和编辑，具体包括创建边界图形、创建面域、创建图案填充、阵列以及夹点编辑图形等。

> **本章学习内容：**
> - ◆ 创建边界图形
> - ◆ 转换面域
> - ◆ 创建图案填充
> - ◆ 夹点编辑
> - ◆ 阵列图形
> - ◆ 镜像图形

5.1 创建边界图形

> 视频讲解 "视频文件"\"第5章"\"5.1.创建边界图形.avi"

所谓"边界"，实际上是一条闭合的多段线。此多段线不能直接绘制，需要使用【边界】命令，从多个相交对象中进行提取或将多个首尾相连的对象转化成边界。

执行【边界】命令主要有以下几种方式。

- ◆ 执行【绘图】|【边界】菜单命令。
- ◆ 单击【常用】选项卡中【绘图】面板中的 按钮。
- ◆ 在命令行中输入"Boundary"后按Enter键。
- ◆ 使用快捷键"BO"。

5.1.1 边界图形的创建方法

下面通过从多个对象中提取边界，学习【边界】命令的使用方法和创建技能。

1. 新建空白绘图文件并绘制如图5-1所示的图形。

2. 执行【绘图】|【边界】菜单命令，打开如图5-2所示的【边界创建】对话框。

3. 单击对话框左上角的 【拾取点】按钮，返回绘图区，根据命令行"拾取内部点："的提示，在矩形内部拾取一点，此时系统自动分析出一个闭合的虚线边界，如图5-3所示。

4. 继续在命令行"拾取内部点："的提示下，按Enter键，结束命令，创建出一个闭合的多段线边界。

5. 使用快捷键"M"激活【移动】命令，使用点选方式选择刚创建的闭合边界并进行外移，结果如图5-4所示。

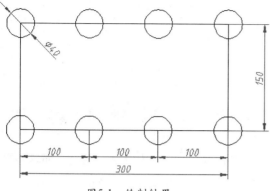

图5-1　绘制结果

图5-2　【边界创建】对话框

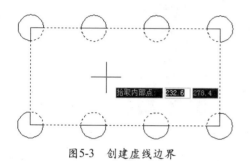

图5-3　创建虚线边界

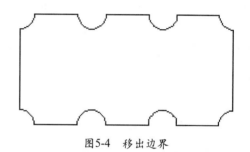

图5-4　移出边界

5.1.2　了解【边界】命令的选项设置

【边界创建】对话框中各选项功能如下。

◆ 【对象类型】：该列表框用于设置导出的是边界还是面域，默认为多段线边界。如果需要导出面域，可将【面域】设置为当前。

◆ 【边界集】选项组：用于定义从指定点定义边界时AutoCAD导出来的对象集合，共有【当前视口】和【现有集合】两种类型，前者用于从当前视口中所有可见的对象中定义边界集，后者用于从选择的所有对象中定义边界集。

◆ 【新建】按钮：单击该按钮，在绘图区中选择对象后，系统返回【边界创建】对话框，在【边界集】选项组中显示【现有集合】类型，用户可以从选择的现有对象集合中定义边界集。

5.2　转换面域

素　　材	"素材文件" \ "扳钳平面图.dwg"
效　　果	"效果文件" \ "第5章" \ "扳钳三维模型.dwg"
视频讲解	"视频文件" \ "第5章" \ "5.2 转换面域.avi"

所谓"面域"，是指实体的表面。它是一个没有厚度的二维实心区域，具备实体模型的一切特性，不但含有边的信息，还含有边界内的信息，可以利用这些信息计算工程属性，如面积、重心和惯性矩等。

执行【面域】命令主要有以下几种方式。

◆ 执行【绘图】|【面域】菜单命令。

第 *1* 篇　快速入门

第 *2* 篇　技能进阶

第 *3* 篇　三维设计

第 *4* 篇　工程应用

中文版
AutoCAD 2014从入门到精通

- 单击【绘图】工具栏或面板中的◎按钮。
- 在命令行中输入"Region"按Enter键。
- 使用快捷键"REG"。

5.2.1 将闭合对象转化为面域

面域不能直接被创建，而是通过其他闭合图形进行转化。在激活【面域】命令后，只需选择封闭的图形对象，即可将其转化为面域，如圆、矩形、正多边形等。

封闭对象在没有被转化为面域之前，只是一种几何线框，没有什么属性信息；而这些封闭图形一旦被转化为面域，便成为实体对象，具备实体属性，可以着色渲染等，如图5-5所示。

图5-5 几何线框被转化为面域

使用【面域】命令，只能将单个闭合对象或多个首尾相连的闭合区域转化成面域。如果用户需要从多个相交对象中提取面域，可以使用【边界】命令。在【边界创建】对话框中，将【对象类型】设置为【面域】。

5.2.2 边界与面域的应用实例——创建扳钳零件三维模型

下面通过制作如图5-6所示的扳钳零件三维模型的实例，掌握使用【面域】命令创建三维模型的技能。

❶ 打开随书光盘中的"素材文件"\"扳钳平面图.dwg"文件，如图5-7所示。

图5-6 扳钳零件三维模型

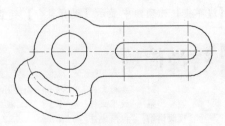

图5-7 扳钳零件平面图

❷ 展开【图层】工具栏中的【图层控制】下拉列表，关闭"中心线"图层。

❸ 关闭状态栏中的线宽显示功能，此时平面图的显示效果如图5-8所示。

❹ 使用快捷键"BO"激活【边界】命令，打开【边界创建】对话框。

❺ 在【边界创建】对话框中将【对象类型】设置为【面域】，如图5-9所示。

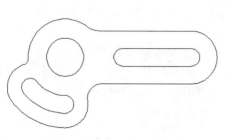

图5-8 隐藏中心线后的效果

图5-9 【边界创建】对话框

⑥ 单击对话框上方的 ❶【拾取点】按钮，返回绘图区，分别在内部的3个闭合区域内单击鼠标左键，创建如图5-10所示的3个闭合面域。

⑦ 按Enter键结束命令，创建了3个面域，所创建的面域与原图线重合，3个面域的夹点显示效果如图5-11所示。

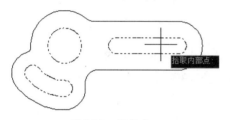

图5-10 指定点

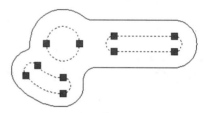

图5-11 夹点显示面域

⑧ 执行【工具】|【绘图次序】|【后置】菜单命令，将夹点显示的3个面域进行后置。

⑨ 夹点显示如图5-12所示的3个闭合区域对象，然后使用快捷键"E"激活【删除】命令，将其删除。

⑩ 使用快捷键"REG"激活【面域】命令，根据命令行的提示，选择外侧的闭合图形，如图5-13所示，将其转化为闭合面域。

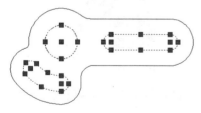

图5-12 夹点显示

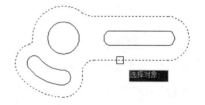

图5-13 选择结果

⑪ 执行【视图】|【视觉样式】|【灰度】菜单命令，对面域进行着色，结果如图5-14所示。

⑫ 使用快捷键"SU"激活【差集】命令，将内侧的3个面域减去。命令行操作如下。

```
命令: SU                        //按Enter键
    SUBTRACT 选择要从中减去的实体、曲面和面域...
    选择对象:                    //选择外侧的面域，如图5-15所示
    选择对象:                    //按Enter键
    选择要减去的实体、曲面和面域...
```

第*1*篇 快速入门

第*2*篇 技能进阶

第*3*篇 三维设计

第*4*篇 工程应用

第 **1** 篇 快速入门

第 **2** 篇 技能进阶

第 **3** 篇 三维设计

第 **4** 篇 工程应用

选择对象: //选择内侧的3个面域,如图5-16所示

选择对象: //按Enter键,结束命令,差集结果如图5-17所示

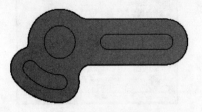

图5-14　着色效果

图5-15　选择外侧的面域

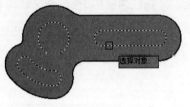

图5-16　选择内侧的3个面域

图5-17　差集结果

⑬ 单击绘图区左上角的视图控件,在展开的下拉菜单中选择如图5-18所示的【西南等轴测】命令,将当前视图切换到西南等轴测视图,结果如图5-19所示。

[-] [西南等轴测] [灰度]

图5-18　视图控件下拉菜单

图5-19　切换视图

⑭ 使用快捷键"EXT"激活【拉伸】命令,将差集后的面域拉伸6个。命令行操作如下。

命令:_EXT   //按Enter键

    EXTRUDE当前线框密度: ISOLINES=4,闭合轮廓创建模式 = 实体

    选择要拉伸的对象或 [模式(MO)]://选择如图5-20所示的对象

    选择要拉伸的对象或 [模式(MO)]://按Enter键

    指定拉伸的高度或 [方向(D)/路径(P)/倾斜角(T)/表达式(E)] <12.0>:

                //输入"6"后按Enter键,结束命令,拉伸结果如图5-21所示

⑮ 执行【另存为】命令,将图形命名存储为"扳钳三维模型.dwg"文件。

图5-20　选择拉伸对象　　　　　　　　　　图5-21　拉伸结果

5.3　创建图案填充

素　　材　"效果文件"\"第3章"\"建筑墙体平面图.dwg"
效　　果　"效果文件"\"第5章"\"填充建筑平面图地面材质.dwg"
视频讲解　"视频文件"\"第5章"\"5.3 创建图案填充.avi"

"图案"是由各种图线进行不同的排列组合而构成的一种图形元素。此类图形元素作为一个独立的整体，被填充到各种封闭的区域内，以表达各自的图形信息。

执行【图案填充】命令主要有以下几种方式。

◆　执行【绘图】|【图案填充】菜单命令。

◆　单击【绘图】工具栏或面板中的█按钮。

◆　在命令行中输入表达式"Bhatch"后按Enter键。

◆　使用快捷键"H"或"BH"。

AutoCAD 2014为用户提供了"预定义图案"、"用户定义图案"以及"渐变色"这3种图案的填充，下面继续学习创建图案填充的相关知识。

5.3.1　创建预定义图案

"预定义图案"是一种系统预设的图案类型，也是一种较常用的图案。下面通过简单实例，学习预定义图案的填充过程。

❶ 新建空白绘图文件。

❷ 使用【矩形】命令绘制一个矩形作为填充对象，如图5-22所示。

❸ 执行【绘图】|【图案填充】菜单命令，打开如图5-23所示的【图案填充和渐变色】对话框。

❹ 进入【图案填充】选项卡，在【类型】列表中选择【预定义】选项，然后单击【样例】图框中的图案，或单击【图案】列表框右侧的█按钮，打开【填充图案选项板】对话框，如图5-24所示。

图5-22　绘制矩形

　　【样例】图框用于显示当前图案的预览图像，在图案上直接单击鼠标左键，也可快速打开【填充图案选项板】对话框，以选择所需图案。

第 *1* 篇　快速入门

第 *2* 篇　技能进阶

第 *3* 篇　三维设计

第 *4* 篇　工程应用

图5-23 【图案填充和渐变色】对话框

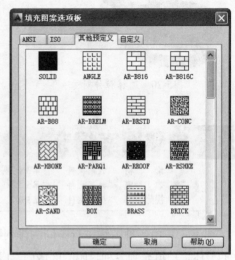

图5-24 【填充图案选项板】对话框

❺ 在该对话框中包括【ANSI】选项卡（如图5-25
所示）、【ISO】选项卡（如图5-26所示）、
【其他预定义】选项卡（如图5-27所示）和
【自定义】选项卡。其中，【ANSI】选项
卡、【ISO】选项卡和【其他预定义】选项卡
提供系统预设的各种不同类型的图案，而【自
定义】选项卡则是用户定义的图案。

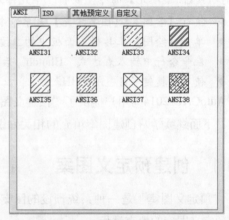

图5-25 【ANSI】选项卡

图5-26 【ISO】选项卡

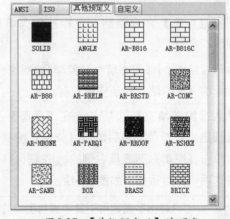

图5-27 【其他预定义】选项卡

⑥ 进入【其他预定义】选项卡，选择如图5-28所示的图案。

⑦ 单击 确定 按钮，返回【图案填充和渐变色】对话框，设置填充角度和填充比例，如图5-29所示。

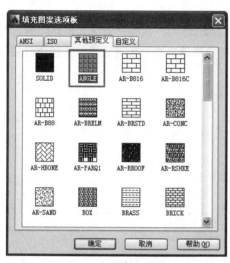

图5-28　选择填充图案

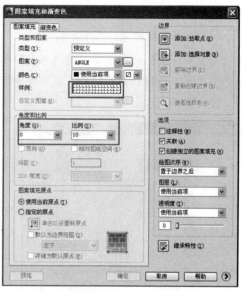

图5-29　设置填充参数

⑧ 在【边界】选项组中单击 [图] 【添加:选择对象】按钮，返回绘图区，将光标移动到矩形内部，出现填充图案的预览，如图5-30所示。

⑨ 单击鼠标左键，指定填充边界，此时矩形边缘以虚线显示，按Enter键返回【图案填充和渐变色】对话框，单击 确定 按钮结束命令，填充结果如图5-31所示。

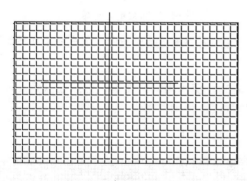

图5-30　填充图案预览

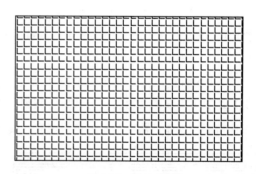

图5-31　填充结果

 　　　如果填充效果不理想，或者不符合需要，可以按Esc键返回【图案填充和渐变色】对话框重新调整参数。

5.3.2　创建用户定义图案

　　用户定义图案其实也是系统预设的一种图案。这种图案是由无数平行线组成的，用户可以根据自己的需要进行相关设置。下面继续学习填充用户定义图案的方法。

第 **1** 篇　快速入门

第 **2** 篇　技能进阶

第 **3** 篇　三维设计

第 **4** 篇　工程应用

❶ 继续上例的操作。

❷ 选择上例操作中填充的图案并将其删除，然后执行【图案填充】命令，打开【图案填充和渐变色】对话框。

❸ 进入【图案填充】选项卡，在【类型】下拉列表中选择【用户定义】选项，此时【样例】图框显示出图案的预览效果，如图5-32所示。

❹ 在【角度和比例】选项组中设置【角度】为0，【间距】为10，其他参数保持默认设置，然后单击⊞【添加:选择对象】按钮，返回绘图区，在矩形内部单击指定填充边界，矩形边界显示虚线，如图5-33所示。

图5-32 用户定义图案预览

图5-33 指定填充边界

❺ 按Enter键返回【图案填充和渐变色】对话框，单击 确定 按钮结束命令，填充结果如图5-34所示。

❻ 再次按Enter键，打开【图案填充和渐变色】对话框，使用相同的图案，然后在【角度和比例】选项组中设置【角度】为90°，其他参数保持默认设置。

❼ 依照前面的操作，再次对矩形进行填充，填充结果如图5-35所示。

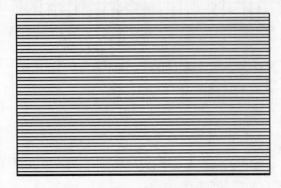

图5-34 填充结果

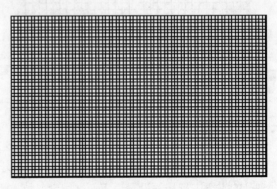

图5-35 填充结果

如果在【图案填充和渐变色】对话框中选中了【双向】复选框，系统则为边界填充双向图案，填充结果与如图5-35所示的填充结果相同。

5.3.3 【图案填充】选项卡的选项设置

【图案填充】选项卡用于设置填充图案的类型、样式、填充角度及填充比例等。

- ◆ 【类型】：该列表用于选择填充类型，包括【预定义】、【用户定义】、【自定义】3种图样类型。

 "预定义"图样只适用于封闭的填充边界；"用户定义"图样可以使用图形的当前线型创建填充图样；"自定义"图样是使用自定义的PAT文件中的图样进行填充。

- ◆ 【图案】：用于显示预定义类型的填充图案名称，用户可以从下拉列表框中选择所需的图案。
- ◆ 【相对图纸空间】：仅用于布局空间，它是相对图纸空间单位进行图案的填充，可以根据适合于布局的比例显示填充图案。
- ◆ 【间距】：可设置用户定义填充图案的直线间距，只有激活了【类型】列表框中的【自定义】选项，此参数才可用。
- ◆ 【双向】：仅适用于用户定义图案。选中该复选框，将增加一组与原图线垂直的线。
- ◆ 【ISO笔宽】：决定运用ISO剖面线图案的线与线之间的间隔，它只在选择ISO线型图案时才可用。

5.3.4 填充渐变色

渐变色填充是使用一种渐变颜色进行填充，而渐变颜色是由多种颜色组成的呈渐变效果的连续的颜色。

❶ 继续上例的操作。

❷ 删除矩形中填充的用户定义图案，然后执行【图案填充】命令，打开【图案填充和渐变色】对话框。

❸ 展开【渐变色】选项卡，效果如图5-36所示。

❹ 在该对话框中，如果选中【单色】单选项，则使用一种颜色进行填充。

❺ 如果选中【双色】单选项，然后单击【颜色1】色块后的 按钮，在打开的【选择颜色】对话框中设置颜色为211号色。

- ◆ 【暗-明】滑动条：拖动滑块，可以调整填充颜色的明暗度。如果用户激活【双色】选项，此滑动条自动转换为颜色显示框。

❻ 使用相同的方法，将【颜色2】的颜色设置为黄色，然后设置渐变方式等，如图5-37所示。

❼ 单击 【添加:选择对象】按钮，返回绘图区，在矩形内部单击指定填充边界，然后确认进行填充，效果如图5-38所示。

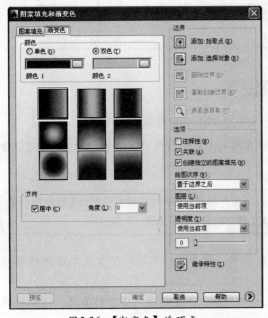

图5-36 【渐变色】选项卡

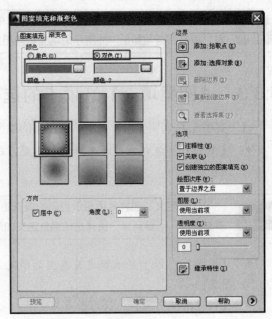

图5-37 设置渐变色

图5-38 渐变色填充

5.3.5 孤岛检测与其他设置

所谓"孤岛"，是指在一个边界包围的区域内又定义了另外一个边界，它可以实现对两个边界之间的区域进行填充，而内边界包围的内区域不被填充。单击【图案填充和渐变色】对话框右下角的⊙按钮，展开更多参数设置，如图5-39所示。

◆ 【孤岛显示样式】：系统提供了【普通】、【外部】和【忽略】3种方式。其中，【普通】方式是从最外层的外边界向内边界填充，第一层填充，第二层不填充，如此交替进行；【外部】方式只填充从最外边界向内第一边界之间的区域；【忽略】方式忽略最外层边界以内的其他任何边界，以最外层边界向内填充全部图形。

◆ 🖫【添加:拾取点】按钮：用于在填充区域内部拾取任意一点，AutoCAD将自动搜索到包含该点在内的区域边界，并以虚线显示边界。

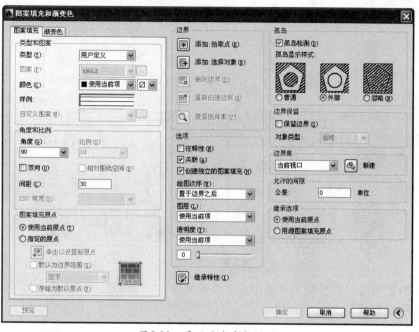

图5-39　展开更多参数设置

 用户可以连续地拾取多个要填充的目标区域。如果选择了不需要的区域，可单击鼠标右键，从弹出的快捷菜单中选择【放弃上次选择/拾取】或【全部清除】命令。

◆ ⊡【添加:选择对象】按钮：用于直接选择需要填充的单个闭合图形，作为填充边界。

◆ ⊡【删除边界】按钮：用于删除位于选定填充区域内但不填充的区域。

◆ ⊙【查看选择集】按钮：用于查看所确定的边界。

◆ ⊡【继承特性】按钮：用于在当前图形中选择一个已填充的图案，系统将继承该图案类型的一切属性并将其设置为当前图案。

◆ 【关联】、【创建独立的图案填充】：用于确定填充图形与边界的关系，分别用于创建关联和不关联的填充图案。

◆ 【注释性】：用于为图案添加注释特性。

◆ 【绘图次序】：用于设置填充图案和填充边界的绘图次序。

◆ 【图层】：用于设置填充图案的所在层。

◆ 【透明度】：用于设置填充图案的透明度，拖曳下方的滑块，可以调整透明度值。

◆ 【保留边界】：用于设置是否保留填充边界，系统默认设置为不保留填充边界。

◆ 【允许的间隙】选项组：用于设置填充边界的允许间隙值，处在间隙值范围内的非封闭区域也可填充图案。

◆ 【继承选项】选项组：用于设置图案填充的原点，即是使用当前原点还是使用源图案填充的原点。

5.3.6　图案填充应用实例——填充建筑平面图地面材质

上面学习了图案填充的相关知识，下面通过为如图5-40所示的某建筑平面图填充地面材质，学习图案填充在实际工程中的应用技巧。

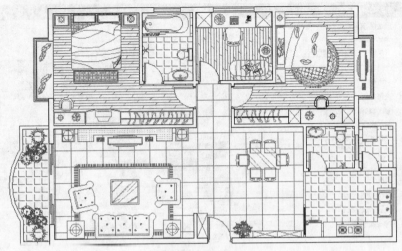

图5-40　填充效果

❶ 执行【打开】命令，打开随书光盘中的"效果文件"\"第3章"\"建筑墙体平面图.dwg"文件，如图5-41所示。

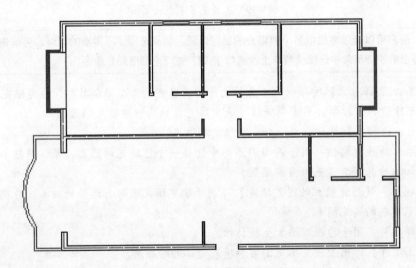

图5-41　建筑墙体平面图

❷ 执行【格式】|【图层】菜单命令，在打开的【图层特性管理器】对话框中，将"尺寸层"暂时隐藏，然后双击"地面层"，将其设置为当前图层。

❸ 执行【绘图】|【直线】菜单命令，配合捕捉功能，分别将各房间两侧的门洞连接起来以形成封闭区域，结果如图5-42所示。

❹ 单击【绘图】工具栏中的■按扭，打开【图案填充和渐变色】对话框，进入【图案填充】选项卡，单击【样例】图框，打开【填充图案选项板】对话框，进入【其他预定义】选项卡，选择如图5-43所示的填充图案。

❺ 单击 确定 按钮返回【图案填充和渐变色】对话框，设置如图5-44所示的参数。

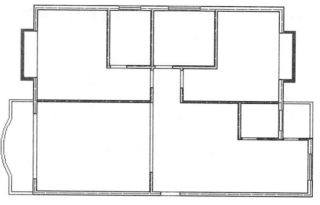

图5-42 封闭房间

图5-43 选择填充图案

图5-44 设置参数

❻ 单击 ⊞ 【添加:拾取点】按钮，返回绘图区，在如图5-45所示的左上角房间内单击鼠标左键，确定填充区域。

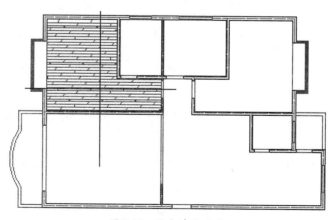

图5-45 指定填充区域

❼ 继续在左下方房间和右上方房间单击，确定填充区域，系统自动分析出填充区域以虚线显示，如图5-46所示。

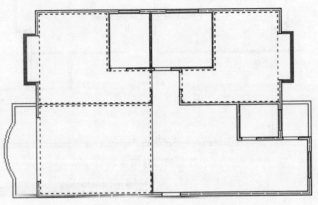

图5-46　分析填充区域

❽ 按Enter键返回【图案填充和渐变色】对话框，单击 ▢确定▢ 按钮，即可为这些区域进行填充，填充结果如图5-47所示。

❾ 按Enter键再次打开【图案填充和渐变色】对话框，依照上面的操作，选择如图5-48所示的图案并设置参数。

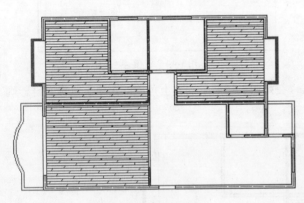

图5-47　填充结果

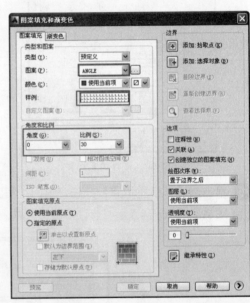

图5-48　设置填充图案及参数

❿ 单击▣【添加:拾取点】按钮，返回绘图区，在房间内如图5-49所示的区域单击鼠标左键，确定填充区域。

⓫ 按Enter键再次打开【图案填充和渐变色】对话框，单击 ▢确定▢ 按钮，即可为这些区域进行填充，填充结果如图5-50所示。

⓬ 按Enter键再次打开【图案填充和渐变色】对话框，设置【类型】为【用户定义】，然后设置其他参数，如图5-51所示。

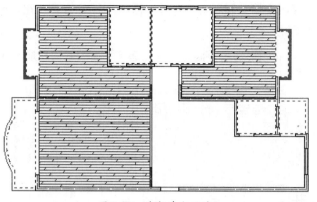

图5-49 确定填充区域

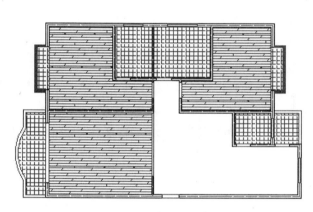

图5-50 填充结果

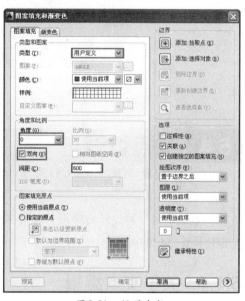

图5-51 设置参数

⑬ 单击 ⊞【添加:拾取点】按钮，返回绘图区，在房间内如图5-52所示的区域单击鼠标左键，确定填充区域。

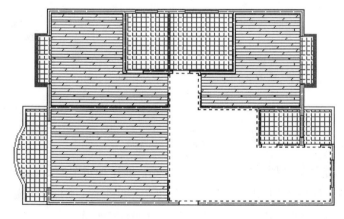

图5-52 确定填充区域

第**1**篇 快速入门

第**2**篇 技能进阶

第**3**篇 三维设计

第**4**篇 工程应用

⑭ 按Enter键再次打开【图案填充和渐变色】对话框，单击 确定 按钮，即可为这些区域进行填充，填充结果如图5-53所示。

⑮ 使用【另存为】命令，将图形命名存储为"填充建筑平面图地面材质.dwg"文件。

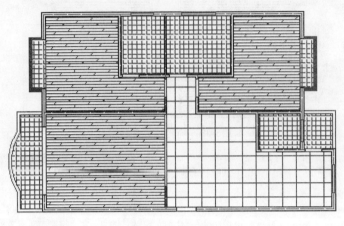

图5-53　填充结果

5.4　夹点编辑

效　　果　"效果文件"\"第5章"\"广场地面拼花.dwg"
视频讲解　"视频文件"\"第5章"\"5.4 夹点编辑.avi"

夹点编辑是一种比较特殊而且方便实用的编辑功能，通过编辑图形上的特征点来编辑对象，并创建特殊结构的图形。

5.4.1　关于夹点编辑

在学习此功能之前，首先了解两个概念，即"夹点"和"夹点编辑"。

在没有命令执行的前提下选择图形，那么这些图形上会显示出一些蓝色实心的小方框，如图5-54所示，而这些蓝色小方框即为图形的夹点，不同的图形结构其夹点个数及位置也会不同。

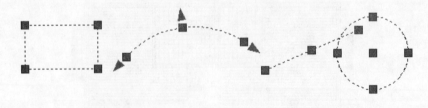

图5-54　图形的夹点

【夹点编辑】功能是将多种修改工具组合在一起，通过编辑图形上的这些夹点，以达到快速编辑图形的目的。用户只需单击图形上的任何一个夹点，即可进入夹点编辑模式，此时所单击的夹点以红色亮显，被称为"热点"或者是"夹基点"，如图5-55所示。

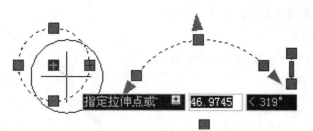

图5-55　热点

5.4.2　使用夹点编辑菜单编辑图形

进入夹点编辑模式后，在绘图区中单击鼠标右键，可打开夹点编辑菜单，如图5-56所示。用户可以在夹点编辑菜单中选择一种夹点模式或在当前模式下可用的任意选项。

在此夹点编辑菜单中共有两类夹点命令。第一类夹点命令为一级修改菜单，包括【移动】、【旋转】、【缩放】、【镜像】、【拉伸】命令，这些命令是平级的，用户可以通过单击菜单中的各修改命令进行编辑。

 夹点编辑菜单中的【移动】、【旋转】等功能与【修改】工具栏中的【移动】、【旋转】等功能是一样的，在此不再赘述。

第二类夹点命令为二级选项菜单，如【基点】、【复制】、【参照】、【放弃】等。这些选项菜单在选择了一级修改命令的前提下才能使用。

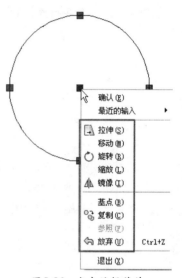

图5-56　夹点编辑菜单

 如果用户要将多个夹点作为夹基点，并且保持各选定夹点之间的几何图形完好如初，需要在选择夹点时按住Shift键再点击各夹点使其变为夹基点；如果要从显示夹点的选择集中删除特定对象，也要按住Shift键。另外，当进入夹点编辑模式后，在命令行中输入各夹点命令及各命令选项，可以夹点编辑图形。用户也可以通过连续按Enter键，在【移动】、【旋转】、【缩放】、【镜像】、【拉伸】这几种命令及各命令选项中循环执行，或通过键盘快捷键"MI"、"MO"、"RO"、"ST"、"SC"循环选取这些模式。

5.4.3　夹点编辑应用实例——绘制广场地面拼花

下面通过绘制如图5-57所示的广场地面拼花图例，学习夹点编辑功能在实际工程设计中的使用。

❶ 新建空白绘图文件，并设置捕捉模式为【端点捕捉】。

❷ 使用快捷键"Z"激活【视图缩放】命令，将当前视图高度调整为4500。

第 **1** 篇　快速入门

第 **2** 篇　技能进阶

第 **3** 篇　三维设计

第 **4** 篇　工程应用

中文版
AutoCAD 2014从入门到精通

第**1**篇 快速入门

第**2**篇 技能进阶

第**3**篇 三维设计

第**4**篇 工程应用

❸ 使用快捷键"L"激活【直线】命令，绘制长度为1200的垂直线段。

❹ 在无命令执行的前提下选择垂直线段，使其夹点显示，如图5-58所示。

❺ 单击上方的夹点，进入夹点编辑模式，然后单击鼠标右键，从夹点编辑菜单中选择【旋转】命令。

❻ 再次单击鼠标右键，从夹点编辑菜单中选择【复制】命令，然后根据命令行的提示旋转和复制线段。命令行操作如下。

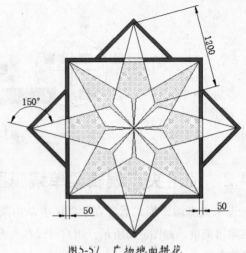

图5-57 广场地面拼花

命令:
    ** 拉伸 **
    指定拉伸点或 [基点(B)/复制(C)/放弃(U)/退出(X)]: _rotate
    ** 旋转 **
    指定旋转角度或 [基点(B)/复制(C)/放弃(U)/参照(R)/退出(X)]: _copy
    ** 旋转 (多重) **
    指定旋转角度或 [基点(B)/复制(C)/放弃(U)/参照(R)/退出(X)]:   //输入"15"后按Enter键
    ** 旋转 (多重) **
    指定旋转角度或 [基点(B)/复制(C)/放弃(U)/参照(R)/退出(X)]:   //输入"-15"后按Enter键
    ** 旋转 (多重) **
    指定旋转角度或 [基点(B)/复制(C)/放弃(U)/参照(R)/退出(X)]:
                //按Enter键，退出夹点编辑模式，编辑结果如图5-59所示

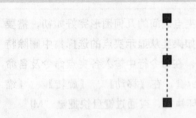

图5-58 夹点显示

图5-59 编辑结果

❼ 按Delete键，删除夹点显示的线段，结果如图5-60所示。

❽ 选择夹点编辑出的两条线段，使其夹点显示，如图5-61所示。

❾ 按住Shift键，依次单击下方的两个夹点，将其转变为夹基点，然后再单击其中的一个夹基点，进入夹点编辑模式，对夹点图线进行镜像复制。命令行操作如下。

命令:
    ** 拉伸 **
    指定拉伸点或 [基点(B)/复制(C)/放弃(U)/退出(X)]: _mirror

```
** 镜像 **
指定第二点或 [基点(B)/复制(C)/放弃(U)/退出(X)]: _copy
** 镜像 (多重) **
指定第二点或 [基点(B)/复制(C)/放弃(U)/退出(X)]:           //输入"@1,0"后按Enter键
** 镜像 (多重) **
指定第二点或 [基点(B)/复制(C)/放弃(U)/退出(X)]:
                       //按Enter键,退出夹点编辑模式,编辑结果如图5-62所示
```

⑩ 夹点显示下方的两条图线,以最下方的夹点作为基点,对图线进行夹点拉伸。命令行操作如下。

```
命令:
** 拉伸 **
指定拉伸点或 [基点(B)/复制(C)/放弃(U)/退出(X)]:
                       //输入"@0,80"后按Enter键,结果如图5-63所示
```

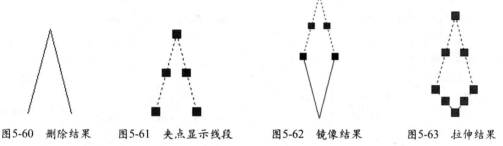

图5-60　删除结果　　　图5-61　夹点显示线段　　　图5-62　镜像结果　　　图5-63　拉伸结果

⑪ 以最下方的夹点作为基点,对所有图线进行夹点旋转并复制。命令行操作如下。

```
命令:
** 拉伸 **
指定拉伸点或 [基点(B)/复制(C)/放弃(U)/退出(X)]: _rotate
** 旋转 **
指定旋转角度或 [基点(B)/复制(C)/放弃(U)/参照(R)/退出(X)]: _copy
** 旋转 (多重) **
指定旋转角度或 [基点(B)/复制(C)/放弃(U)/参照(R)/退出(X)]:  //输入"90"后按Enter键
** 旋转 (多重) **
指定旋转角度或 [基点(B)/复制(C)/放弃(U)/参照(R)/退出(X)]:  //输入"180"后按Enter键
** 旋转 (多重) **
指定旋转角度或 [基点(B)/复制(C)/放弃(U)/参照(R)/退出(X)]:  //输入"270"后按Enter键
** 旋转 (多重) **
指定旋转角度或 [基点(B)/复制(C)/放弃(U)/参照(R)/退出(X)]:
                       //按Enter键,编辑结果如图5-64所示
```

⑫ 按Esc键取消对象的夹点显示,结果如图5-65所示。

⑬ 夹点显示所有的图形对象,如图5-66所示。

中文版
AutoCAD 2014从入门到精通

第**1**篇 快速入门

第**2**篇 技能进阶

第**3**篇 三维设计

第**4**篇 工程应用

图5-64 编辑结果　　　图5-65 取消夹点显示　　　图5-66 夹点显示效果

⑭ 单击中心位置的夹点，单击鼠标右键，在弹出的菜单中选择【缩放】命令，对夹点图形进行缩放并复制。命令行操作如下。

```
命令:
    ** 拉伸 **
    指定拉伸点或 [基点(B)/复制(C)/放弃(U)/退出(X)]: _scale
    ** 比例缩放 **
    指定比例因子或 [基点(B)/复制(C)/放弃(U)/参照(R)/退出(X)]: _copy
    ** 比例缩放 (多重) **
    指定比例因子或 [基点(B)/复制(C)/放弃(U)/参照(R)/退出(X)]://输入"0.9"后按Enter键
    ** 比例缩放 (多重) **
    指定比例因子或 [基点(B)/复制(C)/放弃(U)/参照(R)/退出(X)]:
            //按Enter键，结束命令，编辑结果如图5-67所示，取消夹点显示后的效果如图5-68所示
```

⑮ 夹点显示如图5-69所示的图形，然后以中心位置的夹点作为基点，对其进行夹点旋转。命令行操作如下。

```
命令:** 拉伸 **
    指定拉伸点或 [基点(B)/复制(C)/放弃(U)/退出(X)]: _rotate
    ** 旋转 **
    指定旋转角度或 [基点(B)/复制(C)/放弃(U)/参照(R)/退出(X)]:
        //输入"45"后按Enter键，旋转结果如图5-70所示，取消夹点显示后的效果如图5-71所示
```

⑯ 使用快捷键"PL"激活【多段线】命令，配合【端点捕捉】功能，绘制如图5-72所示的两条闭合多段线。

图5-67 编辑结果　　　图5-68 取消夹点　　　图5-69 夹点效果

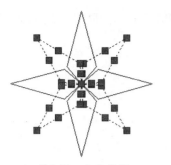

图5-70 夹点编辑

图5-71 取消夹点显示

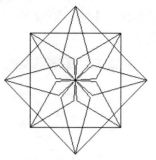

图5-72 绘制结果

⑰ 执行【修改】|【偏移】菜单命令，将两条多段线进行偏移复制。命令行操作如下。

```
命令: _offset
    当前设置: 删除源=否  图层=源  OFFSETGAPTYPE=0
    指定偏移距离或 [通过(T)/删除(E)/图层(L)] <0.0>:              //输入"50"后按Enter键
    选择要偏移的对象，或 [退出(E)/放弃(U)] <退出>:              //选择其中的一条多段线
    指定要偏移的那一侧上的点，或 [退出(E)/多个(M)/放弃(U)] <退出>://在所选多段线的外侧拾取点
    选择要偏移的对象，或 [退出(E)/放弃(U)] <退出>:   //选择另一条多段线
    指定要偏移的那一侧上的点，或 [退出(E)/多个(M)/放弃(U)] <退出>://在所选多段线的外侧拾取点
    选择要偏移的对象，或 [退出(E)/放弃(U)] <退出>: //按Enter键，偏移结果如图5-73所示
```

⑱ 使用快捷键"TR"激活【修剪】命令，以如图5-74所示的多段线作为边界，对内部的两条多段线进行修剪，结果如图5-75所示。

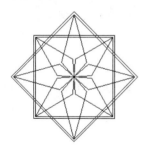

图5-73 偏移结果

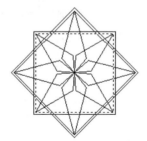

图5-74 选择边界

图5-75 修剪结果

⑲ 重复执行【修剪】命令，继续对多段线进行修剪，结果如图5-76所示。

⑳ 使用快捷键"H"激活【图案填充】命令，选择名为"SOLID"的预定义图案，为图形进行填充，结果如图5-77所示。

图5-76 修剪结果

图5-77 填充结果

第 1 篇 快速入门

第 2 篇 技能进阶

第 3 篇 三维设计

第 4 篇 工程应用

㉑ 继续执行【图案填充】命令，设置填充图案及参数，如图5-78所示，为图形填充如图5-79所示的图案。

图5-78　设置填充图案及参数

图5-79　填充结果

㉒ 执行【保存】命令，将图形命名存储为"广场地面拼花.dwg"文件。

5.5　阵列图形

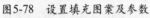

效　　果　"效果文件"\"第5章"\"直齿轮零件左视图.dwg"
视频讲解　"视频文件"\"第5章"\"5.5 阵列图形.avi"

所谓"阵列"，是指将图形对象以均布方式进行排列，并创建复杂的图形结构。AutoCAD 2014提供了3种阵列方式，分别是矩形阵列、环形阵列和路径阵列。

5.5.1　矩形阵列

所谓"矩形阵列"，指的是将图形按照指定的行数和列数，以矩形的排列方式进行大规模复制，以创建均布结构的复合图形。

执行【矩形阵列】命令主要有以下几种方式。

◆ 执行【修改】|【阵列】|【矩形阵列】菜单命令。

◆ 单击【修改】工具栏或面板中的 ⊞ 按钮。

◆ 在命令行中输入"Arrayrect"后按Enter键。

◆ 使用快捷键"AR"。

下面通过简单实例，学习【矩形阵列】命令的操作方法。

❶ 激活【矩形】命令，绘制长度为50、高度为50的矩形，如图5-80所示。

❷ 单击【修改】工具栏或面板中的 ⊞ 按钮，配合窗交选择，对橱柜进行阵列。命令行操作如下。

```
命令: _arrayrect
    选择对象:                          //选择创建的矩形对象
    选择对象:                          //按Enter键
    类型 = 矩形  关联 = 是
    选择夹点以编辑阵列或 [关联(AS)/基点(B)/计数(COU)/间距(S)/列数(COL)/行数(R)/层数(L)/退
出(X)] <退出>:                       //输入"COU"后按Enter键
    输入列数数或 [表达式(E)] <4>:      //输入"2"后按Enter键
    输入行数数或 [表达式(E)] <3>:      //输入"2"后按Enter键
    选择夹点以编辑阵列或 [关联(AS)/基点(B)/计数(COU)/间距(S)/列数(COL)/行数(R)/层数(L)/退
出(X)] <退出>:                       //输入"S"后按Enter键
    指定列之间的距离或 [单位单元(U)] <7610>:  //输入"100"后按Enter键
    指定行之间的距离 <4369>:          //输入"100"后按Enter键
    选择夹点以编辑阵列或 [关联(AS)/基点(B)/计数(COU)/间距(S)/列数(COL)/行数(R)/层数(L)/退
出(X)] <退出>:                       //按Enter键,阵列结果如图5-81所示
```

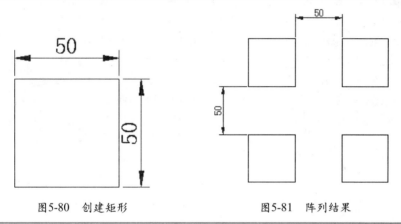

图5-80 创建矩形   图5-81 阵列结果

  在默认设置下，矩形阵列出的图形具有关联性，是一个独立的图形结构，跟图块的性质类似。

💻 选项解析

- ◆ 【关联（AS）】：用于设置阵列后图形的关联性，如果为阵列图形设定了关联特性，那么阵列的图形将和源图形一起，被作为一个独立的图形结构，跟图块的性质类似。用户可以使用【分解】命令取消这种关联特性。
- ◆ 【基点（B）】：用于设置阵列的基点。
- ◆ 【计数（COU）】：用于设置阵列的行数、列数。
- ◆ 【间距（S）】：用于设置对象的行偏移或列偏移的距离。

5.5.2 环形阵列

所谓"环形阵列"，是指将选择的图形对象按照阵列中心点和设定的数目，以圆形的方式阵列复制，从而快速创建聚心结构图形。

执行【环形阵列】命令主要有以下几种方式。

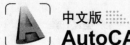
◆ 执行【修改】|【阵列】|【环形阵列】菜单命令。

◆ 单击【修改】工具栏或面板中的 按钮。

◆ 在命令行中输入"Arraypolar"后按Enter键。

◆ 使用快捷键"AR"。

下面通过简单实例，学习【环形阵列】命令的操作方法。

① 激活【圆】命令，绘制半径为100和20的两个圆形，如图5-82所示。

② 单击【修改】工具栏或面板中的 按钮，选择半径为20的圆形。命令行操作如下。

```
命令：_arraypolar
    选择对象：                          //选择半径为20的圆形
    选择对象：                          //按Enter键
    类型 = 极轴  关联 = 是
    指定阵列的中心点或 [基点(B)/旋转轴(A)]：    //捕捉半径为100的圆形的圆心
    选择夹点以编辑阵列或 [关联(AS)/基点(B)/项目(I)/项目间角度(A)/填充角度(F)/行(ROW)/层
(L)/旋转项目(ROT)/退出(X)] <退出>：        //输入"I"后按Enter键
    输入阵列中的项目数或 [表达式(E)] <6>：    //输入"6"后按Enter键
    选择夹点以编辑阵列或 [关联(AS)/基点(B)/项目(I)/项目间角度(A)/填充角度(F)/行(ROW)/层
(L)/旋转项目(ROT)/退出(X)] <退出>：        //输入"F"后按Enter键
    指定填充角度(+=逆时针、-=顺时针)或 [表达式(EX)] <360>： //按Enter键
    选择夹点以编辑阵列或 [关联(AS)/基点(B)/项目(I)/项目间角度(A)/填充角度(F)/行(ROW)/层
(L)/旋转项目(ROT)/退出(X)] <退出>：        //按Enter键，阵列结果如图5-83所示
```

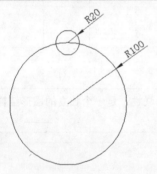

图5-82 绘制圆

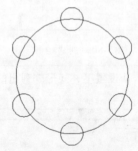

图5-83 阵列结果

在默认设置下，环形阵列出的图形具有关联性，是一个独立的图形结构，跟图块的性质类似，用户可以使用【分解】命令取消这种关联特性。

选项解析

◆ 【基点（B）】：用于设置阵列对象的基点。

◆ 【旋转轴（A）】：用于指定阵列对象的旋转轴。

◆ 【项目（I）】：用于设置环形阵列的数目。

◆ 【填充角度（F）】：用于设置环形阵列的角度，正值为逆时针阵列，负值为顺时针阵列。

◆ 【项目间角度（A）】：用于设置每相邻阵列单元间的角度。

◆ 【旋转项目（ROT）】：用于设置阵列对象的旋转角度。

5.5.3　路径阵列

所谓"路径阵列"，是指将对象沿指定的路径或路径的某部分进行等距阵列。路径可以是直线、多段线、三维多段线、样条曲线、螺旋线、圆、椭圆和圆弧等。

执行【路径阵列】命令主要有以下方式。

◆ 执行【修改】|【阵列】|【路径阵列】菜单命令。

◆ 单击【修改】工具栏或面板中的 按钮。

◆ 在命令行中输入"Arraypath"后按Enter键。

◆ 使用快捷键"AR"。

下面通过简单实例，学习【路径阵列】命令的使用方法。

❶ 打开随书光盘中的"素材文件"\"楼梯.dwg"文件，如图5-84所示。

❷ 单击【修改】工具栏或面板中的 按钮，激活【路径阵列】命令，窗交选择楼梯栏杆进行阵列。命令行操作如下。

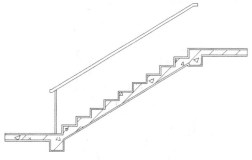

图5-84　打开结果

```
命令: _arraypath
    选择对象:                                          //窗交选择如图5-85所示的栏杆
    选择对象:                                          //按Enter键
    类型 = 路径　关联 = 是
    选择路径曲线:                                      //选择如图5-86所示的轮廓线
    选择夹点以编辑阵列或 [关联(AS)/方法(M)/基点(B)/切向(T)/项目(I)/行(R)/层(L)/对齐项目
(A)/Z 方向(Z)/退出(X)] <退出>:     //输入"M"后按Enter键
    输入路径方法 [定数等分(D)/定距等分(M)] <定距等分>:  //输入"M"后按Enter键
    选择夹点以编辑阵列或 [关联(AS)/方法(M)/基点(B)/切向(T)/项目(I)/行(R)/层(L)/对齐项目
(A)/Z 方向(Z)/退出(X)] <退出>:     //输入"I"后按Enter键
    指定沿路径的项目之间的距离或 [表达式(E)] <75>:    //输入"652"后按Enter键
    最大项目数 = 11
    指定项目数或 [填写完整路径(F)/表达式(E)] <11>:    //输入"11"后按Enter键
    选择夹点以编辑阵列或 [关联(AS)/方法(M)/基点(B)/切向(T)/项目(I)/行(R)/层(L)/对齐项目
(A)/Z 方向(Z)/退出(X)] <退出>:     //输入"A"后按Enter键
    是否将阵列项目与路径对齐? [是(Y)/否(N)] <否>:     //输入"N"后按Enter键
    选择夹点以编辑阵列或 [关联(AS)/方法(M)/基点(B)/切向(T)/项目(I)/行(R)/层(L)/对齐项目
(A)/Z 方向(Z)/退出(X)] <退出>:     //输入"AS"后按Enter键
    创建关联阵列 [是(Y)/否(N)] <是>:                   //输入"N"后按Enter键
    选择夹点以编辑阵列或 [关联(AS)/方法(M)/基点(B)/切向(T)/项目(I)/行(R)/层(L)/对齐项目
(A)/Z 方向(Z)/退出(X)] <退出>:                        //按Enter键，阵列结果如图5-87所示
```

❸ 使用【修剪】命令，对上方的栏杆进行修整完善，结果如图5-88所示。

第1篇 快速入门

第2篇 技能进阶

第3篇 三维设计

第4篇 工程应用

中文版
AutoCAD 2014从入门到精通

第1篇 快速入门
第2篇 技能进阶
第3篇 三维设计
第4篇 工程应用

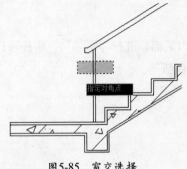

图5-85　窗交选择

图5-86　选择轮廓线

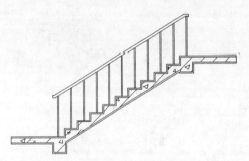

图5-87　阵列结果

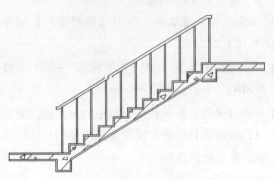

图5-88　完善结果

5.5.4　【阵列】命令的应用实例——绘制直齿轮零件左视图

学习了【阵列】命令，下面通过绘制如图5-89所示的直齿轮零件左视图，对所学知识进行巩固。

❶ 执行【新建】命令，以随书光盘中的"样板文件"\\"机械样板.dwt"文件作为基础样板，新建空白绘图文件。

❷ 打开状态栏中的【对象捕捉】、【极轴追踪】和【线宽】等功能。

❸ 使用快捷键"Z"激活【视图缩放】命令，将视图高度设置为240。

❹ 展开【图层】工具栏中的【图层控制】下拉列表，将"中心线"图层设置为当前图层。

❺ 使用快捷键"XL"激活【构造线】命令，绘制两条相互垂直的构造线作为视图定位基准线。

❻ 使用快捷键"C"激活【圆】命令，以构造线的交点作为圆心，绘制直径分别为136和88的同心圆，结果如图5-90所示。

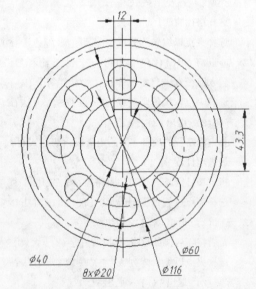

图5-89　直齿轮零件左视图

⓻ 展开【图层控制】下拉列表，将"轮廓线"图层设置为当前图层。

⓼ 单击【绘图】工具栏中的◎按钮，激活【圆】命令，配合【交点捕捉】功能，绘制同心轮廓圆。命令行操作如下。

```
命令: _circle
    指定圆的圆心或 [三点(3P)/两点(2P)/切点、切点、半径(T)]: //捕捉下方辅助线的交点作为圆心
    指定圆的半径或 [直径(D)]:                          //输入"d"后按Enter键
    指定圆的直径:                                     //输入"40"后按Enter键
    命令:                                            //重复执行画圆命令
    CIRCLE 指定圆的圆心或 [三点(3P)/两点(2P)/切点、切点、半径(T)]: //输入"@"后按Enter键
    指定圆的半径或 [直径(D)] <20.00>:                  //输入"d"后按Enter键
    指定圆的直径 <40.00>:                             //输入"60"后按Enter键
    命令:                                            //重复执行画圆命令
    CIRCLE 指定圆的圆心或 [三点(3P)/两点(2P)/切点、切点、半径(T)]:  //输入"@"后按Enter键
    指定圆的半径或 [直径(D)] <30.00>:                  //输入"d"后按Enter键
    指定圆的直径 <60.00>:                             //输入"116"后按Enter键
    命令:                                            //重复执行画圆命令
    CIRCLE 指定圆的圆心或 [三点(3P)/两点(2P)/切点、切点、半径(T)]: //输入"@"后按Enter键
    指定圆的半径或 [直径(D)] <58.00>:                  //输入"d"后按Enter键
    指定圆的直径 <116.00>:          //输入"144"后按Enter键，绘制结果如图5-91所示
```

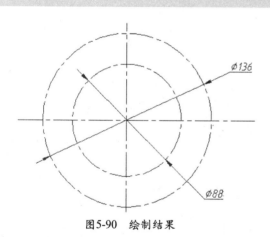

图5-90 绘制结果

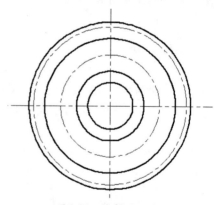

图5-91 绘制同心圆

⓽ 重复执行【圆】命令，配合【交点捕捉】功能，绘制直径为20的圆形，如图5-92所示。

⓾ 单击【修改】工具栏中的⌗按钮，激活【环形阵列】命令，对刚绘制的圆进行阵列。命令行操作如下。

```
命令: _arraypolar
    选择对象:                      //选择直径为20的圆形
    选择对象:                      //按Enter键
    类型 = 极轴  关联 = 是
    指定阵列的中心点或 [基点(B)/旋转轴(A)]:   //捕捉如图5-93所示的圆心
```

第1篇 快速入门

第2篇 技能进阶

第3篇 三维设计

第4篇 工程应用

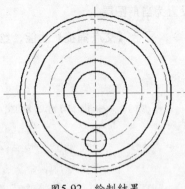

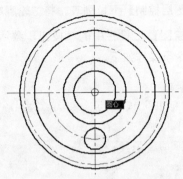

图5-92　绘制结果　　　　　　　　　　　图5-93　捕捉圆心

选择夹点以编辑阵列或　[关联(AS)/基点(B)/项目(I)/项目间角度(A)/填充角度(F)/行(ROW)/层
(L)/旋转项目(ROT)/退出(X)]　<退出>:　　　　　　　　　　　　　　//输入"I"后按Enter键
　　输入阵列中的项目数或　[表达式(E)]　<6>:　　　　　　　　　　　//输入"8"后按Enter键
　　选择夹点以编辑阵列或　[关联(AS)/基点(B)/项目(I)/项目间角度(A)/填充角度(F)/行(ROW)/层
(L)/旋转项目(ROT)/退出(X)]　<退出>:　　　　　　　　　　　　　　//输入"F"后按Enter键
　　指定填充角度(+=逆时针、-=顺时针)或　[表达式(EX)]　<360>:　//按Enter键
　　选择夹点以编辑阵列或　[关联(AS)/基点(B)/项目(I)/项目间角度(A)/填充角度(F)/行(ROW)/层
(L)/旋转项目(ROT)/退出(X)]　<退出>:　　　　　　　　　　　　//按Enter键,阵列结果如图5-94所示

⑪ 绘制键槽结构。单击【修改】工具栏中的 按钮,激活【偏移】命令,对垂直构造线进行对称偏移。命令行操作如下。

命令: _offset
　　当前设置: 删除源=否　图层=源　OFFSETGAPTYPE=0
　　指定偏移距离或　[通过(T)/删除(E)/图层(L)]　<通过>:　　　　　//输入"6"后按Enter键
　　选择要偏移的对象,或　[退出(E)/放弃(U)]　<退出>:　　　　　　//选择垂直构造线
　　指定要偏移的那一侧上的点,或　[退出(E)/多个(M)/放弃(U)]　<退出>:
　　　　　　　　　　　　　　　　　　　　　　　　　　　　　　　　//在构造线的左侧单击鼠标左键
　　选择要偏移的对象,或　[退出(E)/放弃(U)]　<退出>:　　　　　　//选择垂直构造线
　　指定要偏移的那一侧上的点,或　[退出(E)/多个(M)/放弃(U)]　<退出>:
　　　　　　　　　　　　　　　　　　　　　　　　　　　　　　　　//在构造线的右侧单击鼠标左键
　　选择要偏移的对象,或　[退出(E)/放弃(U)]　<退出>:　　　　　　//按Enter键,结果如图5-95所示

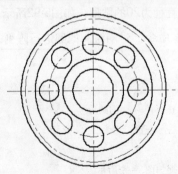

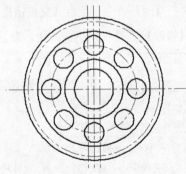

图5-94　阵列结果　　　　　　　　　　　图5-95　偏移结果

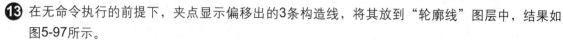

⑫ 重复执行【偏移】命令，将水平构造线向上进行偏移，偏移距离为23.3，如图5-96所示。

⑬ 在无命令执行的前提下，夹点显示偏移出的3条构造线，将其放到"轮廓线"图层中，结果如图5-97所示。

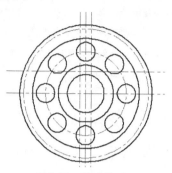
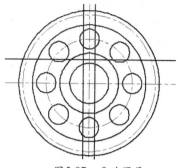

图5-96　偏移结果　　　　　　　　　　图5-97　更改图层

⑭ 使用快捷键"TR"激活【修剪】命令，对构造线和圆进行修剪，编辑出键槽结构，结果如图5-98所示。

⑮ 展开【图层控制】下拉列表，将"中心线"图层设置为当前图层。

⑯ 使用快捷键"L"激活【直线】命令，配合捕捉和追踪的相关功能，绘制如图5-99所示的圆中心线，中心线超出圆的长度为2。

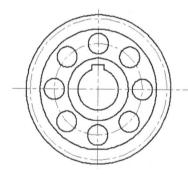
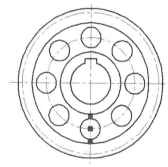

图5-98　修剪结果　　　　　　　　　　图5-99　绘制中心线

⑰ 单击【修改】工具栏中的 按钮，激活【环形阵列】命令，对刚绘制的圆中心线进行阵列。命令行操作如下。

```
命令: _arraypolar
    选择对象:                                //选择刚绘制的圆中心线
    选择对象:                                //按Enter键
    类型 = 极轴  关联 = 是
    指定阵列的中心点或 [基点(B)/旋转轴(A)]:    //捕捉如图5-100所示的交点
    选择夹点以编辑阵列或 [关联(AS)/基点(B)/项目(I)/项目间角度(A)/填充角度(F)/行(ROW)/层
(L)/旋转项目(ROT)/退出(X)] <退出>:       //输入"I"后按Enter键
    输入阵列中的项目数或 [表达式(E)] <6>:    //输入"8"后按Enter键
    选择夹点以编辑阵列或 [关联(AS)/基点(B)/项目(I)/项目间角度(A)/填充角度(F)/行(ROW)/层
(L)/旋转项目(ROT)/退出(X)] <退出>:       //输入"F"后按Enter键
```

第 **1** 篇 快速入门

第 **2** 篇 技能进阶

第 **3** 篇 三维设计

第 **4** 篇 工程应用

指定填充角度(+=逆时针、-=顺时针)或［表达式(EX)］<360>: //按Enter键

选择夹点以编辑阵列或［关联(AS)/基点(B)/项目(I)/项目间角度(A)/填充角度(F)/行(ROW)/层
(L)/旋转项目(ROT)/退出(X)］<退出>: //输入"AS"后按Enter键

创建关联阵列［是(Y)/否(N)］<否>: //按Enter键

选择夹点以编辑阵列或［关联(AS)/基点(B)/项目(I)/项目间角度(A)/填充角度(F)/行(ROW)/层
(L)/旋转项目(ROT)/退出(X)］<退出>: //按Enter键，阵列结果如图5-101所示

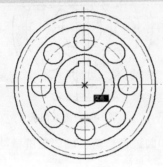
图5-100 捕捉交点

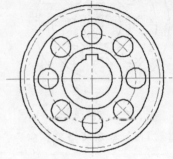
图5-101 阵列结果

⑱ 在无命令执行的前提下，夹点显示如图5-102所示的4条水平中心线。

⑲ 按Delete键，将夹点显示的中心线删除，结果如图5-103所示。

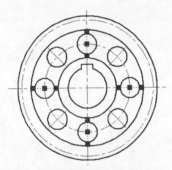
图5-102 夹点效果

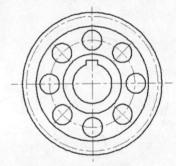
图5-103 删除结果

⑳ 直齿轮零件左视图绘制完毕，将该文件保存为"直齿轮零件左视图.dwg"文件。

5.6 镜像图形

素　材 "素材文件"\"第5章"\"直齿轮零件二视图.dwg"
视频讲解 "视频文件"\"第5章"\"5.6 镜像图形.avi"

　　【镜像】命令用于将选择的对象沿着指定的两点进行对称复制，适用于创建一些结构对称的
图形。在镜像过程中，源对象可以保留，也可以删除。

　　执行【镜像】命令主要有以下几种方式。

- 执行【修改】|【镜像】菜单命令。
- 单击【修改】工具栏或面板中的 按钮。
- 在命令行中输入"Mirror"后按Enter键。
- 使用快捷键"MI"。

5.6.1 镜像图形的操作

下面通过简单实例，学习【镜像】命令的使用方法。

❶ 激活【矩形】命令，绘制矩形。

❷ 单击【修改】工具栏中的 ⚫ 按钮，激活【镜像】命令，对矩形进行镜像。命令行操作如下。

```
命令：_mirror
    选择对象：                      //选择矩形
    选择对象：                      //按Enter键，结束选择
    指定镜像线的第一点：             //捕捉如图5-104所示的右下端点
    指定镜像线的第二点：             //捕捉如图5-105所示的右上端点
    要删除源对象吗？[是(Y)/否(N)] <N>：   //按Enter键，镜像结果如图5-106所示
```

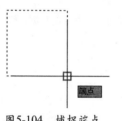

图5-104　捕捉端点

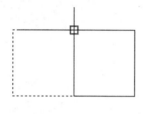

图5-105　捕捉端点

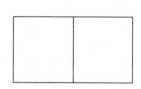

图5-106　镜像结果

在镜像对象时，源对象可以删除，也可以保留。系统默认状态下，镜像时源对象保留。当命令行提示"要删除源对象吗？[是(Y)/否(N)] <N>："时，输入"Y"，按Enter键，则源对象被删除。

如果对文字进行镜像时，镜像后文字的可读性取决于系统变量MIRRTEX的值。当变量值为1时，镜像后的文字不具有可读性；当变量值为0时，镜像后的文字具有可读性。

5.6.2 【镜像】命令的应用实例——绘制直齿轮零件二视图

以上学习了【镜像】命令，下面通过绘制如图5-107所示的直齿轮零件二视图，对【镜像】命令进行巩固练习。

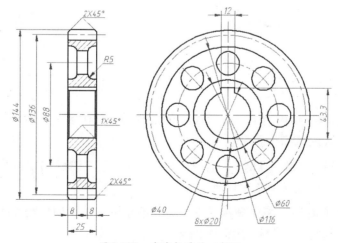

图5-107　直齿轮零件二视图

中文版 :::::::::
AutoCAD 2014从入门到精通

第**1**篇 快速入门

第**2**篇 技能进阶

第**3**篇 三维设计

第**4**篇 工程应用

1 继续5.5.4节的操作。

2 打开随书光盘中"效果文件"\"第5章"\"直齿轮零件左视图.dwg"文件。

3 展开【图层】工具栏中的【图层控制】下拉列表，将"轮廓线"图层设置为当前图层。

4 单击【修改】工具栏中的⬚按钮，激活【偏移】命令，垂直构造线进行偏移。命令行操作如下。

```
命令: _offset
    当前设置: 删除源=否   图层=源   OFFSETGAPTYPE=0
    指定偏移距离或 [通过(T)/删除(E)/图层(L)] <通过>:          //输入"1"后按Enter键
    输入偏移对象的图层选项 [当前(C)/源(S)] <源>:              //输入"c"后按Enter键
    指定偏移距离或 [通过(T)/删除(E)/图层(L)] <通过>:          //输入"115"后按Enter键
    选择要偏移的对象，或 [退出(E)/放弃(U)] <退出>:            //单击垂直构造线
    指定要偏移的那一侧上的点，或 [退出(E)/多个(M)/放弃(U)] <退出>:
                                                           //在所选构造线的左侧拾取一点
    选择要偏移的对象，或 [退出(E)/放弃(U)] <退出>:            //按Enter键
    命令:                                                  //按Enter键
    OFFSET当前设置: 删除源=否   图层=当前   OFFSETGAPTYPE=0
    指定偏移距离或 [通过(T)/删除(E)/图层(L)] <115.00>:        //输入"140"后按Enter键
    选择要偏移的对象，或 [退出(E)/放弃(U)] <退出>:            //再次单击垂直构造线
    指定要偏移的那一侧上的点，或 [退出(E)/多个(M)/放弃(U)] <退出>:
                                                           //在所选构造线的上方拾取一点
    选择要偏移的对象，或 [退出(E)/放弃(U)] <退出>:            //按Enter键，结果如图5-108所示
```

5 执行【绘图】|【构造线】菜单命令，根据视图间的对正关系，配合【圆心捕捉】和【交点捕捉】功能，绘制如图5-109所示的水平构造线。

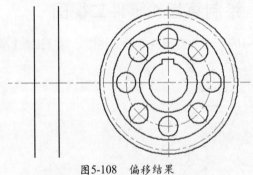

图5-108　偏移结果

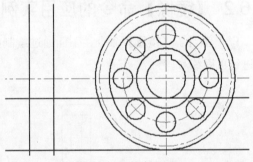

图5-109　绘制结果

6 单击【修改】工具栏中的✂按钮，激活【修剪】命令，对构造线进行修剪，编辑出主视图的主体结构，结果如图5-110所示。

7 使用快捷键"CHA"，激活【倒角】命令，对主视图外轮廓线进行倒角操作，倒角线的长度为2、角度为45°，倒角结果如图5-111所示。

8 重复执行【倒角】命令，将倒角模式设置为"不修剪"，将倒角线长度设置为1、角度为45°，创建内部的倒角，结果如图5-112所示。

⑨ 执行【修改】|【修剪】菜单命令,对内部的水平轮廓线进行修剪,结果如图5-113所示。

⑩ 使用快捷键"L"激活【直线】命令,配合【对象捕捉】功能,绘制倒角位置的垂直轮廓线,结果如图5-114所示。

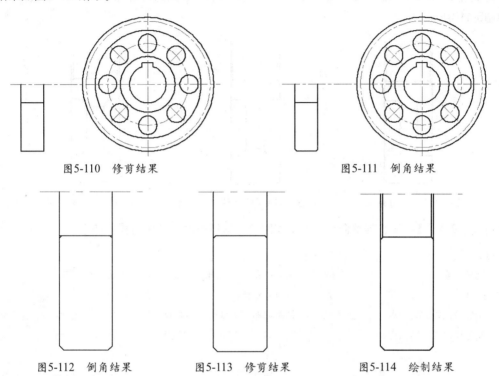

图5-110 修剪结果   图5-111 倒角结果

图5-112 倒角结果   图5-113 修剪结果   图5-114 绘制结果

⑪ 使用快捷键"XL"激活【构造线】命令,根据视图间的对正关系,绘制如图5-115所示的水平构造线。

⑫ 使用快捷键"O"激活【偏移】命令,将主视图外侧的两条垂直轮廓线向内进行偏移,偏移距离为8,结果如图5-116所示。

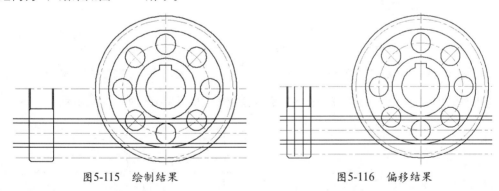

图5-115 绘制结果   图5-116 偏移结果

⑬ 使用快捷键"TR"激活【修剪】命令,对各图线进行修剪,编辑出柱形圆孔轮廓线,如图5-117所示。

⑭ 使用快捷键"F"激活【圆角】命令,将圆角半径设置为5,将圆角模式设置为"修剪",对内部的图线进行圆角操作,结果如图5-118所示。

⑮ 执行【修改】|【延伸】菜单命令，将进行圆角操作后产生的4条圆弧作为边界，对圆弧之间的两条水平轮廓线进行两端延伸。

⑯ 使用快捷键"LEN"激活【拉长】命令，将内部水平中心线的两端缩短，缩短长度为4，结果如图5-119所示。

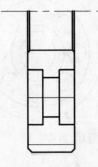

图5-117 修剪结果

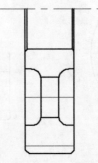

图5-118 圆角结果

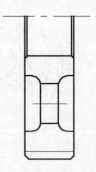

图5-119 拉长结果

⑰ 执行【修改】|【镜像】菜单命令，对主视图结构进行镜像。命令行操作如下。

```
命令：_mirror
    选择对象：                    //由右向左拖出如图5-120所示的选区以选择对象
    选择对象：                    //按Enter键，结束选择
    指定镜像线的第一点：          //捕捉如图5-121所示的端点
    指定镜像线的第二点：          //捕捉如图5-122所示的端点
```

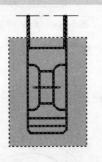

图5-120 选择对象

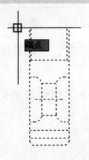

图5-121 捕捉端点

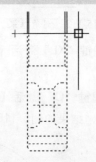

图5-122 捕捉端点

```
    要删除源对象吗？[是(Y)/否(N)] <N>：        //按Enter键，镜像结果如图5-123所示
```

⑱ 根据视图间的对正关系，使用【构造线】命令绘制如图5-124所示的水平构造线。

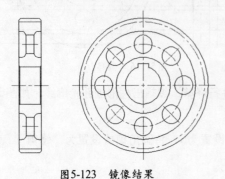

图5-123 镜像结果

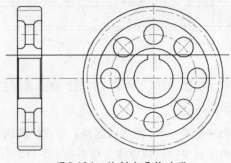

图5-124 绘制水平构造线

⓳ 使用快捷键"TR"激活【修剪】命令，对水平构造线进行修剪，将其转换为图形轮廓线，结果如图5-125所示。

⓴ 将修剪出的水平轮廓线向上进行偏移，偏移距离为39.7，然后再将偏移出的水平轮廓线向下进行偏移，偏移距离为126，结果如图5-126所示。

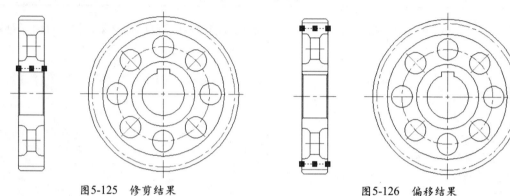

图5-125　修剪结果　　　　　图5-126　偏移结果

㉑ 展开【图层】工具栏中的【图层控制】下拉列表，将"剖面线"图层设置为当前图层。

㉒ 使用快捷键"H"激活【图案填充】命令，采用默认填充参数，为主视图填充如图5-127所示的剖面线，填充图案为ANSI31。

㉓ 使用快捷键"TR"激活【修剪】命令，将两视图的外轮廓线作为边界，对构造线进行修剪，将其转换为图形中心线，结果如图5-128所示。

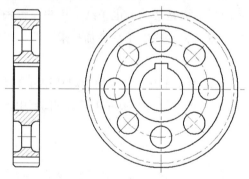
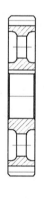

图5-127　填充结果　　　　　图5-128　修剪结果

㉔ 执行【修改】|【拉长】菜单命令，将二视图中心线的两端进行拉长，拉长距离为7.5，结果如图5-129所示。

㉕ 执行【另存为】命令，将图形命名存储为"直齿轮零件二视图.dwg"文件。

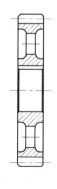
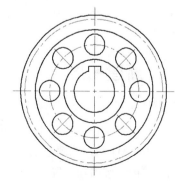

图5-129　拉长结果

第**1**篇 快速入门

第**2**篇 技能进阶

第**3**篇 三维设计

第**4**篇 工程应用

第6章 | **图形对象的有效管理与控制**
——应用图层与快速选择

在AutoCAD 2014的图形设计中，应用图层可以有效地管理和控制图形对象，便于对图形对象进行修改和编辑，以提高绘图效率。

本章学习内容：

◆ 关于图层
◆ 图层状态的控制
◆ 图层特性的设置
◆ 图层的过滤
◆ 图层状态的管理
◆ 图层的规划管理

6.1 关于图层

视频讲解 "视频文件"\"第6章"\"6.1.关于图层.avi"

什么是"图层"？图层的概念比较抽象，可以将图层看成是透明的电子纸，用户在每张透明电子纸上可以绘制不同线型、线宽、颜色等的图形，然后将这些电子纸叠加起来，即可得到完整的图样。

在AutoCAD绘图软件中，【图层】命令是一个综合性的制图工具，主要用于规划和组合复杂的图形。通过将不同类型的对象（如几何图形、尺寸标注、文本注释等）放置在不同的图层中，可以很方便地对这些对象进行控制和操作。

执行【图层】命令主要有以下几种方式。

◆ 执行【格式】|【图层】菜单命令。
◆ 单击【图层】工具栏或面板中的 按钮。
◆ 在命令行中输入"Layer"后按Enter键。
◆ 使用快捷键"LA"。

6.1.1 新建图层

在默认状态下，AutoCAD 2014仅为用户提供了"0"图层，用户所绘制的图形都位于"0"图层中。

在AutoCAD 2014的图形设计中，为了便于对图形进行后期管理，需要在开始绘之前，根据图形的表达内容等因素设置不同的类型图层，并且为各图层进行命名。下面通过创建3个图层，学习新建图层的操作方法。

❶ 新建空白绘图文件。

❷ 单击【图层】工具栏中的 按钮，激活【图层】命令，打开图6-1所示的【图层特性管理器】窗口。

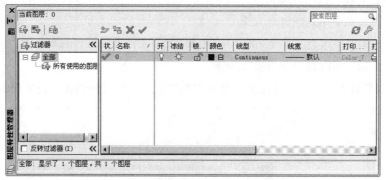

图6-1 【图层特性管理器】窗口

❸ 单击【图层特性管理器】窗口中的 按钮，新图层将以临时名称"图层1"的形式显示在列表中，如图6-2所示。

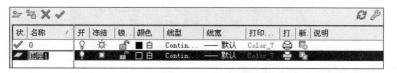

图6-2 新建图层

❹ 按Alt+N组合键或再次单击 按钮，创建另外两个图层，结果如图6-3所示。

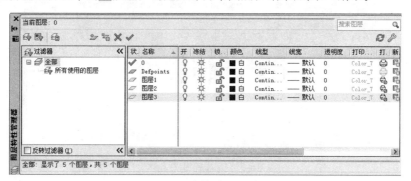

图6-3 新建其他图层

使用相同的方式可以创建多个新图层，新图层的默认特性与当前"0"图层的特性相同。但是，如果在创建新图层时选择了一个现有图层，或为新建图层指定了图层特性，那么下面创建的新图层将继承先前图层的一切特性（如颜色、线型等）。

另外，用户也可以通过以下3种方式快速创建多个新图层。

◆ 在创建了一个新图层后，连续按Enter键，可以创建多个新图层。

◆ 通过按Alt+N组合键，也可以创建多个新图层。

◆ 在【图层特性管理器】窗口中单击鼠标右键，在右键菜单中选择【新建图层】命令，也可以新建图层。

6.1.2 重命名图层

新建的图层，系统将依次命名为"图层1"、"图层2"……为了方便对图层进行管理，用户可以为新建的图层重命名。在为图层进行重命名时，图层名最长可达255个字符，可以是数字、字母或其他字符，图层名中不允许含有大于号（>）、小于号（<）、斜杠（/）、反斜杠（\）以及标点等符号。另外，为图层命名或重命名时，必须确保当前文件中图层名的唯一性。

为图层重命名时，可以按照如下操作步骤。

❶ 在【图层特性管理器】窗口中单击需要重命名的图层名，使其反白显示，如图6-4所示。

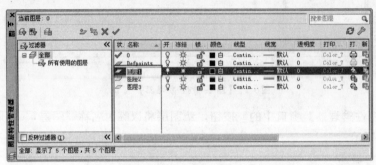

图6-4 选择图层

❷ 可以在【图层特性管理器】窗口中单击鼠标右键，在右键菜单中选择【重命名图层】命令，此时图层名区域切换为浮动式的文本框形式。

❸ 为图层输入新名称，如输入"轮廓线"，然后按Enter键确认，结果如图6-5所示。

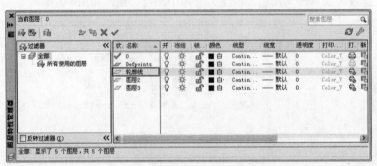

图6-5 输入新图层名称

❹ 使用相同的方法，继续为其他两个图层重命名，结果如图6-6所示。

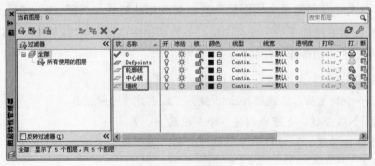

图6-6 为其他图层命名

6.1.3　删除图层

　　AutoCAD 2014不仅允许新建图层，也允许删除图层。使用AutoCAD 2014的【删除图层】功能，就可以将非当前图层删除。

❶ 继续上例的操作。

❷ 打开【图层特性管理器】窗口，选择要删除的图层，如选择"轮廓线"图层，如图6-7所示。

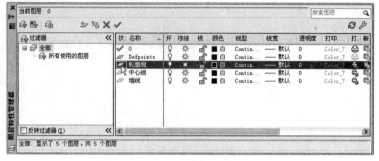

图6-7　选择图层

❸ 单击【图层特性管理器】窗口中的 ✕ 【删除图层】按钮，即可将此图层删除，结果如图6-8所示。

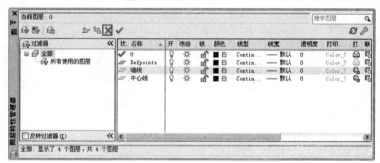

图6-8　删除图层后的效果

❹ 也可以在选择图层后单击鼠标右键，在右键菜单中选择【删除图层】命令，将图层删除。

　　　　"0"图层和"Defpoints"图层不能被删除。

　　　　当前图层不能被删除。所谓"当前图层"，是指当前操作的图层。在【图层特性管理器】窗口中，"0"图层前面有一个 ✔ 图标，表示该层为当前操作图层，如图6-9所示。

　　　　包含对象的图层或依赖外部参照的图层不能被删除。

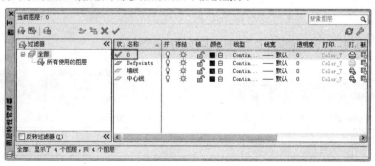

图6-9　当前图层

6.1.4 切换图层

在绘图过程中经常会切换图层，以便于在不同的图层中绘制不同的图形对象。切换图层的操作如下。

❶ 打开【图层特性管理器】窗口，选择需要切换的图层，如选择"墙线"图层，如图6-10所示。

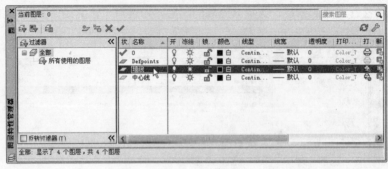

图6-10 选择图层

❷ 单击【图层特性管理器】窗口中的✔【置为当前】按钮，即可将"墙线"图层切换为当前图层，此时图层前面的状态图标显示为✔对勾，如图6-11所示。

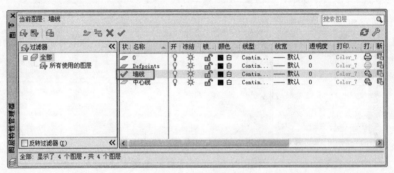

图6-11 切换图层

另外，还可以通过以下3种方式切换图层。

◆ 选择图层后单击鼠标右键，选择右键菜单中的【置为当前】命令。

◆ 选择图层后按Alt+C组合键。

◆ 展开【图层】工具栏中的【图层控制】下拉列表，选择要切换为当前图层的图层，如图6-12所示。

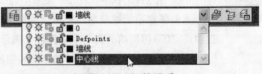

图6-12 切换图层

6.2 图层状态的控制

🔘 视频讲解 "视频文件"\ "第6章"\ "6.2.图层的状态控制.avi"

为了方便对图形资源进行规划和状态控制，AutoCAD 2014为用户提供了图层的几种控制功能，包括开关、冻结与解冻、锁定与解锁等。这些功能分布在【图层】工具栏（如图6-13所示）以及【图层特性管理器】窗口中（如图6-14所示）。

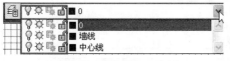

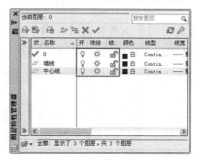

图6-13　【图层】工具栏　　　　　　图6-14　【图层特性管理器】窗口

通过这些图层控制功能，用户可以方便地对图层进行控制操作。

6.2.1　开关图层

按钮用于控制图层的开关状态。默认状态下，图层都为打开的状态，按钮显示为。此时，位于该图层中的对象都是可见的，并且可在该图层中进行绘图和修改等操作。例如，在"墙线"图层中绘制墙线，在"中心线"图层中绘制墙线的定位线，当"墙线"图层和"中心线"图层都打开时，墙线和定位线都可见，如图6-15所示。

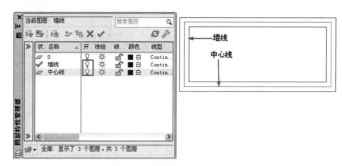

图6-15　墙线与中心线可见

在按钮上单击鼠标左键，即可关闭该图层，按钮显示为（按钮变暗）。图层被关闭后，位于该图层中的所有图形对象被隐藏，也不能被打印或由绘图仪输出，但重新生成图形时，图层中的实体仍将重新生成。例如，关闭"中心线"图层，此时位于"中心线"图层中的中心线被隐藏，如图6-16所示。

图6-16　关闭"中心线"图层后的效果

6.2.2 冻结与解冻图层

☼/❄按钮用于在所有视图窗口中冻结或解冻图层。默认状态下的图层是解冻的，按钮显示为☼，此时该图层中的对象都可见，如图6-17所示。

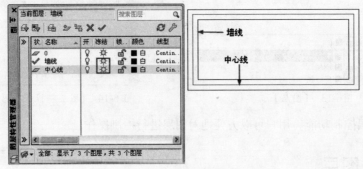

图6-17 解冻图层的效果

在该按钮上单击鼠标左键，按钮显示为❄，位于该图层中的内容不能在屏幕中显示或由绘图仪输出，不能进行重生成、消隐、渲染和打印等操作。例如，冻结"墙线"图层，此时该图层中的墙线不可见，如图6-18所示。

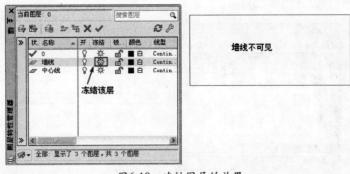

图6-18 冻结图层的效果

关闭与冻结的图层都是不可见和不可以输出的。但被冻结的图层不参加运算处理，可以加快视口缩放、视口平移和许多其他操作的处理速度，增强对象选择的性能并减少复杂图形的重生成时间，建议冻结长时间不用看到的图层。另外，除了在【图层特性管理器】窗口中冻结与解冻图层之外，在【图层】工具栏中的▦按钮用于冻结或解冻当前视口中的图形对象，不过它在模型空间内是不可用的，只能在图纸空间内使用此功能。

6.2.3 锁定与解锁图层

🔓/🔒按钮用于锁定图层或解锁图层。默认状态下，图层是解锁的，按钮显示为🔓，此时用户可以对该图层中的对象进行任意编辑操作。在该按钮上单击，图层被锁定，按钮显示为🔒，此时用户只能观察该图层中的图形，不能对其进行编辑和修改，但该图层中的图形仍可以被显示和输出。

当前图层不能被冻结，但可以被关闭和锁定。

6.3 图层特性的设置

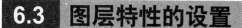

效　　果　"效果文件"\"第6章"\"设置工程图中的常用图层.avi"
视频讲解　"视频文件"\"第6章"\"6.3.图层的特性设置.avi"

图层的特性包括颜色、线型和线宽等。在绘图过程中，为了区分不同图层中的图形对象或根据图形的设计要求，为每个图层设置不同的颜色、线型和线宽，这样就可以通过图层特性区分和控制不同性质的图形对象。

6.3.1 设置图层颜色

默认设置下，所有图层的颜色均为黑色，但在实际的绘图过程中，需要根据图形设计的需要，对各图层设置不同的颜色特性。下面通过简单实例，学习图层颜色的设置。

❶ 继续上例的操作。

❷ 在【图层特性管理器】窗口中"墙线"图层的颜色块上单击，打开【选择颜色】对话框，如图6-19所示。

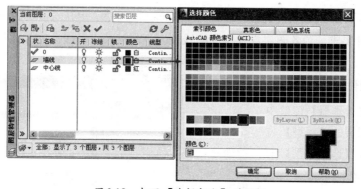

图6-19　打开【选择颜色】对话框

❸ 在【选择颜色】对话框中有3种颜色设置方式，分别是【索引颜色】（如上图6-19（右）所示）、【真彩色】（如图6-20所示）、【配色系统】（如图6-21所示）。

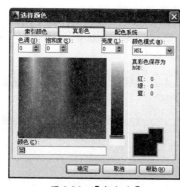

图6-20　【真彩色】

图6-21　【配色系统】

❹ 选择任意配色方式，如选择【索引颜色】，然后在色块上单击选取颜色，或者在下方的【颜色】文本框中输入颜色的色值，如图6-22所示。

第 *1* 篇　快速入门

第 *2* 篇　技能进阶

第 *3* 篇　三维设计

第 *4* 篇　工程应用

⑤ 单击 确定 按钮，即可将"墙线"图层的颜色设置为天蓝色，此时该图层中的墙线颜色也被设置为天蓝色，如图6-23所示。

图6-22　设置颜色

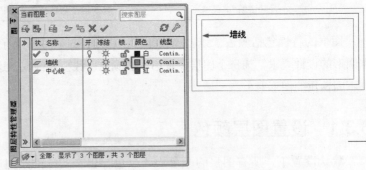

图6-23　设置图层颜色后的效果

⑥ 使用相同的方法，可以对其他所有图层的颜色进行设置。

6.3.2　设置图层线型

在默认设置下，系统为用户提供一种"Continuous"线型。但在实际的绘图过程中，用户需要根据图形的设计要求，为各图层设置不同的线型。下面继续学习线型的加载和图层线型的具体设置。

① 继续上例的操作。

② 在【图层特性管理器】窗口中"中心线"图层的【线型】位置单击，打开【选择线型】对话框，如图6-24所示。

③ 在【选择线型】对话框中单击 加载(L)... 按钮，打开【加载或重载线型】对话框，在该对话框中选择名为"ACAD ISO04W100"的线型，如图6-25所示。

图6-24　打开【选择线型】对话框

④ 单击 确定 按钮，选择的线型被加载到【选择线型】对话框内，如图6-26所示。

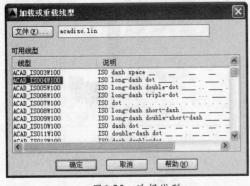

图6-25　选择线型

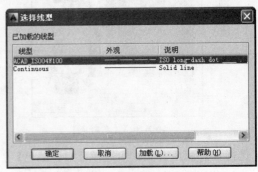

图6-26　加载线型

⑤ 选择刚加载的线型，单击
⬜️ 确定 ⬜️ 按钮，将此线型附
加给当前被选择的图层，
如图6-27所示。

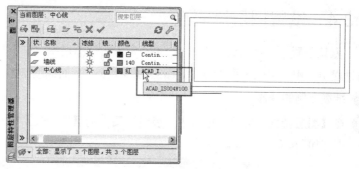

图6-27 设置线型

6.3.3 设置图层线宽

在默认设置下，图层的线宽为0.25mm。如果用户需要使用其他线宽，必须进行设置。下面继续学习线宽的设置。

① 继续上例的操作。

② 在【图层特性管理器】窗口中"墙线"图层的【线宽】位置单击，打开【线宽】对话框，如图6-28所示。

③ 在【线宽】对话框中选择"0.30mm"的线宽，如图6-29所示。

图6-28 打开【线宽】对话框

图6-29 选择线宽

④ 单击 ⬜️ 确定 ⬜️ 按钮返回【图层特性管理器】窗口，"墙线"图层的线宽被设置为"0.30毫米"，如图6-30所示。

⑤ 在状态栏中单击➕【显示/隐藏线宽】按钮显示线宽，在绘图区中显示墙线的线宽效果，如图6-31所示。

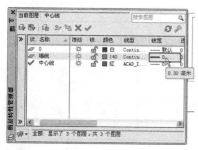

图6-30 设置结果

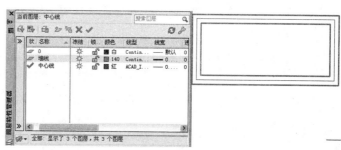

图6-31 线宽显示效果

6.3.4 设置图层透明度

默认设置下，图层的透明度值为0，表示图层不透明，则图层中的对象也不透明。在实际的绘图过程中，用户可以根据需要设置图层的透明度。下面继续学习图层透明度的设置。

❶ 继续上例的操作。

❷ 在【图层特性管理器】窗口中"墙线"图层的【透明度】位置单击，打开【图层透明度】对话框，如图6-32所示。

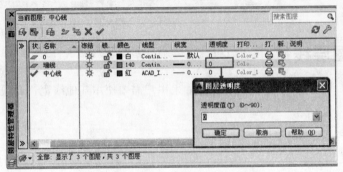

图6-32　打开【图层透明度】对话框

❸ 在【图层透明度】对话框中，设置该图层的透明度值为"90"，此时【图层特性管理器】窗口中该图层的透明度也被设置为"90"，如图6-33所示。

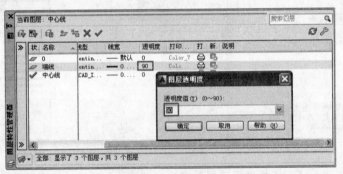

图6-33　设置透明度

❹ 单击 确定 按钮返回【图层特性管理器】窗口，在状态栏中单击 ▓ 【显示/隐藏透明度】按钮显示透明度，此时绘图区中显示出墙线的透明效果，如图6-34所示。

图6-34　显示透明度效果

6.3.5　设置图层其他特性

除颜色、线型、线宽和透明度特性外，AutoCAD 2014还为用户指定了图层的打印样式特性、图层的打印特性以及图层的新视口冻结特性等。使用图层的打印样式特性，可以控制图层中图形对象的打印样式效果；使用图层的打印特性，可以控制图层中图形对象的打印；使用新视口冻结特性，则可以控制在新视口内新建图层的冻结状态。

在新建图层并为图层指定相应的内部特性后，位于该图层中的所有图形对象都会具备该图层中的一切特性。

6.3.6　图层特性的应用实例——设置工程图中的常用图层

在上面章节学习了图层特性的相关设置，下面通过设置如图6-35所示的机械工程制图中常用图层的内部特性，对以上所学知识进行巩固和练习。

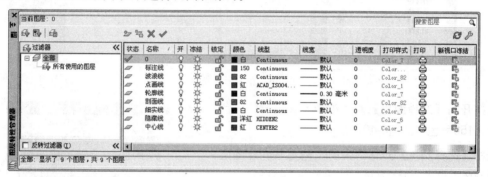

图6-35　实例效果

❶ 执行【新建】命令，以"acadiso.dwt"作为基础样板，创建空白文件。

❷ 单击【图层】工具栏或面板中的📑按钮，打开【图层特性管理器】窗口。

❸ 单击【图层特性管理器】窗口中的📑【新建图层】按钮，新图层将以临时名称"图层1"显示在列表中。

❹ 在反白显示的"图层1"区域中输入新图层的名称"标注线"，创建第1个新图层，如图6-36所示。

图6-36　输入图层名

❺ 按Alt+N组合键或再次单击📑按钮，创建第2个图层并为其命名，结果如图6-37所示。

图6-37　创建图层

第 **1** 篇　快速入门

第 **2** 篇　技能进阶

第 **3** 篇　三维设计

第 **4** 篇　工程应用

⑥ 重复上一操作步骤或连续按Enter键，快速创建其他新图层并命名，创建结果如图6-38所示。

状态	名称	开	冻结	锁定	颜色	线型	线宽	透明度	打印样式	打印	新视口冻结
✔	0	♀	☼	ᵖ	■白	Continuous	—— 默认	0	Color_7	🖨	🖳
⊘	标注线	♀	☼	ᵖ	■白	Continuous	—— 默认	0	Color_7	🖨	🖳
⊘	波浪线	♀	☼	ᵖ	■白	Continuous	—— 默认	0	Color_7	🖨	🖳
⊘	轮廓线	♀	☼	ᵖ	■白	Continuous	—— 默认	0	Color_7	🖨	🖳
⊘	剖面线	♀	☼	ᵖ	■白	Continuous	—— 默认	0	Color_7	🖨	🖳
⊘	中心线	♀	☼	ᵖ	■白	Continuous	—— 默认	0	Color_7	🖨	🖳
⊘	细实线	♀	☼	ᵖ	■白	Continuous	—— 默认	0	Color_7	🖨	🖳
⊘	隐藏线	♀	☼	ᵖ	■白	Continuous	—— 默认	0	Color_7	🖨	🖳

图6-38 创建其他图层

下面设置图层的颜色特性。

⑦ 在【图层特性管理器】窗口中"标注线"图层如图6-39所示的位置单击。

状态	名称	开	冻结	锁定	颜色	线型	线宽	透明度	打印样式	打印	新视口冻结
✔	0	♀	☼	ᵖ	■白	Continuous	—— 默认	0	Color_7	🖨	🖳
⊘	标注线	♀	☼	ᵖ	■白	Continuous	—— 默认	0	Color_7	🖨	🖳
⊘	波浪线	♀	☼	ᵖ	■白	Continuous	—— 默认	0	Color_7	🖨	🖳
⊘	轮廓线	♀	☼	ᵖ	■白	Continuous	—— 默认	0	Color_7	🖨	🖳
⊘	剖面线	♀	☼	ᵖ	■白	Continuous	—— 默认	0	Color_7	🖨	🖳
⊘	中心线	♀	☼	ᵖ	■白	Continuous	—— 默认	0	Color_7	🖨	🖳
⊘	细实线	♀	☼	ᵖ	■白	Continuous	—— 默认	0	Color_7	🖨	🖳
⊘	隐藏线	♀	☼	ᵖ	■白	Continuous	—— 默认	0	Color_7	🖨	🖳

图6-39 指定单击位置

⑧ 在打开的【选择颜色】对话框中设置图层的颜色值为150号色，如图6-40所示。

⑨ 单击【选择颜色】对话框中的 确定 按钮，图层的颜色被设置为150号色，结果如图6-41所示。

⑩ 参照上述操作，分别在其他图层的颜色区域单击鼠标左键，设置其他图层的颜色特性，结果如图6-42所示。

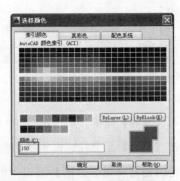

图6-40 【选择颜色】对话框

状态	名称	开	冻结	锁定	颜色	线型	线宽	透明度	打印样式	打印	新视口冻结
✔	0	♀	☼	ᵖ	■白	Continuous	—— 默认	0	Color_7	🖨	🖳
⊘	标注线	♀	☼	ᵖ	■150	Continuous	—— 默认	0	Color..	🖨	🖳
⊘	波浪线	♀	☼	ᵖ	■白	Continuous	—— 默认	0	Color_7	🖨	🖳
⊘	轮廓线	♀	☼	ᵖ	■白	Continuous	—— 默认	0	Color_7	🖨	🖳
⊘	剖面线	♀	☼	ᵖ	■白	Continuous	—— 默认	0	Color_7	🖨	🖳
⊘	中心线	♀	☼	ᵖ	■白	Continuous	—— 默认	0	Color_7	🖨	🖳
⊘	细实线	♀	☼	ᵖ	■白	Continuous	—— 默认	0	Color_7	🖨	🖳
⊘	隐藏线	♀	☼	ᵖ	■白	Continuous	—— 默认	0	Color_7	🖨	🖳

图6-41 设置颜色后的图层

状态	名称	开	冻结	锁定	颜色	线型	线宽	透明度	打印样式	打印	新视口冻结
✔	0	♀	☼	ᵖ	■白	Continuous	—— 默认	0	Color_7	🖨	🖳
⊘	标注线	♀	☼	ᵖ	■150	Continuous	—— 默认	0	Color..	🖨	🖳
⊘	波浪线	♀	☼	ᵖ	■82	Continuous	—— 默认	0	Color_82	🖨	🖳
⊘	轮廓线	♀	☼	ᵖ	■白	Continuous	—— 默认	0	Color_7	🖨	🖳
⊘	剖面线	♀	☼	ᵖ	■82	Continuous	—— 默认	0	Color_82	🖨	🖳
⊘	中心线	♀	☼	ᵖ	■红	Continuous	—— 默认	0	Color_1	🖨	🖳
⊘	细实线	♀	☼	ᵖ	■白	Continuous	—— 默认	0	Color_7	🖨	🖳
⊘	隐藏线	♀	☼	ᵖ	■洋红	Continuous	—— 默认	0	Color_6	🖨	🖳

图6-42 设置结果

下面设置图层的线型特性。

⑪ 在【图层特性管理器】窗口中"隐藏线"图层如图6-43所示的位置单击。

状态	名称	/	开	冻结	锁定	颜色	线型	线宽	透明度	打印样式	打印
✔	0					■白	Continuous	—— 默认	0	Color_7	
	标注线					■150	Continuous	—— 默认	0	Color...	
	波浪线					■82	Continuous	—— 默认	0	Color_82	
	轮廓线					■白	Continuous	—— 默认	0	Color_7	
	剖面线					■82	Continuous	—— 默认	0	Color_82	
	中心线					■红	Continuous	—— 默认	0	Color_1	
	细实线					■白	Continuous	—— 默认	0	Color_7	
	隐藏线					□洋红	Continuous	—— 默认	0	Color_6	

图6-43　指定单击位置

⑫ 在打开的【选择线型】对话框中单击 加载(L)... 按钮，打开【加载或重载线型】对话框，选择如图6-44所示的线型进行加载。

⑬ 单击 确定 按钮，选择的线型被加载到【选择线型】对话框内，如图6-45所示。

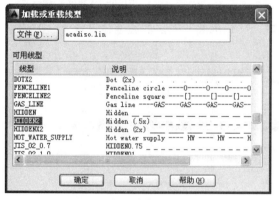

图6-44　选择线型

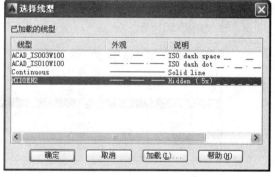

图6-45　加载线型

⑭ 选择刚加载的线型单击 确定 按钮，将此线型附加给当前被选择的图层，结果如图6-46所示。

状态	名称	/	开	冻结	锁定	颜色	线型	线宽	透明度	打印样式	打印	新视口冻结
✔	0					■白	Continuous	—— 默认	0	Color_7		
	标注线					■150	Continuous	—— 默认	0	Color...		
	波浪线					■82	Continuous	—— 默认	0	Color_82		
	轮廓线					■白	Continuous	—— 默认	0	Color_7		
	剖面线					■82	Continuous	—— 默认	0	Color_82		
	中心线					■红	Continuous	—— 默认	0	Color_1		
	细实线					■白	Continuous	—— 默认	0	Color_7		
	隐藏线					■洋红	HIDDEN2	—— 默认	0	Color_6		

图6-46　设置线型

⑮ 参照上述操作，为"中心线"图层设置"CENTER"线型特性，结果如图6-47所示。

状态	名称	/	开	冻结	锁定	颜色	线型	线宽	透明度	打印样式	打印	新视口冻结
✔	0					■白	Continuous	—— 默认	0	Color_7		
	标注线					■150	Continuous	—— 默认	0	Color...		
	波浪线					■82	Continuous	—— 默认	0	Color_82		
	轮廓线					■白	Continuous	—— 默认	0	Color_7		
	剖面线					■82	Continuous	—— 默认	0	Color_82		
	中心线					□红	CENTER	—— 默认	0	Color_1		
	细实线					■白	Continuous	—— 默认	0	Color_7		
	隐藏线					■洋红	HIDDEN2	—— 默认	0	Color_6		

图6-47　设置线型

第**1**篇 快速入门

第**2**篇 技能进阶

第**3**篇 三维设计

第**4**篇 工程应用

下面设置图层的线宽特性。

⓰ 在【图层特性管理器】窗口中"轮廓线"图层如图6-48所示的位置单击。

⓱ 在打开的【线宽】对话框中选择如图6-49所示的线宽。

状态	名称	/	开	冻结	锁定	颜色	线型	线宽	透明度	打印样式	打印
✔	0		♀	☼	🔓	■白	Continuous	—— 默认	0	Color_7	🖨
⚡	标注线		♀	☼	🔓	■ 150	Continuous	—— 默认	0	Color...	🖨
⚡	波浪线		♀	☼	🔓	■ 82	Continuous	—— 默认	0	Color_82	🖨
⚡	轮廓线		♀	☀	🔓	□白	Continuous	默认	0		🖨
⚡	剖面线		♀	☼	🔓	■ 82	Continuous	—— 默认	0	Color_82	🖨
⚡	中心线		♀	☼	🔓	■红	CENTER	—— 默认	0	Color_1	🖨
⚡	细实线		♀	☼	🔓	■白	Continuous	—— 默认	0	Color_7	🖨
⚡	隐藏线		♀	☼	🔓	■洋红	HIDDEN2	—— 默认	0	Color_0	🖨

图6-48 设置线宽

图6-49 【线宽】对话框

⓲ 单击 确定 按钮返回【图层特性管理器】窗口,"轮廓线"图层的线宽被设置为"0.30毫米",如图6-50所示。

状态	名称	/	开	冻结	锁定	颜色	线型	线宽	透明度	打印样式	打印	新视口冻结
✔	0		♀	☼	🔓	■白	Continuous	—— 默认	0	Color_7	🖨	🔲
⚡	标注线		♀	☼	🔓	■ 150	Continuous	—— 默认	0	Color...	🖨	🔲
⚡	波浪线		♀	☼	🔓	■ 82	Continuous	—— 默认	0	Color_82	🖨	🔲
⚡	轮廓线		♀	☀	🔓	□白	Continuous	0.30 毫米	0	Color_7	🖨	🔲
⚡	剖面线		♀	☼	🔓	■ 82	Continuous	—— 默认	0	Color_82	🖨	🔲
⚡	中心线		♀	☼	🔓	■红	CENTER	—— 默认	0	Color_1	🖨	🔲
⚡	细实线		♀	☼	🔓	■白	Continuous	—— 默认	0	Color_7	🖨	🔲
⚡	隐藏线		♀	☼	🔓	■洋红	HIDDEN2	—— 默认	0	Color_6	🖨	🔲

图6-50 设置结果

⓳ 单击 确定 按钮关闭【图层特性管理器】窗口。

⓴ 执行【保存】命令,将当前文件命名存储为"设置工程图中的常用图层.dwg"。

6.4 图层的过滤

 视频讲解 "视频文件"\"第6章"\"6.4图层的过滤.avi"

图层的过滤功能使得对图形对象的操作和控制更为方便灵活。通过对图层的过滤,可以快速选择图形对象,提高绘图效率。下面学习图层的过滤功能,具体有图层特性过滤器和图层组过滤器两种。

6.4.1 图层特性过滤器

如果在图形文件中包含大量的图层,那么要查找某些图层时就会有些困难。鉴于这种情况,AutoCAD 2014为用户提供了图层的过滤功能,用户可以根据图层的状态特征或内部特性,对图层进行分组,将具有某种共同特点的图层过滤出来,这样在查找所需图层时就会方便得多。

下面通过简单实例，学习图层特性过滤器的使用方法。

1 继续上例的操作。

2 在【图层特性管理器】窗口中单击 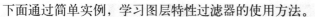【新建特性过滤器】按钮，打开如图6-51所示的【图层过滤器特性】对话框。

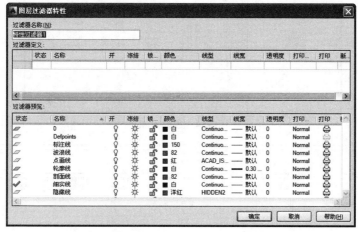

图6-51 【图层过滤器特性】对话框

3 在【过滤器名称】文本框中输入过滤器的名称，在此使用默认名称。

4 在【过滤器定义】选项组内列出了图层的状态与特性，这些就是过滤条件，用户可以使用一种或多种状态与特性作为过滤条件以定义过滤器。

5 单击【过滤器定义】下方的空白位置，出现 按钮，如图6-52所示。

6 单击 按钮，从打开的【选择颜色】对话框中设置过滤颜色，如图6-53所示。

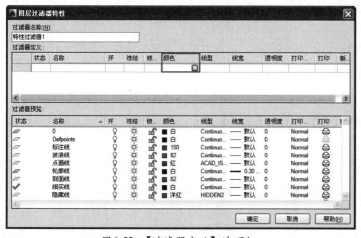

图6-52 【过滤器定义】选项组

图6-53 设置过滤颜色

7 单击 确定 按钮返回【图层过滤器特性】对话框，符合过滤条件的图层被过滤，如图6-54所示。

8 单击 确定 按钮返回【图层特性管理器】窗口，所创建的【特性过滤器1】显示在对话框左侧的树状图中，右侧则显示过滤出的图层，如图6-55所示。

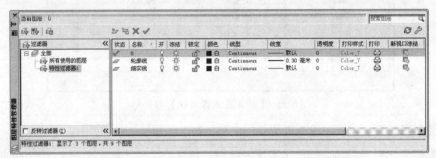

图6-54 过滤效果

图6-55 【图层特性管理器】窗口

6.4.2 图层组过滤器

所谓"图层组过滤器"，指的是用户人为地把某些图层放到一个组里，没有任何过滤条件，这样做的目的是为了方便图层的选取和查找。例如，在建筑制图中可以把与墙柱相关的图层都放到一个组内，那么在【图层特性管理器】窗口的树状图中单击该组，即可立刻显示出与墙柱相关的所有图层。

下面通过简单实例，学习图层组过滤器的使用方法。

❶ 继续上例的操作。

❷ 在【图层特性管理器】窗口左侧的树状图中单击【全部】选项，文件内的所有图层都显示在右侧的列表中，如图6-56所示。

图6-56 显示所有图层

❸ 在【图层特性管理器】窗口中单击📑【新建组过滤器】按钮，创建一个名为"组过滤器1"的

图层组，此时该组过滤器是空的，不包含任何图层，如图6-57所示。

图6-57　创建组过滤器

❹ 单击【全部】选项，显示所有图层，然后按住Ctrl键分别选择"波浪线"、"点画线"、"隐藏线"和"中心线"几个图层，如图6-58所示。

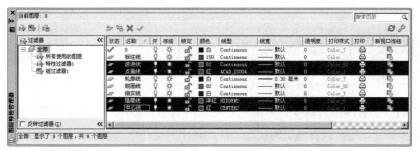

图6-58　选择图层

❺ 按住鼠标左键，将选择的图层拖曳至新建的"组过滤器1"内，如图6-59所示。

图6-59　定义过滤图层

❻ 选择左侧树状图中的"组过滤器1"选项，则在右侧的列表中可看到该组过滤器所过滤的图层，如图6-60所示。

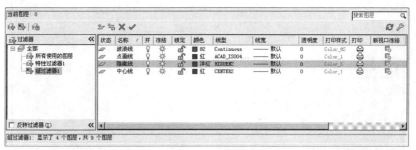

图6-60　使用组过滤器过滤图层

❼ 在【图层特性管理器】窗口中选中【反转过滤器】复选框，即可显示选择过滤器所过滤图层以外的所有图层，如图6-61所示。

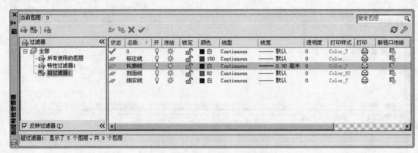

图6-61　反转过滤器后的效果

❽ 关闭【图层特性管理器】窗口，完成过滤器的设置。

6.5　图层状态的管理

视频讲解　"视频文件"\"第6章"\"6.5.图层的状态管理avi"

使用【图层状态管理器】命令，可以保存图层的状态和特性。保存的图层的状态和特性，可以随时被调用和恢复，还可以将图层的状态和特性输出到文件中，然后在另一个图形文件中使用这些设置。

执行【图层状态管理器】命令主要有以下几种方式。

- 执行【格式】|【图层状态管理器】菜单命令。
- 单击【图层】工具栏中的 按钮。
- 在命令行中输入"Layerstate"后按Enter键。
- 在【图层特性管理器】窗口中单击 【图层状态管理器】按钮。

使用上述方式中的任何一种，都可以打开【图层状态管理器】对话框，如图6-62所示。

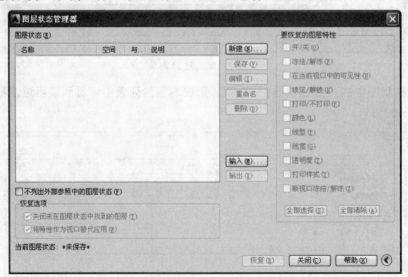

图6-62　【图层状态管理器】对话框

◆ 【图层状态】：用于保存在图形中的命名图层的状态、空间（模型空间、布局空间或外部参照），显示图层列表是否与图形中的图层列表相同及说明。

◆ 【不列出外部参照中的图层状态】：用于控制是否显示外部参照中的图层状态。

◆ 新建(N) 按钮：用于定义要保存的新图层状态的名称和说明。单击该按钮，可打开如图6-63所示的【要保存的新图层状态】对话框。

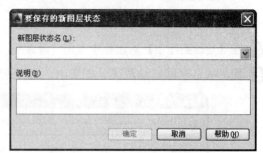

图6-63 【要保存的新图层状态】对话框

◆ 保存(V) 按钮：用于保存选定的图层状态。

◆ 编辑(I)... 按钮：用于修改选定的图层状态。

◆ 重命名 按钮：用于为选定的图层状态更名。

◆ 删除(D) 按钮：用于删除选定的图层状态。

◆ 输入(M)... 按钮：用于将先前输出的图层状态 *.las文件加载到当前图形文件中。

◆ 输出(X)... 按钮：用于将选定的图层状态保存到图层状态*.las文件中。

◆ 【要恢复的图层特性】选项组：用于指定要恢复的图层状态和图层特性设置。

◆ 恢复(R) 按钮：用于将图形中所有图层的状态和特性恢复为先前保存的设置，仅恢复使用复选框指定的图层状态和特性设置。

6.6 图层的规划管理

素　材　"素材文件"\"零件组装图01.dwg"
效　果　"效果文件"\"第6章"\"规划管理零件图.dwg"
视频讲解　"视频文件"\"第6章"\"6.6.图层的规划管理.avi"

在AutoCAD 2014中，利用图层可以很方便地管理各种图形对象，如图层的匹配、图层的隔离、图层的漫游以及图层的状态控制等。

6.6.1 匹配图层

【图层匹配】命令用于将选定对象的图层更改为目标图层。

执行【图层匹配】命令主要有以下几种方式。

◆ 执行【格式】|【图层工具】|【图层匹配】菜单命令。

◆ 单击【图层Ⅱ】工具栏或【图层】面板中的 按钮。

◆ 在命令行中输入"Laymch"后按Enter键。

下面通过简单实例，学习【图层匹配】命令的使用方法。

❶ 继续上例的操作。

❷ 在"中心线"图层中绘制一个半径为50的圆形，如图6-64所示。

❸ 执行【图层匹配】命令，将圆形所在图层更改为"隐藏线"。命令行操作如下。

图6-64 绘制圆形

```
命令: _laymch
    选择要更改的对象:                              //选择圆
    选择对象:                                      //按Enter键，结束选择
    选择目标图层上的对象或 [名称(N)]:             //输入"n"后按Enter键，打开【更改到图层】对话框
```

❹ 在【更改到图层】对话框中双击"隐藏线"，如图6-65所示。

❺ 圆形被更改到"隐藏线"图层中，此时图形的显示效果如图6-66所示。

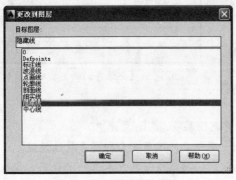

图6-65 【更改到图层】对话框

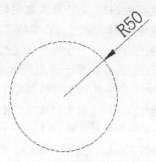

图6-66 图层更改后的效果

 如果单击 ◪【更改为当前图层】按钮，可以将选定对象的图层更改为当前图层；如果单击 ◪【将对象复制到新图层】按钮，可以将选定对象复制到其他图层。

6.6.2 隔离图层

【图层隔离】命令用于将选定对象所在图层之外的所有图层都锁定。

执行【图层隔离】命令主要有以下几种方式。

◆ 执行【格式】|【图层工具】|【图层隔离】菜单命令。

◆ 单击【图层Ⅱ】工具栏或【图层】面板中的 ◪ 按钮。

◆ 在命令行中输入"Layiso"后按Enter键。

下面通过一个简单实例，学习隔离图层的操作方法。

❶ 继续上例的操作。

❷ 分别在"隐藏线"、"中心线"和"轮廓线"图层中绘制3个圆形，如图6-67所示。

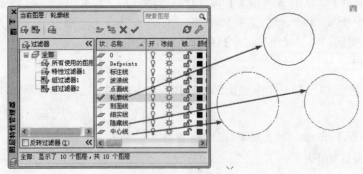

图6-67 绘制圆形

❸ 采用任意方式激活【图层隔离】命令。命令行操作如下。

```
命令: _layiso
    当前设置: 锁定图层, Fade=50
    选择要隔离的图层上的对象或 [设置(S)]:        //选择"轮廓线"图层中的圆形
    选择要隔离的图层上的对象或 [设置(S)]:
                    //按Enter键, 结果除"轮廓线"图层外的所有图层均被锁定, 如图6-68所示
    已隔离图层 轮廓线。
```

另外, 使用【取消图层隔离】命令
可以取消图层的隔离, 将被锁定的图层
解锁。

执行此命令主要有以下几种方式。

◆ 执行【格式】|【图层工具】|【取
消图层隔离】菜单命令。

◆ 单击【图层II】工具栏中的 按钮。

◆ 在命令行中输入"Layiso"后按
Enter键。

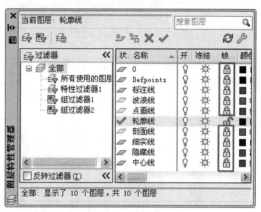

图6-68 隔离图层

6.6.3 图层的漫游

【图层漫游…】命令用于将选定对象所在图层之外的所有图层都关闭。

执行【图层漫游…】命令主要有以下几种方式。

◆ 执行【格式】|【图层工具】|【图层漫游…】菜单命令。

◆ 单击【图层II】工具栏或【图层】面板中的
按钮。

◆ 在命令行中输入"Laywalk"后按Enter键。

下面通过简单实例, 学习【图层漫游…】命令的使
用方法。

❶ 继续上例的操作。

❷ 执行【格式】|【图层工具】|【图层漫游…】菜单命
令, 打开如图6-69所示的【图层漫游】对话框。

图6-69 【图层漫游】对话框

 【图层漫游】对话框列表中反白显示的图层, 表示当前被打开的图层; 反之, 则表示当前被
关闭的图层。

❸ 在【图层漫游】对话框中选择"轮廓线"图层, 然后单击 关闭(C) 按钮, 除"轮廓线"外的所有
图层都被关闭, 如图6-70所示。

 在对话框列表中的图层上双击鼠标左键后, 此图层被视为"总图层", 在图层前端自动添加
一个星号。

第 **1** 篇 快速入门

第 **2** 篇 技能进阶

第 **3** 篇 三维设计

第 **4** 篇 工程应用

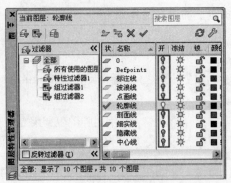

图6-70　图层漫游的预览效果

❹ 在单击 关闭(C) 按钮前选中【退出时恢复】复选框，则关闭【图层漫游】对话框后图形将恢复为原来的显示状态，如图6-71所示。

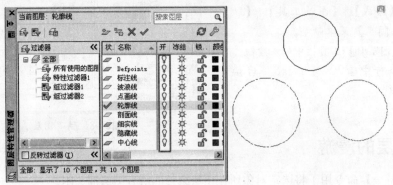

图6-71　原来的显示状态

6.6.4　更改为当前图层

　　【更改为当前图层】命令用于将选定对象的图层特性更改为当前图层。使用此命令，可以将在错误的图层中创建的对象更改到当前图层中，并继续当前图层的一切特性。

　　执行【更改为当前图层】命令主要有以下几种方式。

◆ 执行【格式】|【图层工具】|【更改为当前图层】菜单命令。
◆ 单击【图层Ⅱ】工具栏或【图层】面板中的 按钮。
◆ 在命令行中输入"Laycur"后按Enter键。

　　下面通过一个简单实例，学习【更改为当前图层】命令的操作方法。

❶ 继续上例的操作。

❷ 执行【更改为当前图层】命令，将"中心线"图层中的圆更改到当前图层。命令行操作如下。

```
命令: _laycur
    选择要更改到当前图层的对象:        //选择"中心线"图层中的圆形，如图6-72所示
    选择要更改到当前图层的对象:
            //按Enter键，"中心线"图层中的圆形被更改到"轮廓线"图层中，如图6-73所示
    一个对象已更改到图层 轮廓线 (当前图层 )。
```

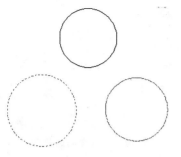

图6-72　选择对象

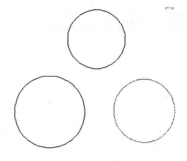

图6-73　更改结果

6.6.5　将对象复制到新图层

使用【将对象复制到新图层】命令，可以将一个或多个选定对象复制到其他图层中，还可以为复制的对象指定位置。

执行【将对象复制到新图层】命令主要有以下几种方式。

◆ 执行【格式】|【图层工具】|【将对象复制到新图层】菜单命令。

◆ 单击【图层Ⅱ】工具栏或【图层】面板中的 ❀ 按钮。

◆ 在命令行中输入"Copytolayer"后按Enter键。

下面通过将"隐藏线"图层中的圆形复制到"轮廓线"图层中，学习【将对象复制到新图层】命令的操作方法

❶ 继续上例的操作。

❷ 执行【将对象复制到新图层】命令，将"隐藏线"图层中的圆形复制到"轮廓线"图层中。命令行操作如下。

```
命令: _copytolayer
    选择要复制的对象:              //选择"隐藏线"图层中的圆形，如图6-74所示
    选择要复制的对象:              //按Enter键，结束选择
    选择目标图层上的对象或 [名称(N)] <名称(N)>:
        //输入"n"后按Enter键，打开【复制到图层】对话框，选择"轮廓线"图层，如图6-75所示
```

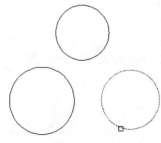

图6-74　选择对象

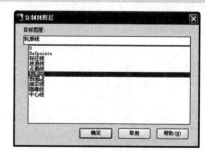

图6-75　选择"轮廓线"图层

❸ 单击 确定 按钮回到绘图区，发现已经将圆形进行了复制。选择复制的圆形，发现该圆形已经位于"轮廓线"图层中，如图6-76所示。

❹ 将已复制的圆形进行外移，结果如图6-77所示。

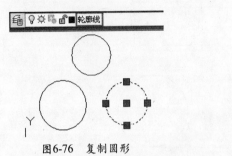

图6-76　复制圆形

图6-77　外移复制的圆形

6.6.6　图层过滤与规划管理功能的应用实例——规划管理零件图

在上面章节学习了图层过滤与规划管理的相关知识，下面通过规划管理杂乱的零件工程图，对所学知识进行综合练习。

❶ 打开随书光盘中"素材文件"\"零件组装图01.dwg"文件，如图6-78所示。

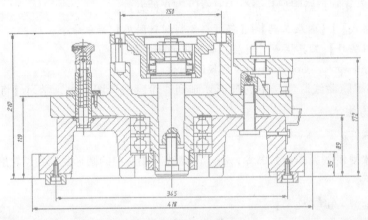

图6-78　打开结果

❷ 单击【图层】工具栏或面板中的 按钮，打开【图层特性管理器】窗口，快速创建如图6-79所示的4个图层。

❸ 分别在图层的颜色图标上单击鼠标左键，在打开的【选择颜色】对话框中设置各图层的颜色，结果如图6-80所示。

状态	名称	开	冻结	锁定	颜色	线型	线宽
✓	0				■白	Continuous	—— 默认
	DEFPO...				■白	Continuous	—— 默认
	标注线				■白	Continuous	—— 默认
	轮廓线				■白	Continuous	—— 默认
	剖面线				■白	Continuous	—— 默认
	中心线				■白	Continuous	—— 默认

图6-79　新建图层

状态	名称	开	冻结	锁定	颜色	线型	线宽
✓	0				□白	Continuous	—— 默认
	DEFPO...				■白	Continuous	—— 默认
	标注线				■蓝	Continuous	—— 默认
	轮廓线				■白	Continuous	—— 默认
	剖面线				■82	Continuous	—— 默认
	中心线				■红	Continuous	—— 默认

图6-80　设置图层颜色

❹ 选择"中心线"图层，在该图层的【线型】位置上单击鼠标左键，在打开的【选择线型】对话框中加载"CENTER2"线型，然后将加载的线型赋给"中心线"图层，结果如图6-81所示。

❺ 选择"轮廓线"图层，为图层设置线宽为0.30mm，结果如图6-82所示。

状态	名称	开	冻结	锁定	颜色	线型	线宽
✓	0	☀	☀	🔓	□ 白	Continuous	—— 默认
☞	DEFPO...	☀	☀	🔓	■ 白	Continuous	—— 默认
☞	标注线	☀	☀	🔓	■ 蓝	Continuous	—— 默认
☞	轮廓线	☀	☀	🔓	■ 白	Continuous	—— 默认
☞	剖面线	☀	☀	🔓	■ 82	Continuous	—— 默认
☞	中心线	☀	☀	🔓	■ 红	CENTER2	—— 默认

图6-81 设置线型

状态	名称	开	冻结	锁定	颜色	线型	线宽
✓	0	☀	☀	🔓	■ 白	Continuous	—— 默认
☞	DEFPO...	☀	☀	🔓	■ 白	Continuous	—— 默认
☞	标注线	☀	☀	🔓	■ 蓝	Continuous	—— 默认
☞	轮廓线	☀	☀	🔓	■ 白	Continuous	—— 0.30 毫米
☞	剖面线	☀	☀	🔓	■ 82	Continuous	—— 默认
☞	甲芯线	☀	☀	🔓	■ 红	CENTER2	—— 默认

图6-82 设置线宽

❻ 关闭【图层特性管理器】窗口，然后在无命令执行的前提下，夹点显示零件图中心线，如图6-83所示。

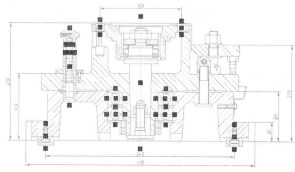

图6-83 夹点显示中心线

❼ 展开【图层控制】下拉列表，选择"中心线"图层，将夹点显示的中心线放到"中心线"图层中，然后取消夹点显示的效果，结果如图6-84所示。

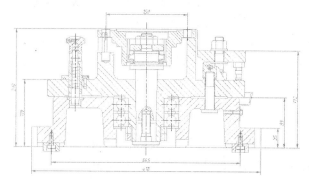

图6-84 更改后的结果

❽ 在无命令执行的前提下，夹点显示零件图中的所有尺寸对象，然后展开【图层控制】下拉列表，修改其图层为"标注线"图层，颜色设置为"随层"，结果如图6-85所示。

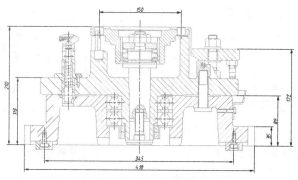

图6-85 更改后的结果

第 **1** 篇 快速入门

第 **2** 篇 技能进阶

第 **3** 篇 三维设计

第 **4** 篇 工程应用

❾ 在无命令执行的前提下，夹点显示零件图中的所有剖面线，然后展开【图层控制】下拉列表，修改图层为"剖面线"图层，颜色设置为"随层"，结果如图6-86所示。

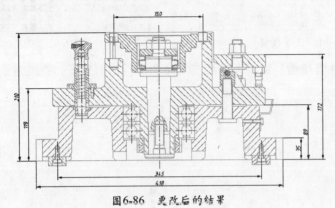

图6-86 更改后的结果

❿ 展开【图层控制】下拉列表，暂时关闭"标注线"、"剖面线"和"中心线"3个图层，此时平面图的显示效果如图6-87所示。

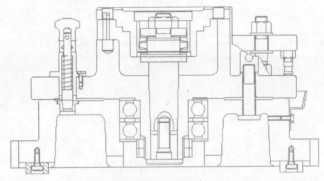

图6-87 显示效果

⓫ 夹点显示如上图6-87所示的图线，然后展开【图层控制】下拉列表，修改其图层为"轮廓线"图层，并打开状态栏中的【线宽】显示功能，结果如图6-88所示。

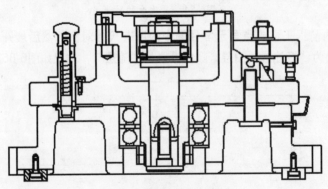

图6-88 修改后的结果

⓬ 单击【图层Ⅱ】工具栏或【图层】面板中的 按钮，打开所有被关闭的图层。

⓭ 执行【另存为】命令，将图形命名存储为"规划管理零件图.dwg"文件。

第7章 设计资源的创建、应用与查看
——块、属性与快速选择

在AutoCAD 2014的图形设计中，应用设计资源不仅可以提高绘图效率，还可以使绘制的图形更规范。

本章学习内容：

◆ 图块资源及其创建
◆ 应用图块资源
◆ 了解动态块
◆ 定义与编辑属性
◆ 图块资源的查看与共享
◆ 图形对象的快速选择

7.1 图块资源及其创建

素　　材　"效果文件"\"第3章"\"沙发平面图.dwg"
视频讲解　"视频文件"\"第7章"\"7.1.图块资源及其创建.avi"

"图块"是一个综合性的概念，是指通过将多个图形或文字组合起来，形成单个对象的集合。在文件中引用了块后，不仅可以很大程度地提高绘图速度，节省存储空间，还可以使绘制的图形更标准化和规范化，同时也方便用户对图形进行选择、应用和编辑等。

7.1.1 创建内部块

所谓"内部块"，是指在当前图形文件中创建的只能供当前文件使用的图块文件。内部块一般保存于当前文件中，以供当前文件重复使用。在AutoCAD 2014中，通常使用【创建块】命令创建内部块。

执行【创建块】命令主要有以下几种方式。

◆ 执行【绘图】|【块】|【创建】菜单命令。
◆ 单击【绘图】工具栏或【块】面板中的按钮。
◆ 在命令行中输入"Block"或"Bmake"后按Enter键。
◆ 使用快捷键"B"。

下面通过简单实例，学习【创建块】命令的使用方法。

1 打开随书光盘中的"效果文件"\"第3章"\"沙发平面图.dwg"文件，隐藏"尺寸层"，如图7-1所示。

2 单击【绘图】工具栏中的按钮，激活【创建块】命令，打开如图7-2所示的对话框。

3 定义块名。在【名称】文本框内输入"沙发平面图01"作为块的名称，在【对象】选项组中选择【保留】单选项，其他参数采用默认设置。

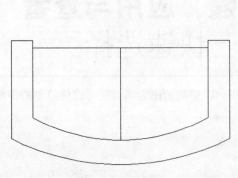

图7-1 打开的图形

图7-2 【块定义】对话框

图块名是一个不超过255个字符的字符串，可包含字母、数字、"$"、"-"及"_"等符号。

❹ 定义基点。在【基点】选项组中，单击 【拾取点】按钮，返回绘图区，捕捉如图7-3所示的端点作为块的基点。

在定位图块的基点时，一般是在图形的特征点中进行捕捉。

❺ 捕捉点后系统再次返回【块定义】对话框，单击 【选择对象】按钮，再次返回绘图区，框选沙发平面图中的所有图形对象，如图7-4所示。

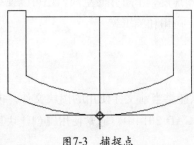

图7-3 捕捉点

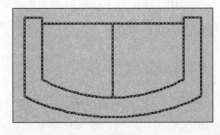

图7-4 选择对象

❻ 按Enter键返回到【块定义】对话框，则在此对话框内出现图块的预览图标，如图7-5所示。

如果在定义块时，选中了【按统一比例缩放】复选框，那么在插入块时仅可以对块进行等比缩放。

❼ 单击 **确定** 按钮关闭【块定义】对话框，所创建的图块被保存在当前文件内，将会与文件一起保存。

图7-5 参数设置

7.1.2 【块定义】对话框的选项设置

【块定义】对话框用于设置块的名称、基点位置、单位等属性。

- ◆ 【名称】：用于为新块赋名。
- ◆ 【基点】选项组：主要用于确定图块的插入基点。在定义基点时，用户可以直接在【X】、【Y】、【Z】文本框中输入基点坐标值，也可以在绘图区中直接捕捉图形的特征点。AutoCAD的默认基点为原点。
- ◆ ▣ 【快速选择】按钮：单击该按钮，将弹出【快速选择】对话框，用户可以按照一定的条件定义一个选择集。
- ◆ 【转换为块】：用于将创建块的源图形转化为图块。
- ◆ 【删除】：用于将组成图块的图形对象从当前绘图区中删除。
- ◆ 【在块编辑器中打开】：用于定义完块后自动进入块编辑器窗口，以便对图块进行编辑管理。

7.1.3 创建外部块

内部块仅供当前文件引用，为了弥补这一缺陷，AutoCAD 2014为用户提供了【写块】命令。使用此命令创建的图块不但可以被当前文件所使用，还可以供其他文件进行重复引用。下面学习外部块的具体创建过程。

❶ 继续上例的操作。

❷ 在命令行中输入"Wblock"或"W"后按Enter键，激活【写块】命令，打开【写块】对话框。

❸ 在【源】选项组中选择【块】单选项，然后展开【块】下拉列表，选择"沙发平面图01"内部块，如图7-6所示。

❹ 继续在下方的【文件名和路径】文本框中，设置外部块的存储路径和名称，如图7-7所示。

图7-6 选择内部块

图7-7 设置外部块存储路径

❺ 单击 确定 按钮，"沙发平面图01"内部块被转换为外部块，以独立文件形式保存。

 在默认状态下，系统将继续使用源内部块的名称作为外部块的新名称进行保存。

7.1.4 【写块】对话框的选项设置

【写块】对话框用于设置外部块的源、目标等。

◆ 【块】：用于将当前文件中的内部块转换为外部块进行保存。当选择该单选项时，其右侧的下拉列表框被激活，可以从中选择需要被写入块文件的内部块。

◆ 【整个图形】：用于将当前文件中的所有图形对象创建为一个整体图块进行保存。

◆ 【对象】：系统默认选项，用于有选择性地将当前文件中的部分图形或全部图形创建为一个独立的外部块，具体操作与创建内部块相同。

7.2 应用图块资源

素　　材	"效果文件"\"第3章"\"建筑墙体平面图.dwg"
效　　果	"效果文件"\"第7章"\"为建筑墙体平面图插入门构件.dwg"
视频讲解	"视频文件"\"第7章"\"7.2.应用图块资源.avi"

当创建图块后，可以在以后的图形设计中应用这些图形资源。另外，也可以对图块进行编辑等操作。下面继续学习图块的引用、块的编辑更新、块的嵌套与分解等知识，以更有效地组织、使用和管理图块。

7.2.1 向当前文件中插入图块资源

【插入块】命令用于将内部块、外部块和已经保存的DWG文件引用到当前的图形文件中，以组合出更为复杂的图形结构。

执行【插入块】命令主要有以下几种方式。

◆ 执行【插入】|【块】菜单命令。

◆ 单击【绘图】工具栏或【块】面板中的 按钮。

◆ 在命令行中输入"Insert"后按Enter键。

◆ 使用快捷键"I"。

下面通过简单实例，学习向当前文件中插入内部块和外部块资源的相关知识。

❶ 继续上例的操作。

❷ 单击【绘图】工具栏中的 按钮，打开【插入】对话框。

❸ 展开【名称】下拉列表，选择"沙发平面图01"的内部块作为需要插入的图块，如图7-8所示。

❹ 其他参数采用默认设置，单击 确定 按钮返回绘图区。命令行操作如下。

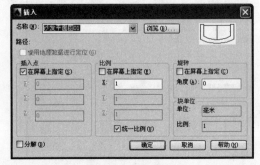

图7-8　选择内部块

```
命令：_insert
    指定插入点或 [基点(B)/比例(S)/旋转(R)]：    //输入"r"后按Enter键，激活【旋转（R）】选项
    指定旋转角度 <0>：                        //输入"90"后按Enter键，设置旋转角度
    指定插入点或 [基点(B)/比例(S)/旋转(R)]：    //在合适的位置拾取一点插入块，结果如图7-9所示
```

❺ 按Enter键重复执行【插入】命令，打开【插入】对话框。

❻ 单击【名称】右侧的 浏览(B)... 按钮，在打开的【选择图形文件】对话框中选择保存的外部块，如图7-10所示。

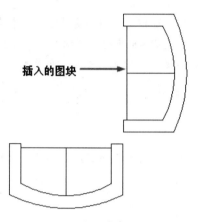

插入的图块

图7-9　插入内部块

图7-10　选择外部块

❼ 单击 打开(O) 按钮回到【插入】对话框，设置【角度】为-90，其他参数保持默认设置，如图7-11所示。

❽ 单击 确定 按钮返回绘图区。命令行操作如下。

```
命令: _insert
    指定插入点或 [基点(B)/比例(S)/旋转(R)]:
                        //在沙发左侧的合适位置拾取一点插入块，结果如图7-12所示
```

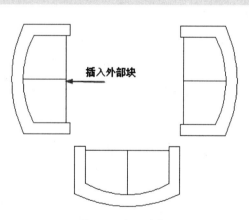

插入外部块

图7-11　设置角度

图7-12　插入外部块

7.2.2 【插入】对话框的选项设置

【插入】对话框用于设置插入块的名称、路径、插入点的坐标、比例、角度等。

◆ 【名称】：用于设置需要插入的内部块。

◆ 浏览(B)... 按钮：如果需要插入外部块或已保存的图形文件，可以单击该按钮，从打开的【选择图形文件】对话框中选择相应的外部块或文件。

第1篇 快速入门

第2篇 技能进阶

第3篇 三维设计

第4篇 工程应用

◆ 【插入点】选项组：用于确定图块插入点的坐标。用户可以选中【在屏幕上指定】复选框，直接在屏幕绘图区中拾取一点，也可以在【X】、【Y】、【Z】3个文本框中输入插入点的坐标值。

◆ 【比例】选项组：用于确定图块的插入比例。

◆ 【旋转】选项组：用于确定图块插入时的旋转角度。用户可以选中【在屏幕上指定】复选框，直接在绘图区中指定旋转的角度，也可以在【角度】文本框中输入图块的旋转角度。

◆ 【分解】：如果选中了该复选框，那么插入的图块则不是一个独立的对象，而是被还原成一个个单独的图形对象。

7.2.3 块的嵌套与分解

用户可以在一个图块中引用其他图块，这被称为"嵌套块"，如可以将厨房作为插入到每一个房间的图块，而在厨房块中又包含水池、冰箱、炉具等其他图块。

使用嵌套块需要注意以下两点。

◆ 块的嵌套深度没有限制。

◆ 块定义不能嵌套自身，即不能使用嵌套块的名称作为将要定义的新块名称。

总之一句话，AutoCAD对嵌套块的复杂程度没有限制，只是不可以引用自身。

7.2.4 图块的应用实例——为建筑墙体平面图插入门构件

在上面章节学习了图块资源的创建、应用技能，本节通过为建筑墙体平面图中插入门构件的案例，学习图块资源的应用技能。

❶ 打开随书光盘中的"效果文件"\"第3章"\"建筑墙体平面图.dwg"文件，如图7-13所示。

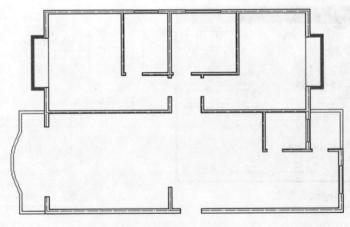

图7-13 打开的文件

❷ 打开状态栏中的【对象捕捉】功能，并将捕捉模式设置为【中点捕捉】。

❸ 展开【图层】工具栏中的【图层控制】下拉列表，将"0"图层设置为当前图层。

❹ 使用快捷键"L"激活【直线】命令，配合【正交追踪】功能，绘制单开门的门垛。命令行操作如下。

```
命令: _line
    指定第一点:                          //在绘图区的左下方拾取一点
    指定下一点或 [放弃(U)]:               //水平向右引导光标,输入"60"后按Enter键
    指定下一点或 [放弃(U)]:               //水平向上引导光标,输入"80"后按Enter键
    指定下一点或 [闭合(C)/放弃(U)]:       //水平向左引导光标,输入"40"后按Enter键
    指定下一点或 [闭合(C)/放弃(U)]:       //水平向下引导光标,输入"40"后按Enter键
    指定下一点或 [闭合(C)/放弃(U)]:       //水平向左引导光标,输入"20"后按Enter键
    指定下一点或 [闭合(C)/放弃(U)]:       //输入"c"后按Enter键,闭合图形,结果如图7-14所示
```

❺ 使用快捷键"MI"激活【镜像】命令,配合【捕捉自】功能,将刚绘制的门垛镜像复制。命令行操作如下。

```
命令: _mirror
    选择对象:                            //选择刚绘制的门垛
    选择对象:                            //按Enter键
    指定镜像线的第一点:                   //激活【捕捉自】功能
    _from 基点:                          //捕捉门垛的右下角点
    <偏移>:                              //输入"@-450,0"后按Enter键
    指定镜像线的第二点:                   //输入"@0,1"后按Enter键
    要删除源对象吗? [是(Y)/否(N)] <N>:   //按Enter键,镜像结果如图7-15所示
```

图7-14　绘制门垛

图7-15　镜像结果

❻ 使用快捷键"REC"激活【矩形】命令,以图7-15中的点A、点B作为对角点,绘制如图7-16所示的矩形,作为门的轮廓线。

❼ 使用快捷键"RO"激活【旋转】命令,对刚绘制的矩形进行旋转。命令行操作如下。

```
命令: _rotate
    UCS 当前的正角方向: ANGDIR=逆时针  ANGBASE=0.00
    选择对象:                //选择刚绘制的矩形
    选择对象:                //按Enter键
    指定基点:                //捕捉矩形的右上角点
    指定旋转角度, 或 [复制(C)/参照(R)] <0.00>:
                            //输入"-90"后按Enter键,结束命令,旋转结果如图7-17所示
```

图7-16　绘制结果

图7-17　旋转结果

⑧ 执行【绘图】|【圆弧】|【起点、圆心、端点】菜单命令，绘制圆弧作为门的开启方向。命令行操作如下。

```
命令：_arc
    指定圆弧的起点或 [圆心(C)]：                    //捕捉矩形的右上角点
    指定圆弧的第二个点或 [圆心(C)/端点(E)]：_c 指定圆弧的圆心：        //捕捉矩形的右下角点
    指定圆弧的端点或 [角度(A)/弦长(L)]：            //捕捉如图7-18所示的端点，绘制结果如图7-19所示
```

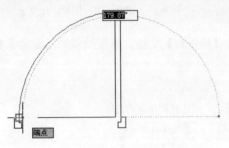

图7-18　捕捉端点

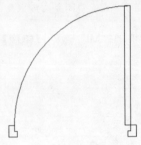

图7-19　绘制结果

⑨ 执行【绘图】|【块】|【创建】菜单命令，打开【块定义】对话框，在此对话框内设置块名及创建方式等，如图7-20所示。

⑩ 单击 【拾取点】按钮，返回绘图区中，拾取单开门右侧门垛的中心点作为基点。

⑪ 按Enter键返回【块定义】对话框，单击 【选择对象】按钮，框选刚绘制的单开门图形。

⑫ 按Enter键返回【块定义】对话框，单击 确定 按钮结束命令。

> 如果需要在其他文件中引用此单开门图块，可以使用【写块】命令，将单开门内部块转化为外部块。

⑬ 将"门窗层"图层设置为当前图层，然后单击【绘图】工具栏中的 按钮，在打开的【插入】对话框内选择"单开门"内部块，其他参数设置如图7-21所示。

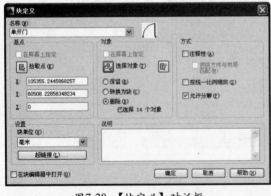

图7-20　【块定义】对话框

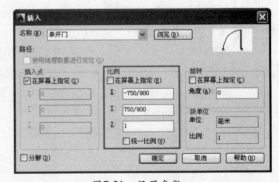

图7-21　设置参数

⑭ 单击 确定 按钮返回绘图区，在命令行"指定插入点或 [基点(B)/比例(S)/旋转(R)]："的提示下，捕捉如图7-22所示的端点作为插入点。

⑮ 重复执行【插入块】命令，设置插入参数，如图7-23所示，插入点为如图7-24所示的中点。

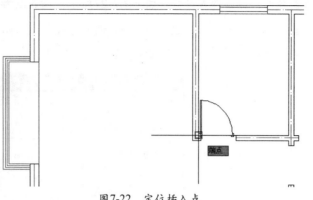

图7-22　定位插入点

图7-23　设置参数

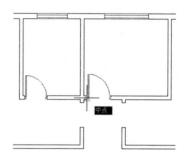

图7-24　定位插入点

⑯ 重复执行【插入块】命令，设置插入参数，如图7-25所示，插入点为如图7-26所示的中点。

图7-25　设置参数

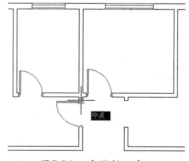

图7-26　定位插入点

⑰ 重复执行【插入块】命令，设置插入参数，如图7-27所示，插入点为如图7-28所示的中点。

图7-27　设置参数

图7-28　定位插入点

⑱ 重复执行【插入块】命令，设置插入参数，如上图7-27所示，插入点为如图7-29所示的中点。

⑲ 重复执行【插入块】命令，设置插入参数，如图7-30所示，插入点为如图7-31所示的中点。

⑳ 调整视图，使平面图完全显示，结果如图7-32所示。

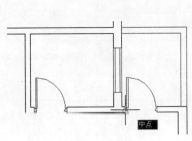

图7-29　定位插入点

图7-30　设置参数

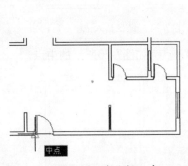

图7-31　定位插入点

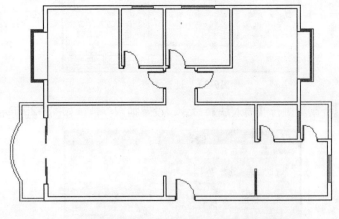

图7-32　插入门构件后的平面图效果

㉑ 执行【另存为】命令，将图形命名存储为"为建筑墙体平面图插入门构件.dwg"文件。

7.3 了解动态块

视频讲解　"视频文件"\"第7章"\"7.3.了解动态块.avi"

　　所谓"动态块"，是指建立在图块的基础上，预设好数值，在使用时可以随设置的数值进行操作的块。动态块不仅具有块的一切特性，还具有其独特的特性。下面继续学习动态块的相关知识。

7.3.1 动态块概述

　　上面讲述的图块只是一些普通的图块，是将多个对象集合成一个单元，然后应用到其他图形

第1篇 快速入门　第2篇 技能进阶　第3篇 三维设计　第4篇 工程应用

中。在应用这种普通块时，常常会遇到图块的外观有些区别，而大部分结构状态相同的情况。以前在处理这种情况时，需要事先炸开图块，然后再编辑块中的几何图形，这样不仅会产生较大的工作量，而且还容易出现错误。

而动态块则可以弥补这种不足。因为动态块具有灵活性和智能性等特征，用户在操作时可以非常方便轻松地更改图形中的动态块，而不需要炸开它。通过自定义夹点或自定义特性来操作动态块中的几何图形，这使得用户可以根据需要，按照不同的比例、形状等编辑调整图块，而不需要搜索另一个图块或重定义现有的图块。另外，还可以大大减少图块的制作数量。

例如，在图形中插入一个门的图块，则在编辑图形时可能需要更改门的大小。如果该块是动态的，并且被定义为可调整大小，那么只需拖动自定义夹点或在【特性】窗口中指定不同的大小就可以修改门的大小了。另外，还可以为门图块设置对齐夹点，使用这种夹点功能可以方便地将门图块与其他几何图形对齐。

7.3.2 动态块参数和动作

动态块是在【块编辑器】中创建的。【块编辑器】是一个专门的编写区域，通过添加参数和动作等元素，使块升级为动态块。用户可以重新创建块，也可以向现有的块定义中添加动态行为。

参数和动作是实现动态块动态功能的两个内部因素。如果将参数比喻为"原材料"，将动作比喻为"加工工艺"，那么可以将【块编辑器】形象地比喻为"生产车间"，动态块则是"产品"。原材料在生产车间里按照某种工艺加工就可以形成产品，即"动态块"。

1. 参数

参数的实质是指定其关联对象的变化方式。例如，点参数的关联对象可以向任意方向发生变化；线性参数和xy参数的关联对象只能在延伸参数所指定的方向上发生改变；极轴参数的关联对象可以按照极轴方式发生旋转、拉伸或移动；翻转、可见性、对齐参数的关联对象可以被翻转、隐藏与显示、自动对齐等。

参数被添加到动态块定义中后，系统会自动向块中添加自定义夹点和特性。使用这些自定义夹点和特性，可以操作图形中的块参照。其中，夹点将被添加到该参数的关键点，关键点可用于操作块参照的参数部分。例如，线性参数在其基点和端点具有关键点，可以从任意关键点处操作参数距离。被添加到动态块中的参数类型决定了添加的夹点类型。每种参数类型仅支持特定类型的动作。

2. 动作

动作定义了在图形中操作动态块时，该块参照中的几何图形将如何移动或更改。所有的动作必须与参数配对才能发挥作用，参数只是指定对象变化的方式，而动作则可以指定变化的对象。

向块中添加动作后，必须将这些动作与参数相关联，并且在通常情况下要与几何图形相关联。当向块中添加了参数和动作这些元素后，也就为块几何图形增添了灵活性和智能性。通过将参数和动作进行配合，动态块可以轻松地实现旋转、翻转、查询等各种动态功能。

参数和动作仅显示在【块编辑器】中，将动态块插入到图形中时，将不会显示动态块定义中包含的参数和动作。

7.3.3 动态块的制作步骤

为了制作高质量的动态块，以达到用户的预期效果，可以按照如下步骤进行操作。

1. 在创建动态块之前首先规划动态块的内容

在创建动态块之前，应该了解块的外观以及在图形中的使用方式，不但要了解块中的哪些对象需要更改或移动，还要确定这些对象将如何更改或移动。例如，如果创建一个可调整大小的动态块，但是在调整块大小时还需要显示出其他几何图形，那么这些因素则决定了添加到块定义中的参数和动作的类型，以及如何使参数、动作和几何图形进行共同作用。

2. 绘制几何图形

用户可以在绘图区或【块编辑器】中绘制动态块中的几何图形，也可以在现有几何图形或图块的基础上进行操作。

3. 了解块元素间的关联性

在向块定义中添加参数和动作之前，应了解它们相互之间以及它们与块中的几何图形的关联性。在向块定义添加动作时，需要将动作与参数以及几何图形的选择集相关联。在向动态块参照添加多个参数和动作时，需要设置正确的关联性，以使块参照在图形中正常工作。

例如，要创建一个包含若干对象的动态块，其中一些对象关联了拉伸动作，同时用户还希望将所有对象围绕同一基点旋转，那么在添加了其他所有参数和动作之后，还需要再添加旋转动作。如果旋转动作并非与块定义中的其他所有对象（几何图形、参数和动作等）相关联，那么块参照的某些部分就可能不会旋转。

4. 添加参数

按照命令行的提示及用户要求，向动态块定义中添加适当的参数。另外，使用【块编写】选项板中的【参数集】选项卡可以同时添加参数和关联动作。

5. 添加动作

根据需要，向动态块定义中添加适当的动作。按照命令行的提示进行操作，确保将动作与正确的参数和几何图形相关联。

6. 指定动态块的操作方式

在为动态块添加动作之后，还需指定动态块在图形中的操作方式，用户可以通过自定义夹点和自定义特性来操作动态块。在创建动态块时，需要定义显示哪些夹点以及如何通过这些夹点来编辑动态块。另外，还需指定是否在【特性】窗口中显示出块的自定义特性，以及是否可以通过该选项板或自定义夹点来更改这些特性等。

7. 保存动态块定义并在图形中进行测试

当完成上述操作后，需要将动态块定义进行保存并退出【块编辑器】，然后将动态块插入到几何图形中，以测试动态块。

7.4 定义与编辑属性

视频讲解 "视频文件" \ "第7章" \ "7.4.定义与编辑属性.avi"

所谓"属性"，实际上是一种块的文字信息。属性不能独立存在，它是附属于图块的一种非图形信息，用于对图块进行文字说明。

7.4.1 定义文字属性

文字属性一般用于几何图形，以表达几何图形无法表达的一些内容。

执行【定义属性】命令主要有以下几种方式。

- ◆ 执行【绘图】|【块】|【定义属性】菜单命令。
- ◆ 单击【常用】选项卡中【块】面板中的 按钮。
- ◆ 在命令行中输入"Attdef"后按Enter键。
- ◆ 使用快捷键"ATT"。

下面通过简单实例，学习【定义属性】命令的使用方法。

❶ 新建空白绘图文件，设置捕捉模式为【圆心捕捉】。

❷ 执行【圆】命令，绘制直径为8的圆形，如图7-33所示。

❸ 打开状态栏中的【对象捕捉】功能，并将捕捉模式设置为【圆心捕捉】。

❹ 执行【绘图】|【块】|【定义属性】菜单命令，打开【属性定义】对话框，然后设置属性的标记、提示、默认值、对正方式以及文字高度等，如图7-34所示。

图7-33 绘制结果

图7-34 【属性定义】对话框

当用户需要重复定义对象的属性时，可以选中【在上一个属性定义下对齐】复选框，系统将自动沿用上次设置的各属性的文字样式、对正方式以及高度等相关设置。

❺ 单击 确定 按钮返回绘图区，在命令行"指定起点："的提示下，捕捉如图7-35所示的圆心作为属性插入点，插入结果如图7-36所示。

图7-35　捕捉圆心

图7-36　插入属性

这样就完成了对该图形属性的定义。

当用户为几何图形定义了文字属性后，所定义的文字属性暂时以属性标记名显示。

【模式】选项组主要用于控制属性的显示模式。

◆ 【不可见】：用于设置插入属性块后是否显示属性值。

◆ 【固定】：用于设置属性是否为固定值。

◆ 【验证】：用于设置在插入块时提示确认属性值是否正确。

◆ 【预设】：用于将属性值定为默认值。

◆ 【锁定位置】：用于将属性位置进行固定。

◆ 【多行】：用于设置多行的属性文本。

用户可以运用系统变量ATTDISP，直接在命令行中设置或修改属性的显示状态。

7.4.2　更改图形属性的定义

当定义了属性后，如果需要改变属性的标记、提示或默认值，可以执行【修改】|【对象】|【文字】）|【编辑】菜单命令，在命令行"选择注释对象或 [放弃(U)]："的提示下，选择需要编辑的属性，系统弹出如图7-37所示的【编辑属性定义】对话框。通过此对话框，用户可以修改属性定义的标记、提示或默认设置。

图7-37　【编辑属性定义】对话框

单击对话框中的 ▢确定▢ 按钮，属性将按照修改后的标记、提示或默认值进行显示。

7.4.3　编辑属性块

当定义属性块之后，可以对属性进行实时编辑。【编辑属性】命令就是对含有属性的图块进行编辑和管理的命令，如更改属性的值、特性等。

执行【编辑属性】命令主要有以下几种方式。

◆ 执行【修改】|【对象】|【属性】|【单个】菜单命令。

◆ 单击【修改Ⅱ】工具栏或【块】面板中的▢按钮。

◆ 在命令行中输入"Eattedit"后按Enter键。

下面通过简单实例，学习【编辑属性】命令的使用方法。

❶ 继续上例的操作。

❷ 执行【创建块】命令，将上例绘制的圆及其属性一起创建为属性块，基点为如图7-38所示的圆心，其他参数设置如图7-39所示。

图7-38 捕捉圆心

图7-39 设置块参数

❸ 单击 确定 按钮，打开如图7-40所示的【编辑属性】对话框，在此对话框中即可定义正确的文字属性值。

❹ 将序号属性值设置为"A"，然后单击 确定 按钮，创建了一个属性值为A的属性块，如图7-41所示。

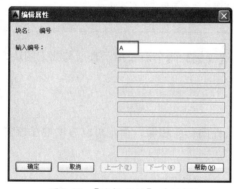

图7-40 【编辑属性】对话框

图7-41 定义属性块

❺ 执行【修改】|【对象】|【属性】|【单个】菜单命令，在命令行"选择块："的提示下，选择属性块，打开【增强属性编辑器】对话框，然后修改属性值为"B"，如图7-42所示。

❻ 单击 确定 按钮关闭【增强属性编辑器】对话框，属性值被修改，如图7-43所示。

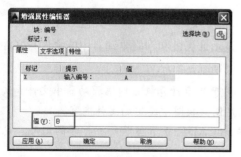

图7-42 【增强属性编辑器】对话框

图7-43 修改结果

◆ 【属性】选项卡：用于显示当前文件中所有属性块的属性标记、提示和默认值，还可以修改属性块的属性值。

 通过单击对话框右上角的 🖼️【选择块】按钮，可以连续对当前图形中的其他属性块进行修改。

◆ 【文字选项】选项卡：用于修改属性的文字特性，如属性的文字样式、对正方式、高度和宽度比例等。修改属性高度及宽度特性后的效果，如图7-44所示。

◆ 【特性】选项卡：用于修改属性的图层、线型、颜色和线宽等特性。

图7-44　修改属性的文字特性

7.5　图块资源的查看与共享

素　　材　"效果文件"＼"第3章"＼"建筑墙体平面图.dwg"
效　　果　"效果文件"＼"第7章"＼"布置墙体平面图室内用具.dwg"
视频讲解　"视频文件"＼"第7章"＼"7.5.图块资源的查看与共享.avi"

AutoCAD 2014提供【设计中心】和【工具选项板】两个命令用于查看与共享图块资源。

7.5.1　认识【设计中心】窗口

【设计中心】窗口与Windows的资源管理器界面功能相似，用户可以方便地在该窗口查看、共享图块资源。

执行【设计中心】命令主要有以下几种方式。

◆ 执行【工具】|【选项板】|【设计中心】菜单命令。
◆ 单击【标准】工具栏或【选项板】面板中的▣按钮。
◆ 在命令行中输入"Adcenter"后按Enter键。
◆ 使用快捷键"ADC"。
◆ 按Ctrl+2组合键。

执行【设计中心】命令后，将打开【设计中心】窗口。该窗口共包括【文件夹】、【打开的图形】、【历史记录】3个选项卡，分别用于显示计算机和网络驱动器中的文件与文件夹的层次结构、打开图形的列表、自定义内容等，如图7-45所示。

◆ 【文件夹】选项卡：左侧为树状图，用于显示计算机或网络驱动器中文件和文件夹的层次关系；右侧为控制面板，用于显示在左侧树状图中选定的文件内容。

◆ 【打开的图形】选项卡：用于显示AutoCAD任务中当前所有打开的图形，包括最小化的图形。

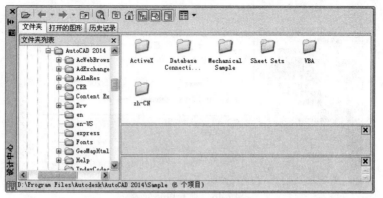

图7-45 【设计中心】窗口

◆ 【历史记录】选项卡：用于显示最近在【设计中心】窗口中打开的文件的列表，可以显示【浏览Web】对话框最近连接过的20条地址的记录。

◆ ▣【加载】按钮：单击该按钮，打开【加载】对话框，可以方便地浏览本地、网络驱动器或网络上的文件，然后选择内容加载到内容区域。

◆ ▣【上一级】按钮：单击该按钮，将显示活动容器的上一级容器的内容。容器可以是文件夹也可以是一个图形文件。

◆ ▣【搜索】按钮：单击该按钮，打开【搜索】对话框，用于指定搜索条件，查找图形、块以及图形中的非图形对象（如线型、图层等），还可以将搜索到的对象添加到当前文件中，为当前图形文件所使用。

◆ ▣【收藏夹】按钮：单击该按钮，将在【设计中心】右侧窗口中显示"Autodesk Favorites"文件夹内容。

◆ ▣【主页】按钮：单击该按钮，系统将【设计中心】返回到默认文件夹。安装时，默认文件夹被设置为"...\Sample\DesignCenter"。

◆ ▣【树状图切换】按钮：单击该按钮，【设计中心】窗口左侧将显示或隐藏树状图。如果在绘图区中需要更多空间，可以单击该按钮隐藏树状图。

◆ ▣【预览】按钮：用于显示和隐藏图像的预览框。当预览框被打开时，在上方的面板中选择一个项目，则在预览框内将显示出该项目的预览图像。如果选定项目没有保存的预览图像，则该预览框为空。

◆ ▣【说明】按钮：用于显示和隐藏选定项目的文字信息。

7.5.2 使用【设计中心】窗口查看图块资源

通过【设计中心】窗口，不但可以方便地查看本机或网络机上的AutoCAD资源，还可以单独将选择的CAD文件打开。

❶ 执行【设计中心】命令，打开【设计中心】窗口。

❷ 查看文件夹资源。在左侧树状图中定位并展开需要查看的文件夹，在右侧窗口中即可查看该文件夹中的所有图块资源，如图7-46所示。

❸ 查看文件内部资源。在左侧树状图中定位需要查看的文件，在右侧窗口中即可显示出文件内部的所有资源，如图7-47所示。

第**1**篇 快速入门

第**2**篇 技能进阶

第**3**篇 三维设计

第**4**篇 工程应用

中文版 ......
AutoCAD 2014从入门到精通

第 **1** 篇 快速入门

第 **2** 篇 技能进阶

第 **3** 篇 三维设计

第 **4** 篇 工程应用

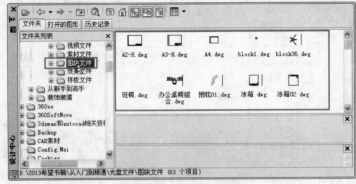

图7-46　查看图块资源

图7-47　查看文件内部资源

❹ 如果用户需要进一步查看某一类内部资源，如文件内部的所有图块，可以在右侧窗口中双击图块的图标，或在左侧树状图中将文件展开，选择【块】选项，这时在右侧窗口中显示出所有的图块，如图7-48所示。

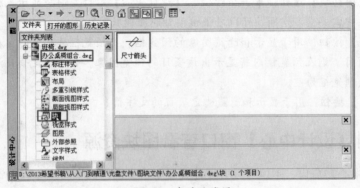

图7-48　查看块资源

❺ 打开CAD文件。如果用户需要打开某CAD文件，可以在该文件图标上单击鼠标右键，然后选择右键菜单中的【在应用程序窗口中打开】命令，即可打开此文件，如图7-49所示。

 在窗口中按住Ctrl键定位文件，按住鼠标左键不动将其拖动到绘图区域，即可打开此图形文件；将图形图标从【设计中心】窗口直接拖曳到应用程序窗口，或绘图区以外的任何位置，即可打开此图形文件。

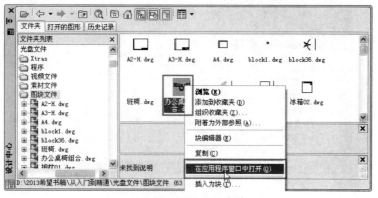

图7-49　图标右键菜单

7.5.3　使用【设计中心】窗口共享图块资源

在【设计中心】窗口中不但可以查看本机上所有的设计资源，还可以将有用的图形资源以及图形的一些内部资源应用到自己的图纸中。

❶ 在左侧树状图中查找并定位所需文件的上一级文件夹，然后在右侧窗口中定位所需文件。

❷ 在此文件图标上单击鼠标右键，从弹出的右键菜单中选择【插入为块】命令，如图7-50所示。

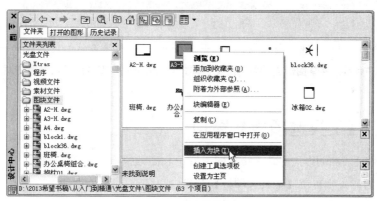

图7-50　选择命令

❸ 打开如图7-51所示的【插入】对话框，根据实际需要设置参数，然后单击 确定 按钮，即可将选择的图形以块的形式共享到当前文件中。

❹ 共享文件内部资源。定位并打开所需文件的内部资源，如打开图7-52所示文件内部的图块资源。

❺ 在【设计中心】右侧窗口中选择文件的内部资源（如图块），然后单击鼠标右键，在弹出的右键菜单中选择如图7-53所示的【插入块】命令，将此图块插入到当前图形文件中。

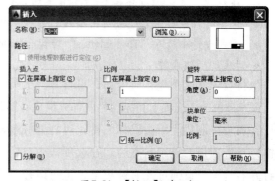

图7-51　【插入】对话框

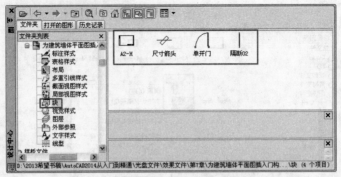

图7-52 浏览图块资源

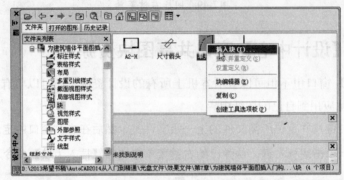

图7-53 选择内部资源

用户也可以共享图形文件内部的文字样式、尺寸样式、图层以及线型等资源。

7.5.4 认识【工具选项板】窗口

【工具选项板】窗口用于组织、共享图形资源和高效执行命令等，包含一系列选项板，这些选项板以选项卡的形式分布在【工具选项板】窗口中。

执行【工具选项板】命令主要有以下几种方式。

◆ 执行【工具】|【选项板】|【工具选项板】菜单命令。
◆ 单击【标准】工具栏或【选项板】面板中的▦按钮。
◆ 在命令行中输入"Toolpalettes"后按Enter键。
◆ 按Ctrl+3组合键。

执行【工具选项板】命令后，可打开【工具选项板】窗口，该窗口主要由选项卡和标题栏两部分组成，图7-54所示。

在窗口标题栏上单击鼠标右键，可打开标题栏菜单以控制窗口及选项板的显示状态等。在选项板中单击鼠标右键，可打开右键菜单。通过此右键菜单，也可以控制选项板的显示状态、透明度，还可以很方便地创建、删除和重命名工具选项板等。

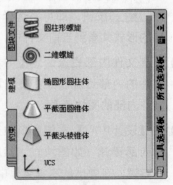

图7-54 【工具选项板】窗口

7.5.5 使用【工具选项板】查看图块资源

下面通过向图形文件中插入图块及填充图案，学习【工具选项板】命令的使用方法。

❶ 新建空白绘图文件。

❷ 单击【标准】工具栏或【选项板】面板中的 按钮，打开【工具选项板】窗口，然后展开【建筑】选项卡，选择如图7-55所示的图例。

❸ 在选择的图例上单击鼠标左键，然后在命令行"指定插入点或 [基点(B)/比例(S)/X/Y/Z/旋转(R)]："的提示下，在绘图区中拾取一点，将此图例插入到当前文件内，结果如图7-56所示。

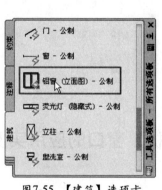

图7-55 【建筑】选项卡

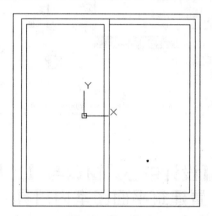

图7-56 插入结果

 用户也可以将光标定位在所需图例上，然后按住鼠标左键不放，将其拖入到当前图形中。

7.5.6 自定义【工具选项板】

用户可以根据需要自定义选项板中的内容以及创建新的选项板。下面通过具体实例学习此功能。

❶ 打开【设计中心】窗口和【工具选项板】窗口。

❷ 在【设计中心】窗口中定位需要添加到选项板中的图形，然后按住鼠标左键将选择的内容直接拖到选项板中，如图7-57所示。

❸ 释放鼠标，即可将该图块文件添加到选项板中，添加结果如图7-58所示。

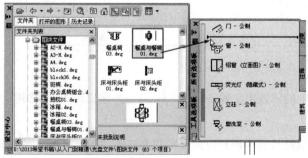

图7-57 将图块拖到选项板中

图7-58 添加结果

④ 定义选项板。在【设计中心】左侧窗口中选择文件夹，然后单击鼠标右键，在右键菜单中选择
【创建块的工具选项板】命令，如图7-59所示。

⑤ 此时系统将此文件夹中的所有图形文件创建为新的选项板，选项板名称为文件的名称，如图7-60
所示。

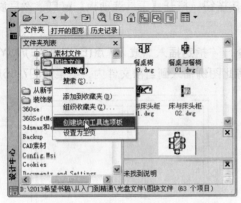

图7-59 定位文件

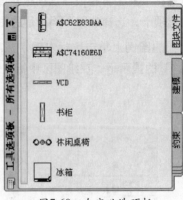

图7-60 自定义选项板

7.5.7 【设计中心】窗口与【工具选项板】窗口的应用实例——布置建筑平面图室内用具

在上面章节学习了图块资源的快速查看与共享知识。下面通过为如图7-61所示的某建筑平面图
快速布置室内用具，对【设计中心】窗口与【工具选项板】窗口的应用进行巩固。

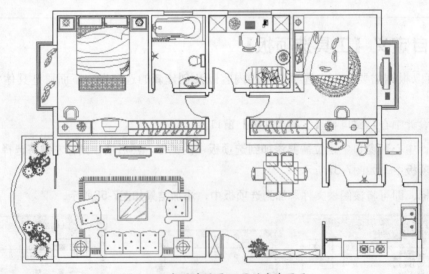

图7-61 布置建筑平面图的室内用具

① 执行【打开】命令，打开随书光盘中的"效果文件"\"第7章"\"为建筑墙体平面图插入门构
件.dwg"文件，如图7-62所示。

② 执行【图层】命令，在打开的【图层特性管理器】对话框中双击"图块层"，将此图层设置为
当前图层。

❸ 单击【绘图】工具栏中的 ⬜ 按钮，选择随书光盘中的"图块文件"\"电视与电视柜03.dwg"文件，块参数设置如图7-63所示。

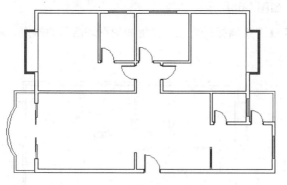

图7-62 打开的文件 图7-63 设置参数

❹ 单击 ▭确定▭ 按钮返回绘图区，根据命令行的提示，配合【中点捕捉】功能，捕捉如图7-64所示的中点作为插入点，将此图块共享到当前文件中。

❺ 重复执行【插入块】命令，选择随书光盘中的"图块文件"\"沙发组合02.dwg"文件，采用默认参数，捕捉下墙线的中点作为插入点将块插入，结果如图7-65所示。

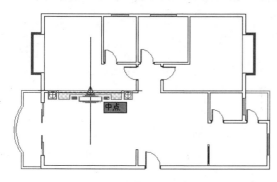

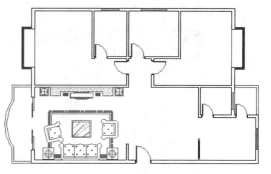

图7-64 定位插入点 图7-65 插入结果

❻ 重复执行【插入块】命令，以默认参数插入随书光盘中的"图块文件"\"绿化植物01.dwg"文件，插入结果如图7-66所示。

❼ 执行【修改】|【镜像】菜单命令，配合【中点捕捉】功能，对插入的绿化植物图块进行镜像操作，结果如图7-67所示。

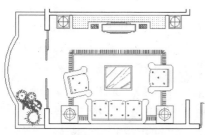

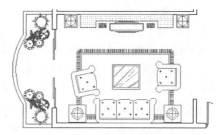

图7-66 插入结果 图7-67 镜像结果

❽ 单击【标准】工具栏中的 ⬛ 按扭，激活【设计中心】命令，打开【设计中心】窗口，定位随书

光盘中的"图块文件"文件夹。

❾ 在【设计中心】右侧的窗口中选择"梳妆台与柜类组合01.dwg"文件，然后单击鼠标右键，在弹出的右键菜单中选择【插入为块】命令，如图7-68所示。

❿ 打开【插入】对话框，采用默认设置，配合【端点捕捉】功能，捕捉如图7-69所示的端点，将该图块插入到当前文件中。

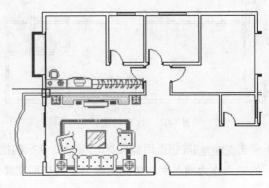

图7-68 选择文件　　　　　　　　图7-69 插入结果

⓫ 继续在【设计中心】右侧的窗口中移动滑块，找到"双人床01.dwg"文件，按住鼠标左键将其拖曳至平面图中，如图7-70所示。

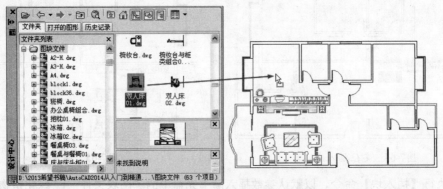

图7-70 拖曳到平面图

⓬ 释放鼠标，然后配合捕捉功能，将图块插入到平面图中。命令行操作如下。

```
命令：_-INSERT 输入块名或 [?] "E:\素材盘\图块文件\双人床01.dwg"
单位：毫米　转换：　　　　　1
指定插入点或 [基点(B)/比例(S)/X/Y/Z/旋转(R)]：　//输入"s"后按Enter键
指定 XYZ 轴的比例因子 <1>：　　　　　　　　//输入"1.05"后按Enter键
指定插入点或 [基点(B)/比例(S)/X/Y/Z/旋转(R)]：　//输入"y"后按Enter键
指定 Y 比例因子 <1>：　　　　　　　　　　　//输入"-1"后按Enter键
指定插入点或 [基点(B)/比例(S)/X/Y/Z/旋转(R)]：　//捕捉如图7-71所示的端点
指定旋转角度 <0.0>：　　　　　　　　　　　//按Enter键，将该图块插入到平面图中
```

⓭ 继续在【设计中心】右侧窗口中定位"抱枕01.dwg"文件，然后单击鼠标右键，在弹出的菜单中选择【复制】命令，如图7-72所示。

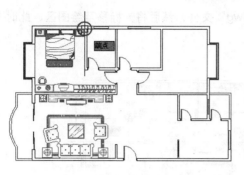

图7-71 捕捉端点进行插入

图7-72 定位并复制共享文件

⑭ 执行【编辑】|【粘贴】菜单命令，根据命令行的提示，将图块共享到平面图中。命令行操作如下。

```
命令: _pasteclip
    命令: _-INSERT 输入块名或 [?]"E:\素材盘\图块文件\抱枕01.dwg"
    单位: 毫米    转换:          1
    指定插入点或 [基点(B)/比例(S)/X/Y/Z/旋转(R)]:          //按Enter键
    输入 X 比例因子，指定对角点，或 [角点(C)/XYZ(XYZ)] <1>://按Enter键
    输入 Y 比例因子或 <使用 X 比例因子>:          //按Enter键
    指定旋转角度 <0.0>:          //按Enter键，结果如图7-73所示
```

⑮ 执行【修改】|【复制】菜单命令，将刚粘贴的抱枕图块进行复制，结果如图7-74所示。

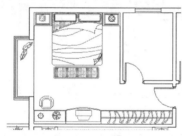

图7-73 粘贴结果

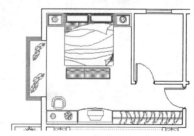

图7-74 复制结果

⑯ 在【设计中心】左侧窗口中定位"图块文件"文件夹，然后单击鼠标右键，在弹出的菜单中选择【创建块的工具选项板】命令，将"图块文件"文件夹创建为选项板。

⑰ 在【工具选项板】窗口中向下拖动滑块，然后定位"办公桌椅组合.dwg"文件，按住鼠标左键不放，将其拖曳至绘图区，以块的形式共享此图形，如图7-75所示。

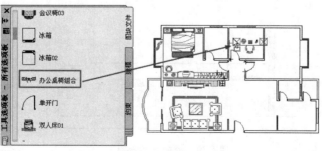

图7-75 共享结果

第**1**篇 快速入门

第**2**篇 技能进阶

第**3**篇 三维设计

第**4**篇 工程应用

中文版
AutoCAD 2014从入门到精通

第*1*篇 快速入门

第*2*篇 技能进阶

第*3*篇 三维设计

第*4*篇 工程应用

⑱ 在【工具选项板】窗口中单击"休闲沙发02.dwg"文件，然后将光标移至绘图区，此时图形将会呈现虚线状态，如图7-76所示。

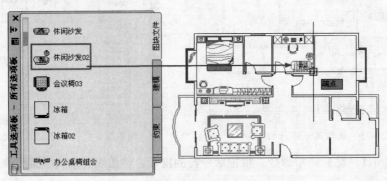

图7-76 操作结果

⑲ 在命令行"指定插入点或 [基点(B)/比例(S)/X/Y/Z/旋转(R)]:"的提示下，捕捉如图7-77所示的端点将其插入。

⑳ 参照上述各种方式，分别为平面图布置其他室内用具的图例和绿化植物，结果如图7-78所示。

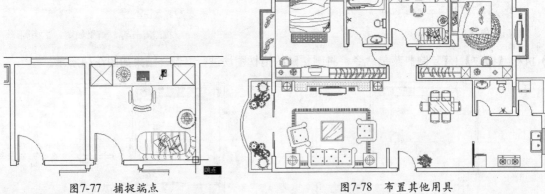

图7-77 捕捉端点　　　　　　　　　图7-78 布置其他用具

㉑ 使用快捷键"L"激活【直线】命令，配合追踪或坐标的相关功能，绘制如图7-79所示的厨房操作台轮廓线。

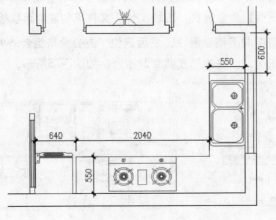

图7-79 绘制操作台结果

㉒ 执行【绘图】|【直线】菜单命令，配合追踪或坐标的相关功能，绘制如图7-80所示的柜子示意图。

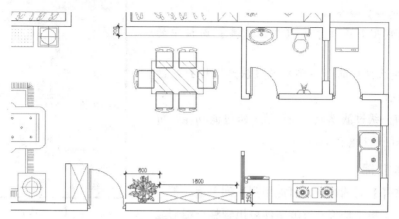

图7-80　绘制结果

㉓ 调整视图，使平面图全部显示，最终结果如图7-81所示。

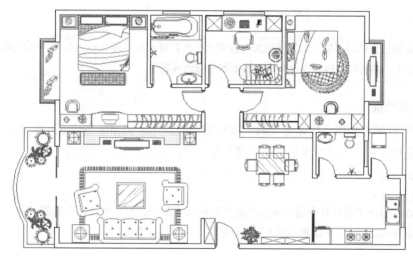

图7-81　最终结果

㉔ 使用【另存为】命令，将图形命名保存为"布置墙体平面图室内用具.dwg"文件。

7.6 图形对象的快速选择

视频讲解　"视频文件"\"第7章"\"7.6.图形对象的快速选择.avi"

【快速选择】命令是一个快速构造选择集的高效制图工具，用于根据图形的类型、图层、颜色、线型、线宽等属性设定过滤条件，AutoCAD将自动进行筛选，最终过滤出符合设定条件的所有图形对象。

执行【快速选择】命令主要有以下几种方式。

◆ 执行【工具】|【快速选择】菜单命令。

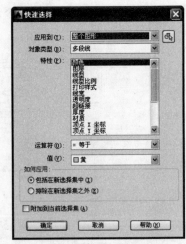

图7-82 【快速选择】对话框

- 在命令行中输入"Qselect"后按Enter键。
- 在绘图区中单击鼠标右键，选择右键菜单中的【快速选择】命令。
- 单击【常用】选项卡中【实用工具】面板中的□按钮。

执行【快速选择】命令后会打开【快速选择】对话框，如图7-82所示。

该对话框有三级过滤功能，通过这三级过滤功能，可以实现快速选择图形对象的目的。

1. 一级过滤功能

在【快速选择】对话框中，【应用到】列表框属于一级过滤功能，用于指定是否将过滤条件应用到整个图形或当前选择集（如果存在的话），此时使用□【选择对象】按钮完成对象选择后，按Enter键重新显示该对话框。AutoCAD 将【应用到】设置为【当前选择】，对当前已有的选择集进行过滤，只有当前选择集中符合过滤条件的对象才能被选择。

如果已选中对话框下方的【附加到当前选择集】复选框，那么AutoCAD将该过滤条件应用到整个图形，并将符合过滤条件的对象添加到当前选择集中。

2. 二级过滤功能

【对象类型】列表框属于快速选择的二级过滤功能，用于指定要包含在过滤条件中的对象类型。如果过滤条件正应用于整个图形，那么【对象类型】列表中包含全部的对象类型，包括自定义对象类型；否则，该列表中只包含选定对象的对象类型。

默认情况下是指整个图形或当前选择集的所有图元，用户也可以选择某一特定的对象类型（如直线或圆等），系统将根据选择的对象类型来确定选择集。

3. 三级过滤功能

三级过滤功能包括【特性】、【运算符】和【值】3个选项。

- 【特性】：用于指定过滤器的对象特性。在此文本框内包括选定对象类型的所有可搜索特性，选定的特性确定【运算符】和【值】中的可用选项。例如，在【对象类型】列表框中选择圆，则【特性】窗口的列表中就列出了圆的所有特性，从中选择一种用户需要的对象的共同特性。
- 【运算符】：用于控制过滤器值的范围。根据选定的对象属性，其过滤的值的范围分别是【=等于】、【<>不等于】、【大于】、【<小于】和【*通配符匹配】。对于某些特性，【>大于】和【<小于】选项不可用。

【*通配符匹配】选项只能用于可编辑的文字字段。

◆ 【值】：用于指定过滤器的特性值。如果选定对象的已知值可用，那么【值】成为一个列表，可以从中选择一个值；如果选定对象的已知值不存在或者没有达到绘图的要求，则可以在【值】文本框中输入一个值。

4. 其他选项

◆ 【如何应用】选项组：用于指定是否将符合过滤条件的对象包括在新选择集内或是排除在新选择集之外。

◆ 【附加到当前选择集】：用于指定创建的选择集是替换当前选择集还是附加到当前选择集。

下面通过将7.5.7节中创建的建筑平面图中的室内用具以及门窗等构件进行选择并删除的操作，学习【快速选择】命令的使用方法。

❶ 继续上例的操作。

❷ 单击【常用】选项卡中【实用工具】面板中的 按钮，打开【快速选择】对话框。

❸ 【特性】属于三级过滤功能，用于按照目标对象的内部特性设定过滤参数，在此选择【图层】选项。

❹ 展开【值】下拉列表，选择"门窗层"，其他参数使用默认设置，如图7-83所示。

❺ 单击 确定 按钮，所有符合过滤条件的图形对象都被选择，如图7-84所示。

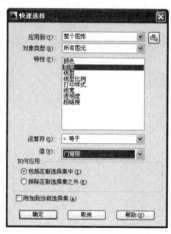

图7-83 设置选择条件

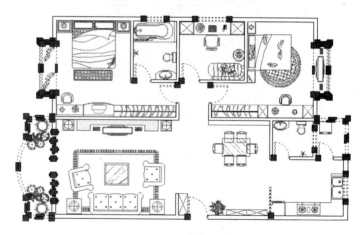

图7-84 选择结果

❻ 按Delete键，将选择的对象删除，结果如图7-85所示。

❼ 下面继续选择并删除平面图中的室内用具等图块文件。重复执行【快速选择】命令，在打开的【快速选择】对话框中设置过滤条件，由于室内用具一般放在"图块层"，在此选择"图块层"作为过滤条件，如图7-86所示。

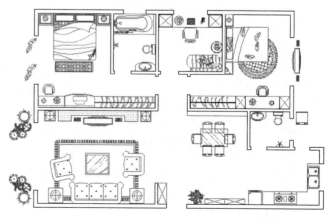

图7-85 删除结果

❽ 单击 确定 按钮，所有符合过滤条件的图形对象都被选择，如图**7-87**所示。

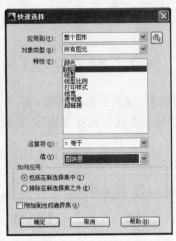

图7-86 设置过滤条件

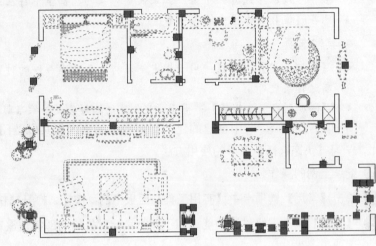

图7-87 选择结果

❾ 按Delete键，将选择的对象删除，结果如图**7-88**所示。

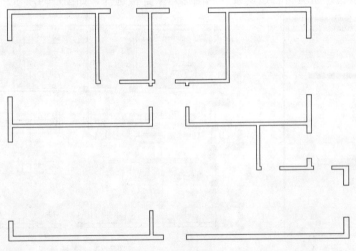

图7-88 删除结果

第8章 设计图的参数化表达
——尺寸的标注与编辑

在AutoCAD 2014的图形设计中，为图形进行尺寸标注，是图形设计的重要组成部分。通过为图形精确标注尺寸，可以将图形间的相互位置关系及形状参数化，是施工人员现场施工时的主要依据。

本章学习内容：

◆ 认识尺寸标注及其含义
◆ 设置尺寸标注样式
◆ 标注基本尺寸
◆ 其他标注知识
◆ 标注圆心标记与公差
◆ 尺寸的编辑与修改

8.1 认识尺寸标注及其含义

💿 **视频讲解** "视频文件"\"第8章"\"8.1.认识尺寸标注及其含义.avi"

一般情况下，尺寸是由标注文字、尺寸线、尺寸界线和尺寸起止符号等元素组成的，如图8-1所示。

图8-1 尺寸标注

◆ 标注文字：是对象的实际测量值，一般由阿拉伯数字与相关符号表示。
◆ 尺寸线：指出标注的方向和范围，一般使用直线表示。
◆ 尺寸起止符号：指出测量的开始位置和结束位置，不同图形使用不同的箭头形式。例如，在机械制图中尺寸起止符号使用实心箭头，而在建筑制图中尺寸起止符号使用斜线，如图8-2所示。

图8-2 箭头与斜线

◆ 尺寸界线：从被标注的对象延伸到尺寸线的短线。

第**1**篇 快速入门

第**2**篇 技能进阶

第**3**篇 三维设计

第**4**篇 工程应用

第**1**篇 快速入门

第**2**篇 技能进阶

第**3**篇 三维设计

第**4**篇 工程应用

8.2 设置尺寸标注样式

 视频讲解 "视频文件"\"第8章"\"8.2.设置尺寸标注样式.avi"

在标注尺寸之前，首先需要根据不同类型的图形，设置尺寸标注样式。在AutoCAD 2014中，【标注样式】命令用于设置尺寸标注样式，以满足不同图形的标注要求。

执行【标注样式】命令主要有以下几种方式。

◆ 执行【标注】或【格式】|【标注样式】菜单命令。

◆ 单击【标注】工具栏或面板中的 按钮。

◆ 在命令行中输入"Dimstyle"后按Enter键。

◆ 使用快捷键"D"。

执行【标注样式】命令后，即可打开【标注样式管理器】对话框，如图8-3所示，在此对话框中，用户不仅可以设置标注样式，还可以修改、替代和比较标注样式。

◆ 置为当前 按钮：用于把选定的标注样式设置为当前标注样式。

◆ 修改 按钮：用于修改当前选择的标注样式。当用户修改了标注样式后，当前图形中的所有标注都会自动更新为当前样式。

◆ 替代 按钮：用于设置当前使用的标注样式的临时替代值。

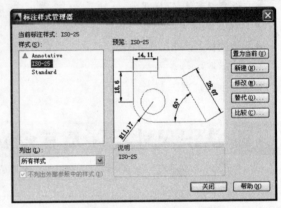

图8-3 【标注样式管理器】对话框

 当用户创建了替代样式后，当前标注样式将被应用到以后所有的尺寸标注中，直到用户删除替代样式为止，但不会改变替代样式之前的标注样式。

◆ 比较 按钮：用于比较两种标注样式的特性或浏览一种标注样式的全部特性，并将比较结果输出到Windows剪贴板上，然后再粘贴到其他Windows应用程序中。

◆ 新建 按钮：用于设置新的尺寸样式。

单击 新建 按钮，可打开如图8-4所示的【创建新标注样式】对话框。

◆ 【新样式名】：为新样式命名。

◆ 【基础样式】：用于设置新样式的基础样式。

◆ 【注释性】：用于为新样式添加注释。

◆ 【用于】：用于设置新样式的适用范围。

在【创建新标注样式】对话框的【新样式名】文本框中输入标注样式的名称，如"建筑标注"或"机械标注"，单击 继续 按钮，打开如图8-5所示的【新建标注样式】对话框，此对话框中包括【线】、【符号和箭头】、【文字】、【调整】、【主单位】、【换算单位】和【公差】几个选项卡，分别用于设置标注样式的各元素。

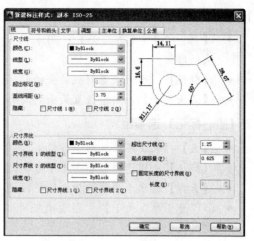

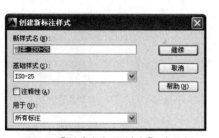

图8-4 【创建新标注样式】对话框　　　　图8-5 【新建标注样式：副本ISO-25】对话框

8.2.1 【线】选项卡

进入【线】选项卡，如上图8-5所示。该选项卡主要用于设置尺寸线、尺寸界线的格式和特性等。

1.【尺寸线】选项组

- ◆ 【颜色】：用于设置尺寸线的颜色。
- ◆ 【线型】：用于设置尺寸线的线型。
- ◆ 【线宽】：用于设置尺寸线的线宽。
- ◆ 【超出标记】：用于设置尺寸线超出尺寸界线的长度。

当选择了建筑标记箭头后，【超出标记】微调按钮才处于可用状态。

- ◆ 【基线间距】：用于设置在基线标注时两条尺寸线之间的距离。

2.【尺寸界线】选项组

- ◆ 【颜色】：用于设置尺寸界线的颜色。
- ◆ 【尺寸界线1的线型】：用于设置尺寸界线1的线型。
- ◆ 【尺寸界线2的线型】：用于设置尺寸界线2的线型。
- ◆ 【线宽】：用于设置尺寸界线的线宽。
- ◆ 【超出尺寸线】：用于设置尺寸界线超出尺寸线的长度。
- ◆ 【起点偏移量】：用于设置尺寸界线起点与被标注对象间的距离。
- ◆ 【固定长度的尺寸界线】：选中该复选框后，可在下方的【长度】文本框中设置尺寸界线的固定长度。

8.2.2 【符号和箭头】选项卡

进入【符号和箭头】选项卡，如图8-6所示。该选项卡用于设置箭头、圆心标记、弧长符号和半径标注等。

1. 【箭头】选项组

- ◆ 【第一个】/【第二个】：用于设置箭头的形状。
- ◆ 【引线】：用于设置引线箭头的形状。
- ◆ 【箭头大小】：用于设置箭头的大小。

2. 【圆心标记】选项组

- ◆ 【无】：表示不添加圆心标记。
- ◆ 【标记】：用于为圆添加十字形标记。
- ◆ 【直线】：用于为圆添加直线型标记。
- ◆ 2.5 【箭头大小】：用于设置圆心标记的大小。

3. 【折断标注】选项组

- ◆ 用于设置打断标注的大小。

4. 【弧长符号】选项组

- ◆ 【标注文字的前缀】：用于为弧长标注添加前缀。
- ◆ 【标注文字的上方】：用于设置标注文字的位置。
- ◆ 【无】：表示在弧长标注上不出现弧长符号。

5. 【半径折弯标注】选项组

- ◆ 用于设置半径折弯的角度。

6. 【线性折弯标注】选项组

- ◆ 用于设置线性折弯的高度因子。

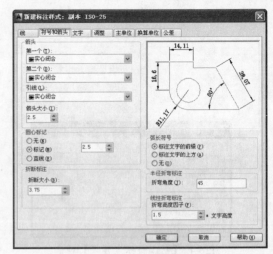

图8-6 【符号和箭头】选项卡

8.2.3 【文字】选项卡

进入【文字】选项卡，如图8-7所示。该选项卡用于设置标注文字的样式、颜色、位置及对齐方式等。

1. 【文字外观】选项组

- ◆ 【文字样式】：用于设置标注文字的样式。单击右侧的 按钮，可打开【文字样式】对话框，用于新建或修改文字样式。
- ◆ 【文字颜色】：用于设置标注文字的颜色。
- ◆ 【填充颜色】：用于设置尺寸文本的背景色。
- ◆ 【文字高度】：用于设置标注文字的高度。
- ◆ 【分数高度比例】：用于设置标注分数

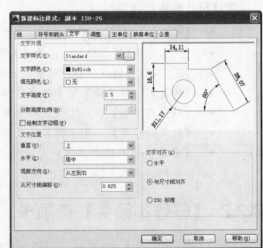

图8-7 【文字】选项卡

的高度比例。只有当【单位格式】选择【分数】时才可用。

◆ 【绘制文字边框】：用于设置是否为标注文字加上边框。

2.【文字位置】选项组

◆ 【垂直】：用于设置标注文字相对于尺寸线垂直方向的放置位置。
◆ 【水平】：用于设置标注文字相对于尺寸线水平方向的放置位置。
◆ 【观察方向】：用于设置标注文字的观察方向。
◆ 【从尺寸线偏移】：用于设置标注文字与尺寸线之间的距离。

3.【文字对齐】选项组

◆ 【水平】：用于设置标注文字以水平方向放置。
◆ 【与尺寸线对齐】：用于设置标注文字与尺寸线平行的方向放置。
◆ 【ISO标准】：用于根据ISO标准设置标注文字。

 【ISO标准】是【水平】与【与尺寸线对齐】两者的综合。当标注文字在尺寸界线中时，采用【与尺寸线对齐】对齐方式；当标注文字在尺寸界线外时，采用【水平】对齐方式。

8.2.4 【调整】选项卡

进入【调整】选项卡，如图8-8所示。该选项卡主要用于设置标注文字与尺寸线、尺寸界线等之间的位置。

1.【调整选项】选项组

◆ 【文字或箭头（最佳效果）】：用于自动调整文字与箭头的位置，使二者达到最佳效果。
◆ 【箭头】：用于将箭头移到尺寸界线外。
◆ 【文字】：用于将文字移到尺寸界线外。
◆ 【文字和箭头】：用于将文字与箭头都移到尺寸界线外。

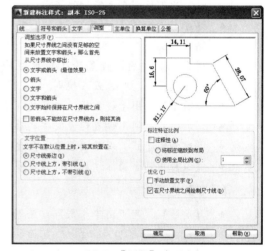

图8-8 【调整】选项卡

◆ 【文字始终保持在尺寸界线之间】：用于将文字始终放置在尺寸界线之间。

2.【文字位置】选项组

◆ 【尺寸线旁边】：用于将文字放置在尺寸线旁边。
◆ 【尺寸线上方，带引线】：用于将文字放置在尺寸线上方并加引线引导。
◆ 【尺寸线上方，不带引线】：用于将文字放置在尺寸线上方，但不加引线引导。

3.【标注特征比例】选项组

◆ 【注释性】：用于设置标注为注释性标注。
◆ 【将标注缩放到布局】：用于根据当前模型空间的视口与布局空间的大小来确定比例因子。

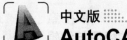
◆ 【使用全局比例】：用于设置标注的比例因子。

4.【优化】选项组

◆ 【手动放置文字】：用于手动放置标注文字。

◆ 【在尺寸界线之间绘制尺寸线】：在标注圆弧或圆时，尺寸线始终在尺寸界线之间。

8.2.5 【主单位】选项卡

进入【主单位】选项卡，如图8-9所示。该选项卡主要用于设置线性标注和角度标注的单位格式以及精确度等。

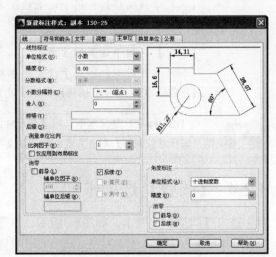

图8-9 【主单位】选项卡

1.【线性标注】选项组

◆ 【单位格式】：用于设置线性标注的单位格式，默认设置为【小数】。

◆ 【精度】：用于设置尺寸的精度。

◆ 【分数格式】：用于设置分数的格式。只有当【单位格式】为【分数】时，此下拉列表才能被激活。

◆ 【小数分隔符】：用于设置小数的分隔符号。

◆ 【含入】：用于设置除了角度之外的标注测量值的四舍五入规则。

◆ 【前缀】：用于设置标注文字的前缀，可以为数字、文字、符号。

◆ 【后缀】：用于设置标注文字的后缀，可以为数字、文字、符号。

◆ 【比例因子】：用于设置除了角度之外的标注比例因子。

◆ 【仅应用到布局标注】：仅对在布局里创建的标注应用线性比例值。

2.【消零】选项组

◆ 【前导】：用于消除小数点前面的零。当标注文字小于1时，如为"0.5"，选中此复选框后，"0.5"变为".5"，前面的零已消除。

◆ 【后续】：用于消除小数点后面的零。

◆ 【0英尺】：用于消除零英尺前的零。只有当【单位格式】被设置为【工程】或【建筑】时，此复选框才可被激活。

◆ 【0英寸】：用于消除英寸后的零。

3.【角度标注】选项组

◆ 【单位格式】：用于设置角度标注的单位格式。

◆ 【精度】：用于设置角度的小数位数。

4.【消零】选项组

◆ 【前导】：消除角度标注前面的零。

◆ 【后续】：消除角度标注后面的零。

第**1**篇 快速入门　第**2**篇 技能进阶　第**3**篇 三维设计　第**4**篇 工程应用

8.2.6 【换算单位】选项卡

进入【换算单位】选项卡，如图8-10所示。该选项卡用于显示和设置标注文字的换算单位、精度等。

1. 【换算单位】选项组

- ◆ 【单位格式】：用于设置换算单位的格式。

- ◆ 【精度】：用于设置换算单位的小数位数。

- ◆ 【换算单位倍数】：用于设置主单位与换算单位间的换算因子的倍数。

- ◆ 【舍入精度】：用于设置换算单位的四舍五入规则。

- ◆ 【前缀】：输入的值将显示在换算单位的前面。

- ◆ 【后缀】：输入的值将显示在换算单位的后面。

2. 【消零】选项组

- ◆ 用于消除换算单位前导和后继的零以及英尺、英寸前后的零。

3. 【位置】选项组

- ◆ 【主值后】：将换算单位放在主单位之后。

- ◆ 【主值下】：将换算单位放在主单位之下。

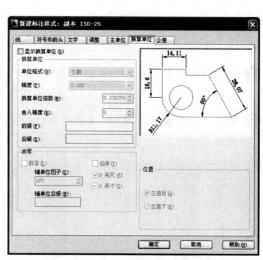

图8-10 【换算单位】选项卡

8.2.7 【公差】选项卡

进入【公差】选项卡，如图8-11所示。该选项卡主要用于设置尺寸公差的格式和换算单位等。

【公差格式】选项组

- ◆ 【方式】：用于设置公差的形式。在此列表中共有【无】、【对称】、【极限偏差】、【极限尺寸】和【基本尺寸】5个选项。

- ◆ 【精度】：用于设置公差值的小数位数。

- ◆ 【上偏差】/【下偏差】：用于设置上下偏差值。

- ◆ 【高度比例】：用于设置公差文字与基本标注文字的高度比例。

- ◆ 【垂直位置】：用于设置基本标注文字与公差文字的相对位置。

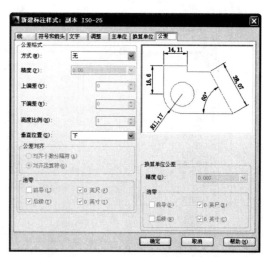

图8-11 【公差】选项卡

8.2.8 标注样式的应用实例——设置建筑工程图的标注样式

在前面章节学习了标注样式的设置知识，下面通过设置建筑工程图的标注样式，对上述所学知识进行巩固。

❶ 单击【样式】工具栏中的 按钮，在打开的【标注样式管理器】对话框中单击 新建(N)... 按钮，为新样式命名为"建筑标注"，如图8-12所示。

❷ 单击 继续 按钮，打开【新建标注样式】对话框，进入【线】选项卡，设置参数如图8-13所示。

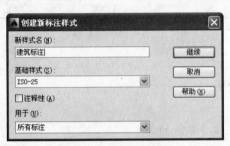

图8-12 新建标注样式

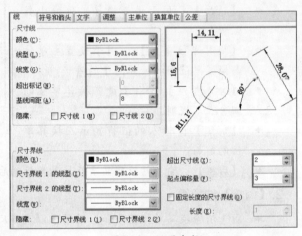

图8-13 设置参数

❸ 进入【符号和箭头】选项卡，展开【箭头】选项组中的【第一个】列表，选择【建筑标记】选项，如图8-14所示，设置参数如图8-15所示。

图8-14 选择箭头类型

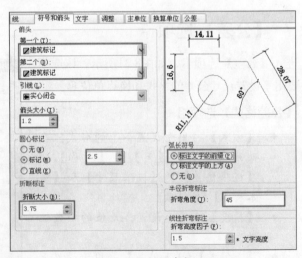

图8-15 设置参数

❹ 进入【文字】选项卡，设置尺寸文本的样式、颜色、高度等参数，如图8-16所示。

❺ 进入【调整】选项卡，设置参数如图8-17所示。

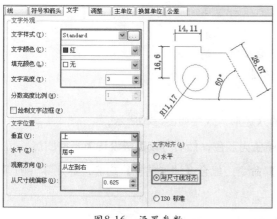

图8-16　设置参数

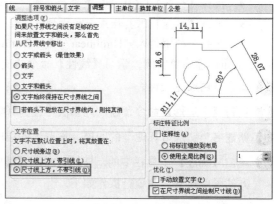

图8-17　设置参数

❻ 进入【主单位】选项卡，设置参数如图8-18所示。

❼ 单击 确定 按钮，返回【标注样式管理器】对话框，新设置的尺寸样式出现在此对话框中，如图8-19所示。

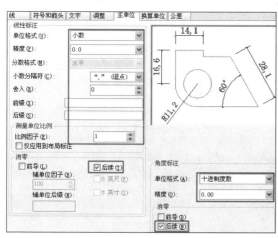

图8-18　设置参数

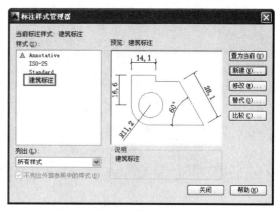

图8-19　新建的"建筑标注"样式

❽ 单击置为当前⑪按钮，将"建筑标注"设置为当前样式。

8.3　标注基本尺寸

视频讲解　"视频文件" \ "第8章" \ "8.3 标注基本尺寸.avi"

AutoCAD 2014为用户提供了多种标注工具。这些工具位于【标注】菜单中，其工具按钮位于【标注】工具栏或【标注】面板中。

8.3.1　标注线性尺寸

线性标注是指标注两点之间或图线的水平尺寸或垂直尺寸。

执行【线性】命令主要有以下几种方式。

- ◆ 执行【标注】|【线性】菜单命令。
- ◆ 单击【标注】工具栏或面板中的□按钮。
- ◆ 在命令行中输入"Dimlinear"或"Dimlin"后按Enter键。

下面通过简单实例，学习【线性】命令的使用方法。

❶ 新建空白绘图文件。

❷ 执行【多边形】命令，绘制内切圆半径为100的六边形，效果如图8-20所示。

❸ 新建名为"尺寸标注"的图层，设置该图层的颜色为蓝色，然后将该图层设置为当前图层。

❹ 单击【标注】工具栏中的□按钮，激活【线性】命令，配合【端点捕捉】功能，标注零件图下方的长度尺寸。命令行操作如下。

```
命令: _dimlinear
    指定第一个尺寸界线原点或 <选择对象>:        //捕捉如图8-21所示的端点
    指定第二条尺寸界线原点:                    //捕捉如图8-22所示的端点
```

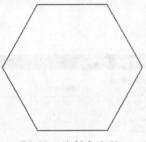

图8-20　绘制多边形

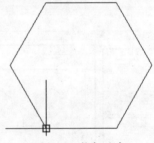

图8-21　捕捉端点

```
    指定尺寸线位置或[多行文字(M)/文字(T)/角度(A)/水平(H)/垂直(V)/旋转(R)]:
                    //向下移动光标，在适当位置拾取点，标注结果如图8-23所示
    标注文字 = 213
```

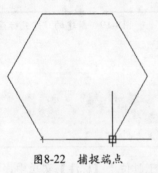

图8-22　捕捉端点

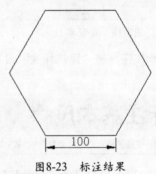

图8-23　标注结果

❺ 重复执行【线性】命令，标注多边形的宽度尺寸。命令行操作如下。

```
命令: _dimlinear
    指定第一个尺寸界线原点或 <选择对象>:        //捕捉如图8-24所示的端点
    指定第二条尺寸界线原点:                    //捕捉如图8-25所示的端点
    指定尺寸线位置或[多行文字(M)/文字(T)/角度(A)/水平(H)/垂直(V)/旋转(R)]:
                    //向右移动光标，在适当位置拾取点，标注结果如图8-26所示
```

图8-24 捕捉端点

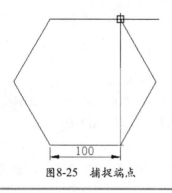

图8-25 捕捉端点

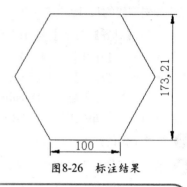

图8-26 标注结果

🖥 选项解析

◆ 【多行文字（M）】：用于手动输入尺寸的文字内容，或为标注文字添加前后缀等。选择该选项后，系统将打开【文字格式】编辑器，如图8-27所示，在该编辑器中可以重新输入尺寸，或为尺寸添加相关符号。

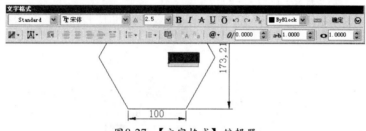

图8-27 【文字格式】编辑器

◆ 【文字（T）】：通过命令行手动输入标注文字的内容。

◆ 【角度（A）】：用于设置标注文字的旋转角度，如图8-28所示。

◆ 【水平（H）】：用于标注两点之间或图线的水平尺寸。激活该选项后，无论如何移动光标，所标注的始终是对象的水平尺寸。

◆ 【垂直（V）】：用于标注两点之间的垂直尺寸。

◆ 【旋转（R）】：用于设置尺寸线的旋转角度，如图8-29所示。

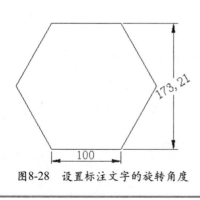

图8-28 设置标注文字的旋转角度

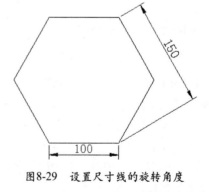

图8-29 设置尺寸线的旋转角度

8.3.2 标注对齐尺寸

所谓"对齐尺寸"，是指平行于所选对象或平行于两尺寸界线原点连线的尺寸，比较适合于

第 **1** 篇 快速入门

第 **2** 篇 技能进阶

第 **3** 篇 三维设计

第 **4** 篇 工程应用

标注倾斜图线的尺寸。

执行【对齐】命令主要有以下几种方式。

◆ 执行【标注】|【对齐】菜单命令。

◆ 单击【标注】工具栏或面板中的↖按钮。

◆ 在命令行中输入"Dimaligned"或"Dimali"后按Enter键。

下面通过简单实例，学习【对齐】命令的使用方法。

① 继续上例的操作。

② 单击【标注】工具栏中的↖按钮，激活【对齐】命令，配合【端点捕捉】功能，标注对齐线尺寸。命令行操作如下。

```
命令: _dimaligned
    指定第一个尺寸界线原点或 <选择对象>:        //捕捉如图8-30所示的端点
    指定第二条尺寸界线原点:                    //捕捉如图8-31所示的端点
    指定尺寸线位置或[多行文字(M)/文字(T)/角度(A)]:
                                            //引导光标在适当位置指定尺寸线的位置，结果如图8-32所示
```

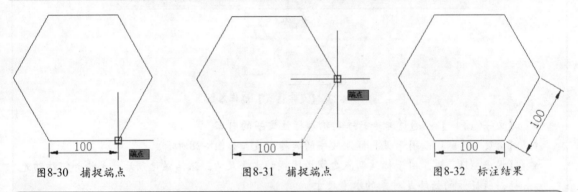

图8-30 捕捉端点   图8-31 捕捉端点   图8-32 标注结果

  【对齐】命令中的选项功能与【线性】命令中的选项功能相同，在此不再赘述。

8.3.3 标注点的坐标

【坐标】命令用于标注点的 x 坐标值和 y 坐标值，所标注的坐标为点的绝对坐标。

执行【坐标】命令主要有以下几种方式。

◆ 执行【标注】|【坐标】菜单命令。

◆ 单击【标注】工具栏或面板中的▦按钮。

◆ 在命令行中输入"Dimordinate"或"Dimord"后按Enter键。

下面通过简单实例，学习【坐标】命令的使用方法。

① 继续上例的操作。

② 执行【坐标】命令，命令行操作如下。

```
命令: _dimordinate
    指定点坐标:                    //捕捉如图8-33所示的端点
```

指定引线端点或 [X 基准(X)/Y 基准(Y)/多行文字(M)/文字(T)/角度(A)]:

　　　　　　　　//引导光标定位引线端点，结果如图8-34所示

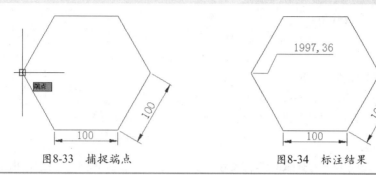

图8-33　捕捉端点　　　　　　　　图8-34　标注结果

　　上下移动光标，可以标注点的x坐标值；左右移动光标，可以标注点的y坐标值。另外，使用【X 基准（X）】选项，可以强制性地标注点的x坐标，不受光标引导方向的限制；使用【Y 基准（Y）】选项，可以强制性地标注点的y坐标，不受光标引导方向的限制。

8.3.4　标注弧长尺寸

　　【弧长】命令用于标注圆弧或多段线弧的长度尺寸。默认设置下，在尺寸数字的一端添加弧长符号。

　　执行【弧长】命令主要有以下几种方式。

◆　执行【标注】|【弧长】菜单命令。

◆　单击【标注】工具栏或面板中的 按钮。

◆　在命令行中输入"Dimarc"后按Enter键。

　　下面通过简单实例，学习【弧长】命令的使用方法。

❶ 继续上例的操作。

❷ 选择并删除已标注的尺寸，然后执行【圆弧】命令，使用【三点】功能绘制圆弧，如图8-35所示。

❸ 执行【弧长】命令，命令行操作如下。

　　命令: _dimarc

　　　　选择弧线段或多段线弧线段:　　　　//选择绘制的弧线段

　　　　指定弧长标注位置或 [多行文字(M)/文字(T)/角度(A)/部分(P)/引线(L)]:

　　　　　　　　　　　　　　　　//引导光标指定弧长尺寸的位置，结果如图8-36所示

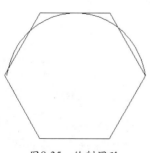 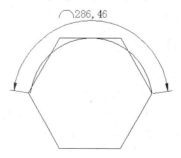

图8-35　绘制圆弧　　　　　　　　图8-36　标注弧长

④ 使用【部分（P）】选项，可以标注圆弧或多段线弧上的部分弧长。命令行操作如下。

```
命令：_dimarc
    选择弧线段或多段线弧线段：          //选择圆弧
    指定弧长标注位置或 [多行文字(M)/文字(T)/角度(A)/部分(P)/引线(L)]:
                                    //输入"p"后按Enter键
    指定圆弧长度标注的第一个点：        //捕捉圆弧的中点
    指定圆弧长度标注的第二个点：        //捕捉圆弧的端点
    指定弧长标注位置或 [多行文字(M)/文字(T)/角度(A)/部分(P)/]:
                                    //指定尺寸位置，结果如图8-37所示
```

【引线（L）】选项用于为圆弧的弧长尺寸添加指示线，结果如图8-38所示，指示线的一端指向所选择的圆弧对象，另一端连接弧长尺寸。

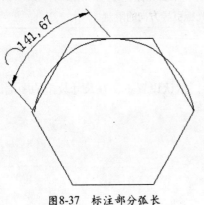

图8-37 标注部分弧长

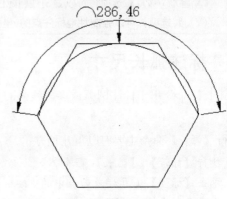

图8-38 添加指示线

8.3.5 标注角度尺寸

【角度】命令用于标注两条图线间的角度尺寸或者是圆弧的圆心角。

执行【角度】命令主要有以下几种方式。

◆ 执行【标注】|【角度】菜单命令。

◆ 单击【标注】工具栏或面板中的△按钮。

◆ 在命令行中输入"Dimangular"或"Angular"后按Enter键。

下面通过简单实例，学习【角度】命令的使用方法。

❶ 继续上例的操作。

❷ 执行【角度】命令，命令行操作如下。

```
命令：_dimangular
    选择圆弧、圆、直线或 <指定顶点>: //选择如图8-39所示的边
    选择第二条直线：                //选择如图8-40所示的边
    指定标注弧线位置或 [多行文字(M)/文字(T)/角度(A) /象限点(Q)]:
                            //在适当位置拾取一点，指定尺寸线位置，结果如图8-41所示
```

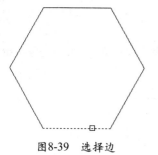

图8-39　选择边

图8-40　选择边

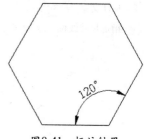

图8-41　标注结果

8.3.6　标注半径尺寸

【半径】命令用于标注圆、圆弧的半径尺寸。当用户采用系统的实际测量值标注文字时，系统会在测量数值前自动添加"R"。

执行【半径】命令主要有以下几种方式。

◆　执行【标注】|【半径】菜单命令。

◆　单击【标注】工具栏或面板中的◎按钮。

◆　在命令行中输入"Dimradius"或"Dimrad"后按Enter键。

下面通过简单实例，学习【半径】命令的使用方法。

❶ 继续上例操作。

❷ 执行【半径】命令，命令行操作如下。

```
命令: _dimradius
    选择圆弧或圆:              //选择弧对象
    标注文字 =32
    指定尺寸线位置或 [多行文字(M)/文字(T)/角度(A)]:
                         //引导光标在合适位置拾取一点，指定尺寸的位置，结果如图8-42所示
```

8.3.7　标注直径尺寸

【直径】命令用于标注圆或圆弧的直径尺寸。当用户采用系统的实际测量值标注文字时，系统会在测量数值前自动添加"ø"。

执行【直径】命令主要有以下几种方式。

◆　执行【标注】|【直径】菜单命令。

◆　单击【标注】工具栏或面板中的◎按钮。

◆　在命令行中输入"Dimdiameter"或"Dimdia"后按Enter键。

下面通过简单实例，学习【直径】命令的使用方法。

❶ 继续上例的操作。

❷ 执行【直径】命令，命令行操作如下。

```
命令: _dimdiameter
    选择圆弧或圆:              //选择圆弧
```

中文版
AutoCAD 2014从入门到精通

第**1**篇 快速入门

第**2**篇 技能进阶

第**3**篇 三维设计

第**4**篇 工程应用

标注文字 = 30

指定尺寸线位置或 [多行文字(M)/文字(T)/角度(A)]:

//引导光标在合适位置拾取一点,指定尺寸的位置,结果如图8-43所示

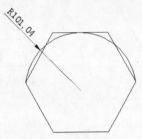

图8-42 标注半径

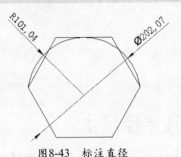

图8-43 标注直径

8.4 其他标注知识

 素　　材　"效果文件"\"第3章"\"建筑墙体平面图.dwg"
效　　果　"效果文件"\"第8章"\"标注建筑墙体平面图尺寸.dwg"
视频讲解　"视频文件"\"第8章"\"8.4 其他标注技能.avi"

在上面章节学习了基本尺寸的标注知识,下面继续学习其他几个比较常用的标注命令,具体包括【快速标注】、【基线】和【连续】。

8.4.1 创建基线尺寸

所谓"基线标注",是指在现有尺寸的基础上,以选择的尺寸界线作为基线尺寸的尺寸界线标注基线尺寸。

执行【基线】命令主要有以下几种方式。

◆ 执行【标注】|【基线】菜单命令。

◆ 单击【标注】工具栏或面板中的 按钮。

◆ 在命令行中输入"Dimbaseline"或"Dimbase"后按Enter键。

下面通过简单实例,学习【基线】命令的使用方法。

❶ 继续上例的操作。

❷ 删除多边形及其尺寸标注,执行【矩形】命令,绘制100×50的矩形,执行【偏移】命令,将矩形的垂直边进行偏移,偏移距离为20,结果如图8-44所示。

❸ 执行【线性】命令,标注如图8-45所示的线性尺寸作为基准尺寸。

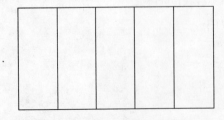

图8-44 绘制图形

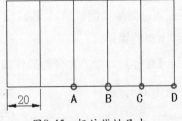

图8-45 标注线性尺寸

❹ 单击【标注】工具栏中的 按钮，激活【基线】命令，配合【端点捕捉】功能，标注基线尺寸。命令行操作如下。

```
命令: _dimbaseline
        指定第二条尺寸界线原点或 [放弃(U)/选择(S)] <选择>:          //捕捉图8-45中的端点A
```

 激活【基线】命令后，AutoCAD会自动以刚创建的线性尺寸作为基准尺寸，进入基线尺寸的标注状态。

```
        标注文字 =40
        指定第二条尺寸界线原点或 [放弃(U)/选择(S)] <选择>:          //捕捉图8-45中的端点B
        标注文字 = 60
        指定第二条尺寸界线原点或 [放弃(U)/选择(S)] <选择>:          //捕捉图8-45中的端点C
        标注文字 = 80
        指定第二条尺寸界线原点或 [放弃(U)/选择(S)] <选择>:          //捕捉图8-45中的端点D
        标注文字 = 1000
        指定第二条尺寸界线原点或 [放弃(U)/选择(S)] <选择>:          //按Enter键，退出基线标注状态
        选择基准标注:                      //按Enter键，退出命令，标注结果如图8-46所示
```

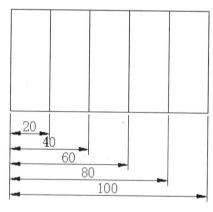

图8-46 基线标注

> 💻 **选项解析**
>
> ◆ 【选择 (S)】: 用于提示选择一个线性坐标或角度标注作为基线标注的基准。
> ◆ 【放弃 (U)】: 用于放弃所标注的最后一个基线标注。

8.4.2 创建连续尺寸

所谓"连续标注"，是在现有的尺寸基础上创建连续的尺寸标注，所创建的连续尺寸位于同一个方向矢量上。

执行【连续】命令主要有以下几种方式。

◆ 执行【标注】|【连续】菜单命令。
◆ 单击【标注】工具栏或面板中的 按钮。

第**1**篇 快速入门

第**2**篇 技能进阶

第**3**篇 三维设计

第**4**篇 工程应用

◆ 在命令行中输入"Dimcontinue"或"Dimcont"后按Enter键。

下面通过简单实例，学习【连续】命令的使用方法。

❶ 继续上例的操作，删除图8-46中所有的尺寸标注。

❷ 执行【线性】命令，配合【端点捕捉】功能，标注如图8-45所示的线性尺寸作为基准尺寸。

❸ 执行【标注】|【连续】菜单命令，根据命令行的提示，标注连续尺寸。命令行操作如下。

```
命令：_dimcontinue
    指定第二条尺寸界线原点或 [放弃(U)/选择(S)] <选择>：        //捕捉图8-45所示的端点A
    标注文字 = 20
    指定第二条尺寸界线原点或 [放弃(U)/选择(S)] <选择>：        //捕捉图8-45中的端点B
    标注文字 = 20
    指定第二条尺寸界线原点或 [放弃(U)/选择(S)] <选择>：        //捕捉图8-45中的端点C
    标注文字 =20
    指定第二条尺寸界线原点或 [放弃(U)/选择(S)] <选择>：        //捕捉图8-45中的端点D
    标注文字 = 20
    指定第二条尺寸界线原点或 [放弃(U)/选择(S)] <选择>：   //按Enter键，退出连续尺寸标注状态
    选择连续标注：                        //按Enter键，结束命令，标注结果如图8-47所示
```

图8-47　连续标注

8.4.3　快速标注尺寸

所谓"快速标注"，是指一次标注多个对象间的水平尺寸或垂直尺寸，这是一种比较常用的复合标注命令。

执行【快速标注】命令主要有以下几种方式。

◆ 执行【标注】|【快速标注】菜单命令。

◆ 单击【标注】工具栏或面板中的 按钮。

◆ 在命令行中输入"Qdim"后按Enter键。

下面通过简单实例，学习【快速标注】命令的使用方法。

❶ 继续上例的操作。

❷ 删除图8-47中标注的所有尺寸，然后执行【快速标注】命令。命令行操作如下。

```
命令：_qdim
    选择要标注的几何图形：        //由右向左拖出如图8-48所示的窗交选择框选择垂直图线
    选择要标注的几何图形：        //按Enter键，进入快速标注模式，结果如图8-49所示
```

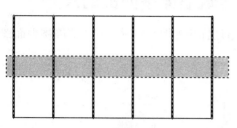

图8-48 选择垂直图线

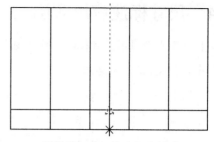

图8-49 进入快速标注模式

指定尺寸线位置或 [连续(C)/并列(S)/基线(B)/坐标(O)/半径(R)/直径(D)/基准点(P)/编辑(E)/设置(T)] <连续>: //向下引导光标，在合适位置指定尺寸线位置，标注结果如图8-50所示

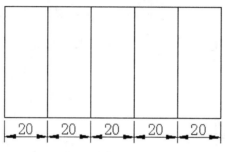

图8-50 标注结果

🖥 选项解析

- 【连续（C）】：用于标注对象间的连续尺寸。
- 【并列（S）】：用于标注并列尺寸，如图8-51所示。
- 【基线（B）】：用于标注基线尺寸，如图8-52所示。

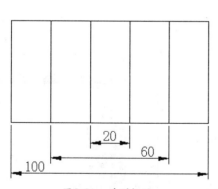

图8-51 并列标注

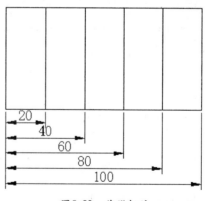

图8-52 基线标注

- 【坐标（O）】：用于标注对象的绝对坐标。
- 【基准点（P）】：用于设置新的标注点。
- 【编辑（E）】：用于添加或删除标注点。
- 【半径（R）】：用于标注圆或弧的半径尺寸。
- 【直径（D）】：用于标注圆或弧的直径尺寸。

8.4.4 尺寸标注应用实例——标注建筑墙体平面图的尺寸

在上面章节学习了尺寸标注的相关知识，下面通过标注如图8-53所示的建筑墙体平面图的尺寸，学习尺寸标注的实际运用。

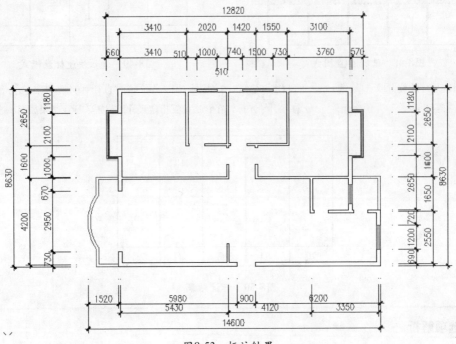

图8-53 标注结果

① 打开随书光盘中的"效果文件"\"第3章"\"建筑墙体平面图.dwg"文件，如图8-54所示。

② 在【图层】工具栏中的"图层控制"列表中，将"尺寸层"设置为当前图层，如图8-55所示。

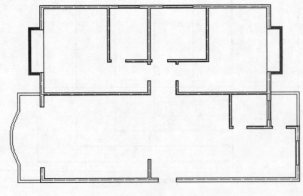

图8-54 打开的文件

图8-55 设置"尺寸层"为当前图层

③ 使用快捷键"XL"激活【构造线】命令，配合【端点捕捉】功能，在平面图的最外侧绘制如图8-56所示的4条构造线，作为尺寸定位辅助线。

④ 执行【修改】|【偏移】菜单命令，将4条构造线向外侧偏移，偏移距离为600，并将源构造线删除，结果如图8-57所示。

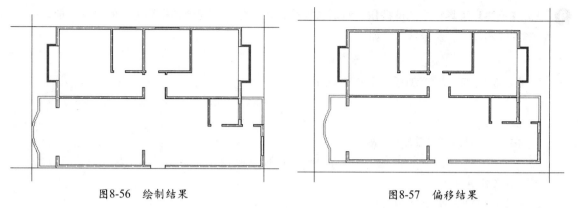

图8-56　绘制结果　　　　　　　　　　图8-57　偏移结果

❺ 使用快捷键"D"激活【标注样式】命令，将"建筑标注"设置为当前标注样式，并修改当前
尺寸样式的比例，如图8-58所示。

❻ 单击【标注】工具栏中的 ⊢ 按扭，在命令行"指定第一个尺寸界线原点或 <选择对象>："的
提示下，由阳台左侧中点向下引出追踪线，捕捉追踪虚线与辅助线的交点，作为第1条尺寸界
线的原点，如图8-59所示。

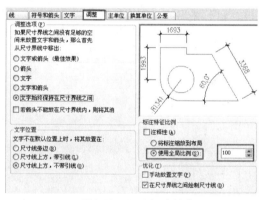

图8-58　设置标注样式

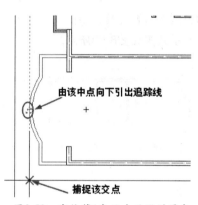

图8-59　定位第1条尺寸界线的原点

❼ 在命令行"指定第二条尺寸界线原点："的提示下，由下方墙线的端点向下引出追踪线，捕捉
追踪虚线与辅助线的交点，作为第2条尺寸界线的原点，如图8-60所示。

❽ 在命令行"指定尺寸线位置或[多行文字(M)/文字(T)/角度(A)/水平(H)/垂直(V)/旋转(R)]："的提
示下，垂直向下移动光标，输入"1400"后按Enter 键，结果如图8-61所示。

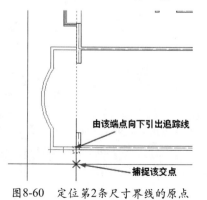

图8-60　定位第2条尺寸界线的原点

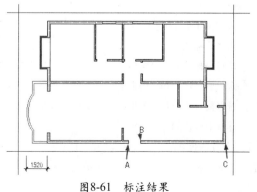

图8-61　标注结果

❾ 单击【标注】工具栏中的 按扭，激活【连续】标注命令，配合捕捉和追踪的相关功能，标注右侧的细部尺寸。命令行操作如下。

```
命令: _dimcontinue
    指定第二条尺寸界线原点或 [放弃(U)/选择(S)] <选择>:
                            //由图8-61中的点A向下引出追踪线，捕捉追踪线与辅助线的交点
    标注文字 = 5980
    指定第二条尺寸界线原点或 [放弃(U)/选择(S)] <选择>:
                            //由图8-61中的点B向下引出追踪线，捕捉追踪线与辅助线的交点
    标注文字 = 900
    指定第二条尺寸界线原点或 [放弃(U)/选择(S)] <选择>:
                            //由图8-61中的点C向下引出追踪线，捕捉追踪线与辅助线的交点
    标注文字 = 6200
    指定第二条尺寸界线原点或 [放弃(U)/选择(S)] <选择>:
                            // 按两次Enter键，标注结果如图8-62所示
```

下面继续标注轴线尺寸。

❿ 展开【图层】工具栏中的【图层控制】下拉列表，暂时关闭"门窗层"和"墙线层"，关闭图层后的效果如图8-63所示。

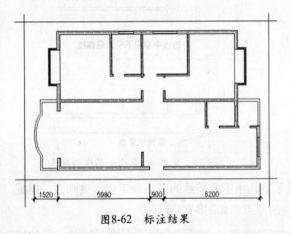

图8-62 标注结果

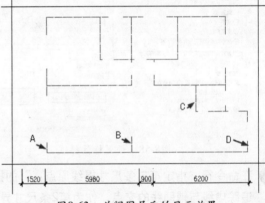

图8-63 关闭图层后的显示效果

⓫ 单击【标注】工具栏中的 按钮，激活【快速标注】命令，标注轴线尺寸。命令行操作如下。

```
命令: _qdim
    关联标注优先级 = 端点
    选择要标注的几何图形:            //单击图8-63中的轴线A
    选择要标注的几何图形:            //单击图8-63中的轴线B
    选择要标注的几何图形:            //单击图8-63中的轴线C
    选择要标注的几何图形:            //单击图8-63中的轴线D
    选择要标注的几何图形:            //按Enter键，进入快速标注模式，如图8-64所示
    指定尺寸线位置或 [连续(C)/并列(S)/基线(B)/坐标(O)/半径(R)/直径(D)/基准点(P)/编辑(E)/设置
(T)] <连续>:            //向下引出追踪矢量，输入"1500"后按Enter键，结果如图8-65所示
```

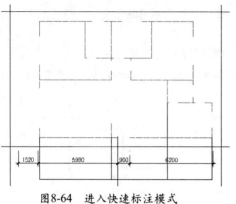

图8-64　进入快速标注模式

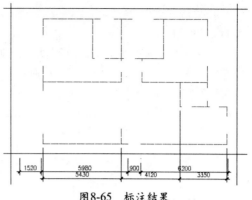

图8-65　标注结果

⑫ 在无任何命令执行的前提下，选择刚标注的轴线尺寸，使其夹点显示，如图8-66所示。

⑬ 使用【夹点拉伸】功能，分别将各轴线尺寸的尺寸界线原点拉伸至尺寸定位辅助线上，然后按
Esc键取消夹点显示，结果如图8-67所示。

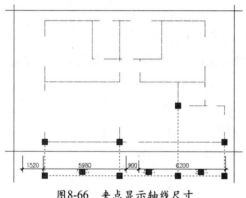

图8-66　夹点显示轴线尺寸

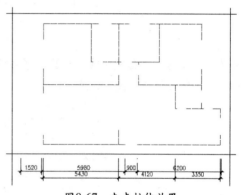

图8-67　夹点拉伸效果

⑭ 在【图层控制】下拉列表中打开被关闭的相关图层，结果如图8-68所示。

⑮ 继续执行【标注】|【线性】菜单命令，配合捕捉与追踪的相关功能，标注平面图下方的总尺
寸。命令行操作如下。

```
命令: _dimlinear
    指定第一个尺寸界线原点或 <选择对象>:          //捕捉如图8-69所示的交点
```

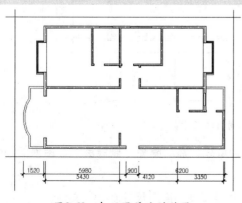

图8-68　打开图层后的效果

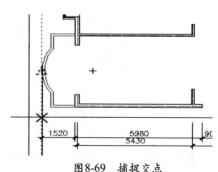

图8-69　捕捉交点

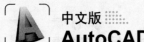
指定第二条尺寸界线原点：　　　　　　　　//捕捉如图8-70所示的交点

指定尺寸线位置或

[多行文字(M)/文字(T)/角度(A)/水平(H)/垂直(V)/旋转(R)]：

　　　　　　　　//向下引导光标，输入"2100"后按Enter键，结果如图8-71所示

标注文字 = 14600

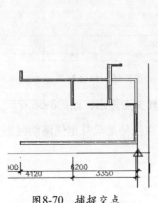

图8-70　捕捉交点

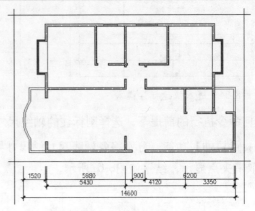

图8-71　标注结果

⓰ 参照上述步骤，综合使用【线性】、【连续】与【快速标注】命令，分别标注平面图其他侧面的尺寸，标注结果如图8-72所示。

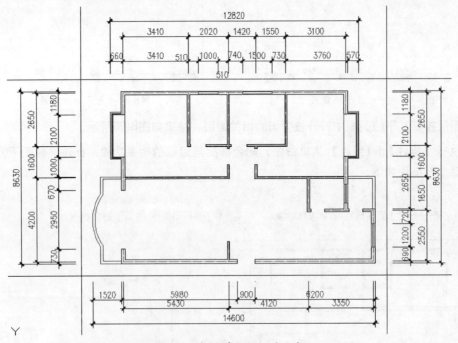

图8-72　标注其他侧面的尺寸

⓱ 使用快捷键"E"激活【删除】命令，删除4条构造线，然后隐藏"轴线层"，结果如图8-73所示。

⓲ 执行【另存为】命令，将图形命名存储为"标注建筑墙体平面图尺寸.dwg"文件。

第
1
篇
快速入门

第
2
篇
技能进阶

第
3
篇
三维设计

第
4
篇
工程应用

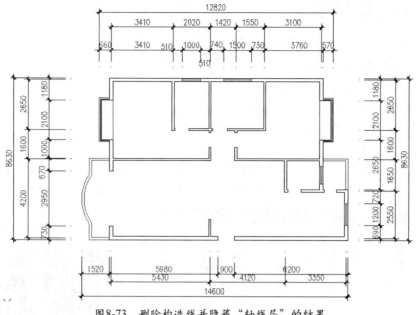

图8-73　删除构造线并隐藏"轴线层"的结果

8.5　标注圆心标记与公差

> 视频讲解　"视频文件"\"第8章"\"8.5 标注圆心标记与公差.avi"

下面继续学习【圆心标记】和【公差】标注命令。

8.5.1　标注圆心标记

【圆心标记】命令主要用于标注圆或圆弧的圆心标记，也可以标注其中心线，如图8-74所示。

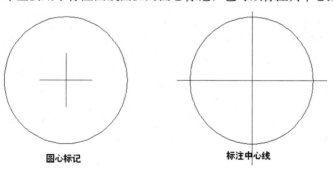

图8-74　标注圆心标记和中心线

执行【圆心标记】命令主要有以下几种方式。

- ◆　执行【标注】|【圆心标记】菜单命令。
- ◆　单击【标注】工具栏中的◉按钮。
- ◆　在命令行中输入"Dimcenter"后按Enter键。

执行【圆心标记】命令后，直接选择要标注的对象，即可进行标注。

8.5.2 标注公差尺寸

【公差】命令用于标注零件图的形状公差和位置公差。

执行【公差】命令主要有以下几种方式。

◆ 执行【标注】|【公差】菜单命令。

◆ 单击【标注】工具栏或面板中的 按钮。

◆ 在命令行中输入"Tolerance"后按Enter键。

◆ 使用快捷键"TOL"。

执行【公差】命令后，可打开如图8-75所示的【形位公差】对话框，单击【符号】选项组中的颜色块，打开如图8-76所示的【特征符号】对话框，用户可以从中选择相应的形位公差符号。

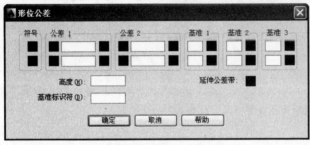

图8-75 【形位公差】对话框

图8-76 【特征符号】对话框

在【公差1】或【公差2】选项组中单击右侧的颜色块，打开如图8-77所示的【附加符号】对话框，在此设置公差的包容条件。

图8-77 【符加符号】对话框

◆ Ⓜ符号：表示最大包容条件，规定零件在极限尺寸内的最大包容量。

◆ Ⓛ符号：表示最小包容条件，规定零件在极限尺寸内的最小包容量。

◆ Ⓢ符号：表示不考虑特征条件，不规定零件在极限尺寸内的任意几何大小。

8.6 尺寸的编辑与修改

素　　材　"素材文件"\"直齿轮零件二视图.dwg"
效　　果　"效果文件"\"第8章"\"标注直齿轮零件尺寸公差与形位公差.dwg"
视频讲解　"视频文件"\"第8章"\"8.6 尺寸的编辑与修改.avi"

下面继续学习尺寸编辑与修改的相关知识，具体包括【标注打断】、【编辑标注】、【标注更新】、【标注间距】和【编辑标注文字】几个命令。

8.6.1 打断标注

【标注打断】命令用于在尺寸线、尺寸界线与几何对象或其他标注相交的位置将其打断。

执行【标注打断】命令主要有以下几种方式。

◆ 执行【标注】|【标注打断】菜单命令。

◆ 单击【标注】工具栏或面板中的 按钮。

◆ 在命令行中输入表达式"Dimbreak"后按Enter键。

下面通过一个简单实例，学习【标注打断】命令的操作知识。

❶ 新建空白绘图文件，绘制同心圆并标注线性尺寸，如图8-78所示。

❷ 执行【标注打断】命令后，命令行操作如下。

```
命令: _dimbreak
    选择要添加/删除折断的标注或 [多个(M)]:       //选择标注的尺寸
    选择要折断标注的对象或 [自动(A)/手动(M)/删除(R)] <自动>: //选择与尺寸线相交的外侧的圆
    选择要折断标注的对象:                      //按Enter键，结束命令，打断结果如图8-79所示
    1 个对象已修改
```

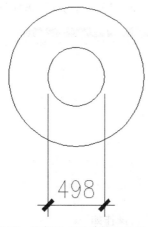
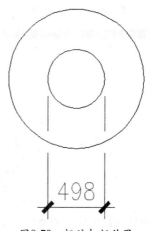

图8-78　绘制同心圆并标注线性尺寸　　　　图8-79　标注打断效果

> **选项解析**
>
> ◆ 【手动（M）】：用于手动定位打断位置。
> ◆ 【删除（R）】：用于恢复被打断的尺寸对象。

8.6.2　编辑标注

【编辑标注】命令主要用于修改标注文字的内容、旋转角度以及尺寸界线的倾斜角度等。

执行【编辑标注】命令主要有以下几种方式。

◆ 执行【标注】|【倾斜】菜单命令。
◆ 单击【标注】工具栏或面板中的■按钮。
◆ 在命令行中输入表达式"Dimedit"后按Enter键。

下面通过简单实例，学习【编辑标注】命令的使用方法。

❶ 继续上例的操作。

❷ 单击【标注】工具栏中的■按钮，激活【编辑标注】命令，根据命令行的提示进行编辑标注。命令行操作如下。

```
命令: _dimedit
    输入标注编辑类型 [默认(H)/新建(N)/旋转(R)/倾斜(O)] <默认>:
```

第**1**篇　快速入门

第**2**篇　技能进阶

第**3**篇　三维设计

第**4**篇　工程应用

//输入"n"后按Enter键，打开【文字格式】编辑器，单击@按钮，在展开的下拉列表中选择【直径】选项，如图8-80所示

图8-80　选择【直径】选项

❸ 此时在文字输入框中添加了直径符号，修改标注文字内容为"498"，如图8-81所示。

图8-81　修改标注文字内容

❹ 确认并关闭【文字格式】编辑器。命令行操作如下。

| 选择对象： | //选择刚标注的尺寸 |
| 选择对象： | //按Enter键，标注结果如图8-82所示 |

❺ 重复执行【编辑标注】命令，对标注文字进行倾斜。命令行操作如下。

命令：	//按Enter键，重复执行命令
DIMEDIT	
输入标注编辑类型 [默认(H)/新建(N)/旋转(R)/倾斜(O)] <默认>：	
	//输入"r"后按Enter键，激活【旋转（R）】选项
指定标注文字的角度：	//输入"30"后按Enter键
选择对象：	//选择标注的尺寸
选择对象：	//按Enter键，结果如图8-83所示

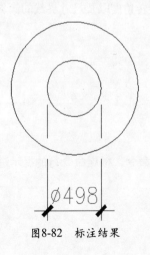

图8-82　标注结果

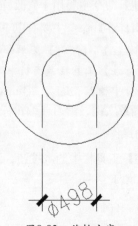

图8-83　旋转文字

第 **1** 篇 快速入门

第 **2** 篇 技能进阶

第 **3** 篇 三维设计

第 **4** 篇 工程应用

📺 **选项解析**

【倾斜（O）】：用于对尺寸界线进行倾斜。激活该选项后，系统将按指定的角度调整标注尺寸界线的倾斜角度，如图8-84所示。

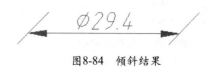

图8-84 倾斜结果

8.6.3 标注更新

【更新】命令用于将尺寸对象的样式更新为当前尺寸标注样式，还可以将当前的标注样式保存起来以供随时调用。

执行【更新】命令主要有以下几种方式。

◆ 执行【标注】|【更新】菜单命令。

◆ 单击【标注】工具栏或面板中的按钮。

◆ 在命令行中输入"-Dimstyle"后按Enter键。

执行该命令后，仅选择需要更新的尺寸对象即可。命令行操作如下。

```
命令：_-dimstyle
    当前标注样式:NEWSTYLE 注释性：否
    输入标注样式选项[注释性(AN)/保存(S)/恢复(R)/状态(ST)/变量(V)/应用(A)/?] <恢复>：
    选择对象：              //选择需要更新的尺寸
    选择对象：              //按Enter键，结束命令
```

📺 **选项解析**

◆ 【状态（ST）】：用于以文本窗口的形式显示当前标注样式的数据。

◆ 【应用（A）】：将选择的标注对象自动更换为当前标注样式。

◆ 【保存（S）】：用于将当前标注样式存储为用户定义的样式。

◆ 【恢复（R）】：用于恢复已定义过的标注样式。

8.6.4 标注间距

【标注间距】命令用于自动调整平行的线性标注和角度标注之间的间距，或根据指定的间距值进行调整。

执行【标注间距】命令主要有以下几种方式。

◆ 执行【标注】|【标注间距】菜单命令。

◆ 单击【标注】工具栏或面板中的按钮。

◆ 在命令行中输入"Dimspace"后按Enter键。

下面通过简单实例，学习【标注间距】命令的使用方法。

❶ 继续上例的操作。

❷ 执行【线性】命令，标注如图8-85所示的尺寸。

❸ 执行【标注间距】命令，命令行操作如下。

```
命令： _DIMSPACE
    选择基准标注：              //选择尺寸文字为"498"的尺寸对象
    选择要产生间距的标注：：      //选择其他两个尺寸对象
    选择要产生间距的标注：        //按Enter键，结束对象的选择
    输入值或 [自动(A)] <自动>：  //输入"300"后按Enter键，调整结果如图8-86所示
```

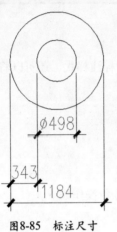

图8-85　标注尺寸

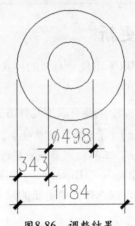

图8-86　调整结果

> 🖥 **选项解析**
>
> 【自动（A）】：根据现有的尺寸位置，自动调整各尺寸对象的位置，使之间隔相等。

8.6.5　编辑标注文字

【编辑标注文字】命令用于重新调整标注文字的放置位置以及标注文字的旋转角度。

执行【编辑标注文字】命令主要有以下几种方式。

◆ 执行【标注】|【对齐文字】级联菜单中的各命令。

◆ 单击【标注】工具栏或面板中的按钮。

◆ 在命令行中输入"Dimtedit"后按Enter键。

下面通过简单实例，学习【编辑标注文字】命令的使用方法。

1 继续上例的操作。

2 单击【标注】工具栏中的按钮，激活【编辑标注文字】命令，调整尺寸方位的角度。命令行操作如下。

```
命令： _dimtedit
    选择标注：                  //选择尺寸文字为"343"的标注尺寸
    为标注文字指定新位置或 [左对齐(L)/右对齐(R)/居中(C)/默认(H)/角度(A)]：
                    //按住鼠标将其向左移动到合适位置，单击鼠标左键确认，结果如图8-87所示
命令： _dimtedit
    选择标注：                  //选择尺寸文字为"1184"的标注尺寸
    为标注文字指定新位置或 [左对齐(L)/右对齐(R)/居中(C)/默认(H)/角度(A)]：
                    //输入"a "后按Enter键，激活【角度（A）】选项
```

指定标注文字的角度：　　　　　　　　//输入"45"后按Enter键，编辑结果如图8-88所示

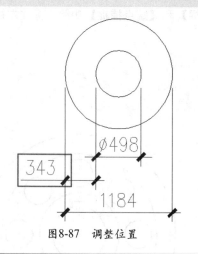

图8-87　调整位置

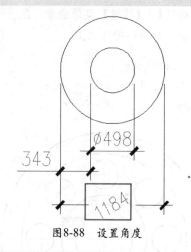

图8-88　设置角度

💻 **选项解析**

- ◆ 【左对齐（L）】：用于沿尺寸线左端放置标注文字。
- ◆ 【右对齐（R）】：用于沿尺寸线右端放置标注文字。
- ◆ 【居中（C）】：用于将标注文字放在尺寸线的中心。
- ◆ 【默认（H）】：用于将标注文字移回默认位置。
- ◆ 【角度（A）】：用于旋转标注文字。

8.6.6　公差标注与编辑尺寸的应用实例——标注直齿轮零件图的尺寸公差与形位公差

在上面章节中学习了图形公差标注以及编辑尺寸标注的相关知识，下面通过标注直齿轮零件图的尺寸公差和形位公差，对以上所学知识进行巩固。

❶ 打开随书光盘中的"素材文件"\"直齿轮零件二视图.dwg"文件，这是一个标注了部分尺寸的直齿轮零件二视图，如图8-89所示。

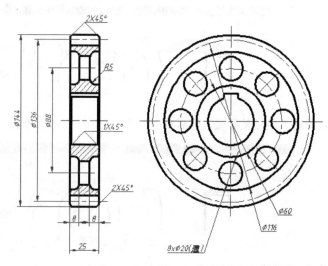

图8-89　直齿轮零件二视图

下面为其标注尺寸公差与形位公差。

❷ 执行【标注】|【线性】菜单命令，配合【交点捕捉】和【端点捕捉】功能，标注左视图右侧的尺寸公差。命令行操作如下。

```
命令: _dimlinear
    指定第一个尺寸界线原点或 <选择对象>:        //捕捉如图8-90所示的端点
    指定第二条尺寸界线原点:                      //捕捉如图8-91所示的交点
```

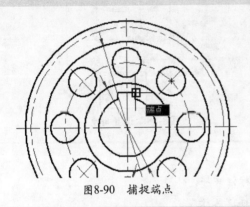
图8-90　捕捉端点

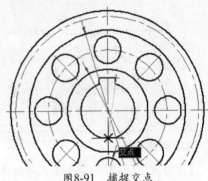
图8-91　捕捉交点

```
指定尺寸线位置或[多行文字(M)/文字(T)/角度(A)/水平(H)/垂直(V)/旋转(R)]:
                    //输入"m"后按Enter键，打开如图8-92所示的【文字格式】编辑器
```

图8-92　【文字格式】编辑器

❸ 将光标定位在尺寸数字的后面，然后输入尺寸公差后缀"+0.2^0"，结果如图8-93所示。

图8-93　添加后缀

❹ 选择输入的公差后缀，然后单击 【堆叠】按钮进行堆叠，如图8-94所示。

图8-94　选择堆叠内容进行堆叠

❺ 单击 确定 按钮，返回绘图区，根据命令行的提示指定尺寸线位置，标注结果如图8-95所示。

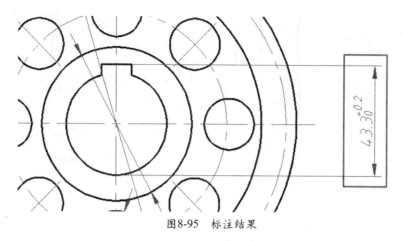

图8-95　标注结果

6 参照上述操作，重复执行【线性】命令，标注上方的尺寸公差，结果如图8-96所示。

7 将"其他标注"样式设置为当前标注样式，然后执行【标注】|【直径】菜单命令，标注如图8-97所示的尺寸公差。

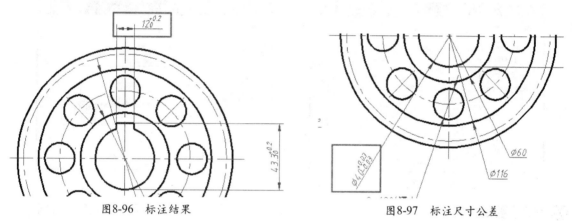

图8-96　标注结果　　　　　　　　　　　　　图8-97　标注尺寸公差

8 使用快捷键"ED"激活【编辑文字】命令，在命令行"选择注释对象或 [放弃(U)]："的提示下，选择左侧文字为"144"的直径尺寸，打开【文字格式】编辑器。

9 在【文字格式】编辑器中添加尺寸公差后缀"0^-0.2"，然后选择添加的后缀进行堆叠并确认，结果如图8-98所示。

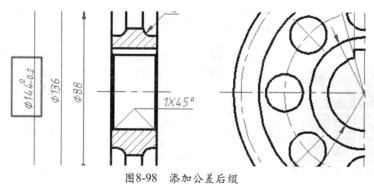

图8-98　添加公差后缀

10 使用相同的方法，分别修改其他尺寸的公差，完成尺寸公差的标注，结果如图8-99所示。

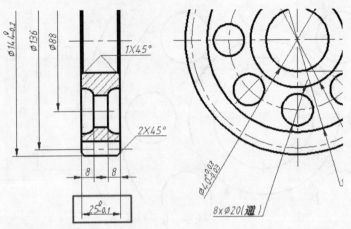

图8-99 标注结果

⓫ 标注形位公差。使用快捷键 "LE" 激活【快速引线】命令，使用命令中的【设置（S）】选项功能，设置引线注释类型为【公差】，如图8-100所示，设置其他参数如图8-101所示。

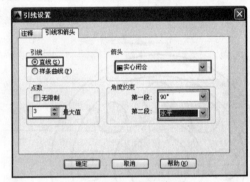

图8-100 设置注释类型　　　　　　　　图8-101 设置参数

⓬ 单击 确定 按钮，返回绘图区，根据命令行的提示指定引线点，打开【形位公差】对话框。

⓭ 在【形位公差】对话框中的【符号】颜色块上单击鼠标左键，打开【特征符号】对话框，然后选择如图8-102所示的公差符号，单击鼠标左键。

⓮ 返回【形位公差】对话框，在【公差1】选项组中的颜色块上单击鼠标左键，添加直径符号、输入公差值等，如图8-103所示。

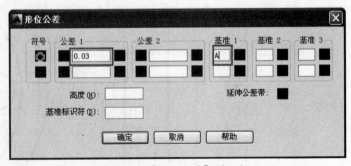

图8-102 【特征符号】对话框　　　　　　图8-103 【形位公差】对话框

⓯ 单击 确定 按钮关闭【形位公差】对话框，标注结果如图8-104所示。

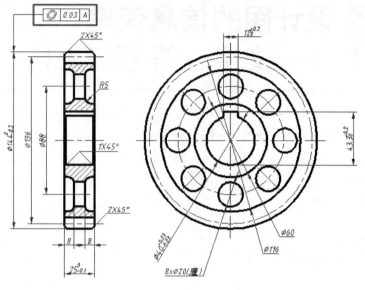

图8-104　标注结果

⓰ 重复执行【快速引线】命令，标注主视图下方的形位公差，标注结果如图8-105所示。

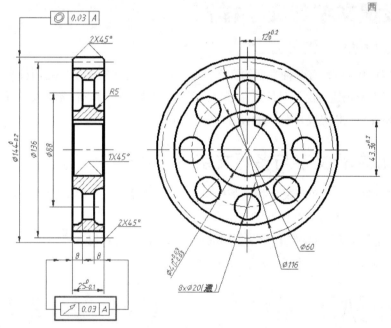

图8-105　标注形位公差

⓱ 执行【另存为】命令，将图形命名存储为"标注直齿轮零件尺寸公差与形位公差.dwg"文件。

第9章 设计图的信息传递
——文字、符号与表格

在AutoCAD 2014的图形设计中，文字是另外一种表达施工图纸意图的方式，用于表达图形无法传递的一些文字信息，是图纸中不可缺少的一项内容。

本章学习内容：

- ◆ 设置文字与文字样式
- ◆ 创建单行文字
- ◆ 创建多行文字
- ◆ 创建快速引线注释与多重引线
- ◆ 创建与填充表格

9.1 设置文字与文字样式

 视频讲解 "视频文件"\"第9章"\"9.1.文字与文字样式设置.avi"

在AutoCAD 2014中，有两种类型的文字，即单行文字与多行文字，这两种文字在图形设计中有着不同的用途以及创建方法。另外，在创建这两种类型的文字时，首先需要设置文字样式。下面首先了解这两类文字，以及文字样式的设置等相关知识。

9.1.1 认识单行文字与多行文字

在AutoCAD 2014中，单行文字指的是使用【单行文字】命令输入的文字，该文字每一行系统都将其作为一个独立的对象，如图9-1所示。

多行文字则是由【多行文字】命令创建的文字，无论该文字包含多少行、多少段，AutoCAD都将其作为一个独立的对象，如图9-2所示。

AutoCAD 2014 从入门到精通

图9-1 单行文字

AutoCAD 2014 从入门到精通

图9-2 多行文字

单行文字适合标注文字比较简短的内容，例如，在建筑设计图纸中标注房间名称、在机械设计中标注零件名称等；而多行文字适合标注表达内容比较丰富的文字，例如，零件图中的技术要求，建筑设计图中的设计说明等内容。

9.1.2 设置文字样式

不管是单行文字还是多行文字，在输入文字之前，都要根据图纸需要设置合适的文字样式，以满足图形的标注要求。【文字样式】命令是用于设置文字样式的工具。通过【文字样式】命令，可以控制文字的外观效果，如字体、字号、倾斜角度、旋转角度以及其他的特殊效果等。相同内容的文字，如果使用不同的文字样式，其外观效果也不相同，如图 9-3 所示。

图9-3　文字样式效果

执行【文字样式】命令主要有以下几种方式。

◆ 执行【格式】|【文字样式】菜单命令。

◆ 单击【样式】工具栏或【文字】面板中的 按钮。

◆ 在命令行中输入"Style"后按Enter键。

◆ 使用快捷键"ST"。

下面通过设置名为"汉字"的文字样式，学习【文字样式】命令的使用方法。

❶ 设置新样式。单击【样式】工具栏中的 按钮，激活【文字样式】命令，打开【文字样式】对话框，如图9-4所示。

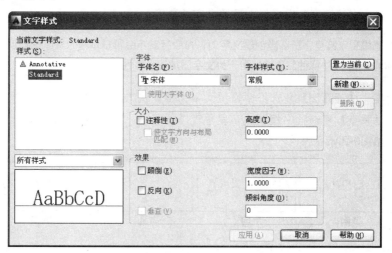

图9-4　【文字样式】对话框

❷ 单击 新建(N)... 按钮，在打开的【新建文字样式】对话框中为新样式赋名，如图9-5所示。

❸ 单击 确定 按钮，返回【文字样式】对话框。在【字体】选项组中，展开【字体名】下拉列表，选择所需的字体，如图9-6所示。

图9-5　【新建文字样式】对话框

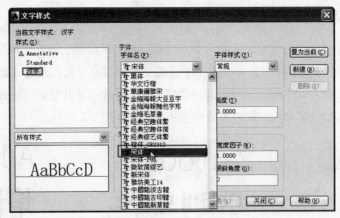

图9-6 【字体名】下拉列表

如果取消选中【使用大字体】复选框，所有*.SHX和TrueType字体都将显示在列表内以供选择；若选择TrueType字体，那么在右侧【字体样式】列表中可以设置当前字体样式，如图9-7所示；若选择了编译型*.SHX字体后，且选中了【使用大字体】复选框，则右侧的列表框变为如图9-8所示的状态，此时用于选择所需的大字体。

图9-7 选择TrueType字体   图9-8 选择编译型*.SHX字体

4 设置字体高度。在【高度】文本框中设置文字的高度。

如果设置了高度，那么当创建文字时，命令行就不会再提示输入文字的高度。建议在此不设置字体的高度；【注释性】复选框用于为文字添加注释特性。

5 设置文字效果。在【颠倒】复选框中设置文字为倒置状态；在【反向】复选框中设置文字为反向状态；在【垂直】复选框中控制文字呈垂直排列状态；【倾斜角度】文本框用于控制文字的倾斜角度，如图9-9所示。

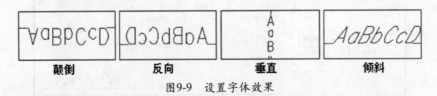

颠倒   **反向**   **垂直**   **倾斜**

图9-9 设置字体效果

6 设置宽度比例。在【宽度比例】文本框中设置字体的宽高比。

国标规定工程图样中的汉字应采用长仿宋体，宽高比为0.7。当此比值大于1时，文字宽度放大，否则将缩小。

7 设置完毕后，单击 应用(A) 按钮，设置的文字样式被看成当前样式。

8 单击 预览(P) 按钮，在【预览】框中可以预览文字的效果。

9 单击 删除(D) 按钮，可以将多余的文字样式进行删除。

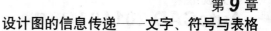

默认的Standard样式、当前文字样式以及在当前文件中已使过的文字样式，都不能被删除。

⑩ 单击 关闭(C) 按钮，关闭【文字样式】对话框。

9.2　创建单行文字

素　　材　"效果文件"\"第8章"\"标注建筑墙体平面图尺寸.dwg"
"素材文件"\"楼梯剖面图.dwg"
效　　果　"效果文件"\"第9章"\"标注建筑墙体平面图房间功能.dwg"
视频讲解　"视频文件"\"第9章"\"9.2 创建单行文字.avi"

下面继续学习单行文字的创建、单行文字的对正方式以及单行文字的应用知识。

9.2.1　创建单行文字

【单行文字】命令主要通过命令行创建单行或多行的文字对象，所创建的每一行文字，都被看成是一个独立的对象。

执行【单行文字】命令主要有以下几种方式。

◆　选择【绘图】|【文字】|【单行文字】菜单命令。
◆　单击【文字】工具栏或【文字】面板中的 A 按钮。
◆　在命令行中输入"Dtext"后按Enter键。
◆　使用快捷键"DT"。

下面通过为某楼梯剖面图标注文字注释的简单实例，学习单行文字的创建。

❶ 打开随书光盘中的"素材文件"\"楼梯剖面图.dwg"文件，如图9-10所示。

❷ 使用快捷键"L"激活【直线】命令，配合捕捉或追踪功能，绘制如图9-11所示的指示线。

❸ 执行【绘图】|【圆环】菜单命令，配合【最近点捕捉】功能，绘制外径为100的实心圆环，结果如图9-12所示。

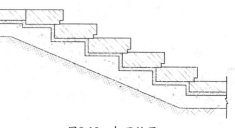

图9-10　打开结果

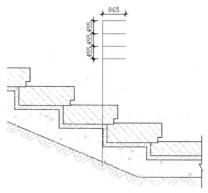

图9-11　绘制指示线

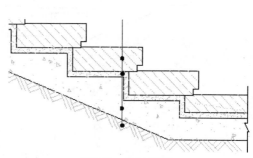

图9-12　绘制圆环

第 **1** 篇　快速入门

第 **2** 篇　技能进阶

第 **3** 篇　三维设计

第 **4** 篇　工程应用

❹ 单击【文字】工具栏或【文字】面板中的 <kbd>A</kbd> 按钮，根据命令行的提示，标注文字注释。命令行操作如下。

```
命令: _dtext
    当前文字样式: 仿宋体   当前文字高度: 0
    指定文字的起点或 [对正(J)/样式(S)]:              //输入"j"后按Enter键
    输入选项 [对齐(A)/布满(F)/居中(C)/中间(M)/右对齐(R)/左上(TL)/中上(TC)/右上(TR)/左中
(ML)/正中(MC)/右中(MR)/左下(BL)/中下(BC)/右下(BR)]: //输入"ml"后按Enter键
        指定文字的左中点:            //捕捉最上方水平指示线的右端点，如图9-13所示
        指定高度 <0>:               //输入"285"后按Enter键，结束对象的选择
        指定文字的旋转角度 <0>:       //按Enter键，采用当前参数设置
```

　　　　如果在文字样式中定义了字体高度，那么在此就不会出现"指定高度<2.5>："的提示，AutoCAD会按照定义的字高来创建文字。

❺ 系统在指定的起点处出现单行文字输入框，如图9-14所示，在此文字输入框内输入文字内容，如图9-15所示。

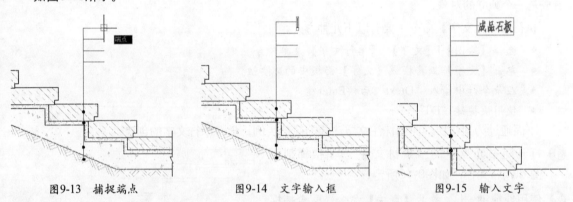

图9-13　捕捉端点　　　　　图9-14　文字输入框　　　　图9-15　输入文字

❻ 按Enter键进行换行，然后输入第2行、第3行和第4行文字内容，连续两次按Enter键，结束【单行文字】命令，结果如图9-16所示。

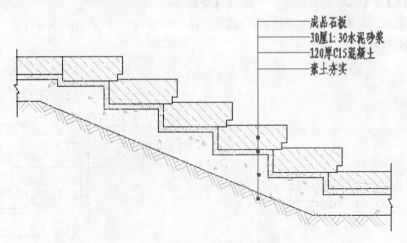

图9-16　标注结果

9.2.2　了解文字的对正方式

　　所谓"文字对正"，指的是文字的某一位置与插入点对齐，是基于如图9-17所示的4条参考线而言的。这4条参考线分别为顶线、中线、基线、底线。其中，"中线"是大写字符高度的水平中心线（即顶线至基线的中间），不是小写字符高度的水平中心线。

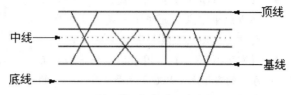

图9-17　文字对正参考线

　　执行【单行文字】命令后，在命令行"指定文字的起点或 [对正(J)/样式(S)]:"的提示下输入"J"激活【对正（J）】选项，命令行将显示"输入选项 [左(L)/居中(C)/右(R)/对齐(A)/中间(M)/布满(F)/左上(TL)/中上(TC)/右上(TR)/左中(ML)/正中(MC)/右中(MR)/左下(BL)/中下(BC)/右下(BR)]"的命令提示。

> **选项解析**
>
> ◆ 【左（L）】：用于提示用户拾取一点作为文字串基线的左端点。
> ◆ 【居中（C）】：用于提示用户拾取文字的中心点，此中心点就是文字串基线的中点，即以基线的中点对齐文字。
> ◆ 【右（R）】：用于提示用户拾取文字的右端点，此端点是文字串基线的中点，即以基线的右端点对齐文字。
> ◆ 【对齐（A）】：用于提示拾取文字基线的起点和终点，系统会根据起点和终点的距离自动调整字高。
> ◆ 【中间（M）】：用于提示用户拾取文字的中间点，此中间点是文字串基线的垂直中线和文字串高度的水平中线的交点。
> ◆ 【布满（F）】：用于提示用户拾取文字基线的起点和终点，系统会以拾取的两点之间的距离自动调整宽度系数，但不改变字高。
> ◆ 【左上（TL）】：用于提示用户拾取文字串的左上点，此左上点是文字串顶线的左端点，即以顶线的左端点对齐文字。
> ◆ 【中上（TC）】：用于提示用户拾取文字串的中上点，此中上点是文字串顶线的中点，即以顶线的中点对齐文字。
> ◆ 【右上（TR）】：用于提示用户拾取文字串的右上点，此右上点是文字串顶线的右端点，即以顶线的右端点对齐文字。
> ◆ 【左中（ML）】：用于提示用户拾取文字串的左中点，此左中点是文字串中线的左端点，即以中线的左端点对齐文字。
> ◆ 【正中（MC）】：用于提示用户拾取文字串的中间点，此中间点是文字串中线的中点，即以中线的中点对齐文字。
>
> 　　【正中（MR）】和【中间（M）】两种对正方式拾取的都是中间点，但这两个中间点的位置并不一定完全重合，只有输入的字符为大写或汉字时，此两点才重合。
>
> ◆ 【右中（MR）】：用于提示用户拾取文字串的右中点，此右中点是文字串中线的右端点，即以中线的右端点对齐文字。
> ◆ 【左下（BL）】：用于提示用户拾取文字串的左下点，此左下点是文字串底线的左端

中文版
AutoCAD 2014从入门到精通

第 *1* 篇 快速入门

第 *2* 篇 技能进阶

第 *3* 篇 三维设计

第 *4* 篇 工程应用

点，即以底线的左端点对齐文字。

- ◆ 【中下（BC）】：用于提示用户拾取文字串的中下点，此中下点是文字串底线的中点，即以底线的中点对齐文字。
- ◆ 【右下（BR）】：用于提示用户拾取文字串的右下点，此右下点是文字串底线的右端点，即以底线的右端点对齐文字。

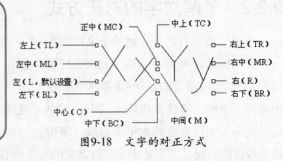

图9-18　文字的对正方式

文字的各对正方式如图9-18所示。

9.2.3　编辑单行文字

【编辑文字】命令主要用于修改或编辑现有的文字对象内容，或者为文字对象添加前缀或后缀等。

执行【编辑文字】命令主要有以下几种方式。

- ◆ 执行【修改】|【对象】|【文字】|【编辑】菜单命令。
- ◆ 单击【文字】工具栏或面板中的 按钮。
- ◆ 在命令行中输入"Ddedit"后按Enter键。
- ◆ 使用快捷键"ED"。

如果需要编辑的文字是使用【单行文字】命令创建的，那么在执行【编辑文字】命令后，命令行会出现"选择注释对象或 [放弃（U）]"的操作提示，此时用户只需要单击需要编辑的单行文字，系统就会进入单行文字编辑模式，输入正确的文字内容即可对单行文字进行编辑。

9.2.4　单行文字应用实例——标注建筑墙体平面图房间功能

学习了单行文字的创建，下面通过标注如图9-19所示的建筑墙体平面图房间功能，学习单行文字在建筑工程制图中的应用。

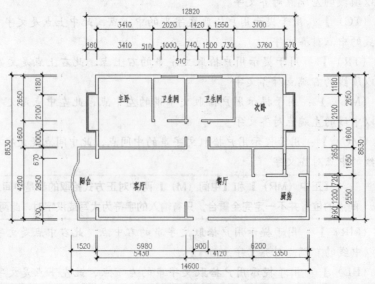

图9-19　标注效果

1 打开随书光盘中的"效果文件"\"第8章"\"标注建筑墙体平面图尺寸.dwg"文件，如图9-20所示。

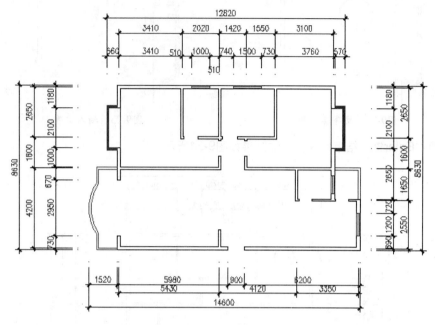

图9-20 打开的文件

2 展开【图层】工具栏中的【图层控制】下拉列表，将"文本层"设置为当前图层。

3 使用快捷键"ST"激活【文字样式】命令，设置如图9-21所示的文字样式。

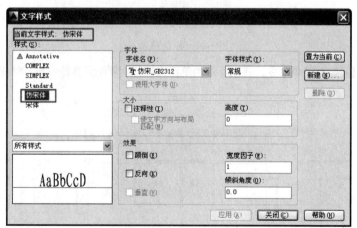

图9-21 设置文字样式

4 执行【绘图】|【文字】|【单行文字】菜单命令，在命令行"指定文字的起点或 [对正(J)/样式(S)]:"的提示下，在平面图左上角的房间内拾取文字的起点。

5 在命令行"指定高度 <2.5>:"的提示下，输入"380"后按Enter键，设置文字的高度。

6 在命令行"指定文字的旋转角度 <0.00>:"的提示下直接按Enter键，采用默认设置。

7 在绘图区中出现如图9-22所示的单行文字输入框，输入文字内容"主卧"，如图9-23所示。

第 *1* 篇 快速入门

第 *2* 篇 技能进阶

第 *3* 篇 三维设计

第 *4* 篇 工程应用

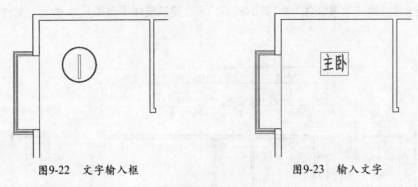

图9-22　文字输入框　　　　　　　　　　图9-23　　输入文字

⑧ 连续按两次Enter键，结束命令，标注结果如图9-24所示。

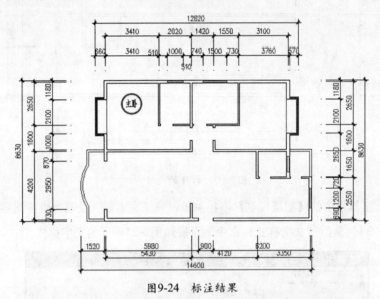

图9-24　标注结果

⑨ 执行【修改】|【复制】菜单命令，将刚标注的单行文字分别复制到其他位置，结果如图9-25所示。

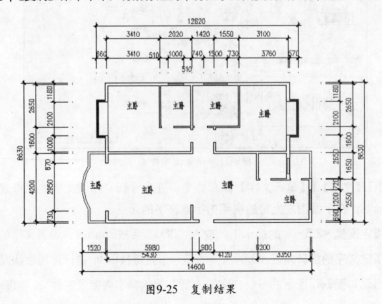

图9-25　复制结果

⑩ 使用快捷键"ED"激活【编辑文字】命令，根据命令的提示，选择下方阳台位置的"主卧"单行文字，进入单行文字编辑模式，如图9-26所示。

⑪ 在此输入新的文字内容"阳台"，如图9-27所示。

⑫ 按Enter键结束对该文字的编辑，此时光标呈选择状态，在右侧的"主卧"文字内容上单击，再次进入编辑模式，如图9-28所示。

⑬ 输入新的文字内容"客厅"，按Enter键结束对该文字的编辑，如图9-29所示。

图9-26　进入编辑模式

  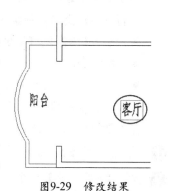

图9-27　输入新的文字内容　　　　图9-28　进入编辑模式　　　　图9-29　修改结果

⑭ 依照相同的方法，重复执行【编辑文字】命令，分别对其他位置的单行文字进行编辑，结果如图9-30所示。

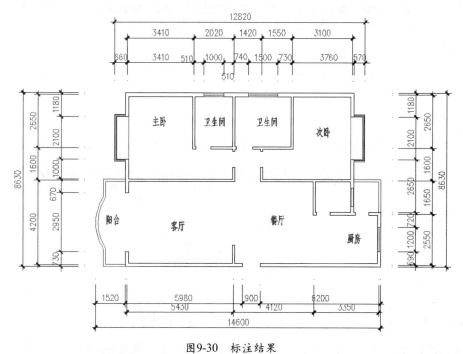

图9-30　标注结果

⑮ 执行【另存为】命令，将图形命名存储为"标注建筑墙体平面图房间功能.dwg"文件。

9.3 创建多行文字

素　　材　"素材文件"\ "直齿轮零件.dwg"
效　　果　"效果文件"\ "第9章"\ "标注零件技术要求与明细.dwg"
视频讲解　"视频文件"\ "第9章"\ "9.3 创建多行文字.avi"

【多行文字】命令用于标注较为复杂的多行文字以及段落性文字。

9.3.1 创建多行文字

【多行文字】命令用于创建多行文字。

执行【多行文字】命令有以下几种方式。

◆ 执行【绘图】|【文字】|【多行文字】菜单命令。

◆ 单击【绘图】工具栏或【文字】面板中的 A 按钮。

◆ 在命令行中输入"Mtext"后按Enter键。

◆ 使用快捷键T。

下面通过标注某机械零件图的技术要求，学习多行文字的创建方法。

① 新建空白绘图文件。

② 激活【多行文字】命令，在命令行"指定第一角点："的提示下，在绘图区中拾取一点。

③ 继续在命令行"指定对角点或 [高度(H)/对正(J)/行距(L)/旋转(R)/样式(S)/宽度(W)/栏(C)]]："的
提示下，在绘图区中拾取对角点，此时打开【文字格式】编辑器，如图9-31所示。

图9-31　【文字格式】编辑器

④ 在下方文字输入框内单击鼠标左键，指定文字的输入位置，然后输入相关内容，如图9-32所示。

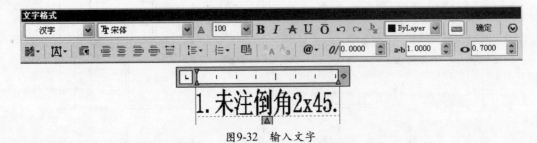

图9-32　输入文字

⑤ 按Enter键换行，然后继续输入下一行文字内容，如图9-33所示。

⑥ 依照相同的方法，按Enter键换行，输入其他相关文字内容，然后单击 确定 按钮，关闭【文字格
式】编辑器，输入结果如图9-34所示。

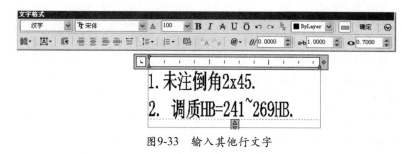

图9-33 输入其他行文字　　　　　　　　　　图9-34 输入结果

9.3.2 认识【文字格式】编辑器

【文字格式】编辑器不仅是输入多行文字的唯一工具，而且也是编辑多行文字的唯一工具。它包括工具栏、顶部带标尺的文字输入框两部分。

1. 工具栏

工具栏主要用于控制多行文字对象的文字样式和选定文字的各种字符格式、对正方式、项目编号等。

- ◆ `Standard` 下拉列表：用于设置当前的文字样式。
- ◆ `宋体` 下拉列表：用于设置或修改文字的字体。
- ◆ `2.5` 下拉列表：用于设置新字符高度或更改选定文字的高度。
- ◆ `ByLayer` 下拉列表：用于为文字指定颜色或修改选定文字的颜色。
- ◆ `B`【粗体】按钮：用于为输入的文字对象或所选定文字对象设置粗体格式。
- ◆ `I`【斜体】按钮：用于为输入的文字对象或所选定文字对象设置斜体格式。

此两个选项仅适用于使用 TrueType 字体的字符。

- ◆ `U`【下划线】按钮：用于为输入的文字或所选定的文字对象设置下划线格式。
- ◆ `O`【上划线】按钮：用于为输入的文字或所选定的文字对象设置上划线格式。
- ◆ `b`【堆叠】按钮：用于为输入的文字或所选定的文字对象设置堆叠格式。要使文字堆叠，文字中须包含插入符（^）、正向斜杠（/）或磅符号（#），堆叠字符左侧的文字将堆叠在字符右侧的文字之上。

默认情况下，包含插入符（^）的文字被转换为左对正的公差值；包含正向斜杠（/）的文字被转换为置中对正的分数值，斜杠被转换为一条同较长的字符串长度相同的水平线；包含磅符号（#）的文字被转换为被斜线（高度与两个字符串高度相同）分开的分数。

- ◆ `标尺`【标尺】按钮：用于控制文字输入框顶端标心的开关状态。
- ◆ `栏数`【栏数】按钮：用于为段落文字进行分栏排版。
- ◆ `对正`【多行文字对正】按钮：用于设置文字的对正方式。
- ◆ `段落`【段落】按钮：用于设置段落文字的制表位、缩进量、对齐、间距等。
- ◆ `左对齐`【左对齐】按钮：用于设置段落文字为左对齐方式。
- ◆ `居中`【居中】按钮：用于设置段落文字为居中对齐方式。
- ◆ `右对齐`【右对齐】按钮：用于设置段落文字为右对齐方式。
- ◆ `对正`【对正】按钮：用于设置段落文字为对正方式。

第**1**篇 快速入门

第**2**篇 技能进阶

第**3**篇 三维设计

第**4**篇 工程应用

- ⬚ 【分布】按钮：用于设置段落文字为分布排列方式。
- ⬚ 【行距】按钮：用于设置段落文字的行间距。
- ⬚ 【编号】按钮：用于为段落文字进行编号。
- ⬚ 【插入字段】按钮：用于为段落文字插入一些特殊字段。
- Aa 【全部大写】按钮：用于修改英文字符为大写。
- aA 【全部小写】按钮：用于修改英文字符为小写。
- @ 【符号】按钮：用于添加一些特殊符号。
- 0/0.0000 【倾斜角度】按钮：用于修改文字的倾斜角度。
- a+b 1.0000 【追踪】微调按钮：用于修改文字间的距离。
- o 1.0000 【宽度因子】按钮：用于修改文字的宽度比例。

2. 文字输入框

文字输入框位于工具栏下方，主要用于输入和编辑文字对象。它由标尺和文本框两部分组成，在文字输入框内单击鼠标右键，可弹出快捷菜单，如图9-35所示。

该菜单部分选项功能如下。

- 【全部选择】：用于选择多行文字输入框中的所有文字。

- 【改变大小写】：用于改变选定文字对象的大小写。

- 【查找和替换】：用于搜索指定的文字串并使用新的文字将其替换。

- 【自动大写】：用于将新输入的文字或当前选择的文字转换成大写。

- 【删除格式】：用于删除选定文字的粗体、斜体或下划线等格式。

- 【合并段落】：用于将选定的段落合并为一段并用空格替换每段的回车。

- 【符号】：用于在光标所在的位置插入一些特殊符号或不间断空格。

图9-35　文字输入框快捷菜单

- 【输入文字】：用于向多行文本编辑框中插入TXT格式的文本、样板等文件或插入RTF格式的文件。

9.3.3　编辑多行文字

输入多行文字之后，可以使用【编辑文字】命令对其进行编辑。例如，修改文字的样式、字体、字高、对正方式以及向文字添加特殊字符等。

下面通过为输入的文字内容添加特殊字符的操作，学习编辑多行文字的相关知识。

❶ 继续上例的操作。

❷ 执行【修改】|【对象】|【文字】|【编辑】菜单命令，激活【编辑文字】命令。

❸ 在命令行"选择注释对象或 [放弃（U）]"的提示下，单击上例创建的多行文字，此时将打开
【文字格式】编辑器，如图9-36所示。

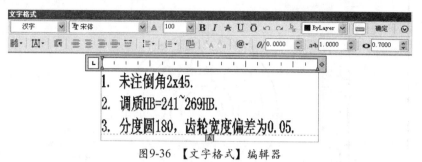

图9-36 【文字格式】编辑器

❹ 将光标定位在数字"45"的后面，然后单击◎·按钮，在展开的下拉列表中选择【度数（D）】
选项，在数字"45"的后面添加度数符号，如图9-37所示。

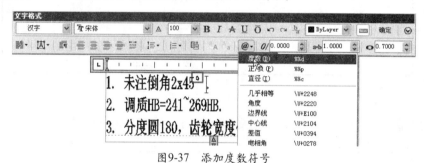

图9-37 添加度数符号

 在◎·下拉列表中，系统提供了多种特殊的符号，可以非常方便地在文字中添加度数、直径符号、正负号、平方、立方等一些特殊符号。

❺ 继续将光标定位在数字"180"的后面，然后单击◎·按钮，在展开的下拉列表中选择【度数（D）】
选项，在"180"的后面添加度数符号。

❻ 继续将光标定位在数字"0.05"的前面，然后单击◎·按钮，在展开的下拉列表中选择【正/负（P）】
选项，在"0.05"的前面添加正负符号。

❼ 单击 确定 按钮，关闭【文字格式】编辑器，完成对多行文字的编辑，结果如图9-38所示。

1. 未注倒角2x45°.

2. 调质HB=241~269HB.

3. 分度圆180°，齿轮宽度偏差为±0.05.

图9-38 为文字添加特殊字符

9.3.4 多行文字应用实例——标注零件的技术要求与明细

在上面章节学习了多行文字的应用知识，下面通过为如图9-39所示的直齿轮零件图标注技术要求，对多行文字在实际工作中的应用进行巩固。

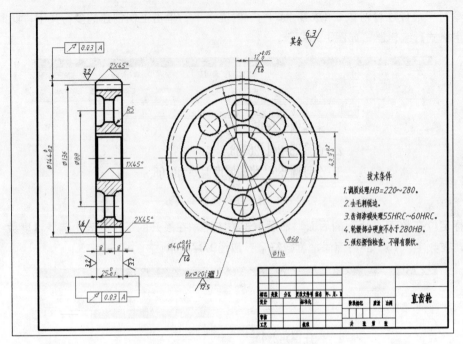

图9-39　标注结果

❶ 打开随书光盘中的"素材文件"\"直齿轮零件.dwg"文件，如图9-40所示。

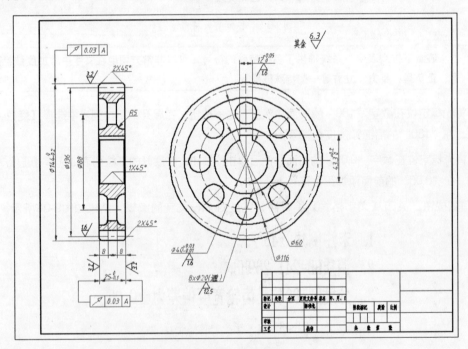

图9-40　打开结果

❷ 展开【图层】工具栏中的【图层控制】下拉列表，将"细实线"图层设置为当前图层。

❸ 单击【样式】工具栏或【文字】面板中的 按钮，激活【文字样式】命令，在打开的对话框中
设置文字样式，如图9-41所示。

图9-41 设置文字样式

❹ 单击【绘图】工具栏中的 A 按钮,激活【多行文字】命令,在空白区域中指定两点,打开【文字格式】编辑器,设置文字高度为8,然后输入标题内容,如图9-42所示。

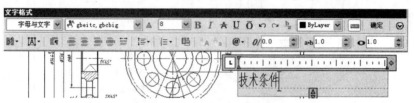

图9-42 输入标题内号

❺ 按Enter键进入下一行,然后将文字高度设置为7,输入第1行技术要求内容,如图9-43所示。

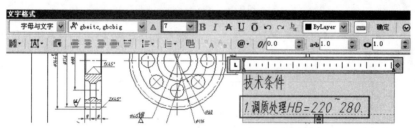

图9-43 输入第1行内容

❻ 按Enter键换行,然后分别输入其他行文字内容,如图9-44所示。

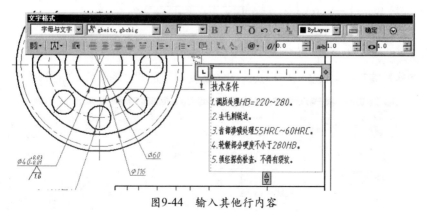

图9-44 输入其他行内容

❼ 将光标放在技术要求的标题前,然后添加空格,如图9-45所示。

中文版
AutoCAD 2014从入门到精通

第1篇 快速入门

第2篇 技能进阶

第3篇 三维设计

第4篇 工程应用

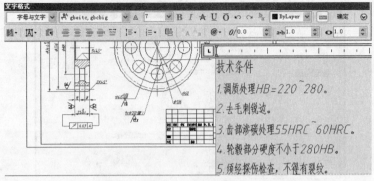

图9-45　添加空格

⑧ 单击 确定 按钮，关闭【文字格式】编辑器，标注结果如图9-46所示。

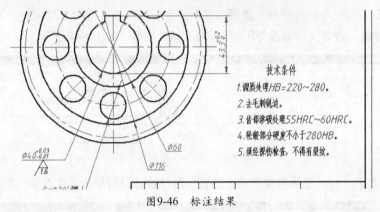

图9-46　标注结果

⑨ 填写标题栏。重复执行【多行文字】命令，分别捕捉如图9-47所示的点A和点B，打开【文字格式】编辑器。

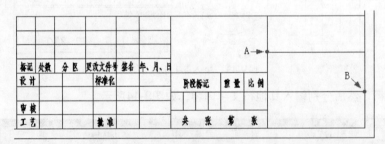

图9-47　定位点

⑩ 在【文字格式】编辑器中设置文字样式、字体高度和对正方式等参数，如图9-48所示。

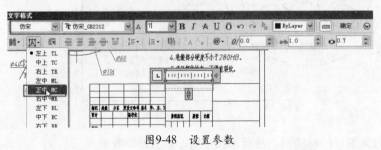

图9-48　设置参数

⓫ 在下方的多行文字输入框内输入"直齿轮"文字内容，然后单击 确定 按钮，关闭【文字格式】编辑器，标注结果如图9-49所示。

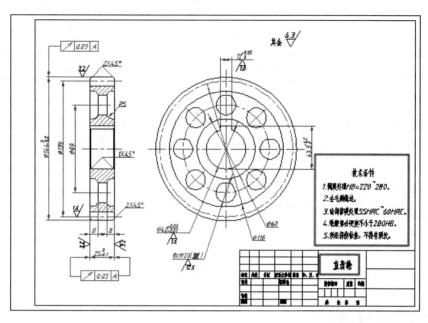

图9-49　标注结果

⓬ 执行【另存为】命令，将图形命名存储为"标注零件技术要求与明细.dwg"文件。

9.4 创建快速引线注释与多重引线

素　　材　"素材文件"\"组装零件图.dwg"
效　　果　"效果文件"\"第9章"\"标注组装零件图部件序号.dwg"
视频讲解　"视频文件"\"第9章"\"9.4 创建快速引线注释与多重引线.avi"

在AutoCAD 2014的图形标注中，除了上面所学的单行文字和多行文字注释之外，还有一种标注，那就是引线标注。引线标注是一端带有箭头、另一端带有文字注释的引线尺寸，其中，引线可以为直线段，也可以为平滑的样条曲线，如图9-50所示。

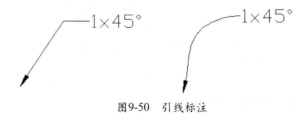

图9-50　引线标注

9.4.1　快速引线注释的相关设置

引线标注是通过【快速引线】命令来实现的，在命令行中输入"Qleader"或"LE"后按Enter键，激活【快速引线】命令，然后在命令行"指定第一个引线点或 [设置(S)] <设置>："的提示

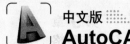
下，激活【设置（S）】选项，在打开的【引线设置】对话框中进入【注释】选项卡，设置注释类型，如图9-51所示。

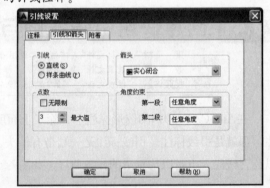

图9-51 【注释】选项卡

1.【注释类型】选项组

- 【多行文字】：用于在引线末端创建多行文字注释。
- 【复制对象】：用于复制已有引线注释作为需要创建的引线注释。
- 【公差】：用于在引线末端创建公差注释。
- 【块参照】：用于以内部块作为注释对象。
- 【无】：表示创建无注释的引线。

2.【多行文字选项】选项组

- 【提示输入宽度】：用于提示用户，指定多行文字注释的宽度。
- 【始终左对齐】：用于自动设置多行文字使用左对齐方式。
- 【文字边框】：主要用于为引线注释添加边框。

3.【重复使用注释】选项组

- 【无】：表示不对当前所设置的引线注释进行重复使用。
- 【重复使用下一个】：用于重复使用下一个引线注释。
- 【重复使用当前】：用于重复使用当前的引线注释。

进入【引线和箭头】选项卡，设置引线的类型、点数、箭头以及引线段的角度约束等参数，如图9-52所示。

1.【引线】选项组

- 【直线】：用于在指定的引线点之间创建直线段。
- 【样条曲线】：用于在引线点之间创建样条曲线，即引线为样条曲线。

2.【箭头】选项组

图9-52 【引线和箭头】选项卡

用于设置引线箭头的形式。在 █实心闭合 下拉列表中选择一种箭头形式。

3.【点数】选项组

- 【无限制】：表示系统不限制引线点的数量，用户可以通过按Enter键，手动结束引线点的设置过程。
- 【最大值】：用于设置引线点数的最多数量。

4.【角度约束】选项组

- 用于设置第一条引线与第二条引线的角度约束。

进入【附着】选项卡，设置引线和多行文字注释之间的附着位置，如图9-53所示。

需要注意的是，只有在【注释】选项卡中选中了【多行文字】单选项时，此选项卡才可用。

- ◆ 【第一行顶部】：用于将引线放置在多行文字第一行的顶部。
- ◆ 【第一行中间】：用于将引线放置在多行文字第一行的中间。
- ◆ 【多行文字中间】：用于将引线放置在多行文字的中部。
- ◆ 【最后一行中间】：用于将引线放置在多行文字最后一行的中间。
- ◆ 【最后一行底部】：用于将引线放置在多行文字最后一行的底部。
- ◆ 【最后一行加下划线】：用于为最后一行文字添加下划线。

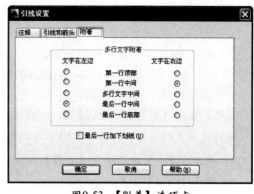

图9-53 【附着】选项卡

设置完成后，单击 确定 按钮回到绘图区。命令行操作如下。

```
命令: _qleader
    指定第一个引线点或 [设置(S)] <设置>:        //在适当位置定位第1个引线点
    指定下一点:                              //在适当位置定位第2个引线点
    指定文字宽度 <0>:                        //按Enter键
    输入注释文字的第一行 <多行文字(M)>: //按Enter键，打开【文字格式】编辑器，如图9-54所示
```

在文字输入框中输入相关文字内容，单击 确定 按钮关闭编辑器，结果如图9-55所示。

快速引线注释

图9-54 【文字格式】编辑器 　　　　　图9-55 标注的引线注释

9.4.2 创建多重引线

使用【多重引线】命令也可以创建具有多个选项的引线对象，只不过这些选项都是通过命令行进行设置的，没有对话框直观。

执行【多重引线】命令有以下几种方式。

- ◆ 执行【标注】|【多重引线】菜单命令。
- ◆ 单击【多重引线】工具栏中的 按钮。
- ◆ 在命令行中输入"Mleader"后按Enter键。
- ◆ 使用快捷键"MLE"。

激活【多重引线】命令后，命令行操作如下。

```
命令: _mleader
    指定引线基线的位置或 [引线箭头优先(H)/内容优先(C)/选项(O)] <选项>:        //按Enter键
```

输入选项　[引线类型(L)/引线基线(A)/内容类型(C)/最大节点数(M)/第一个角度(F)/第二个角度(S)/退出选项(X)]　<退出选项>：　　　　　　　　　　　　　　　　　　　//输入选项

指定引线基线的位置或　[引线箭头优先(H)/内容优先(C)/选项(O)]　<选项>：　　　//指定基线位置

指定引线箭头的位置：　　　//指定箭头位置，此时系统打开【文字格式】编辑器，用于输入注释内容

另外，使用【多重引线样式】命令也可以创建或修改多重引线样式。

执行【多重引线样式】命令有以下几种方式。

◆　单击【常用】选项卡或【注释】面板中的 按钮。

◆　单击【样式】工具栏中的 按钮。

◆　执行【格式】|【多重引线样式】菜单命令。

◆　在命令行中输入"Mleaderstyle"后按Enter键。

9.4.3　引线注释的应用实例——编写组装零件图部件序号

在上面章节学习了多行文字以及快速引线注释的相关知识，下面通过为如图9-56所示的组装零件图标注序号，对以上所学知识进行巩固。

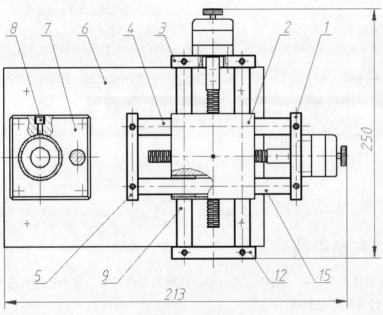

图9-56　实例效果

❶ 打开随书光盘中的"素材文件"\"组装零件图.dwg"文件。

❷ 展开【图层控制】下拉列表，将"标注线"图层设置为当前图层。

❸ 执行【标注】|【标注样式】菜单命令，打开【标注样式管理器】对话框，选择【机械样式】选项，然后单击 修改(M)... 按钮，进入【修改标注样式：机械样式】对话框，进入【符号和箭头】选项卡，设置尺寸箭头与大小参数，如图9-57所示。

❹ 进入【调整】选项卡，然后设置标注比例，如图9-58所示。

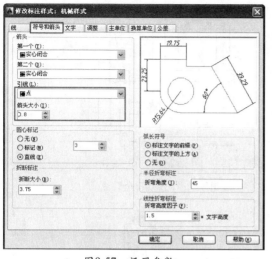

图9-57 设置参数

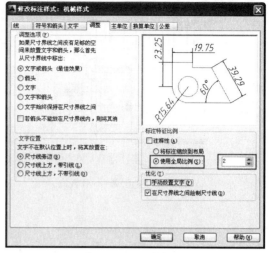

图9-58 设置参数

❺ 单击 确定 按钮关闭该对话框。

❻ 使用快捷键"LE"激活【快速引线】命令，在命令行"指定第一个引线点或 [设置(S)] <设置>："的提示下，输入"S"后按Enter键，激活【设置（S）】选项，在打开的【引线设置】对话框中进入【引线和箭头】选项卡，设置参数如图9-59所示。

❼ 进入【附着】选项卡，设置文字的附着位置，如图9-60所示。

图9-59 设置参数

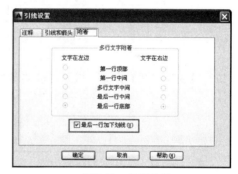

图9-60 设置参数

❽ 单击 确定 按钮返回绘图区，根据命令行的提示，绘制引线并标注序号。命令行操作如下。

指定第一个引线点或 [设置(S)] <设置>： <对象捕捉 关>	
	//在如图9-61所示的位置拾取第1个引线点
指定下一点：	//在如图9-62所示的位置拾取第2个引线点
指定下一点：	//向右引导光标拾取第3个引线点
指定文字宽度 <0>：	//按Enter键
输入注释文字的第一行 <多行文字(M)>：	//输入"1"后按Enter键
输入注释文字的下一行：	//按Enter键，结束命令，标注结果如图9-63所示

❾ 使用快捷键"XL"激活【构造线】命令，在零件图的上下两方分别绘制两条水平构造线，作为定位辅助线，如图9-64所示。

中文版
AutoCAD 2014从入门到精通

第1篇 快速入阶

第2篇 技能进阶

第3篇 三维设计

第4篇 工程应用

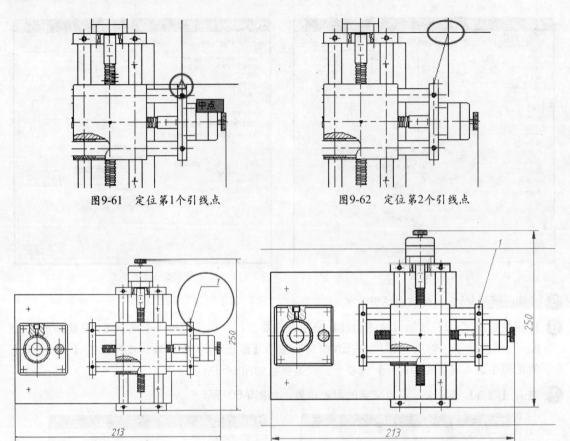

图9-61 定位第1个引线点　　　图9-62 定位第2个引线点

图9-63 标注结果　　　　　　图9-64 绘制构造线

⑩ 重复执行【快速引线】命令，按照当前的参数设置，标注其他序号，结果如图9-65所示。

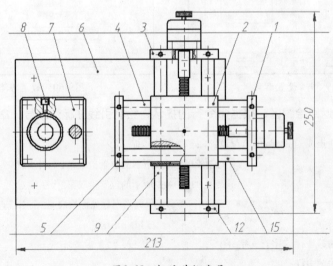

图9-65 标注其他序号

⑪ 使用快捷键"E"激活【删除】命令，删除两条水平构造线，最终结果可参看图9-56。

⑫ 执行【另存为】命令，将图形命名存储为"标注组装零件图部件序号.dwg"文件。

9.5 创建与填充表格

素　　材　"效果文件"\"第9章"\"标注零件技术要求与明细.dwg"
效　　果　"效果文件"\"第9章"\"完善零件图技术要求与明细.dwg"
视频讲解　"视频文件"\"第9章"\"9.5 创建与填充表格.avi"

　　表格也是AutoCAD图形设计中不可缺少的内容，通过表格可以对图形进行更详细的说明，也可以将表格与Microsoft Excel电子表格中的数据进行链接。

　　执行【表格】命令主要有以下几种方式。

- ◆ 执行【绘图】|【表格】菜单命令。
- ◆ 单击【绘图】工具栏或【表格】面板中的▦按钮。
- ◆ 在命令行中输入"Table"后按Enter键。
- ◆ 使用快捷键"TB"。

9.5.1 创建表格

　　下面通过创建一个简易表格，学习【表格】命令的使用方法。

❶ 新建空白绘图文件。

❷ 单击【绘图】工具栏中的▦按钮，打开【插入表格】对话框。

❸ 在【列数】文本框中输入"3"；在【列宽】文本框中输入"20"；在【数据行数】文本框中输入"3"，其他参数设置保持不变，如图9-66所示。

❹ 单击█ 确定 █按钮返回绘图区，在命令行"指定插入点："的提示下，拾取一点作为插入点，此时系统自动打开如图9-67所示的【文字格式】编辑器。

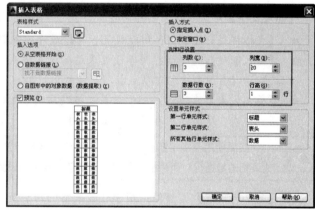

图9-66　表格设置

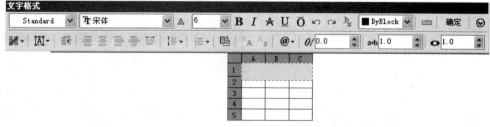

图9-67　【文字格式】编辑器

❺ 在反白显示的表格框内输入"标题"，对表格进行文字填充，如图9-68所示。

❻ 按→键或Tab键，此时光标跳至左下方的列标题栏中，在反白显示的列标题栏中填充文字，如图9-69所示。

第 *1* 篇　快速入门

第 *2* 篇　技能进阶

第 *3* 篇　三维设计

第 *4* 篇　工程应用

❼ 继续按一键或Tab键，分别在其他列标题栏中输入"表头"的表格文字，单击 **确定** 按钮，关闭【文字格式】编辑器，创建结果如图9-70所示。

图9-68　输入文字　　　　　图9-69　输入文字　　　　　图9-70　创建表格

　根据默认设置创建的表格，不仅包含标题行，还包含表头行、数据行，用户可以根据实际情况进行取舍。

9.5.2　【插入表格】对话框的选项设置

【插入表格】对话框各选项的功能如下。

◆ 【表格样式】选项组：用于设置、新建或修改当前表格样式，还可以对样式进行预览。

◆ 【插入选项】选项组：用于设置表格的填充方式，具体有【从空表格开始】、【自数据链接】和【自图形中的对象数据（数据提取）】。

◆ 【插入方式】选项组：用于设置表格的插入方式，提供了【指定插入点】和【指定窗口】两种方式，默认方式为【指定插入点】。

　如果使用【指定窗口】方式，系统将表格的行数设置为自动，即按照指定的窗口区域自动生成表格的数据行，而表格的其他参数仍使用当前的设置。

◆ 【列和行设置】选项组：用于设置表格的列参数、行参数，以及列宽和行宽参数。系统默认的列参数为5、行参数为1。

◆ 【设置单元样式】选项组：用于设置第1行、第2行或其他行的单元样式。

单击 Standard ▼ 右侧的 按钮，打开如图9-71所示的【表格样式】对话框，此对话框用于设置、修改表格样式，或设置当前表格样式。

另外，执行【表格样式】命令，也可以打开【表格样式】对话框。

执行【表格样式】命令主要有以下几种方式。

◆ 执行【格式】|【表格样式】菜单命令。

◆ 单击【样式】工具栏或【表格】面板中的 按钮。

◆ 在命令行中输入"Tablestyle"后按Enter键。

◆ 使用快捷键"TS"。

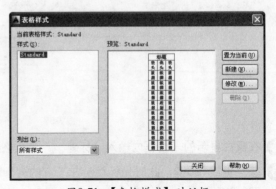

图9-71　【表格样式】对话框

9.5.3 表格应用实例——完善零件图的技术要求与明细

在上面章节学习了表格的创建，下面通过为直齿轮零件图创建如图9-72所示的明细表格，对上述所学知识进行巩固。

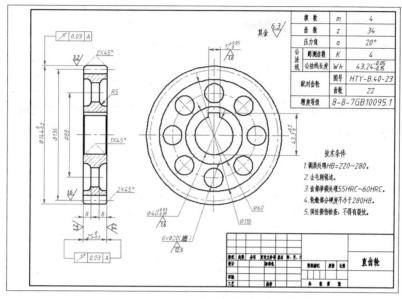

图9-72 实例效果

❶ 打开随书光盘中的"效果文件"\"第9章"\"标注零件技术要求与明细.dwg"文件。

❷ 执行【绘图】|【矩形】菜单命令，配合【端点捕捉】功能，绘制如图9-73所示的明细表外框。

❸ 使用快捷键"X"激活【分解】命令，将刚绘制的矩形进行分解。

❹ 使用快捷键"O"激活【偏移】命令，对分解后的矩形边进行偏移，结果如图9-74所示。

❺ 执行【修改】|【修剪】菜单命令，对偏移出的图线进行修剪，编辑出明细表内部的方格，结果如图9-75所示。

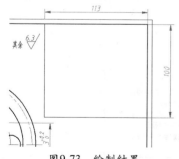

图9-73 绘制结果

图9-74 偏移结果

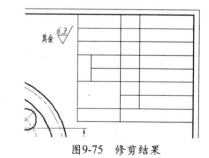

图9-75 修剪结果

❻ 使用快捷键"L"激活【直线】命令，配合【端点捕捉】功能，绘制如图9-76所示的方格对角线。

❼ 单击【绘图】工具栏中的 A 按钮，根据命令行的提示，分别捕捉左上角方格的对角点，打开【文字格式】编辑器。

❽ 在出现的单行文字输入框内设置字体样式、高度及对正方式，并输入如图9-77所示的表格文字。

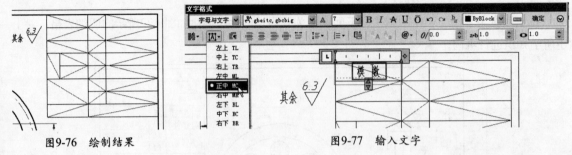

图9-76　绘制结果　　　　　　　　　　　　图9-77　输入文字

❾ 使用快捷键"CO"激活【复制】命令，配合【中点捕捉】功能，将刚填充的表格文字分别复制到其他方格对角线的中点处，结果如图9-78所示。

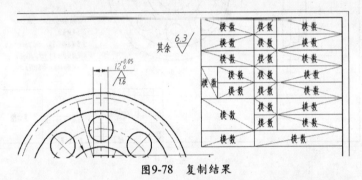

图9-78　复制结果

❿ 执行【修改】|【对象】|【文字】|【编辑】菜单命令，分别选择复制出的各文字对象进行修改，并输入正确的内容，单击 确定 按钮关闭【文字格式】编辑器。

⓫ 选择并删除方格对角线，完成对零件图技术要求与明细的完善，最终结果如图9-79所示。

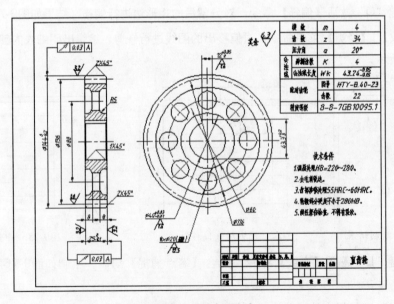

图9-79　修改其他文字

⓬ 执行【另存为】命令，将图形命名存储为"完善零件图技术要求与明细.dwg"文件。

第3篇 三维设计

本篇重点讲解了AutoCAD 2014在三维设计方面的应用及图形输出打印的相关知识，具体内容包括三维视图的查看、三维模型的基本操作、三维视窗的分割、三维基本模型的创建、三维模型的编辑细化以及应用三维模型进行三维物体的创建等。通过对本篇内容的学习，读者可以掌握AutoCAD 2014在三维设计方面的应用知识，逐步成为AutoCAD 2014图形设计高手。

本篇学习内容：

AutoCAD三维设计入门应用——三维设计的基础知识

AutoCAD三维设计进阶应用——三维模型的基本操作

AutoCAD三维设计高级应用——三维模型的编辑细化

AutoCAD图形设计的最后阶段——设计图纸的输出

第10章 AutoCAD三维设计入门应用
——三维设计的基础知识

AutoCAD 2014除了在二维制图方面具有强大的优势，在三维制图方面同样有着不俗的表现，可以很方便地创建出物体的三维模型，以表现模型的更多信息，从而利于与计算机辅助工程、制造等系统相结合。

本章首先掌握AutoCAD 2014三维设计的基本操作知识，为后续章节的学习打下坚实基础。

本章学习内容：

- ◆ 二维模型及其查看
- ◆ 三维视图的切换
- ◆ 视口的创建、分割与合并
- ◆ 三维模型的着色与显示
- ◆ 三维模型的材质与渲染
- ◆ 三维设计中的坐标系
- ◆ 三维基本模型的创建

10.1 三维模型及其查看

 视频讲解 "视频文件"\"第10章"\"10.1.三维模型及其查看.avi"

在AutoCAD 2014图形设计中，三维模型是较典型的一种模型结构。这种模型结构不仅能让非专业人员对物体的外形有一个感性的认识，还能帮助专业人员降低绘制复杂图形的难度，使一些在二维平面图中无法表达的东西清晰而形象地显示在屏幕中。下面首先认识三维模型，同时掌握三维模型的查看技能。

10.1.1 认识三维模型

AutoCAD 2014共为用户提供了3种三维模型，用以表达物体的三维形态，分别是实体模型、曲面模型和网格模型。

1. 实体模型

所谓"实体模型"，是指实实在在的物体。实体模型不仅包含面、边信息，而且还具备实物的一切特性，不仅可以进行着色和渲染，同时还可以进行打孔、切槽、倒角等布尔运算，另外也可以检测和分析实体内部的质心、体积和惯性矩等。如图10-1所示是电机零件实体模型。

2. 曲面模型

"曲面"的概念比较抽象，在此可以将其理解为"实体的面"。曲面模型不仅可以进行着色渲染等，还可以对其进行修剪、延伸、圆角、偏移等操作，但是不能进行打开、开槽等操作，如

第1篇 快速入门

第2篇 技能进阶

第3篇 三维设计

第4篇 工程应用

图10-2所示是齿轮零件曲面模型。

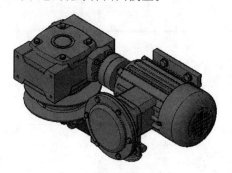

图10-1 电机零件实体模型

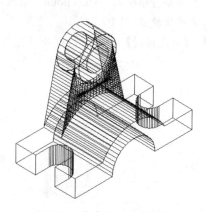

图10-2 齿轮零件曲面模型

3. 网格模型

所谓"网格模型",是指由一系列规则的格子线围绕而成的网状表面,然后由网状表面的集合来定义三维物体。网格模型仅含有面、边信息,能着色和渲染,但是不能表达出真实实物的属性。如图10-3所示是基座零件网格模型。

图10-3 基座零件网格模型

10.1.2 查看三维模型

认识了三维模型,下面继续学习三维模型的查看知识。在查看三维模型时,可以通过"设置视点查看"和"使用动态观察"两种方式来查看模型。下面首先学习通过设置视点查看三维模型的相关知识。

设置视点,即设置查看的位置,以便从不同方向和角度查看三维模型。视点的设置主要有两种方式。

1. 使用【视点】命令设置视点

【视点】命令用于输入观察点的坐标或角度来确定视点。

执行【视点】命令主要有以下两种方式。

◆ 执行【视图】|【三维视图】|【视点】菜单命令。

◆ 在命令行中输入"Vpoint"后按Enter键。

【视点】命令的命令行会出现如下提示。

```
命令: Vpoint
    当前视图方向: VIEWDIR=0.0000,0.0000,1.0000
    指定视点或 [旋转(R)] <显示指南针和三轴架>:      //直接输入观察点的坐标来确定视点
```

如果用户没有输入视点坐标,而是直接按Enter键,那么绘图区会显示如图10-4所示的指南针

和三轴架，其中三轴架代表x、y、z轴的方向。当用户相对于指南针移动十字线时，三轴架会自动进行调整，以显示x、y、z轴对应的方向。

> 🖥 **选项解析**
>
> ◆ 【旋转（R）】选项主要用于通过指定与x轴的夹角以及与xy平面的夹角来确定视点。

2. 通过【视点预设】设置视点

【视点预设】命令是以对话框的形式设置视点。

执行【视点预设】命令主要有以下几种方式。

◆ 执行【视图】|【三维视图】|【视点预设】菜单命令。

◆ 在命令行中输入"DDVpoint"后按Enter键。

◆ 使用快捷键"VP"。

执行【视点预设】命令后，打开【视点预设】对话框，如图10-5所示。

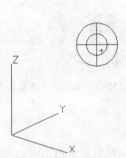

图10-4　指南针和三轴架

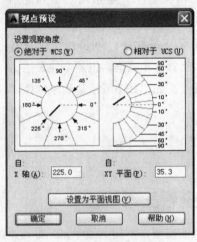

图10-5　【视点预设】对话框

在该对话框中可以进行如下设置。

◆ 设置视点、原点的连线与xy平面的夹角。具体操作是，在右侧半圆图形上选择相应的点，或直接在【XY平面】文本框内输入角度值。

◆ 设置视点、原点的连线在xoy面上的投影与x轴的夹角。具体操作是，在左侧图形上选择相应的点，或在【X轴】文本框内输入角度值。

◆ 设置观察角度。系统将设置的角度默认为是相对于当前WCS。如果选择了【相对于UCS】单选项，设置的角度值则相对于UCS。

◆ 设置为平面视图。单击 设置为平面视图(V) 按钮，系统将重新设置为平面视图。

>
>
> 平面视图的观察方向与x轴的夹角是270°，与xy平面的夹角是90°。

10.1.3　使用【动态观察】命令查看三维模型

所谓"动态观察"，是指可以从任何角度、任何方向动态地观察三维模型。在AutoCAD 2014

的【视图】菜单下,系统提供了相关的菜单命令,用于动态地查看三维模型,如图10-6所示。

1. 受约束的动态观察

当执行【受约束的动态观察】命令后,在绘图区中会出现如图10-7所示的光标显示状态,此时按住鼠标左键不放,可以手动调整观察点,以观察模型的不同侧面。

执行【受约束的动态观察】命令主要有以下几种方式。

◆ 执行【视图】|【动态观察】|【受约束的动态观察】菜单命令。

◆ 单击【动态观察】工具栏或【导航】面板中的 按钮。

◆ 在命令行中输入"3dorbit"后按Enter键。

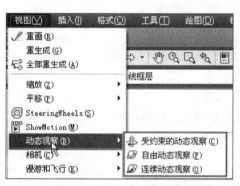

图10-6　动态观察菜单

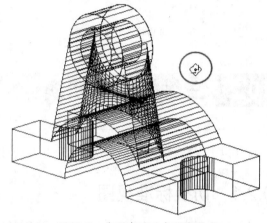

图10-7　受约束的动态观察模式

当执行【受约束的动态观察】命令后,如果按住鼠标中键进行拖曳,可以将视图进行平移。

2. 自由动态观察

【自由动态观察】命令用于在三维空间中不受滚动约束地旋转视图。当执行此命令后,在绘图区中会出现如图10-8所示的圆形辅助框架,用户可以从多个方向自由地观察三维物体。

执行【自由动态观察】命令主要有以下几种方式。

◆ 执行【视图】|【动态观察】|【自由动态观察】菜单命令。

◆ 单击【动态观察】工具栏或【导航】面板中的 按钮。

◆ 在命令行中输入"3dforbit"后按Enter键。

3. 连续动态观察

【连续动态观察】命令用于以连续运动的方式在三维空间中旋转视图,从而持续观察三维物体的不同侧面,而不需要手动设置视点。执行此命令后,光标变为如图10-9所示的状态,此时按住鼠标左键进行拖曳,可连续地旋转视图。

执行【连续动态观察】命令主要有以下几种方式。

◆ 执行【视图】|【动态观察】|【连续动态观察】菜单命令。

◆ 单击【动态观察】工具栏或【导航】面板中的 按钮。

◆ 在命令行中输入"3dcorbit"后按Enter键。

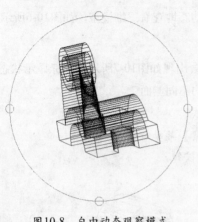

图10-8 自由动态观察模式

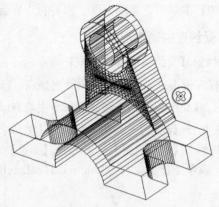

图10-9 连续动态观察模式

10.2 三维视图的切换

视频讲解 "视频文件"\"第10章"\"10.2.三维视图的切换.avi"

除了以上观察三维模型的方法之外，用户还可以通过切换三维视图，观察和编辑三维模型。

10.2.1 切换标准视图

为了便于观察和编辑三维模型，AutoCAD 2014为用户提供了一些标准视图，具体有6个正交视图和4个等轴测图。在【视图】|【三维视图】级联菜单下，有一组菜单命令。执行相关菜单命令，即可在标准视图之间进行视图的切换，如图10-10所示。另外，打开【视图】工具栏，单击相关视图按钮，也可以进行视图的切换，如图10-11所示。

图10-10 标准视图菜单

图10-11 【视图】工具栏

例如，执行【前视】命令，将当前视图切换为前视图，从正前方观察模型效果，如图10-12所示；执行【东北等轴测】命令，将视图切换为等轴测视图，从东北方向观察模型效果，如图10-13所示。

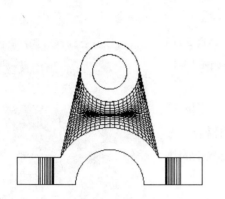

图10-12　前视图效果

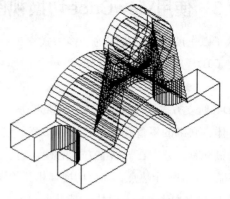

图10-13　东北等轴测视图效果

上述6个正交视图和4个等轴测视图用于显示三维模型的主要特征视图，其中每种视图的视点、与x轴的夹角和与xy平面的夹角等如表10-1所示。

表10-1　基本视图及其参数设置

视图	菜单选项	方向矢量	与x轴夹角	与xy平面夹角
俯视	Top	(0,0,1)	270°	90°
仰视	Bottom	(0,0,-1)	270°	90°
左视	Left	(-1,0,0)	180°	0°
右视	Right	(1,0,0)	0°	0°
前视	Front	(0,-1,0)	270°	0°
后视	Back	(0,1,0)	90°	0°
西南轴测视	SW Isometric	(-1,-1,1)	225°	45°
东南轴测视	SE Isometric	(1,-1,1)	315°	45°
东北轴测视	NE Isometric	(1,1,1)	45°	45°
西北轴测视	NW Isometric	(-1,1,1)	135°	45°

10.2.2　切换平面视图

除上述标准视图之外，AutoCAD 2014还为用户提供了一个【平面视图】命令。使用此命令，可以将当前UCS、命名保存的UCS或WCS，切换为各坐标系的平面视图，以方便观察和操作。

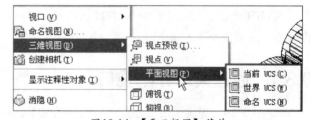

图10-14　【平面视图】菜单

执行【视图】|【三维视图】|【平面视图】菜单命令，如图10-14所示，或在命令行中输入表达式"Plan"后按Enter键，都可激活【平面视图】命令。

- ◆ 【当前UCS】：执行该命令，视图显示当前UCS视图。
- ◆ 【世界UCS】：执行该命令，视图显示世界UCS视图。
- ◆ 【命名UCS】：执行该命令，视图显示用户命名并保存的UCS视图。

10.2.3　使用ViewCube切换视图

　　除了以上所讲解的视图的切换方式之外，AutoCAD 2014还提供了3D导航立方体（即ViewCube）切换视图，如图10-15所示。

　　3D导航立方体切换视图主要由顶部的房子标记、中间的导航立方体、底部的罗盘和最下方的UCS菜单组成。当沿着立方体移动鼠标时，分布在导航立方体的棱、边、面等位置上的热点会亮显。点击一个热点，即可切换到相关的视图。

　　3D导航立方体不但可以快速帮助用户调整模型的视点，还可以更改模型的视图投影、定义和恢复模型的主视图，以及恢复随模型一起保存的已命名UCS。

图10-15　3D导航立方体

◆ 视图投影：当查看模型时，在平行模式、透视模式和带平行视图面的透视模式之间进行切换。

◆ 主视图：定义和恢复模型的主视图。主视图是用户在模型中定义的视图，用于返回熟悉的模型视图。

◆ UCS按钮菜单：通过ViewCube下方的该菜单，可以恢复已命名的UCS。

　　将当前视图样式设置为3D显示样式后，导航立方体显示图才可以显示出来。在命令行中输入"Cube"后按Enter键，可以控制导航立方体图的显示和关闭状态。

10.3　视口的创建、分割与合并

　　视频讲解　"视频文件"\"第10章"\"10.3.视口的创建、分割与合并.avi"

　　视口是用于绘制图形、显示图形的区域，默认设置下AutoCAD 2014将整个绘图区作为一个视口。在实际建模过程中，有时需要从各个不同视点的位置观察模型的不同部分，AutoCAD为用户提供了视口的创建与分割功能，可以将默认的一个视口分割成多个视口，这样用户就可以从不同的方向观察三维模型的不同部分。

10.3.1　通过菜单分割视口

　　AutoCAD 2014提供了用于分割视口的相关菜单，执行【视图】|【视口】联级菜单中的相关命令，如图10-16所示，即可将当前视口分割为两个、三个或多个视口。

　　例如，执行【视图】|【视口】|【四个视口】菜单命令，即可将当前视口分割为4个视口，分别将各视口切换为不同的视图，以便从不同方向观察模型，如图10-17所示。

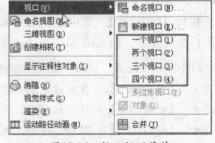

图10-16　视口级联菜单

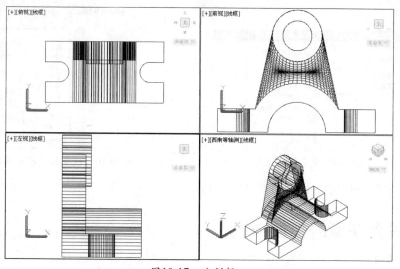

图10-17 分割视口

10.3.2 通过对话框分割视口

如果执行【视图】|【视口】|【新建视口】菜单命令，或在命令行中输入"Vports"后按Enter键，即可打开如图10-18所示的【视口】对话框。在此对话框中，用户可以对分割的视口提前预览效果，更方便直接进行视口的分割。

该对话框的操作比较简单，在左侧的列表中选择视口的分割形式，则在右侧显示视口的分割预览效果，确认后即可对视口进行分割。

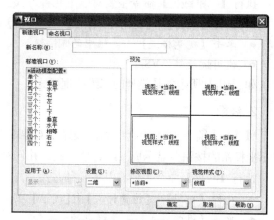

图10-18 【视口】对话框

10.4 三维模型的着色与显示

视频讲解 "视频文件"\"第10章"\"10.4.三维模型的着色与显示.avi"

AutoCAD 2014为三维模型提供了一些控制模型外观显示效果的功能。巧妙地运用这些着色功能，能够快速显示出三维模型的逼真形态，对效果的显示有很大帮助。

10.4.1 了解三维模型着色的相关菜单和命令

AutoCAD 2014为用户提供了多种设置三维模型视觉样式的命令。执行【视图】|【视觉样式】级联菜单命令，如图10-19所示。另外，将光标移到视口左上角的【视觉样式控件】位置，按住鼠标，在弹出的下拉菜单中也有设置模型外观的相关命令，如图10-20所示。

第1篇 快速入门

第2篇 技能进阶

第3篇 三维设计

第4篇 工程应用

图10-19 视觉样式菜单

图10-20 视觉样式控件菜单

通过以上方式，可以设置模型的不同视觉样式。

10.4.2 设置模型的视觉样式

下面继续学习设置模型视觉样式的方法。

1. 二维线框

二维线框模式是用直线和曲线显示对象的边缘，此时对象的线型和线宽都是可见的。

执行【二维线框】命令主要有以下几种方式。

◆ 执行【视图】|【视觉样式】|【二维线框】菜单命令。

◆ 单击【视觉样式】工具栏中的⊡按钮。

◆ 使用快捷键"VS"。

如图10-21所示，是模型的二维线框模式。

2. 线框

【线框】命令也是用直线和曲线显示对象的边缘轮廓。与【二维线框】显示方式不同的是，表示坐标系的按钮会显示成三维着色形式，并且对象的线型及线宽都是不可见的。

执行【线框】命令主要有以下几种方式。

◆ 执行【视图】|【视觉样式】|【线框】菜单命令。

◆ 单击【视觉样式】工具栏中的⊗按钮。

◆ 使用快捷键"VS"。

如图10-22所示，是模型的线框模式。

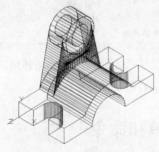

图10-21 二维线框模式

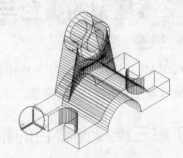

图10-22 线框模式

3. 隐藏

【隐藏】命令用于将三维模型中观察不到的线型隐藏起来，而只显示那些位于前面无遮挡的对象。

执行【隐藏】命令主要有以下几种方式。

◆ 执行【视图】|【视觉样式】|【三维隐藏】菜单命令。

◆ 单击【视觉样式】工具栏中的◎按钮。

◆ 使用快捷键"VS"。

如图10-23所示，是模型的隐藏模式。

4. 真实

【真实】命令可使对象实现平面着色，它只对各多边形的面着色，不对面边界进行光滑处理。

执行【真实】命令主要有以下几种方式。

◆ 执行【视图】|【视觉样式】|【真实】菜单命令。

◆ 单击【视觉样式】工具栏中的●按钮。

◆ 使用快捷键"VS"。

如图10-24所示，是模型的真实模式。

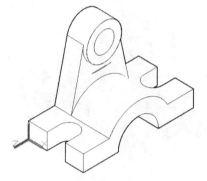

图10-23　隐藏模式

图10-24　真实模式

5. 概念

【概念】命令也可使对象实现平面着色，它不仅可以对各多边形的面着色，还可以对面边界进行光滑处理。

执行【概念】命令主要有以下几种方式。

◆ 执行【视图】|【视觉样式】|【概念】菜单命令。

◆ 单击【视觉样式】工具栏中的●按钮。

◆ 使用快捷键"VS"。

如图10-25所示，是模型的概念模式。

6. 着色

【着色】命令用于将对象进行平滑着色。执行【视图】|【视觉样式】|【着色】菜单命令或使用快捷键"VS"，都可激活该命令，其效果如图10-26所示。

7. 带边缘着色

【带边缘着色】命令用于将对象以带有可见边的方式平滑着色。执行【视图】|【视觉样式】|【带边缘着色】菜单命令或使用快捷键"VS"，都可激活该命令，其效果如图10-27所示。

第1篇 快速入门

第2篇 技能进阶

第3篇 三维设计

第4篇 工程应用

8. 灰度

【灰度】命令用于将对象以单色面颜色模式着色，以产生灰色效果。执行【视图】|【视觉样式】|【灰度】菜单命令或使用快捷键"VS"都可激活该命令，其效果如图10-28所示。

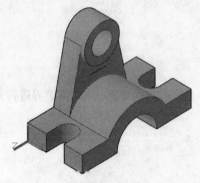

图10-25　概念模式

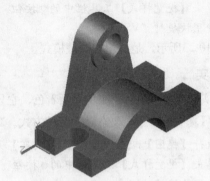

图10-26　着色模式

图10-27　带边缘着色模式

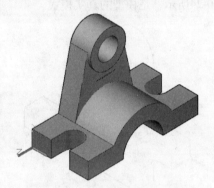

图10-28　灰度模式

9. 勾画

【勾画】命令用于以外伸和抖动的方式使对象产生手绘效果。执行【视图】|【视觉样式】|【勾画】菜单命令或使用快捷键"VS"都可激活该命令，其效果如图10-29所示。

10. X射线

【X射线】命令用于更改面的不透明度，以使整个场景变成部分透明。执行【视图】|【视觉样式】|【X射线】菜单命令或使用快捷键"VS"都可激活该命令，其效果如图10-30所示。

图10-29　勾画模式

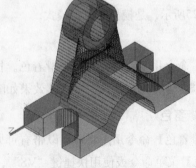

图10-30　X射线模式

10.4.3 管理视觉样式

【管理视觉样式】命令用于控制模型的外观显示效果、创建或更改视觉样式等。

执行【管理视觉样式】命令主要有以下几种方式。

◆ 执行【视图】|【视觉样式】|【视觉样式管理器…】菜单命令。

◆ 单击【视觉样式】工具栏或面板中的 按钮。

◆ 在命令行中输入"Visualstyles"后按Enter键。

执行【视图】|【视觉样式】|【视觉样式管理器】菜单命令，在打开的【视觉样式管理器】窗口中设置模型的视觉样式。

在该窗口中，【图形中的可用视觉样式】提供了针对不同视觉样式而进行操作的相关选项预览图。单击各预览图，即可进入相关视觉样式的设置列表。其中，二维线框模式下，其参数设置如图10-31所示；其他视觉样式下，其参数设置如图10-32所示。

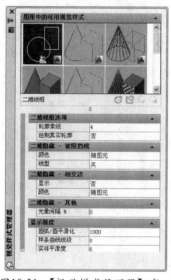

图10-31 【视觉样式管理器】窗口

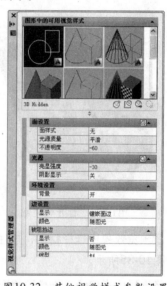

图10-32 其他视觉样式参数设置

◆ 【面设置】参数：用于控制面上颜色和着色的外观。

◆ 【环境设置】：用于打开和关闭阴影和背景。

◆ 【边设置】：指定显示哪些边以及是否应用边修改器。

10.5 三维模型的材质与渲染

视频讲解 "视频文件"\"第10章"\"10.5.三维模型的材质与渲染.avi"

三维模型除了可以着色之外，还可以为其指定材质并进行渲染。

10.5.1 为三维模型指定材质

AutoCAD 2014为用户提供了【材质浏览器】命令，使用此命令可以直观方便地为模型附着材质，以更加真实地表达实物造型。

执行【材质浏览器】命令主要有以下几种方式。

◆ 执行【视图】|【渲染】|【材质浏览器】菜单命令。

◆ 单击【渲染】工具栏或【材质】面板中的 按钮。

◆ 在命令行中输入表达式"Matbrowseropen"后按Enter键。

下面通过简单实例，学习为三维模型制作材质的过程。

❶ 打开随书光盘中的"素材文件"\"三维模型.dwg"文件，并设置其着色模式为"真实"，结果如图10-33所示。

❷ 单击【渲染】工具栏中的 按钮，打开【材质浏览器】窗口，展开【主视图】列表，然后选择【金属】选项，此时显示系统预设的所有金属材质的预览效果，如图10-34所示。

图10-33　打开的文件

图10-34　金属材质预览效果

❸ 在右侧的材质预览效果中选择材质，按住鼠标左键不放，将选择的材质拖曳至三维模型的连杆零件上，如图10-35所示。

❹ 释放鼠标，将该材质指定给三维模型的连杆零件。

❺ 使用相同的方法，分别选择其他材质，将其指定给三维模型的其他零件，此时模型效果如图10-36所示，这样就完成了对模型材质的指定。

图10-35　指定材质

图10-36　附着材质

10.5.2 三维模型的渲染

为模型指定材质之后，可以通过AutoCAD简单的渲染功能对模型进行渲染。执行【视图|【渲染】|【渲染】菜单命令，或单击【渲染】工具栏中的⊙按钮，即可激活此命令。AutoCAD将按照默认设置，对当前视口内的模型以独立的窗口进行渲染，渲染窗口如图10-37所示。

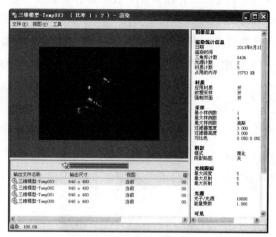

图10-37　渲染窗口

10.6　三维设计中的坐标系

视频讲解　"视频文件"\"第10章"\"10.6.三维设计中的坐标系.avi"

在默认设置下，AutoCAD是以世界坐标系的xy平面作为绘图平面进行图形绘制的。由于世界坐标系是固定的，其应用范围有一定的局限性，AutoCAD为用户提供了用户坐标系（简称UCS），此坐标系是一种非常重要且常用的坐标系。

下面继续学习在三维设计中坐标系的定义与管理知识，以方便用户在三维操作空间内快速建模和编辑。

10.6.1　UCS坐标系的设置

UCS坐标系也被称为"用户坐标系"。此坐标系弥补了世界坐标系（WCS）的不足，用户可以随意定制符合制图需要的UCS，应用范围比较广。

在AutoCAD 2014中，用户坐标系的设置是使用【UCS】命令来实现的。

执行【UCS】命令主要有以下几种方式。

◆　执行【工具】|【新建UCS】级联菜单命令，如图10-38所示。
◆　单击【UCS】工具栏中的各按钮，如图10-39所示。

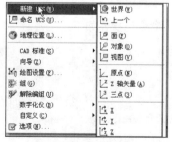

图10-38　【新建UCS】级联菜单

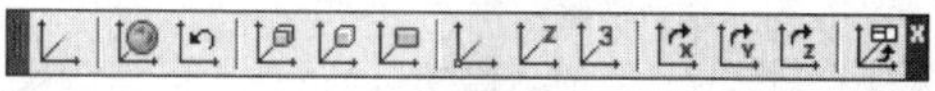

图10-39　【UCS】工具栏

◆ 在命令行中输入"UCS"后按Enter键。

◆ 单击【视图】选项卡中【坐标】面板中的各种按钮。

下面通过简单实例，学习用户坐标系的定制和存储。

❶ 打开随书光盘中的"素材文件"\"三维模型.dwg"文件。

❷ 执行【UCS】命令，配合【端点捕捉】功能，进行三点定义坐标系。命令行操作如下。

```
命令:UCS
    当前 UCS 名称: *俯视*
    指定 UCS 的原点或 [面(F)/命名(NA)/对象(OB)/上一个(P)/视图(V)/世界(W)/X/Y/Z/Z 轴
(ZA)] <世界>:                      //捕捉如图10-40所示的圆心
    指定 X 轴上的点或 <接受>:        //捕捉如图10-41所示的象限点
```

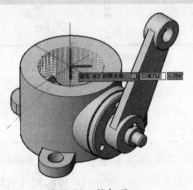

图10-40 捕捉圆心

图10-41 捕捉象限点

```
    指定 XY 平面上的点或 <接受>:
                     //向上引出90°的方向矢量，拾取一点，如图10-42所示，定义的坐标系如图10-43所示
```

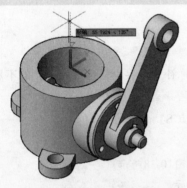

图10-42 定位y轴正方向

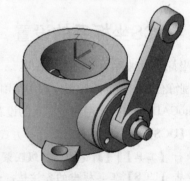

图10-43 定义结果

❸ 重复执行【UCS】命令，将当前定义的坐标系命名存储。命令行操作如下。

```
命令: ucs
    当前 UCS 名称: *没有名称*
    指定 UCS 的原点或 [面(F)/命名(NA)/对象(OB)/上一个(P)/视图(V)/世界(W)/X/Y/Z/Z 轴
(ZA)] <世界>:                              //输入"s"后按Enter键
    输入保存当前 UCS 的名称或 [?]:            //输入"ucs1"后按Enter键
```

❹ 重复执行【UCS】命令，使用【面（F）】选项功能，重新定义坐标系。命令行操作如下。

```
命令：ucs
    当前 UCS 名称：ucs1
    指定 UCS 的原点或 [面(F)/命名(NA)/对象(OB)/上一个(P)/视图(V)/世界(W)/X/Y/Z/Z 轴
(ZA)] <世界>：              //输入"f"后按Enter键，激活【面（F）】选项
    选择实体对象的面：              //选择如图10-44所示的面
    输入选项 [下一个(N)/X 轴反向(X)/Y 轴反向(Y)] <接受>：
                              //按Enter键，定义结果如图10-45所示
```

图10-44　选择表面

图10-45　定义结果

❺ 重复执行【UCS】命令，将刚定义的坐标系进行存储。命令行操作如下。

```
命令：ucs
    当前 UCS 名称：*没有名称*
    指定 UCS 的原点或 [面(F)/命名(NA)/对象(OB)/上一个(P)/视图(V)/世界(W)/X/Y/Z/Z 轴
(ZA)] <世界>：              //输入"s"后按Enter键
    输入保存当前 UCS 的名称或 [?]：   //输入"ucs2"后按Enter键
```

🖥 选项解析

◆ 【指定 UCS 的原点】：用于指定三点，以分别定位出新坐标系的原点、x轴正方向和y轴正方向。

 　坐标系原点为离选择点最近的实体平面顶点，x轴正向由此顶点指向离选择点最近的实体平面边界线的另一端点。用户选择的面必须为实体面域。

◆ 【面（F）】：用于选择一个实体的平面作为新坐标系的xoy面。用户必须使用点选法选择实体。

◆ 【命名（NA）】：用于恢复其他坐标系为当前坐标系、为当前坐标系命名保存以及删除不需要的坐标系。

◆ 【对象（OB）】：用于通过选择的对象创建UCS坐标系。用户只能使用点选法来选择对象，否则无法执行此命令。

◆ 【上一个（P）】：用于将当前坐标系恢复到前一次所设置的坐标系位置，直到将坐标系恢复为WCS坐标系。

◆ 【视图（V）】：表示将新建的用户坐标系的x、y轴所在的面设置为与屏幕平行，其原点保持不变，z轴与xy平面正交。

第**1**篇 快速入门

第**2**篇 技能进阶

第**3**篇 三维设计

第**4**篇 工程应用

- ◆ 【世界（W）】：用于选择世界坐标系作为当前坐标系，用户可以从任何一种UCS坐标系下返回到世界坐标系。
- ◆ 【X】/【Y】/【Z】：原坐标系坐标平面分别绕x、y、z轴旋转而形成新的用户坐标系。

    如果在已定义的UCS坐标系中进行旋转，那么新的UCS是以前面的UCS系统旋转而成的。

- ◆ 【Z轴（ZA）】：用于指定z轴方向以确定新的UCS坐标系。

10.6.2 UCS坐标系的管理

【命名UCS】命令用于对命名UCS以及正交UCS进行管理和操作。例如，用户可以使用该命令删除、重命名或恢复已命名的UCS坐标系，也可以选择AutoCAD预设的标准UCS坐标系以及控制UCS图标的显示等。

执行【命名UCS】命令主要有以下几种方式。

- ◆ 执行【工具】|【命名UCS】菜单命令。
- ◆ 单击【UCS Ⅱ】工具栏或【坐标】面板中的▣按钮。
- ◆ 在命令行中输入表达式"Ucsman"后按Enter键。

执行【命名UCS】命令后可打开如图10-46所示的【UCS】对话框。通过此对话框，可以很方便地对自己定义的坐标系统进行存储、删除、应用等操作。

1.【命名UCS】选项卡

【命名UCS】选项卡用于显示当前文件中的所有坐标系，还可以设置当前坐标系。

- ◆ 【当前UCS】：显示当前的UCS名称。如果UCS设置没有保存和命名，那么当前UCS读取"未命名"。在【当前UCS】下的空白栏中有UCS名称的列表，列出当前视图中已定义的坐标系。
- ◆ 置为当前(C)按钮：用于设置当前坐标系。
- ◆ 详细信息(T)按钮：单击该按钮，可打开如图10-47所示的【UCS 详细信息】对话框，用来查看坐标系的详细信息。

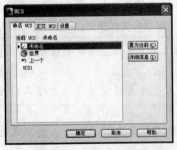

图10-46 【UCS】对话框

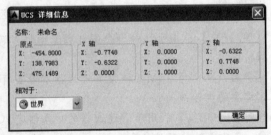

图10-47 【UCS 详细信息】对话框

2.【正交UCS】选项卡

在【UCS】对话框中展开如图10-48所示的选项卡。此选项卡主要用于显示和设置AutoCAD的预设标准坐标系作为当前坐标系。

- ◆ 【当前UCS】：列出了当前视图中的6个正交坐标系。正交坐标系是相对【相对于】列表框中指定的UCS进行定义的。

- ◆ 置为当前©按钮：用于设置当前的正交坐标系。用户可以在列表中双击某个选项，将其设置为当前；也可以在选择了需要设置为当前的选项后单击鼠标右键，在弹出的快捷菜单中选择设置为非当前的选项。

3.【设置】选项卡

在【UCS】对话框中进入如图10-49所示的【设置】选项卡。此选项卡主要用于设置UCS图标的显示及其他的一些操作。

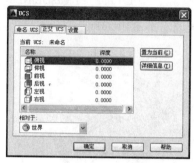

图10-48 【正交UCS】选项卡

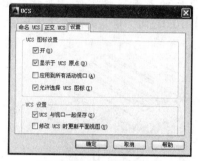

图10-49 【设置】选项卡

- ◆ 【开】：用于显示当前视口中的UCS图标。
- ◆ 【显示于UCS原点】：用于在当前视口中当前坐标系的原点显示UCS图标。
- ◆ 【应用到所有活动视口】：用于将UCS图标设置应用到当前图形中的所有活动视口。
- ◆ 【UCS与视口一起保存】：用于将坐标系设置与视口一起保存。如果清除此选项，视口将反映当前视口的UCS。
- ◆ 【修改UCS时更新平面视图】：用于在修改视口中的坐标系时恢复平面视图。当对话框关闭时，平面视图和选定的UCS设置被恢复。

10.7 三维基本模型的创建

素 材 "素材文件" \ "传动轴.dwg"
效 果 "效果文件" \ "第10章" \ "创建传动轴三维模型.dwg"
视频讲解 "视频文件" \ "第10章" \ "10.7 三维基本模型的创建.avi"

在AutoCAD 2014的三维设计中，掌握三维基本模型的创建是关键。AutoCAD 2014提供了创建三维基本模型的相关菜单命令和功能按钮，这些菜单命令和按钮分别位于【绘图】|【建模】级联菜单和【建模】工具栏中，如图10-50和图10-51所示。

图10-50 【建模】级联菜单　　图10-51 【建模】工具栏按钮

10.7.1 了解相关系统变量

在学习三维模型设计之前，首先简单了解几个与实体显示相关的系统变量，这对三维建模非常重要。

◆ ISOLINES：此变量用于设置实体表面网格线的数量。值越大，网格线就越密，如图10-52所示。

◆ FACETRES：此变量用于设置实体渲染或消隐后的表面网格密度，变量取值范围为0.01~10.0之间。值越大，网格线越密，表面越光滑，如图10-53所示。

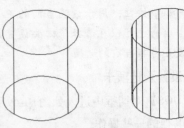

图10-52　变量ISOLINES

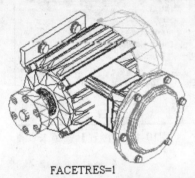 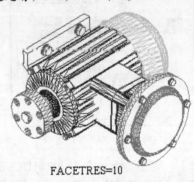

FACETRES=1　　　　　　　　　　FACETRES=10

图10-53　变量FACETRES

◆ DISPSILH：此变量用于控制视图消隐时，是否显示实体表面的网格线。当DISPSILH=0时，显示网格线；当DISPSILH=1时，不显示网格线，如图10-54所示。

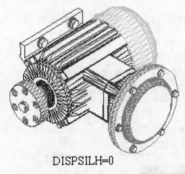 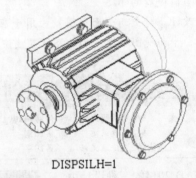

DISPSILH=0　　　　　　　　　　DISPSILH=1

图10-54　变量DISPSILH

10.7.2 创建多段体

【多段体】命令用于创建具有一定宽度和高度的三维直线段和曲线段的墙状多段体。

执行【多段体】命令主要有以下几种方式。

◆ 执行【绘图】|【建模】|【多段体】菜单命令。

◆ 单击【建模】工具栏或面板中的 按钮。

◆ 在命令行中输入"Polysolid"后按Enter键。

下面通过创建高度为80、宽度为4的多段体，学习【多段体】命令的使用方法。

❶ 新建空白绘图文件。

❷ 将视图切换为西南等轴测视图。

❸ 单击【建模】工具栏中的 ⑰ 按钮，根据命令行的提示创建多段体。命令行操作如下。

```
命令: _Polysolid高度 = 80.0000, 宽度 = 5.0000, 对正 = 居中
    指定起点或 [对象(O)/高度(H)/宽度(W)/对正(J)] <对象>:
    指定下一个点或 [圆弧(A)/放弃(U)]:              //输入 "@100,0" 后按Enter键
    指定下一个点或 [圆弧(A)/放弃(U)]:              //输入 "@0,-60" 后按Enter键
    指定下一个点或 [圆弧(A)/闭合(C)/放弃(U)]: //输入 "@100,0 " 后按Enter键
    指定下一个点或 [圆弧(A)/闭合(C)/放弃(U)]: //输入 "a" 后按Enter键
    指定圆弧的端点或 [闭合(C)/方向(D)/直线(L)/第二个点(S)/放弃(U)]:
                                              //输入 "@0,-150" 后按Enter键
    指定下一个点或 [圆弧(A)/闭合(C)/放弃(U)]: //在绘图区中拾取一点
    指定圆弧的端点或 [闭合(C)/方向(D)/直线(L)/第二个点(S)/放弃(U)]:
                                //按Enter键，结束命令，绘制结果如图10-55所示
```

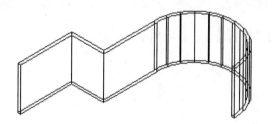

图10-55　绘制结果

💬 选项解析

◆ 【对象（O）】：可以将现有的直线、圆弧、圆、矩形以及样条曲线等二维对象，转化为具有一定宽度和高度的三维实心体，如图10-56所示。

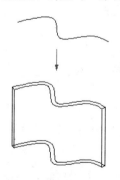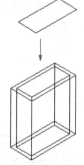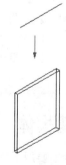

图10-56　选项示例

◆ 【高度（H）】：用于设置多段体的高度。

◆ 【宽度（W）】：用于设置多段体的宽度。

◆ 【对正（J）】：用于设置多段体的对正方式，具体有【左对正】、【居中】和【右对正】3种方式。

10.7.3　创建长方体

【长方体】命令用于创建三维实心长方体模型或三维实心立方体模型。

执行【长方体】命令主要有以下几种方式。

- ◆ 执行【绘图】|【建模】|【长方体】菜单命令。
- ◆ 单击【建模】工具栏或面板中的 按钮。
- ◆ 在命令行中输入"Box"后按Enter键。

下面通过创建长度为200、宽度为150、高度为35的长方体模型，学习【长方体】命令的使用方法。

❶ 新建空白绘图文件并将视图切换为西南等轴测视图。

❷ 单击【建模】工具栏中的 按钮，根据命令行的提示创建长方体。命令行操作如下。

```
命令: _box
    指定第一个角点或 [中心(C)]:              //在绘图区中拾取一点
    指定其他角点或 [立方体(C)/长度(L)]:       //输入"@200,150"后按Enter键
    指定高度或 [两点(2P)]:                   //输入"35"后按Enter键，创建结果如图10-57所示
```

❸ 使用快捷键"HI"激活【消隐】命令，效果如图10-58所示。

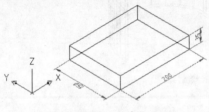
　　图10-57　创建结果

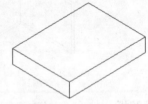
　　图10-58　消隐效果

> 💻 **选项解析**
>
> - ◆ 【立方体（C）】：用于创建长、宽、高都相等的正立方体。
> - ◆ 【中心（C）】：用于根据长方体的正中心点位置创建长方体，即首先定位长方体的中心点位置。
> - ◆ 【长度（L）】：用于直接输入长方体的长度、宽度和高度等，以生成相应尺寸的长方体模型。

10.7.4　创建楔体

【楔体】命令主要用于创建三维实心楔形体模型。

执行【楔体】命令主要有以下几种方式。

- ◆ 执行【绘图】|【建模】|【楔体】菜单命令。
- ◆ 单击【建模】工具栏或面板中的 按钮。
- ◆ 在命令行中输入"Wedge"后按Enter键。

下面通过创建长度为120、宽度为20、高度为150的楔体模型，学习【楔体】命令的使用方法。

❶ 新建空白绘图文件并将当前视图切换为东南等轴测视图。

❷ 单击【建模】工具栏中的◻按钮，根据命令行的提示创建楔体。命令行操作如下。

```
命令：_wedge
    指定第一个角点或 [中心(C)]：         //在绘图区中拾取一点
    指定其他角点或 [立方体(C)/长度(L)]：  //输入"@120,20"后按Enter键
    指定高度或 [两点(2P)] <10.52>：       //输入"150"后按Enter键，创建结果如图10-59所示
```

❸ 使用快捷键"HI"激活【消隐】命令，效果如图10-60所示。

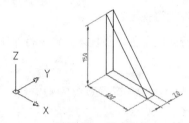

图10-59 创建楔体

图10-60 消隐效果

💻 **选项解析**

◆ 【中心（C）】：用于定位楔体的中心点，其中心点为斜面正中心点。

◆ 【立方体（C）】：用于创建长、宽、高都相等的楔体。

10.7.5 创建球体

【球体】命令主要用于创建三维实心球体模型。

执行【球体】命令主要有以下几种方式。

◆ 执行【绘图】|【实体】|【球体】菜单命令。

◆ 单击【建模】工具栏或面板中的◯按钮。

◆ 在命令行中输入"Sphere"后按Enter键。

下面通过创建半径为120的球体模型，学习【球体】命令的使用方法。

❶ 新建空白绘图文件并将当前视图切换为西南等轴测视图。

❷ 单击【建模】工具栏中的◯按钮，创建半径为120的球体模型。命令行操作如下。

```
命令：_sphere
    指定中心点或 [三点(3P)/两点(2P)/切点、切点、半径(T)]：
                            //在绘图区中拾取一点作为球体的中心点
    指定半径或 [直径(D)] <10.36>：//输入"120"后按Enter键，创建结果如图10-61所示
```

❸ 执行【视觉样式】命令，对球体进行概念着色，效果如图10-62所示。

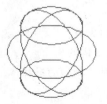

图10-61 创建球体

图10-62 概念着色

第*1*篇 快速入门

第*2*篇 技能进阶

第*3*篇 三维设计

第*4*篇 工程应用

10.7.6 创建圆柱体

【圆柱体】命令主要用于创建三维实心圆柱体或三维实心椭圆柱体模型。

执行【圆柱体】命令主要有以下几种方式。

◆ 执行【绘图】|【建模】|【圆柱体】菜单命令。

◆ 单击【建模】工具栏或面板中的◻按钮。

◆ 在命令行中输入"Cylinder"后按Enter键。

下面通过创建底面半径为120、高度为250的圆柱体模型，学习【圆柱体】命令的使用方法。

1 新建空白绘图文件并将当前视图切换为西南等轴测视图。

2 单击【建模】工具栏中的◻按钮，根据命令行的提示创建圆柱体。命令行操作如下。

```
命令: _cylinder
    指定底面的中心点或 [三点(3P)/两点(2P)/ 切点、切点、半径(T)/椭圆(E)]
                              //在绘图区中拾取一点
    指定底面半径或 [直径(D)]>:   //输入"120"后按Enter键，输入底面半径
    指定高度或 [两点(2P)/轴端点(A)] <100.0000>:
                              //输入"250"后按Enter键，结果如图10-63所示
```

3 使用快捷键"HI"执行【消隐】命令，效果如图10-64所示。

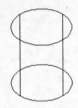　　　　　　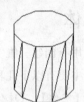

图10-63　创建结果　　　　　　　图10-64　消隐效果

　变量FACETRES用于设置实体消隐或渲染后表面的光滑度，值越大，表面越光滑，如图10-65所示。变量ISOLINES用于设置实体线框的表面密度，值越大，网格线越密集，如图10-66所示。

图10-65　FACETRES＝5的消隐效果　　　图10-66　ISOLIENS＝12的线框效果

🖵 选项解析

◆ 【三点（3P）】：用于指定圆上的3个点定位圆柱体的底面。

◆ 【两点（2P）】：用于指定圆直径的两个端点定位圆柱体的底面。

◆ 【切点、切点、半径（T）】：用于绘制与已知两个对象相切的圆柱体。

◆ 【椭圆（E）】：用于绘制底面为椭圆的椭圆柱体。

10.7.7 创建圆环体

【圆环体】命令用于创建圆环形三维实心体模型，如图12-19所示。可以通过指定圆环体的圆心、半径以围绕圆环体的圆管半径创建圆环体。

执行【圆环体】命令主要有以下几种方式。

- ◆ 执行【绘图】|【建模】|【圆环体】菜单命令。
- ◆ 单击【建模】工具栏或面板中的◎按钮。
- ◆ 在命令行中输入"Torus"后按Enter键。

下面通过创建圆环体半径为200、圆管半径为20的圆环体，学习【圆环体】命令的使用方法。

① 新建空白绘图文件并将当前视图切换为西南等轴测视图。

② 单击【建模】工具栏中的◎按钮，根据命令行的提示创建圆环体。命令行操作如下。

```
命令: _torus
    指定中心点或 [三点(3P)/两点(2P)/切点、切点、半径(T)]:    //定位环体的中心点
    指定半径或 [直径(D)] <120.0000>:                        //输入"200"后按Enter键
    指定圆管半径或 [两点(2P)/直径(D)]:
                                //输入"20"后按Enter键，输入圆管半径，结果如图10-67所示
```

③ 使用快捷键"HI"激活【消隐】命令，效果如图10-68所示。

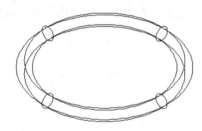

图10-67　创建圆环体

图10-68　消隐效果

10.7.8 创建圆锥体

【圆锥体】命令用于创建三维实心圆锥体或三维实心椭圆锥体模型。

执行【圆锥体】命令主要有以下几种方式。

- ◆ 执行【绘图】|【建模】|【圆锥体】菜单命令。
- ◆ 单击【建模】工具栏或面板中的△按钮。
- ◆ 在命令行中输入"Cone"后按Enter键。

下面通过创建底面半径为100、高度为150的圆锥体，学习【圆锥体】命令的使用方法。

① 新建空白绘图文件。

② 执行【视图】|【三维视图】|【西南等轴测】菜单命令，将当前视图切换为西南等轴测视图。

③ 单击【建模】工具栏中的△按钮，执行【圆锥体】命令，根据命令行的提示创建锥体。命令行操作如下。

第1篇 快速入门

第2篇 技能进阶

第3篇 三维设计

第4篇 工程应用

```
命令: _cone
    指定底面的中心点或 [三点(3P)/两点(2P)/切点、切点、半径(T)/椭圆(E)]:
                                    //在绘图区中拾取一点作为底面中心点
    指定底面半径或 [直径(D)] <261.0244>:    //输入"100"后按Enter键，输入底面半径
    指定高度或 [两点(2P)/轴端点(A)/顶面半径(T)] <120.0000>:
                                    //输入"150"后按Enter键，输入锥体的高度，结果如图10-69所示
```

❹ 使用快捷键 "HI" 激活【消隐】命令，效果如图10-70所示。

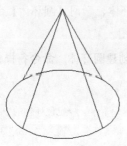
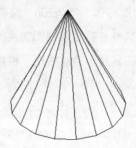

图10-69 创建圆柱体   图10-70 消隐结果

10.7.9 创建棱锥体

【棱锥面】命令用于创建三维实体棱锥，如底面为四边形、五边形、六边形等的多面棱锥，如图10-71所示。

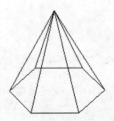

图10-71 棱锥体

执行【棱锥体】命令主要有以下几种方式。

◆ 执行【绘图】|【建模】|【棱锥体】菜单命令。

◆ 单击【建模】工具栏或面板中的◁按钮。

◆ 在命令行中输入 "Pyramid" 后按Enter键。

下面通过创建底面半径为120的六面棱锥体，学习【棱锥体】命令的使用方法。

❶ 新建空白绘图文件并将视图切换为西南等轴测视图。

❷ 单击【建模】工具栏中的◁按钮，根据命令行的提示创建六面棱锥体。命令行操作如下。

```
命令: _pyramid
    4 个侧面 外切
    指定底面的中心点或 [边(E)/侧面(S)]:    //输入"s"后按Enter键，激活【侧面（S）】选项
```

输入侧面数 <4>:   //输入"6"后按Enter键，设置侧面数

指定底面的中心点或 [边(E)/侧面(S)]:   //在绘图区中拾取一点

指定底面半径或 [内接(I)] <72.0000>:   //输入"120"后按Enter键

指定高度或 [两点(2P)/轴端点(A)/顶面半径(T)] <10.0000>:

//输入"500"后按Enter键，结果如图10-72所示

❸ 使用快捷键"VS"激活【视觉样式】命令，对模型进行灰度着色，效果如图10-73所示。

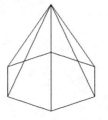

图10-72　创建结果

图10-73　灰度着色

第*1*篇 快速入门

第*2*篇 技能进阶

第*3*篇 三维设计

第*4*篇 工程应用

第1篇 快速入门

第2篇 技能进阶

第3篇 三维设计

第4篇 工程应用

第11章　AutoCAD三维设计进阶应用
——三维模型的基本操作

在上面章节主要学习了AutoCAD 2014三维建模的基础知识。要想真正掌握三维模型的相关知识，还需要掌握三维模型的编辑与修改。通过对三维模型进行修改完善，创建出真正符合设计要求的三维模型。

本章学习内容：

◆ 三维模型的组合编辑
◆ 三维模型的操作知识
◆ 三维模型的其他创建知识
◆ 创建网格模型

11.1　三维模型的组合编辑

素　材　"效果文件"\"第10章"\"创建传动轴三维模型.dwg"
效　果　"效果文件"\"第11章"\"完善传动轴三维模型.dwg"
视频讲解　"视频文件"\"第11章"\"11.1 三维模型的组合编辑.avi"

通过对三维模型的组合编辑，可以创建出更为复杂的三维模型。在AutoCAD 2014中，三维模型的组合编辑主要包括【并集】、【差集】和【交集】等命令。

11.1.1　三维模型的并集操作

所谓"并集"，是指将多个三维实体、面域或曲面组合成一个实体、面域或曲面，从而创建更为复杂的三维模型。

执行【并集】命令主要有以下几种方式。

◆ 执行【修改】|【实体编辑】|【并集】菜单命令。
◆ 单击【建模】工具栏或【实体编辑】面板中的按钮。
◆ 在命令行中输入"Union"后按Enter键。
◆ 使用快捷键"UNI"。

下面通过一个简单实例，学习三维模型的并集操作。

❶ 新建空白绘图文件并将视图切换为西南等轴测视图。

❷ 单击【建模】工具栏中的按钮，根据命令行的提示创建长方体。命令行操作如下。

```
命令: _box
    指定第一个角点或 [中心(C)]:                //在绘图区中拾取一点
    指定其他角点或 [立方体(C)/长度(L)]:        //输入 "@200,150" 后按Enter键
```

指定高度或 [两点(2P)]:	//输入"35"后按Enter键，创建结果如图11-1所示
命令:	//按Enter键，重复执行【长方体】命令
指定第一个角点或 [中心(C)]: _from 基点:	
	//激活【捕捉自】功能，捕捉如图11-2所示的长方体的端点

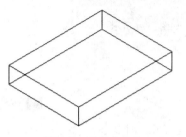

图11-1 创建长方体

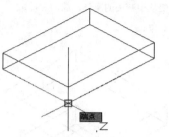

图11-2 捕捉端点

_from 基点: <偏移>:	//输入"@50,50"后按Enter键
指定其他角点或 [立方体(C)/长度(L)]:	//输入"@50,-150"后按Enter键
指定高度或 [两点(2P)] <35.0000>:	//输入"35"后按Enter键，结果如图11-3所示

❸ 采用上述任意方式激活【并集】命令后，对两个方体进行并集操作。命令行操作如下。

命令: _union	
选择对象:	//选择大长方体
选择对象:	//选择小长方体
选择对象:	//按Enter键，结果如图11-4所示

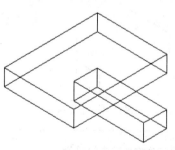

图11-3 创建另一个长方体

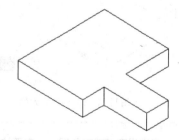

图11-4 并集结果

11.1.2 三维模型的差集操作

所谓"差集"，是指从一个实体（或面域）中移去与其相交的实体（或面域），从而生成新的实体（或面域、曲面）。

执行【差集】命令主要有以下几种方式。

◆ 执行【修改】|【实体编辑】|【差集】菜单命令。

◆ 单击【建模】工具栏或【实体编辑】面板中的 ⓪ 按钮。

◆ 在命令行中输入"Subtract"后按Enter键。

◆ 使用快捷键"SU"。

第 **1** 篇 快速入门

第 **2** 篇 技能进阶

第 **3** 篇 三维设计

第 **4** 篇 工程应用

下面通过一个简单实例，学习三维模型的差集操作。

1 依照上例的操作，创建如图11-5所示的两个长方体。

2 采用上述任意方式激活【差集】命令，对两个长方体进行差集操作。命令行操作如下。

命令：_subtract
　　选择要从中减去的实体、曲面和面域...
　　选择对象：　　　　　　　　　　　　//选择大长方体，如图11-6所示

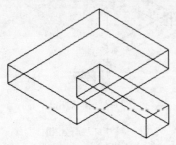

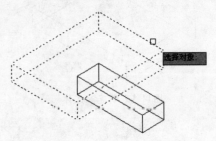

图11-5　创建长方体　　　　　　　　图11-6　选择大长方体

　　选择对象：　　　　　　　　　　//按Enter键，结束选择
　　选择要减去的实体、曲面和面域...
　　选择对象：　　　　　　　　　　//选择小长方体，如图11-7所示
　　选择对象：　　　　　　　　　　//按Enter键，差集结果如图11-8所示

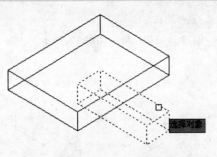

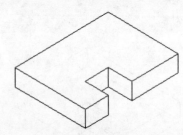

图11-7　选择小长方体　　　　　　　图11-8　差集结果

 当选择完被减对象后，一定要按Enter键，然后再选择需要减去的对象。

11.1.3　三维模型的交集操作

所谓"交集"，是指将多个实体（或面域、曲面）的公有部分提取出来，形成一个新的实体（或面域、曲面），同时删除公共部分以外的部分。

执行【交集】命令主要有以下几种方式。

◆ 执行【修改】|【实体编辑】|【交集】菜单命令。

◆ 单击【建模】工具栏或【实体编辑】面板中的⬚按钮。

◆ 在命令行中输入"Intersect"后按Enter键。

◆ 使用快捷键"IN"。

下面通过一个简单实例，学习三维模型的交集操作。

1 新建空白绘图文件并将视图切换为西南等轴测视图。

2 单击【建模】工具栏中的▢按钮，根据命令行的提示创建长方体。命令行操作如下。

```
命令：_box
    指定第一个角点或 [中心(C)]：            //在绘图区中拾取一点
    指定其他角点或 [立方体(C)/长度(L)]：    //输入"@200,150"后按Enter键
    指定高度或 [两点(2P)]：                //输入"35"后按Enter键，创建结果如图11-9所示
```

3 单击【建模】工具栏中的○按钮，创建半径为120的球体。命令行操作如下。

```
命令：_sphere
    指定中心点或 [三点(3P)/两点(2P)/切点、切点、半径(T)]：
                                        //捕捉如图11-10所示的长方体的端点作为球体的中心点
    指定半径或 [直径(D)] <10.36>：//输入"75"后按Enter键，创建结果如图11-11所示
```

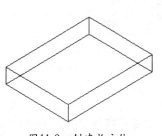 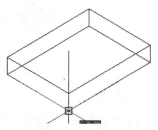 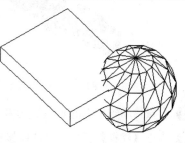

图11-9　创建长方体　　　　　图11-10　捕捉端点　　　　　图11-11　创建球体

4 采用上述任意方式激活【交集】命令，对长方体和球体进行交集操作。命令行操作如下。

```
命令：_intersect
    选择对象：                //选择长方体，如图11-12所示
    选择对象：                //选择球体，如图11-13所示
    选择对象：                //按Enter键，交集结果如图11-14所示
```

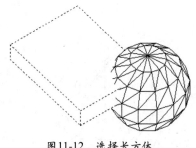 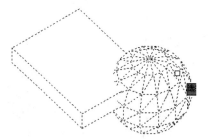 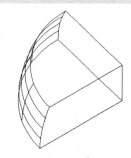

图11-12　选择长方体　　　　　图11-13　选择球体　　　　　图11-14　交集结果

11.1.4　三维模型的组合编辑实例——完善传动轴三维模型

在上面章节学习了三维模型的组合编辑，下面通过完善传动轴三维模型，对所学知识进行巩固。

① 打开随书光盘中的"效果文件"\"第11章"\"创建传动轴三维模型.dwg"文件，如图11-15所示。

下面对该模型进行并集操作。

② 单击【建模】工具栏或【实体编辑】面板中的 按钮，激活【并集】命令，对传动轴模型进行并集操作。命令行操作如下。

```
命令：_union
    选择对象：        //从右向左拖出如图11-16所示的窗交选区，选择传动轴零件的所有模型
    选择对象：        //按Enter键，完成模型的并集
```

图11-15　打开的文件

图11-16　选择模型

③ 设置传动轴模型的着色模式为【二维线框】模式。

④ 单击【建模】工具栏中的 按钮，根据命令行的提示创建圆柱体。命令行操作如下。

```
命令：_cylinder
    指定底面的中心点或 [三点(3P)/两点(2P)/切点、切点、半径(T)/椭圆(E)]：_from 基点：
                                        //激活【捕捉自】功能，捕捉如图11-17所示的圆心
    _from 基点：<偏移>：               //输入"@8,0"后按Enter键
    指定底面半径或 [直径(D)] <4.5>：    //输入"4.5"后按Enter键
    指定高度或 [两点(2P)/轴端点(A)] <10.0>：//输入"10"后按Enter键，结果如图11-18所示
```

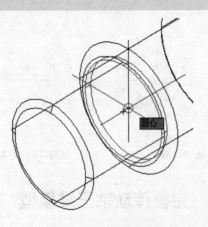

图11-17　捕捉圆心

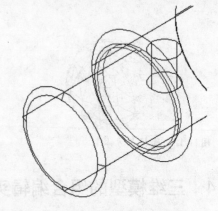

图11-18　创建圆柱体

⑤ 单击【建模】工具栏中的 按钮，根据命令行的提示创建长方体。命令行操作如下。

命令：_box

    指定第一个角点或 [中心(C)]：   //捕捉如图11-19所示的象限点

    指定其他角点或 [立方体(C)/长度(L)]：

                      //输入"@15,9,10"后按Enter键，创建结果如图11-20所示

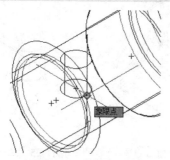
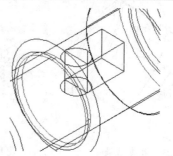

图11-19　捕捉象限点　　　　　　　　　图11-20　创建长方体

6 单击【建模】工具栏中的◻按钮，根据命令行的提示创建圆柱体。命令行操作如下。

命令：_cylinder

    指定底面的中心点或 [三点(3P)/两点(2P)/切点、切点、半径(T)/椭圆(E)]：

                      //捕捉如图11-21所示的中点

    指定底面半径或 [直径(D)] <4.5>：   //输入"4.5"后按Enter键

    指定高度或 [两点(2P)/轴端点(A)] <10.0>： //输入"10"后按Enter键，结果如图11-22所示

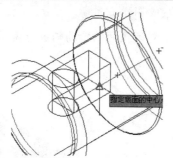
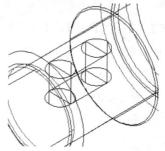

图11-21　捕捉中点　　　　　　　　　图11-22　创建圆柱体

7 执行【并集】命令，对两个圆柱体和长方体进行并集操作。命令行操作如下。

命令：_union

    选择对象：   //选择圆柱体

    选择对象：   //选择长方体

    选择对象：   //选择另一个圆柱体

    选择对象：   //按Enter键，并集结果如图11-23所示

8 执行【修改】|【三维操作】|【三维移动】菜单命令，对并集后的模型进行三维移动。命令行操作如下。

命令：_3dmove

    选择对象：   //选择并集后的模型

    选择对象：   //按Enter键

指定基点或 [位移(D)] <位移>：　//捕捉如图11-24所示的圆心
指定第二个点或 <使用第一个点作为位移>：　//输入"@0,0,14"后按Enter键，结果如图11-25所示
正在重生成模型。

图11-23　并集结果

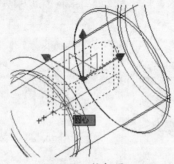

图11-24　捕捉圆心

图11-25　三维移动结果

❾ 执行【差集】命令，对模型进行差集操作，以创建键槽。命令行操作如下。

```
命令：_subtract
    选择要从中减去的实体、曲面和面域...
    选择对象：                        //选择传动轴模型，如图11-26所示
    选择对象：                        //按Enter键
    选择要减去的实体、曲面和面域...
    选择对象：                        //选择并集模型，如图11-27所示
    选择对象：                        //按Enter键，完成键槽的创建
```

❿ 执行【视图】|【视觉样式】|【真实】菜单命令，对差集后的传动轴进行真实着色，结果如
图11-28所示。

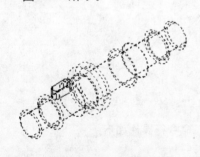

图11-26　选择传动轴模型

图11-27　选择并集模型

图11-28　制作效果

⓫ 依照相同的方法，根据传动轴平面图数据，创建出传动轴另一端的键槽，完成对传动轴的制
作，结果如图11-29所示。

图11-29　完善后的传动轴模型

第 **1** 篇　快速入门

第 **2** 篇　技能进阶

第 **3** 篇　三维设计

第 **4** 篇　工程应用

⑫ 执行【保存】命令，将该文件命名保存为"完善传动轴三维模型.dwg"文件。

11.2 三维模型的操作知识

视频讲解 "视频文件"\ "第11章"\ "11.2.三维模型的操作技能.avi"

下面首先学习三维模型的基本操作，具体有【三维移动】、【三维旋转】、【三维对齐】、【三维镜像】和【三维阵列】等相关命令。

11.2.1 三维模型的移动操作

【三维移动】命令主要用于将对象在三维操作空间内进行位移。

执行【三维移动】命令主要有以下几种方式。

◆ 执行【修改】|【三维操作】|【三维移动】菜单命令。
◆ 单击【建模】工具栏或【修改】面板中的⊕按钮。
◆ 在命令行中输入"3dmove"后按Enter键。
◆ 使用快捷键"3m"。

执行【三维移动】命令后，命令行操作如下。

```
命令：_3dmove
    选择对象：                            //选择移动对象
    选择对象：                            //按Enter键，结束选择
    指定基点或 [位移(D)] <位移>：          //定位基点
    指定第二个点或 <使用第一个点作为位移>：  //定位目标点
    正在重生成模型。
```

11.2.2 三维模型的旋转操作

【三维旋转】命令用于在三维空间内按照指定的坐标轴，围绕基点旋转三维模型。

执行【三维旋转】命令主要有以下几种方式。

◆ 执行【修改】|【三维操作】|【三维旋转】菜单命令。
◆ 单击【建模】工具栏或【修改】面板中的◉按钮。
◆ 在命令行中输入"3drotate"后按Enter键。

下面通过简单实例，学习【三维旋转】命令的使用方法。

❶ 打开随书光盘中的"效果文件"\ "第11章"\ "完善传动轴三维模型.dwg"文件。

❷ 单击【建模】工具栏中的◉按钮，激活【三维旋转】命令，将传动轴模型进行旋转。命令行操作如下。

```
命令：_3drotate
    UCS 当前的正角方向： ANGDIR=逆时针  ANGBASE=0
    选择对象：                    //选择传动轴模型
    选择对象：                    //按Enter键，结束选择
```

中文版
AutoCAD 2014从入门到精通

第**1**篇 快速入门

第**2**篇 技能进阶

第**3**篇 三维设计

第**4**篇 工程应用

指定基点:	//捕捉如图11-30所示的圆心
拾取旋转轴:	//在如图11-31所示的轴方向上单击鼠标左键，定位旋转轴
指定角的起点或键入角度:	//输入"90"后按Enter键，结束命令，完成对传动轴的旋转
正在重生成模型。	

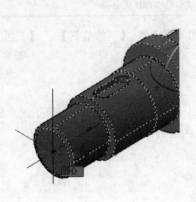

图11-30 捕捉圆心

图11-31 定位旋转轴

11.2.3 三维模型的对齐操作

所谓"三维对齐"，是指以定位源平面和目标平面的形式，将两个三维对象在三维操作空间中进行对齐。

执行【三维对齐】命令主要有以下几种方式。

◆ 执行【修改】|【三维操作】|【三维对齐】菜单命令。

◆ 单击【建模】工具栏或【修改】面板中的 按钮。

◆ 在命令行中输入"3dalign"后按Enter键。

下面通过简单实例，学习【三维对齐】命令的应用知识。

❶ 新建空白绘图文件，将视图切换为西南等轴测视图。

❷ 执行【长方体】命令，创建如图11-32所示的两个长方体。

❸ 执行【三维对齐】命令，将两个长方体进行对齐。命令行操作如下。

命令:_3dalign	
选择对象:	//选择左侧的长方体
选择对象:	//按Enter键，结束选择
指定源平面和方向 ...	
指定基点或 [复制(C)]:	//捕捉图11-32中的端点1
指定第二个点或 [继续(C)] <C>:	//捕捉图11-32中的端点2
指定第三个点或 [继续(C)] <C>:	//捕捉图11-32中的端点3
指定目标平面和方向 ...	
指定第一个目标点:	//捕捉图11-32中的端点4
指定第二个目标点或 [退出(X)] <X>:	//捕捉图11-32中的端点5
指定第三个目标点或 [退出(X)] <X>:	//捕捉图11-32中的端点6，对齐结果如图11-33所示

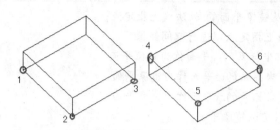

图11-32 创建长方体

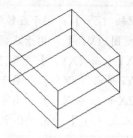

图11-33 对齐结果

11.2.4 三维模型的镜像操作

所谓"三维镜像"，是指在三维空间内将选定的三维模型按照指定的镜像平面进行镜像，以创建结构对称的三维模型。需要说明的是，在镜像模型时，源模型可以删除，也可以不删除。

执行【三维镜像】命令主要有以下几种方式。

◆ 执行【修改】|【三维操作】|【三维镜像】菜单命令。
◆ 在命令行中输入"Mirror3D"后按Enter键。
◆ 单击【常用】选项卡中【修改】面板中的 ※ 按钮。

下面通过简单实例，学习【三维镜像】命令的使用方法。

1 继续上例的操作，执行【楔体】命令，绘制如图11-34所示的楔体。

2 单击【常用】选项卡中【修改】面板中的 ※ 按钮，将楔体模型在*yz*平面进行镜像。命令行操作如下。

```
命令：_mirror3d
    选择对象：                 //选择楔体模型
    选择对象：                 //按Enter键
    指定镜像平面（三点）的第一个点或 [对象(O)/最近的(L)/Z 轴(Z)/视图(V)/XY 平面(XY)/YZ
平面(YZ)/ZX 平面(ZX)/三点(3)] <三点>://输入"YZ"后按Enter键，激活【YZ平面（YZ）】选项
    指定 YZ 平面上的点 <0,0,0>：  //捕捉如图11-35所示的中点
    是否删除源对象？[是(Y)/否(N)] <否>://按Enter键，镜像结果如图11-36所示
```

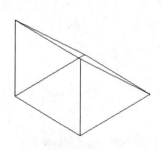

图11-34 创建楔体

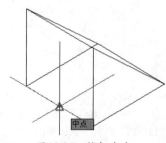

图11-35 捕捉中点

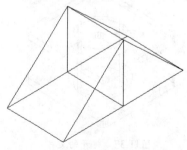

图11-36 镜像结果

📺 选项解析

◆ 【对象（O）】：用于选定某一对象所在的平面作为镜像平面。
◆ 【最近的（L）】：用于以上次镜像使用的镜像平面作为当前镜像平面。

- ◆ 【Z轴（Z）】：用于在镜像平面及镜像平面的z轴法线上指定点。
- ◆ 【视图（V）】：用于在视图平面上指定点以进行空间镜像。
- ◆ 【XY平面（XY）】：用于以当前坐标系的xy平面作为镜像平面。
- ◆ 【YZ平面（YZ）】：用于以当前坐标系的yz平面作为镜像平面。
- ◆ 【ZX平面（ZX）】：用于以当前坐标系的zx平面作为镜像平面。
- ◆ 【三点（3）】：用于指定3个点以定位镜像平面。

11.2.5 三维模型的阵列操作

所谓"三维阵列"，是指将三维模型按照矩形或环形的方式，在三维空间中进行规则排列。

执行【三维阵列】命令主要有以下几种方式。

- ◆ 执行【修改】|【三维操作】|【三维阵列】菜单命令。
- ◆ 单击【建模】工具栏或【修改】面板中的 按钮。
- ◆ 在命令行中输入"3Darray"后按Enter键。

需要注意的是，在进行阵列时有两种方式，一种是矩形阵列，另一种是环形阵列。

1. 矩形阵列

下面通过创建零件图中的螺孔，学习矩形阵列的操作。

❶ 打开随书光盘中的"素材文件"\"线盘零件.dwg"文件，如图11-37所示。

❷ 执行【圆柱体】命令，创建圆柱体。命令行操作如下。

```
命令：_cylinder
    指定底面的中心点或 [三点(3P)/两点(2P)/切点、切点、半径(T)/椭圆(E)]：
                                //激活【捕捉自】功能，捕捉如图11-38所示的下底面圆心
    _from 基点：<偏移>：              //输入"@5,5"后按Enter键
    指定底面半径或 [直径(D)] <3.0000>：    //输入"3"后按Enter键
    指定高度或 [两点(2P)/轴端点(A)] <-10.0000>： //输入"5"后按Enter键，结果如图11-39所示
```

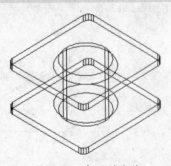

图11-37 打开的文件

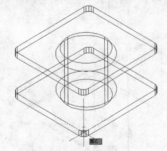

图11-38 捕捉下底面圆心

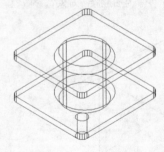

图11-39 创建圆柱体

❸ 执行【修改】|【三维操作】|【三维阵列】菜单命令，对圆柱体进行阵列操作。命令行操作如下。

```
命令：_3darray
    选择对象：                      //选择圆柱体
    选择对象：                      //按Enter键
```

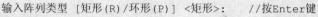

```
输入阵列类型 [矩形(R)/环形(P)] <矩形>:          //按Enter键
输入行数 (---) <1>:                        //输入"2"后按Enter键
输入列数 (|||) <1>:                        //输入"2"后按Enter键
输入层数 (...) <1>:                        //输入"2"后按Enter键
指定行间距 (---):                          //输入"30"后按Enter键
指定列间距 (|||):                          //输入"35"后按Enter键
指定层间距 (...):              //输入"22"后按Enter键,阵列结果如图11-40所示
```

④ 执行【并集】命令,将阵列的8个圆柱体进行并集操作,然后执行【差集】命令,对模型进行差集操作以创建螺孔,结果如图11-41所示。

⑤ 设置模型的着色模式为【概念】模式,结果如图11-42所示。

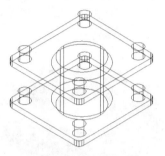
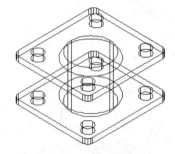

图11-40　阵列结果　　　　　　图11-41　差集结果　　　　　　图11-42　概念着色效果

2. 环形阵列

下面继续通过在圆盘零件上创建螺孔,学习环形阵列的操作。

① 打开随书光盘中的"素材文件"\"圆盘零件.dwg"文件,如图11-43所示。

② 执行【修改】|【三维操作】|【三维阵列】菜单命令,对圆柱体环形阵列16份。命令行操作如下。

```
命令: _3darray
选择对象:                                 //选择如图11-44所示的圆柱体
```

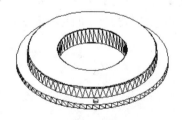

图11-43　圆盘零件　　　　　　　　图11-44　选择圆柱体

```
选择对象:                                 //按Enter键
输入阵列类型 [矩形(R)/环形(P)] <矩形>:      //输入"P"后按Enter键
输入阵列中的项目数目:                      //输入"16"后按Enter键
指定要填充的角度 (+=逆时针, -=顺时针) <360>: //按Enter键
旋转阵列对象? [是(Y)/否(N)] <Y>:          //输入"Y"后按Enter键
指定阵列的中心点:                         //捕捉如图11-45所示的圆心
```

第**1**篇　快速入门

第**2**篇　技能进阶

第**3**篇　三维设计

第**4**篇　工程应用

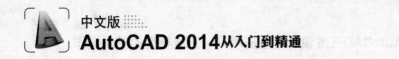

指定旋转轴上的第二点：　　　　　　　　　　　　　　　//捕捉如图11-46所示的圆心

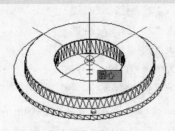

图11-45　捕捉圆心

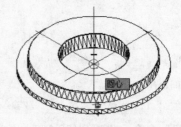

图11-46　捕捉圆心

❸ 环形阵列的效果如图11-47所示。使用快捷键"SU"激活【并集】命令，对阵列出的16个圆柱体进行并集操作。继续执行【差集】命令，以圆盘模型作为运算对象，减去阵列的16个圆柱体对象以创建螺孔特征，结果如图11-48所示。

❹ 设置模型的着色模式为【概念】模式，结果如图11-49所示。

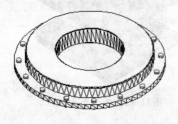

图11-47　阵列结果

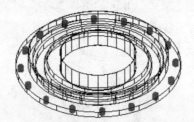

图11-48　差集结果

图11-49　概念着色效果

11.3　三维模型的其他创建知识

视频讲解　"视频文件"\"第11章"\"11.3.三维模型的其他创建技能.avi"

　　在上面学习了创建三维基本模型的知识，下面继续学习通过二维图形的转换创建三维模型的知识，具体包括【拉伸】、【旋转】、【剖切】、【扫掠】、【抽壳】、【干涉检查】等。使用这些命令，可以将二维图形转化为三维实心体或曲面模型，以创建较为复杂的几何体及曲面。

11.3.1　通过拉伸创建三维模型

　　【拉伸】命令用于将闭合的二维图形按照指定的高度拉伸成三维实心体或曲面，将非闭合的二维图线拉伸为曲面。

　　执行【拉伸】命令主要有以下几种方式。

◆ 执行【绘图】|【建模】|【拉伸】菜单命令。

◆ 单击【建模】工具栏或面板中的▣按钮。

◆ 在命令行中输入"Extrude"后按Enter键。

◆ 使用快捷键"EXT"。

　　下面通过简单实例，学习【拉伸】命令的使用方法。

❶ 打开随书光盘中的"素材文件"\"扳钳平面图.dwg"文件，如图11-50所示。

❷ 执行【绘图】|【边界】菜单命令，将该图形编辑为边界。

❸ 执行【东南等轴测】命令，将当前视图切换为东南等轴测视图，如图11-51所示。

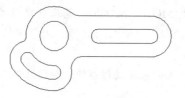

图11-50 打开的文件

图11-51 切换视图

❹ 单击【建模】工具栏中的▣按钮，激活【拉伸】命令，将4条边界拉伸为三维实体。命令行操作如下。

```
命令: _extrude
    当前线框密度：ISOLINES=4，闭合轮廓创建模式 = 实体
    选择要拉伸的对象或 [模式(MO)]：_MO 闭合轮廓创建模式 [实体(SO)/曲面(SU)] <实体>：_SO
    选择要拉伸的对象或 [模式(MO)]：           //选择边界
    选择要拉伸的对象或 [模式(MO)]：           //按Enter键
    指定拉伸的高度或 [方向(D)/路径(P)/倾斜角(T)/表达式(E)] <0.0>:0
        //沿z轴正方向引导光标，输入"20"后按Enter键，拉伸结果如图11-52所示
```

❺ 使用快捷键"VS"激活【视觉样式】命令，对拉伸实体进行着色，效果如图11-53所示。

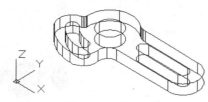

图11-52 拉伸结果

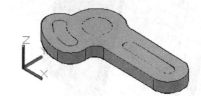

图11-53 着色效果

❻ 使用快捷键"SU"激活【差集】命令，对拉伸实体进行差集操作。命令行操作如下。

```
命令:_su                    //按Enter键
    SUBTRACT
    选择要从中减去的实体、曲面和面域...
    选择对象：               //选择如图11-54所示的拉伸实体
    选择对象：               //按Enter键
    选择要减去的实体、曲面和面域...
    选择对象：               //选择其他3个拉伸实体
    选择对象：               //按Enter键，结束命令，差集结果如图11-55所示
```

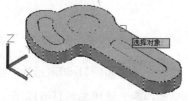

图11-54 选择拉伸实体

图11-55 差集结果

第 **1** 篇 快速入门

第 **2** 篇 技能进阶

第 **3** 篇 三维设计

第 **4** 篇 工程应用

💻 **选项解析**

◆ 【模式（MO）】：用于设置拉伸对象是生成实体还是曲面。系统默认状态下，拉伸结果为实体，在命令行"选择要拉伸的对象或 [模式(MO)]: _MO 闭合轮廓创建模式 [实体(SO)/曲面(SU)] <实体>: _SO"的提示下，输入"SU"激活曲面选项，则拉伸结果为曲面，如图11-56所示。

◆ 【倾斜角（T）】：用于将闭合或非闭合对象按照一定的角度进行拉伸，如图11-57所示。

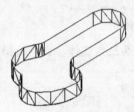  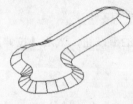 

图11-56　拉伸为曲面　　　　　　　　　　　　　　　图11-57　角度拉伸

◆ 【方向（D）】：用于将闭合或非闭合对象按照光标指引的方向进行拉伸，如图11-58所示。

◆ 【路径（P）】：用于将闭合或非闭合对象按照指定的直线或曲线路径进行拉伸，如图11-59所示。

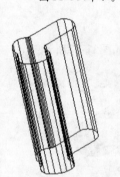  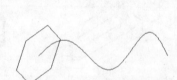 

图11-58　方向拉伸　　　　　　　　　　　　　　　图11-59　路径拉伸

◆ 【表达式（E）】：用于输入公式或方程式以指定拉伸高度。

11.3.2 通过旋转创建三维模型

　　【旋转】命令用于将闭合的二维图形围绕坐标轴旋转为三维实心体或曲面，将非闭合图形围绕坐标轴旋转为曲面。此命令常用于创建一些回转体结构的模型。

　　执行【旋转】命令主要有以下几种方式。

◆ 执行【绘图】|【建模】|【旋转】菜单命令。

◆ 单击【建模】工具栏或面板中的 ⬚ 按钮。

◆ 在命令行中输入"Revolve"后按Enter键。

　　下面通过简单实例，学习【旋转】命令的使用方法。

❶ 新建空白文件，使用【多段线】命令，配合【正交】功能，绘制如图11-60所示的二维图形。

❷ 执行【东南等轴测】命令，将当前视图切换为东南等轴测视图，结果如图11-61所示。

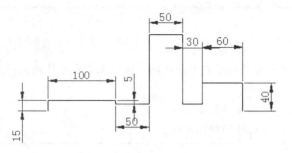

图11-60　绘制图形

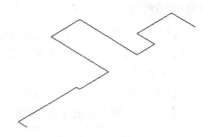

图11-61　东南等轴测视图

❸ 单击【建模】工具栏中的 🔲 按钮，激活【旋转】命令，将二维图形旋转为三维实心体。命令行操作如下。

```
命令: _revolve
    当前线框密度: ISOLINES=4，闭合轮廓创建模式 = 实体
    选择要旋转的对象或 [模式(MO)]: _MO 闭合轮廓创建模式 [实体(SO)/曲面(SU)] <实体>: _SO
    选择要旋转的对象或 [模式(MO)]:              //选择二维图形
    选择要旋转的对象或 [模式(MO)]:              //按Enter键
    指定轴起点或根据以下选项之一定义轴 [对象(O)/X/Y/Z] <对象>:
                                         //捕捉如图11-62所示的端点
    指定轴端点:               //捕捉如图11-63所示的端点
    指定旋转角度或 [起点角度(ST)/反转(R)/表达式(EX)] <360>:
                              //按Enter键，结束命令，旋转结果如图11-64所示
```

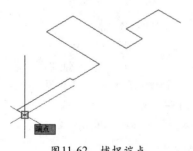

图11-62　捕捉端点

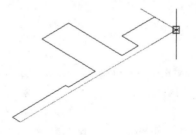

图11-63　捕捉端点

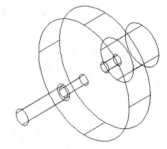

图11-64　旋转结果

❹ 设置变量FACETRES的值为5，然后再对其进行消隐操作，效果如图**11-65**所示。

❺ 执行【视觉样式】命令，对模型进行灰度着色，结果如图**11-66**所示。

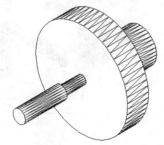

图11-65　消隐结果

图11-66　着色效果

第 **1** 篇　快速入门

第 **2** 篇　技能进阶

第 **3** 篇　三维设计

第 **4** 篇　工程应用

📮 **选项解析**

◆ 【模式（MO）】：用于设置旋转对象是生成实体还是曲面。

◆ 【对象（O）】：用于选择现有的直线或多段线等作为旋转轴，轴的正方向是从该直线上的最近端点指向最远端点。

◆ 【X】：使用当前坐标系的*x*轴正方向作为旋转轴的正方向。

◆ 【Y】：使用当前坐标系的*y*轴正方向作为旋转轴的正方向。

11.3.3 通过剖切创建三维模型

【剖切】命令用于切开现有实体或曲面，然后移去不需要的部分，保留指定的部分。使用此命令也可以将剖切后的两部分都保留。

执行【剖切】命令主要有以下几种方式。

◆ 执行【修改】|【三维操作】|【剖切】菜单命令。

◆ 单击【常用】选项卡中【实体编辑】面板中的█按钮。

◆ 在命令行中输入"Slice"后按Enter键。

◆ 使用快捷键"SL"。

下面通过简单实例，学习【剖切】命令的使用方法。

❶ 继续上例的操作。

❷ 单击【常用】选项卡中【实体编辑】面板中的█按钮，对回转实心体进行剖切操作。命令行操作如下。

```
命令: _slice
    选择要剖切的对象:                        //选择上例创建的回转体
    选择要剖切的对象:                        //按Enter键，结束选择
    指定 切面 的起点或 [平面对象(O)/曲面(S)/Z 轴(Z)/视图(V)/XY(XY)/YZ(YZ)/ZX(ZX)/三点
(3)] <三点>:                               //输入"zx"，激活【ZX（ZX）】选项
    指定 XY 平面上的点 <0,0,0>:              //捕捉如图11-67所示的圆心
    在所需的侧面上指定点或 [保留两个侧面(B)] <保留两个侧面>: //按Enter键，结果如图11-68所示
```

❸ 执行【移动】命令，将剖切后的实体进行位移操作，结果如图11-69所示。

  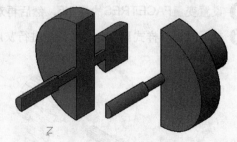

图11-67 捕捉圆心　　　　图11-68 剖切结果　　　　图11-69 位移结果

📮 **选项解析**

◆ 【三点（3）】：是系统默认的一种剖切方式，通过指定3个点以确定剖切平面。

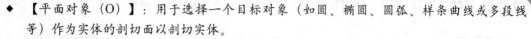

- ◆ 【平面对象（O）】：用于选择一个目标对象（如圆、椭圆、圆弧、样条曲线或多段线等）作为实体的剖切面以剖切实体。
- ◆ 【曲面（S）】：用于选择现有的曲面剖切对象。
- ◆ 【Z轴（Z）】：通过指定剖切平面的法线方向来确定剖切平面，即以xy平面中z轴（法线）上指定的点定义剖切面。
- ◆ 【视图（V）】：也是一种剖切方式，所确定的剖切面与当前视口的视图平面平行，用户只需指定一点，即可确定剖切平面的位置。
- ◆ 【XY（XY）】/【YZ（YZ）】/【ZX（ZX）】：分别代表3种剖切方式，用于将剖切平面与当前用户坐标系的xy平面/yz平面/zx平面对齐。用户只需指定点，即可定义剖切面的位置。xy平面、yz平面、zx平面位置，是根据屏幕当前的UCS坐标系情况而定的。

11.3.4 通过扫掠创建三维模型

【扫掠】命令用于沿路径扫掠闭合（或非闭合）的二维（或三维）曲线，以创建新的实体（或曲面）。

执行【扫掠】命令主要有以下几种方式。

- ◆ 执行【绘图】|【建模】|【扫掠】菜单命令。
- ◆ 单击【建模】工具栏或面板中的按钮。
- ◆ 在命令行中输入"Sweep"后按Enter键。

下面通过简单实例，学习【扫掠】命令的使用方法。

❶ 新建空白绘图文件，将当前视图切换为西南等轴测视图。

❷ 使用快捷键"C"激活【圆】命令，绘制半径为6的圆形。

❸ 执行【绘图】|【螺旋】菜单命令，绘制圈数为5的螺旋线。命令行操作如下。

```
命令: _Helix
    圈数 = 3.0000        扭曲=CCW
    指定底面的中心点:                          //在绘图区中拾取点
    指定底面半径或 [直径(D)] <53.0000>:        //输入"45"后按Enter键
    指定顶面半径或 [直径(D)] <45.0000>:        //输入"45"后按Enter键
    指定螺旋高度或 [轴端点(A)/圈数(T)/圈高(H)/扭曲(W)] <130.33>: //输入"t"后按Enter键
输入圈数 <3.0000>:                            //输入"5"后按Enter键
    指定螺旋高度或 [轴端点(A)/圈数(T)/圈高(H)/扭曲(W)] <130.33>:
                                             //输入"120"后按Enter键，结果如图11-70所示
```

❹ 单击【建模】工具栏中的按钮，激活【扫掠】命令，创建扫掠实体。命令行操作如下。

```
命令: _sweep
    当前线框密度:  ISOLINES=12
    选择要扫掠的对象:                          //选择刚绘制的圆形
    选择要扫掠的对象:                          //按Enter键
    选择扫掠路径或 [对齐(A)/基点(B)/比例(S)/扭曲(T)]: //选择螺旋作为路径，结果如图11-71所示
```

❺ 执行【视觉样式】命令，对模型进行着色显示，效果如图11-72所示。

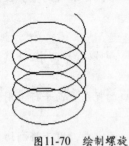

图11-70　绘制螺旋

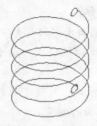

图11-71　扫掠结果

图11-72　着色效果

11.3.5　通过抽壳创建三维模型

　　【抽壳】命令用于将三维实心体按照指定的厚度，创建为一个空心的薄壳体，或将实体的某些面删除，以形成薄壳体的开口。

　　执行【抽壳】命令主要有以下几种方式。

- ◆ 执行【修改】|【实体编辑】|【抽壳】菜单命令。
- ◆ 单击【实体编辑】工具栏中的▣按钮。
- ◆ 在命令行中输入"Solidedit"后按Enter键。
- ◆ 使用命令简写"SL"。

　　下面通过简单实例，学习【抽壳】命令的使用方法。

❶ 新建空白绘图文件。

❷ 在西南等轴测视图中创建两个底面半径为200、高度为180的圆柱体。

❸ 对两个圆柱体进行灰度着色，然后单击【实体编辑】工具栏中的▣按钮，激活【抽壳】命令，对圆柱体进行抽壳操作。命令行操作如下。

```
命令: _solidedit
    实体编辑自动检查: SOLIDCHECK=1
    输入实体编辑选项 [面(F)/边(E)/体(B)/放弃(U)/退出(X)] <退出>: _body
    输入体编辑选项[压印(I)/分割实体(P)/抽壳(S)/清除(L)/检查(C)/放弃(U)/退出(X)] <退出>:
_shell
        选择三维实体:                          //选择圆柱体
        删除面或 [放弃(U)/添加(A)/全部(ALL)]:    //单击圆柱体的上表面
        删除面或 [放弃(U)/添加(A)/全部(ALL)]:    //按Enter键，结束面的选择
        输入抽壳偏移距离:          //输入"25"后按Enter键，设置抽壳距离，抽壳效果如图11-73所示
        已开始实体校验。
        已完成实体校验。
        输入体编辑选项[压印(I)/分割实体(P)/抽壳(S)/清除(L)/检查(C)/放弃(U)/退出(X)] <退出>:
                                        //输入"S"后按Enter键，退出实体编辑模式
        选择三维实体:                          //选择另一个圆柱体
        删除面或 [放弃(U)/添加(A)/全部(ALL)]:    //按Enter键，结束面的选择
        输入抽壳偏移距离:                        //输入"25"后按Enter键，设置抽壳距离
    实体编辑自动检查: SOLIDCHECK=1
```

输入实体编辑选项 [面(F)/边(E)/体(B)/放弃(U)/退出(X)] <退出>:

　　//按Enter键，结束命令，抽壳后的着色和线框效果如图11-74所示

图11-73　抽壳结果　　　　　　　　　图11-74　抽壳后的着色及线框效果

④ 使用快捷键"SL"激活【剖切】命令，对抽壳后的圆柱体进行剖切操作。命令行操作如下。

命令: _slice

　　选择要剖切的对象: 　　　　　　　　//选择抽壳体

　　选择要剖切的对象: 　　　　　　　　//按Enter键

　　指定 切面 的起点或 [平面对象(O)/曲面(S)/Z 轴(Z)/视图(V)/XY(XY)/YZ(YZ)/ZX(ZX)/三点(3)] <三点>: 　　　　　　　　//输入"XY"后按Enter键

　　指定 XY 平面上的点 <0,0,0>: 　　　//激活【两点之间的中点】选项

　　_m2p 中点的第一点: 　　　　　　　//捕捉如图11-75所示的顶面圆心

　　中点的第二点: 　　　　　　　　　//捕捉圆柱体的底面圆心

　　在所需的侧面上指定点或 [保留两个侧面(B)] <保留两个侧面>:

　　　　　　　　　　　　　　　　　//输入"b"后按Enter键，结束命令，剖切结果如图11-76所示

⑤ 使用快捷键"M"激活【移动】命令，对剖切后的实体进行位移操作，结果如图**11-77**所示。

图11-75　捕捉圆心　　　　　图11-76　剖切结果　　　　　图11-77　位移结果

11.3.6　通过干涉检查创建三维模型

　　【干涉检查】命令用于检测各实体之间是否存在干涉现象。如果所选择的实体之间存在有干涉（即相交）情况，可以将干涉部分提取出来，创建成新的实体，而源实体依然存在。

 　　使用【干涉】命令有两种用法：一，仅选择1组实体，AutoCAD将确定该选择集中有几对实体发生干涉；二，先选择第1组实体，然后再选择第2组实体，AutoCAD将确定这两个选择集之间有几对实体发生干涉。

　　执行【干涉】命令主要有以下几种方式。

◆ 执行【修改】|【三维操作】|【干涉检查】菜单命令。

◆ 在命令行中输入"Interfere"后按Enter键。

◆ 单击【默认】选项卡中【实体编辑】面板中的□按钮。

下面通过简单实例，学习【干涉检查】命令的使用方法。

❶ 新建空白绘图文件，然后创建半径为100的球体和半径为100、圆管半径为30的圆环体模型，如图11-78所示。

❷ 执行【修改】|【三维操作】|【干涉检查】菜单命令，根据命令行的提示进行干涉检测。命令行操作如下。

```
命令: _interfere
    选择第一组对象或 [嵌套选择(N)/设置(S)]:              //选择球体
    选择第一组对象或 [嵌套选择(N)/设置(S)]:              //按Enter键，结束选择
    选择第二组对象或 [嵌套选择(N)/检查第一组(K)] <检查>:   //选择圆环体
    选择第二组对象或 [嵌套选择(N)/检查第一组(K)] <检查>:   //按Enter键
```

❸ 此时系统会亮显干涉出的实体，如图11-79所示，同时打开如图11-80所示的【干涉检查】对话框。

图11-78 创建球体和圆环体模型　　图11-79 亮显干涉实体　　　　　图11-80 【干涉检查】对话框

❹ 取消选中【关闭时删除已创建的干涉对象】复选框，然后关闭【干涉检查】对话框。

❺ 执行【移动】命令，将创建的干涉实体进行外移，结果如图11-81所示。

图11-81 移动结果

11.4　创建网格模型

> 效　　果　"效果文件"\"第11章"\"创建支座零件网格模型.dwg"
> 视频讲解　"视频文件"\"第11章"\"11.4 创建网格模型.avi"

与实体模型不同，网格模型是由一系列规则的格子线围绕而成的网状表面，然后由网状表面的集合来定义的三维对象。下面继续学习创建网格模型的相关知识，具体有【网格图元】、【旋转网格】、【平移网格】、【直纹网格】和【边界网格】等。

11.4.1　认识网格图元

在AutoCAD 2014中，网格图元包括长方体、楔体、圆柱体、圆锥体、球体、圆环体、棱锥体，其外形与各类基本几何实体一样，只是内部是由网状格子线连接而成的。

执行【网格图元】命令主要有以下几种方式。

◆ 执行【绘图】|【建模】|【网格】|【图元】级联菜单中的各命令选项，如图11-82所示。
◆ 单击【平滑网格图元】工具栏中的各按钮，如图11-83所示。
◆ 在命令行中输入"Mesh"后按Enter键。
◆ 单击【网格建模】选项卡中【图元】面板中的各按钮。

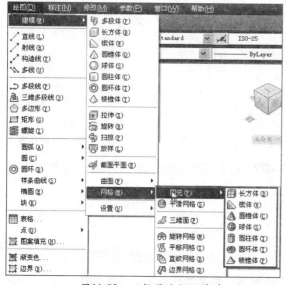

图11-82　网格图元级联菜单

图11-83　【平滑网格图元】工具栏

基本几何体网格的创建方法与基本几何实体的创建方法相同，在此不再赘述。默认情况下，可以创建无平滑度的网格图元。用户根据需要应用平滑度，平滑度 0 表示最低平滑度，不同对象之间可能会有差别，平滑度 4 表示高平滑度。

执行【绘图】|【建模】|【平滑网格】菜单命令，可以将现有对象直接转化为平滑网格。用于转化为平滑网格的对象有三维实体、三维曲面、三维面、多边形网格、多面网格、面域、闭合多段线等。

11.4.2　创建旋转网格模型

【旋转网格】命令用于将轨迹线围绕指定的轴进行空间旋转，生成回转体空间网格。此命令常用于创建具有回转体特征的空间形体，如酒杯、茶壶、花瓶、灯罩、轮、环等。

用于旋转的轨迹线可以是直线、圆、圆弧、样条曲线、二维或三维多段线，旋转轴则可以是直线或非封闭的多段线。

执行【旋转网格】命令主要有以下几种方式。

◆ 执行【绘图】|【建模】|【网格】|【旋转网格】菜单命令。
◆ 在命令行中输入"Revsurf"后按Enter键。
◆ 单击【常用】选项卡中【图元】面板中的⊛按钮。

下面通过简单实例，学习【旋转网格】命令的使用方法。

❶ 打开随书光盘中的"素材文件"\"旋转网格.dwg"文件，如图11-84所示。

❷ 综合执行【修剪】和【删除】命令，将图形编辑为如图11-85所示的结果。

❸ 使用快捷键"BO"激活【边界】命令，将闭合区域编辑成一条多段线边界。

❹ 选择创建的边界及中心线，将其剪切并粘贴到前视图，然后将视图切换到西南等轴测视图，结果如图11-86所示。

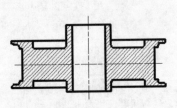
图11-84 打开的文件

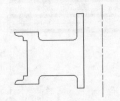
图11-85 编辑结果

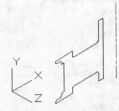
图11-86 切换视图

❺ 分别使用系统变量SURFTAB1和SURFTAB2，设置网格的线框密度。命令行操作如下。

```
命令: surftab1                        //按Enter键
    输入 SURFTAB1 的新值 <6>:          //输入"36"后按Enter键
命令: surftab2                        //按Enter键
    输入 SURFTAB2 的新值 <6>:          //输入"36"后按Enter键
```

❻ 执行【绘图】|【建模】|【网格】|【旋转网格】菜单命令，将边界旋转为网格。命令行操作如下。

```
命令: _revsurf
    当前线框密度: SURFTAB1=24  SURFTAB2=24
    选择要旋转的对象:                    //选择边界
    选择定义旋转轴的对象:                //选择垂直中心线
    指定起点角度 <0>:                   //输入"90"后按Enter键
    指定包含角 (+=逆时针, -=顺时针) <360>:
              //输入"270"后按Enter键，采用当前设置，旋转结果如图11-87所示
```

❼ 使用快捷键"HI"激活【消隐】命令，效果如图11-88所示。

❽ 执行【视觉样式】命令，对网格进行灰度着色，结果如图11-89所示。

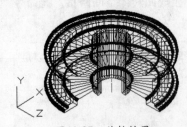
图11-87 旋转结果

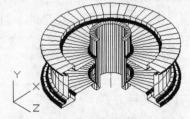
图11-88 消隐效果

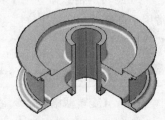
图11-89 灰度着色效果

在系统以逆时针方向为选择角度测量方向的情况下，如果输入的角度为正，则按逆时针方向构造旋转曲面，否则按顺时针方向构造旋转曲面。

11.4.3　通过平移网格创建网格模型

　　【平移网格】命令用于将轨迹线沿着指定方向矢量平移延伸而形成三维网格。轨迹线可以是直线、圆（圆弧）、椭圆（椭圆弧）、样条曲线、二维或三维多段线；方向矢量用于指明拉伸方向和长度，可以是直线或非封闭多段线，不能使用圆或圆弧来指定位伸的方向。

　　执行【平移网格】命令主要有以下几种方式。

　　◆　执行【绘图】|【建模】|【网格】|【平移网格】菜单命令。
　　◆　在命令行中输入"Tabsurf"后按Enter键。
　　◆　单击【常用】选项卡中【图元】面板中的 按钮。

　　下面通过简单实例，学习【平移网格】命令的使用方法。

① 新建空白绘图文件，然后激活【多边形】命令，创建边数为6、内切圆半径为100的多边形。

② 将视图切换到西南等轴测视图，然后执行【直线】命令，绘制高度为100的垂直线段，如图11-90所示。

③ 使用系统变量SURFTAB1，设置直纹曲面表面的线框密度为24。

④ 单击【常用】选项卡中【图元】面板中的 按钮，创建平移网格模型。命令行操作如下。

```
命令: _tabsurf
    当前线框密度: SURFTAB1=24
    选择用作轮廓曲线的对象:        //选择多边形，如图11-91所示
```

图11-90　绘制直线

图11-91　选择多边形

```
    选择用作方向矢量的对象:        //在直线如图11-92所示的下方位置单击，创建平移网格模型
```

 　　创建平移网格模型时，用于拉伸的轨迹线和方向矢量不能位于同一平面内。在指定位伸的方向矢量时，选择点的位置不同，结果也不同。

⑤ 执行【视觉样式】命令，对创建的平移网格进行概念着色，结果如图11-93所示。

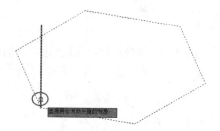

图11-92　单击直线的位置

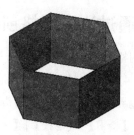

图11-93　概念着色效果

第**1**篇　快速入门

第**2**篇　技能进阶

第**3**篇　三维设计

第**4**篇　工程应用

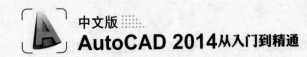

11.4.4 通过直纹网格创建网格模型

【直纹网格】命令用于在指定的两个对象之间创建直纹网格，所指定的两条边界可以是直线、样条曲线、多段线等。

 如果一条边界是闭合的，那么另一条边界也必须是闭合的。另外，在选择第2条定义曲线时，如果单击的位置与第1条曲线位置相反，则生成的直纹网格也相反。

执行【直纹网格】命令主要有以下几种方式。

- 执行【绘图】|【建模】|【网格】|【直纹网格】菜单命令。
- 在命令行中输入"Rulesurf"后按Enter键。
- 单击【常用】选项卡中【图元】面板中的 按钮。

下面通过简单实例，学习【直纹网格】命令的使用方法。

1 继续上例的操作。

2 在西南等轴测视图中创建如图11-94所示的两个多边形。

3 在命令行中设置系统变量SURFTAB1的值为36。

4 执行【绘图】|【建模】|【网格】|【直纹网格】菜单命令，创建直纹网格模型。命令行操作如下。

```
命令: _rulesurf
    当前线框密度: SURFTAB1=36
    选择第一条定义曲线:            //选择下方的多边形
    选择第二条定义曲线:            //选择上方的多边形，生成如图11-95所示的直纹网格
```

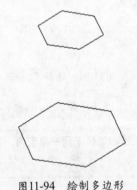

图11-94 绘制多边形

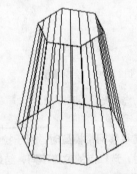

图11-95 创建直纹网格

11.4.5 通过边界网格创建网格模型

【边界网格】命令用于将4条首尾相连的空间直线或曲线作为边界，以创建空间曲面模型。需要注意的是，4条边界必须首尾相连形成一个封闭图形。

执行【边界网格】命令主要有以下几种方式。

- 执行【绘图】|【建模】|【网格】|【边界网格】菜单命令。
- 在命令行中输入"Edgesurf"后按Enter键。

◆ 单击【常用】选项卡中【图元】面板中的 按钮。

下面通过简单实例，学习【边界网格】命令的操作方法。

① 继续上例的操作。

② 执行【分解】命令，将上例中的两个多边形进行分解，然后执行【直线】命令，配合【端点捕捉】功能，在两个多边形之间绘制连线。

③ 执行【边界网格】命令，创建边界网格。命令行操作如下。

```
命令：_edgesurf
    当前线框密度：SURFTAB1=24   SURFTAB2=24
    选择用作曲面边界的对象 1：    //单击如图11-96所示的轮廓线1
    选择用作曲面边界的对象 2：    //单击如图11-96所示的轮廓线2
    选择用作曲面边界的对象 3：    //单击如图11-96所示的轮廓线3
    选择用作曲面边界的对象 4：    //单击如图11-96所示的轮廓线4，创建结果如图11-97所示
```

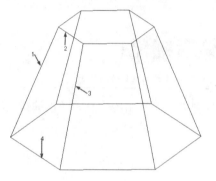

图11-96　单击轮廓线

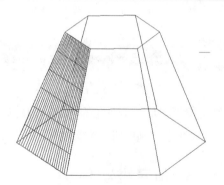

图11-97　创建边界网格

 每条边的选择顺序不同，生成的曲面网格形状也不同。用户选择的第1条边确定曲面网格的M方向（水平），第2条边确定网格的N方向（垂直）。

④ 使用相同的方法，继续执行【边界网格】命令，分别选择相邻的其他4条边界，以创建边界网格，结果如图11-98所示。

⑤ 设置模型的着色模式为【概念】模式，结果如图11-99所示。

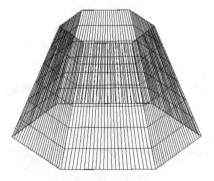

图11-98　创建边界网格

图11-99　概念着色效果

第**1**篇 快速入门

第**2**篇 技能进阶

第**3**篇 三维设计

第**4**篇 工程应用

第12章 AutoCAD三维设计高级应用
——三维模型的编辑细化

掌握三维模型的创建知识并不能制作出标准的三维物体，还需要掌握三维模型的编辑知识，这样才能制作出符合设计要求的三维物体。本章继续学习三维模型的编辑细化，为制作符合设计要求的三维物体奠定坚实基础。

本章学习内容：
- ◆ 三维实体模型边面的编辑细化
- ◆ 三维曲面模型的编辑细化
- ◆ 三维网格模型的编辑细化
- ◆ 创建其他网格模型

12.1 三维实体模型边面的编辑细化

视频讲解 "视频文件"\\"第12章"\\"12.1三维实体模型边面的编辑细化.avi"

三维实体模型是实实在在的物体，因此该模型具有边、面的相关信息。通过编辑三维实体模型的边、面，可以达到编辑三维实体模型的目的。

12.1.1 倒角三维实体边

所谓"倒角边"，是指将实体的棱边按照指定的距离进行倒角编辑，以创建一定程度的抹角结构。

执行【倒角边】命令主要有以下几种方式。
- ◆ 执行【修改】|【实体编辑】|【倒角边】菜单命令。
- ◆ 单击【实体编辑】工具栏或面板中的 按钮。
- ◆ 在命令行中输入"Chamferedge"后按Enter键。

下面通过简单实例，主要学习【倒角边】命令的使用方法。

❶ 新建空白绘图文件，并将视图切换为西南等轴测视图。

❷ 执行【长方体】命令，创建任意尺寸的长方体三维实体，并对其进行概念着色，结果如图12-1所示。

❸ 单击【实体编辑】工具栏中的 按钮，激活【倒角边】命令，对长方体的边进行倒角编辑。命令行操作如下。

```
命令：_chamferedge 距离 1 = 1.0000, 距离 2 = 1.0000
    选择一条边或 [环(L)/距离(D)]:              //选择如图12-2所示的边
    选择同一个面上的其他边或 [环(L)/距离(D)]: //输入"d"后按Enter键
    指定距离 1 或 [表达式(E)] <1.0000>:        //输入"3"后按Enter键
```

指定距离 2 或 [表达式(E)] <1.0000>:　　　//输入"3"后按Enter键

选择同一个面上的其他边或 [环(L)/距离(D)]: //按Enter键

按 Enter 键接受倒角或 [距离(D)]:　　　//按Enter键,结束命令,倒角结果如图12-3所示

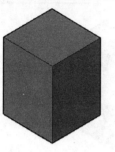

图12-1　创建长方体

图12-2　选择边

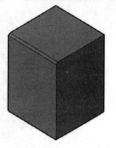

图12-3　倒角结果

💻 **选项解析**

◆ 【环（L）】：用于一次选中倒角基面内的所有棱边。

◆ 【距离（D）】：用于设置倒角边的倒角距离。

◆ 【表达式（E）】：用于输入倒角距离的表达式，系统会自动计算出倒角距离值。

12.1.2　圆角三维实体边

　　【圆角边】命令主要用于将实体的棱边按照指定的半径进行圆角编辑，以创建一定程度的圆角结果。

　　执行【圆角边】命令主要有以下几种方式。

◆ 执行【修改】|【实体编辑】|【圆角边】菜单命令。

◆ 单击【实体编辑】工具栏或面板中的⊙按钮。

◆ 在命令行中输入"Filletedge"后按Enter键。

　　下面通过简单实例，学习【圆角边】命令的使用方法。

❶ 继续上例的操作。

❷ 单击【实体编辑】工具栏中的⊙按钮，激活【圆角边】命令，对长方体的边进行圆角编辑。命令行操作如下。

```
命令: _filletedge
    半径 = 1.0000
    选择边或 [链(C)/环(L)/半径(R)]:       //选择如图12-4所示的边
    选择边或 [链(C)/环(L)/半径(R)]:       //输入"r"后按Enter键
    输入圆角半径或 [表达式(E)] <1.0000>:   //输入"20"后按Enter键
    选择边或 [链(C)/环(L)/半径(R)]:       //按Enter键
    已选定 1 个边用于圆角。
    按 Enter 键接受圆角或 [半径(R)]:      //按Enter键,结束命令,结果如图12-5所示
```

💻 **选项解析**

◆ 【链（C）】：如果各棱边是相切的关系，则选择其中的一个边，所有棱边都将被选中，

同时进行圆角操作。

- ◆ 【半径（R）】：用于为随后选择的棱边重新设定圆角半径。
- ◆ 【表达式（E）】：用于输入圆角半径的表达式，系统会自动计算出圆角半径。

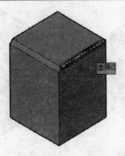

图12-4 选择圆角边

图12-5 圆角结果

12.1.3 在三维实体上压印边

所谓"压印边"，是指将圆、圆弧、直线、多段线、样条曲线或实体等对象，压印到三维实体上，使其成为实体的一部分。

执行【压印边】命令主要有以下几种方式。

- ◆ 执行【修改】|【实体编辑】|【压印边】菜单命令。
- ◆ 单击【实体编辑】工具栏或面板中的⬜按钮。
- ◆ 在命令行中输入"Imprint"后按Enter键。

下面通过简单实例，主要学习【压印边】命令的使用方法。

❶ 继续上例的操作。

❷ 执行【圆】命令，在长方体上表面绘制半径为100的圆形，如图12-6所示。

❸ 单击【实体编辑】工具栏或面板中的⬜按钮，将圆压印到长方体的上表面。命令行操作如下。

```
命令: _imprint
    选择三维实体或曲面:              //选择长方体模型，如图12-7所示
    选择要压印的对象:                //选择圆形，如图12-8所示
    是否删除源对象 [是(Y)/否(N)] <N>:    //输入"Y"后按Enter键
    选择要压印的对象:                //按Enter键，完成操作
```

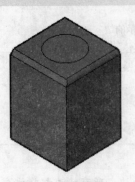

图12-6 绘制圆形

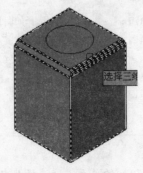

图12-7 选择长方体

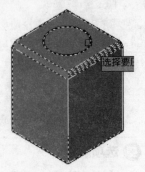

图12-8 选择压印对象圆形

12.1.4 提取三维实体边

所谓"提取边"，是指从三维实体、曲面、网格或面域等对象中提取线框几何图形。

执行【提取边】命令主要有以下几种方式。

- ◆ 执行【修改】|【三维操作】|【提取边】菜单命令。
- ◆ 单击【实体编辑】面板中的□按钮。
- ◆ 在命令行中输入"Xedges"后按Enter键。

下面通过简单实例，主要学习【提取边】命令的使用方法。

❶ 继续上例的操作。

❷ 执行【提取边】命令。命令行操作如下。

```
命令: _xedges
    选择对象:                //选择如图12-9所示的对象
    选择对象:                //按Enter键，完成操作
```

❸ 执行【移动】命令，选择提取的边将其外移，结果如图12-10所示。

图12-9 选择对象

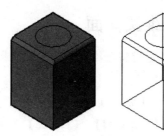

图12-10 移动后效果

12.1.5 复制三维实体边

所谓"复制边"，是指对实体的棱边进行复制，以创建二维图线。

执行【复制边】命令主要有以下几种方式。

- ◆ 执行【修改】|【实体编辑】|【复制边】菜单命令。
- ◆ 单击【实体编辑】工具栏或面板中的□按钮。
- ◆ 在命令行中输入"Solidedit"后按Enter键。

下面通过简单实例，主要学习【复制边】命令的使用方法。

❶ 继续上例的操作。

❷ 执行【复制边】命令，对实体的边进行复制。命令行操作如下。

```
命令: _solidedit
    实体编辑自动检查：  SOLIDCHECK=1
    输入实体编辑选项 [面(F)/边(E)/体(B)/放弃(U)/退出(X)] <退出>: _edge
    输入边编辑选项 [复制(C)/着色(L)/放弃(U)/退出(X)] <退出>: _copy
    选择边或 [放弃(U)/删除(R)]:    //分别单击选择模型的边，如图12-11所示
```

第
1
篇

快
速
入
门

第
2
篇
技
能
进
阶

第
3
篇
三
维
设
计

第
4
篇
工
程
应
用

   选择边或 [放弃(U)/删除(R)]: //按Enter键

   指定基点或位移: //捕捉如图12-12所示的端点

    指定位移的第二点: //在合适位置拾取一点

   输入边编辑选项 [复制(C)/着色(L)/放弃(U)/退出(X)] <退出>://按Enter键

   实体编辑自动检查: SOLIDCHECK=1

   输入实体编辑选项 [面(F)/边(E)/体(B)/放弃(U)/退出(X)] <退出>:

                //按Enter键,结果如图12-13所示

  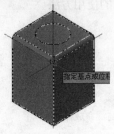 

  图12-11 选择边   图12-12 捕捉端点   图12-13 复制边的结果

12.1.6 拉伸三维实体面

  所谓"拉伸面",是指将三维实体的表面按照指定的高度或路径进行拉伸,以创建出新的形体。

  执行【拉伸面】命令主要有以下几种方式。

  ◆ 执行【修改】|【实体编辑】|【拉伸面】菜单命令。

  ◆ 单击【实体编辑】工具栏或面板中的圙按钮。

  ◆ 在命令行中输入"Solidedit"后按Enter键。

  下面通过简单实例,主要学习【拉伸面】命令的使用方法。

❶ 继续上例的操作。

❷ 单击【实体编辑】工具栏或面板中的圙按钮,对长方体的表面进行拉伸。命令行操作如下。

  命令: _solidedit

  实体编辑自动检查: SOLIDCHECK=1

  输入实体编辑选项 [面(F)/边(E)/体(B)/放弃(U)/退出(X)] <退出>: _face

  输入面编辑选项[拉伸(E)/移动(M)/旋转(R)/偏移(O)/倾斜(T)/删除(D)/复制(C)/颜色(L)/材质(A)/放弃(U)/退出(X)] <退出>: _extrude

   选择面或 [放弃(U)/删除(R)]:   //选择如图12-14所示的表面

   选择面或 [放弃(U)/删除(R)/全部(ALL)]: //按Enter键,结束选择

   指定拉伸高度或 [路径(P)]: //输入"20"后按Enter键

   指定拉伸的倾斜角度 <0>: //按Enter键

  已开始实体校验。

  输入面编辑选项[拉伸(E)/移动(M)/旋转(R)/偏移(O)/倾斜(T)/删除(D)/复制(C)/颜色(L)/材质(A)/放弃(U)/退出(X)] <退出>: //输入"X"后按Enter键

  实体编辑自动检查: SOLIDCHECK=1

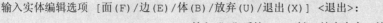
输入实体编辑选项 [面(F)/边(E)/体(B)/放弃(U)/退出(X)] <退出>:
　　　　　　　　　　　//输入"X"后按Enter键，结束命令，结果如图12-15所示

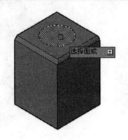

图12-14　选择拉伸面　　　　　　　　图12-15　拉伸结果

> 📖 **选项解析**
>
> 【路径（P）】：是将实体表面沿着指定的路径进行拉伸，拉伸路径可以是直线、圆弧、多段线或二维样条曲线等。

12.1.7　移动三维实体面

所谓"移动面"，是指将三维实体的表面进行移动，一般可以通过位移实体的面，来修改实体的尺寸或改变孔或槽的位置等。

执行【移动面】命令主要有以下几种方式。

◆　执行【修改】|【实体编辑】|【移动面】菜单命令。

◆　单击【实体编辑】工具栏或面板中的🔘按钮。

◆　在命令行中输入"Solidedit"后按Enter键。

下面通过简单实例，主要学习【移动面】命令的使用方法。

❶ 继续上例的操作。

❷ 执行【移动面】命令。命令行操作如下。

```
命令: _solidedit
    实体编辑自动检查: SOLIDCHECK=1
    输入实体编辑选项 [面(F)/边(E)/体(B)/放弃(U)/退出(X)] <退出>: _face
    输入面编辑选项[拉伸(E)/移动(M)/旋转(R)/偏移(O)/倾斜(T)/删除(D)/复制(C)/颜色(L)/材质
(A)/放弃(U)/退出(X)] <退出>: _move
        选择面或 [放弃(U)/删除(R)]:              //选择如图12-16所示的圆柱体面
        选择面或 [放弃(U)/删除(R)/全部(ALL)]:    //按Enter键
        指定基点或位移:                          //捕捉如图12-17所示的顶面圆心
        指定位移的第二点:                        //沿y轴正方向引导光标，输入"100"后按Enter键
        已开始实体校验。
        已完成实体校验。输入面编辑选项[拉伸(E)/移动(M)/旋转(R)/偏移(O)/倾斜(T)/删除(D)/复制
(C)/颜色(L)/材质(A)/放弃(U)/退出(X)] <退出>:    //按Enter键
    实体编辑自动检查: SOLIDCHECK=1
    输入实体编辑选项 [面(F)/边(E)/体(B)/放弃(U)/退出(X)] <退出>:
```

第*1*篇 快速入门

第*2*篇 技能进阶

第*3*篇 三维设计

第*4*篇 工程应用

中文版
AutoCAD 2014从入门到精通

第**1**篇 快速入门

第**2**篇 技能进阶

第**3**篇 三维设计

第**4**篇 工程应用

//按Enter键，移动结果如图12-18所示

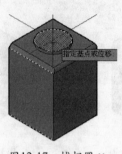

图12-16 选择面　　　　图12-17 捕捉圆心　　　　图12-18 移动结果

12.1.8 偏移三维实体面

所谓"偏移面"，是指将三维实体的面进行偏移，以改变实体模型的形状、尺寸以及模型表面孔、槽等结构特征的大小。

执行【偏移面】命令主要有以下几种方式。

◆ 执行【修改】|【实体编辑】|【偏移面】菜单命令。

◆ 单击【实体编辑】工具栏或面板中的🔲按钮。

◆ 在命令行中输入"Solidedit"后按Enter键。

下面通过简单实例，主要学习【偏移面】命令的使用方法。

❶ 继续上例的操作。

❷ 执行【偏移面】命令。命令行操作如下。

```
命令: _solidedit
    实体编辑自动检查: SOLIDCHECK=1
    输入实体编辑选项 [面(F)/边(E)/体(B)/放弃(U)/退出(X)] <退出>: _face
    输入面编辑选项[拉伸(E)/移动(M)/旋转(R)/偏移(O)/倾斜(T)/删除(D)/复制(C)/颜色(L)/材质
(A)/放弃(U)/退出(X)] <退出>:
    _offset
    选择面或 [放弃(U)/删除(R)]:        //选择如图12-19所示的面
    选择面或 [放弃(U)/删除(R)/全部(ALL)]:   //按Enter键
    指定偏移距离:                      //输入"20"后按Enter键
    已开始实体校验。
    输入面编辑选项[拉伸(E)/移动(M)/旋转(R)/偏移(O)/倾斜(T)/删除(D)/复制(C)/颜色(L)/材质
(A)/放弃(U)/退出(X)] <退出>:           //输入"x"后按Enter键
    实体编辑自动检查: SOLIDCHECK=1
    输入实体编辑选项 [面(F)/边(E)/体(B)/放弃(U)/退出(X)] <退出>:
                            //输入"x"后按Enter键，偏移结果如图12-20所示
```

在偏移实体面时，当输入的偏移距离为正值时，AutoCAD将表面向其外法线方向偏移；若输入的距离为负值，被编辑的表面将向相反的方向偏移，如图12-21所示是距离为-20时的偏移效果。

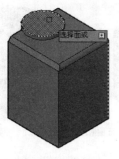

图12-19　选择面

图12-20　偏移面结果

图12-21　偏移面结果

12.1.9　倾斜三维实体面

所谓"倾斜面"，是指将三维实体的表面进行倾斜，使实体表面产生一定的锥度。

执行【倾斜面】命令主要有以下几种方式。

◆ 执行【修改】|【实体编辑】|【倾斜面】菜单命令。

◆ 单击【实体编辑】工具栏或面板中的◙按钮。

◆ 在命令行中输入"Solidedit"后按Enter键。

下面通过简单实例，学习【倾斜面】命令的使用方法。

❶ 继续上例的操作。

❷ 单击【实体编辑】工具栏中的◙按钮，对圆柱体表面进行倾斜。命令行操作如下。

```
命令：_solidedit
    实体编辑自动检查： SOLIDCHECK=1
    输入实体编辑选项 [面(F)/边(E)/体(B)/放弃(U)/退出(X)] <退出>： _face
    输入面编辑选项[拉伸(E)/移动(M)/旋转(R)/偏移(O)/倾斜(T)/删除(D)/复制(C)/颜色(L)/材质
(A)/放弃(U)/退出(X)] <退出>： _taper
    选择面或 [放弃(U)/删除(R)]：              //选择如图12-22所示的柱孔体面
    选择面或 [放弃(U)/删除(R)/全部(ALL)]：    //按Enter键，结束选择
    指定基点：                               //捕捉如图12-23所示的圆柱体下底面圆心
    指定沿倾斜轴的另一个点：                   //捕捉如图12-24所示的圆柱体上表面圆心
    指定倾斜角度：                           //输入"30"后按Enter键
    已开始实体校验。
    已完成实体校验。
    输入面编辑选项[拉伸(E)/移动(M)/旋转(R)/偏移(O)/倾斜(T)/删除(D)/复制(C)/颜色(L)/材质
(A)/放弃(U)/退出(X)] <退出>：              //输入"x"后按Enter键
    实体编辑自动检查： SOLIDCHECK=1
    输入实体编辑选项 [面(F)/边(E)/体(B)/放弃(U)/退出(X)] <退出>：
                      //输入"x"后按Enter键，退出命令，结果如图12-25所示
```

在倾斜面时，倾斜的方向是由锥角的正负号及定义矢量时的基点决定的。如果输入的倾角为正值，则AutoCAD将已定义的矢量绕基点向实体内部倾斜面，否则向实体外部倾斜面。

图12-22 选择面

图12-23 捕捉下底面圆心

图12-24 捕捉上表面圆心

图12-25 倾斜面结果

12.1.10 删除三维实体面

所谓"删除面"，是指将三维实体的表面删除，如倒圆角和倒斜角时形成的面。

执行【删除面】命令主要有以下几种方式。

◆ 执行【修改】|【实体编辑】|【删除面】菜单命令。

◆ 单击【实体编辑】工具栏或面板中的 按钮。

◆ 在命令行中输入"Solidedit"后按Enter键。

下面通过简单实例，学习【删除面】命令的使用方法。

1 继续上例的操作。

2 执行【删除面】命令。命令行操作如下。

```
命令：_solidedit
    实体编辑自动检查： SOLIDCHECK=1
    输入实体编辑选项 [面(F)/边(E)/体(B)/放弃(U)/退出(X)] <退出>：_face
    输入面编辑选项
    [拉伸(E)/移动(M)/旋转(R)/偏移(O)/倾斜(T)/删除(D)/复制(C)/颜色(L)/材质(A)/放弃(U)/退
出(X)] <退出>：_delete
    选择面或 [放弃(U)/删除(R)]：              //选择如图12-26所示的面
    选择面或 [放弃(U)/删除(R)/全部(ALL)]：    //按Enter键
    已开始实体校验。
    已完成实体校验。
    输入面编辑选项
    [拉伸(E)/移动(M)/旋转(R)/偏移(O)/倾斜(T)/删除(D)/复制(C)/颜色(L)/材质(A)/放弃(U)/退
出(X)] <退出>：                             //按Enter键
    实体编辑自动检查： SOLIDCHECK=1
    输入实体编辑选项 [面(F)/边(E)/体(B)/放弃(U)/退出(X)] <退出>：
                                            //按Enter键，结果如图12-27所示
```

图12-26 选择面

图12-27 删除面结果

12.1.11 复制三维实体面

所谓"复制面"，是指将实体的表面复制成新的图形对象，所复制出的新对象是面域或实体。

执行【复制面】命令主要有以下几种方式。

◆ 执行【修改】|【实体编辑】|【复制面】菜单命令。

◆ 单击【实体编辑】工具栏或面板中的 按钮。

◆ 在命令行中输入"Solidedit"后按Enter键。

下面通过简单实例，学习【删除面】命令的使用方法。

① 继续上例的操作。

② 执行【复制面】命令。命令行操作如下。

```
命令: _solidedit
    实体编辑自动检查:  SOLIDCHECK=1
    输入实体编辑选项 [面(F)/边(E)/体(B)/放弃(U)/退出(X)] <退出>: _face
    输入面编辑选项
    [拉伸(E)/移动(M)/旋转(R)/偏移(O)/倾斜(T)/删除(D)/复制(C)/颜色(L)/材质(A)/放弃(U)/退
出(X)] <退出>: _copy
    选择面或 [放弃(U)/删除(R)]:            //选择如图12-28所示的面
    选择面或 [放弃(U)/删除(R)/全部(ALL)]:   //按Enter键
    指定基点或位移:                        //捕捉如图12-29所示的端点
    指定位移的第二点:                      //向右引导光标拾取一点
    输入面编辑选项
    [拉伸(E)/移动(M)/旋转(R)/偏移(O)/倾斜(T)/删除(D)/复制(C)/颜色(L)/材质(A)/放弃(U)/退
出(X)] <退出>:                          //按Enter键
    实体编辑自动检查:  SOLIDCHECK=1
    输入实体编辑选项 [面(F)/边(E)/体(B)/放弃(U)/退出(X)] <退出>:
                                        //按Enter键，结果如图12-30所示
```

图12-28　选择面　　　　图12-29　捕捉端点　　　　图12-30　复制面的结果

12.2 三维曲面模型的编辑细化

视频讲解 "视频文件"\"第12章"\"12.2三维曲面模型的编辑细化.avi"

在上面章节学习了三维实体模型的编辑细化，下面继续学习三维曲面模型的编辑细化。

12.2.1 创建圆角曲面模型

【曲面圆角】命令用于为空间曲面进行圆角操作，以创建新的圆角曲面。

执行【曲面圆角】命令主要有以下几种方式。

◆ 执行【绘图】|【建模】|【曲面】|【圆角】菜单命令。

◆ 单击【曲面创建】工具栏或【创建】面板中的 按钮。

◆ 在命令行中输入"Surffillet"后按Enter键。

下面通过一个简单实例，学习【圆角】命令的操作。

1 新建空白绘图文件，然后将视图切换到西南等轴测视图。

2 执行【绘图】|【建模】|【曲面】|【平面】菜单命令，在绘图区中绘制一个平面曲面，如图12-31所示。

3 在命令行中输入"UCS"，创建用户坐标系。命令行操作如下。

```
命令:_UCS
    当前 UCS 名称: *俯视*
    指定 UCS 的原点或 [面(F)/命名(NA)/对象(OB)/上一个(P)/视图(V)/世界(W)/X/Y/Z/Z 轴
(ZA)] <世界>:                        //输入"x"后按Enter键
    指定绕 X 轴的旋转角度 <90>:          //输入"90"后按Enter键
```

4 继续执行【绘图】|【建模】|【曲面】|【平面】菜单命令，在绘图区中绘制一个平面曲面。命令行操作如下。

```
命令: _Planesurf
    指定第一个角点或 [对象(O)] <对象>:      //捕捉如图12-32所示的端点
    指定其他角点:
        //由如图12-33所示的端点向下引出方向矢量，绘制结果如图12-34所示
```

5 执行【圆角】命令，对创建的两个平面编辑圆角效果。命令行操作如下。

```
命令: _surffillet
    半径 = 25.0,修剪曲面 = 是
    选择要圆角化的第一个曲面或面域或者 [半径(R)/修剪曲面(T)]://选择如图12-35所示的曲面
    选择要圆角化的第二个曲面或面域或者 [半径(R)/修剪曲面(T)]://选择如图12-36所示的曲面
```

图12-31 创建平面　　　　图12-32 捕捉端点　　　　图12-33 向下引出方向矢量

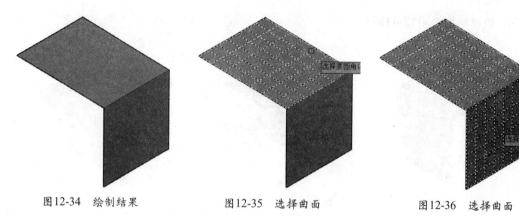

图12-34 绘制结果　　　　　　图12-35 选择曲面　　　　　　图12-36 选择曲面

按 Enter 键接受圆角曲面或 [半径(R)/修剪曲面(T)]:
　　　　　　　　　　　　　　//输入"r"后按Enter键，激活【半径（R）】选项
指定半径或 [表达式(E)] <20.0000>:　　　　　　　//输入"50"后按Enter键
按Enter键接受圆角曲面或 [半径(R)/修剪曲面(T)]:　　//按Enter键，结果如图12-37所示

> **⊡ 选项解析**
>
> ◆ 【半径（R）】：用于设置圆角曲面的圆角半径。
> ◆ 【修剪曲面（T）】：用于设置曲面的修剪模式，非修剪模式下的圆角效果如图12-38所示。

图12-37 圆角结果　　　　　　　图12-38 非修剪模式下的圆角结果

12.2.2 曲面的修剪细化

所谓"修剪曲面"，是指修剪掉与其他曲面、面域、曲线等相交的曲面部分，这是一种对曲面进行细化编辑的方法。

执行【曲面修剪】命令主要有以下几种方式。

◆ 执行【修改】|【曲面编辑】|【修剪】菜单命令。

◆ 单击【曲面编辑】工具栏或面板中的▣按钮。

◆ 在命令行中输入"Surftrim"后按Enter键。

下面通过简单实例，学习【曲面修剪】命令的使用方法。

❶ 继续上例的操作。

❷ 执行【三维移动】命令，捕捉如图12-39所示的端点，将其沿z轴负方向进行位移，如图12-40

所示，位移结果如图12-41所示。

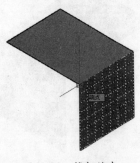

图12-39　捕捉端点

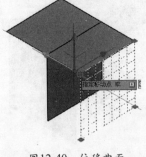

图12-40　位移曲面

图12-41　位移结果

❸ 单击【曲面编辑】工具栏中的 按钮，激活【曲面修剪】命令，对水平曲面进行修剪。命令行操作如下。

```
命令：_surftrim
延伸曲面 = 是，投影 = 自动
选择要修剪的曲面或面域或者 [延伸(E)/投影方向(PRO)]：      //选择水平的曲面
选择要修剪的曲面或面域或者 [延伸(E)/投影方向(PRO)]：      //按Enter键
选择剪切曲线、曲面或面域：     //选择如图12-42所示的曲面作为边界
选择剪切曲线、曲面或面域：     //按Enter键
选择要修剪的区域 [放弃(U)]：     //在如图12-43所示的曲面位置单击鼠标左键
选择要修剪的区域 [放弃(U)]：     //按Enter键，结束命令，修剪结果如图12-44所示
```

图12-42　选择边界曲面

图12-43　单击要修剪的曲面

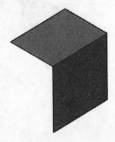

图12-44　修剪结果

使用 【曲面取消修剪】命令，可以将修剪掉的曲面恢复到修剪前的状态。使用 【曲面延伸】命令可以将曲面延伸。这些操作比较简单，在此不再赘述。

12.2.3　曲面的修补编辑

所谓"修补曲面"，主要是指对现有曲面上的孔洞进行修补，以创建新的曲面，还可以添加其他曲线以约束和引导修补曲面。

执行【曲面修补】命令主要有以下几种方式。

◆ 执行【绘图】|【建模】|【曲面】|【修补】菜单命令。

◆ 单击【曲面创建】工具栏或【创建】面板中的 按钮。

◆ 在命令行中输入"Surfpatch"后按Enter键。

下面通过简单实例，学习【曲面修补】命令的使用方法。

❶ 新建空白绘图文件，并将视图切换为西南等轴测视图。

❷ 执行【样条线】命令，绘制闭合的样条曲线，如图12-45
所示。

❸ 使用快捷键"EXT"激活【拉伸】命令，将闭合样条曲线
拉伸为曲面，并对其进行概念着色，结果如图12-46所示。

❹ 单击【曲面创建】工具栏或【创建】面板中的 按钮，激
活【曲面修补】命令，对拉伸的曲面进行修补。命令行操
作如下。

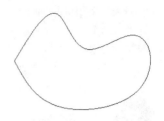

图12-45　绘制闭合的样条曲线

```
命令: _surfpatch
    连续性 = G0 - 位置，凸度幅值 = 0.5
    选择要修补的曲面边或 <选择曲线>:              //选择如图12-47所示的曲面边
    选择要修补的曲面边或 <选择曲线>:              //按Enter键
    按 Enter 键接受修补曲面或 [连续性(CON)/凸度幅值(B)/约束几何图形(CONS)]:
                                        //按Enter键，结束命令，修补结果如图12-48所示
```

图12-46　拉伸的曲面模型

图12-47　选择曲面边

图12-48　修补曲面

12.2.4　创建偏移曲面

使用【曲面偏移】命令，可以按照指定的距离偏移选择的曲面，以创建相互平行的曲面。另
外，在偏移曲面时也可以反转偏移的方向。

执行【曲面偏移】命令有以下几种方式。

◆ 执行【绘图】|【建模】|【曲面】|【偏移】菜单命令。

◆ 单击【曲面创建】工具栏或【创建】面板中的 按钮。

◆ 在命令行中输入"Surfoffset"后按Enter键。

下面通过将上例中拉伸的曲面进行偏移，学习【曲面偏移】命令的操作过程。

❶ 继续上例的操作。

❷ 使用【删除】命令，将上例修补形成的曲面删除。

❸ 执行【曲面偏移】命令，对拉伸曲面进行偏移。命令行操作如下。

```
命令: _surfoffset
    连接相邻边 = 否
```

第*1*篇 快速入门

第*2*篇 技能进阶

第*3*篇 三维设计

第*4*篇 工程应用

选择要偏移的曲面或面域：　//选择拉伸曲面，如图12-49所示

选择要偏移的曲面或面域：　//按Enter键，进入偏移状态，如图12-50所示

指定偏移距离或 [翻转方向(F)/两侧(B)/实体(S)/连接(C)/表达式(E)] <0.0>：

　　//输入"100"后按Enter键，偏移结果如图12-51所示

　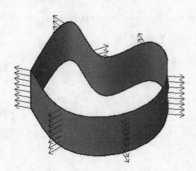　

图12-49　选择曲面　　　　　　图12-50　偏移状态　　　　　　图12-51　偏移结果

💻 选项解析

◆ 【翻转方向（F）】：用于翻转偏移的方向，系统默认下向外偏移，如上图12-51所示；激活该命令，可以设置向内偏移，如图12-52所示。

◆ 【两侧（B）】：用于设置向内、外偏移曲面，如图12-53所示。

◆ 【实体（S）】：用于将曲面偏移生成实体模型，如图12-54所示。

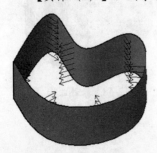　　

图12-52　向内偏移　　　　　　图12-53　两侧偏移　　　　　　图12-54　偏移实体

12.3　三维网格模型的编辑细化

💿 视频讲解　"视频文件"\"第12章"\"12.3三维网格模型的编辑细化.avi"

下面继续学习三维网格模型的编辑细化。

12.3.1　拉伸网格面

【拉伸面】命令用于将网格模型上的网格面按照指定的距离或路径进行拉伸，以创建新的网格模型。

执行【拉伸面】命令主要有以下几种方式。

◆ 执行【修改】|【网格编辑】|【拉伸面】菜单命令。

◆ 单击【网格】选项卡中【网格编辑】面板中的❑按钮。

◆ 在命令行中输入"Meshextrude"后按Enter键。

下面通过一个简单实例，学习【拉伸面】命令的应用。

❶ 新建空白绘图文件，然后在西南等轴测视图中创建一个网格长方体模型，然后对其进行概念着色，如图12-55所示。

❷ 执行【拉伸面】命令。命令行操作如下。

```
命令: _meshextrude
        相邻拉伸面设置为: 合并
        选择要拉伸的网格面或 [设置(S)]:              //选择如图12-56所示的网格面
        选择要拉伸的网格面或 [设置(S)]://按Enter键
        指定拉伸的高度或 [方向(D)/路径(P)/倾斜角(T)] <-0.0>:
                                //输入"100"后按Enter键，指定拉伸高度，结果如图12-57所示
```

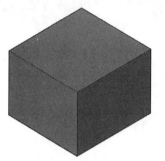

图12-55 创建网格长方体并进行概念着色

图12-56 选择网格面

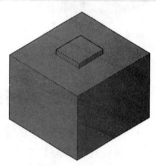

图12-57 拉伸结果

📺 选项解析

◆ 【方向（D）】：用于指定方向的起点和端点，以定位拉伸的距离和方向。

◆ 【路径（P）】：用于按照选择的路径进行拉伸。

◆ 【倾斜角（T）】：用于按照指定的角度进行拉伸，如图12-58所示为设置倾斜角为30°时的拉伸效果。

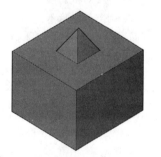

图12-58 拉伸结果

12.3.2 分割网格面

【分割面】命令用于将网格模型上的网格面进行分割，以创建更多的网格面。

执行【分割面】命令主要有以下几种方式。

◆ 执行【修改】|【网格编辑】|【分割面】菜单命令。

◆ 单击【网格】选项卡中【网格编辑】面板中的❑按钮。

◆ 在命令行中输入"Meshsplit"后按Enter键。

下面通过一个简单实例，学习【分割面】命令的应用。

第1篇 快速入门

第2篇 技能进阶

第3篇 三维设计

第4篇 工程应用

❶ 继续上例的操作。

❷ 执行【分割面】命令，对网格模型中的面进行分割。命令行操作如下。

```
命令：_meshsplit
    选择要分割的网格面：                    //选择如图12-59所示的网格面
    指定面边缘上的第一个分割点或 [顶点(V)]：    //捕捉如图12-60所示的中点
    指定面边缘上的第二个分割点 [顶点(V)]：
                              //捕捉如图12-61所示的中点，分割结果如图12-62所示
```

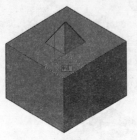
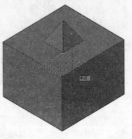
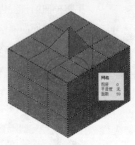

图12-59　选择网格面　　　图12-60　捕捉中点　　　图12-61　捕捉中点　　　图12-62　分割结果

12.3.3　合并网格面

【合并面】命令用于将网格模型上的网格面进行合并，以减少网格面的数量。

执行【合并面】命令主要有以下几种方式。

◆ 执行【修改】|【网格编辑】|【合并面】菜单命令。
◆ 单击【网格】选项卡中【网格编辑】面板中的 按钮。
◆ 在命令行中输入"Meshmerge"后按Enter键。

下面通过一个简单实例，学习【合并面】命令的应用。

❶ 继续上例的操作。

❷ 执行【合并面】命令，对长方体的网格面进行合并。命令行操作如下。

```
命令：_meshmerge
    选择要合并的相邻网格面：        //依次选择如图12-63所示的网格面
    选择要合并的相邻网格面：        //按Enter键，合并结果如图12-64所示
```

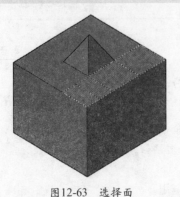
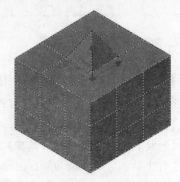

图12-63　选择面　　　　　　　　　　　　　图12-64　合并面

12.3.4　提高与降低网格平滑度

【提高平滑度】命令用于将网格对象的平滑度提高一个级别，使其更为光滑。

执行【提高平滑度】命令有以下几种方式。

◆　执行【修改】|【网格编辑】|【提高平滑度】菜单命令。

◆　单击【平滑网格】工具栏中的按钮。

【降低平滑度】命令用于将网格对象的平滑度降低一个级别，使其不光滑。

执行【降低平滑度】命令有以下几种方式。

◆　执行【修改】|【网格编辑】|【降低平滑度】菜单命令。

◆　单击【平滑网格】工具栏中的按钮。

下面通过一个简单实例，学习【提高平滑度】命令和【降低平滑度】命令的应用。

❶ 继续上例的操作。

❷ 执行【提高平滑度】命令。命令行操作如下。

```
命令：'_meshsmoothmore
    选择要提高平滑度的网格对象：　　　//选择如图12-65所示的网格模型
    选择要提高平滑度的网格对象：　　　//按Enter键，平滑结果如图12-66所示
```

❸ 执行【降低平滑度】命令。命令行操作如下。

```
命令：'_meshsmoothless
    选择要降低平滑度的网格对象：　　　//选择如图12-67所示的网格模型
    选择要降低平滑度的网格对象：　　　//按Enter键，降低平滑度的结果如图12-68所示
```

图12-65　选择网格模型　　图12-66　提高网格平滑度　　图12-67　选择网格模型　　图12-68　降低网格平滑度

12.3.5　优化三维网格模型

所谓"优化网格"，是指成倍地增加网格模型或网格面中的面数，以达到创建更多网格面的目的。

执行【优化网格】命令有以下几种方式。

◆　执行【修改】|【网格编辑】|【优化网格】菜单命令。

◆　单击【平滑网格】工具栏中的按钮。

下面通过一个简单实例，学习【优化网格】命令的应用。

❶ 继续上例的操作。

❷ 选择上例中提高平滑度之后的网格模型，将其颜色设置为灰色，然后设置其着色模式为【带边缘着色】模式，结果如图12-69所示。

❸ 执行【优化网格】命令，对该模型进行优化。命令行操作如下。

```
命令：'_meshrefine
    选择要优化的网格对象或面子对象：          //选择网格模型
    选择要优化的网格对象或面子对象：          //按Enter键，优化网格后的结果如图12-70所示
```

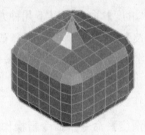

图12-69　着色效果　　　　　　　　　　　图12-70　优化网格效果

12.4　创建其他网格模型

 视频讲解　"视频文件"\"第12章"\"12.4创建其他网格模型.avi"

使用【平滑网格】命令，可以从三维实体、三维曲面、三维面、多边形网格、多面网格、面域和闭合多段线中创建网格模型。

下面通过简单实例，学习创建其他平滑网格模型的知识。

❶ 新建空白绘图文件，将视图切换为西南等轴测视图，并设置着色模式为【带边缘着色】模式。

❷ 设置当前颜色为灰色，执行【长方体】命令，创建一个长方体，结果如图12-71所示。

❸ 执行【绘图】|【建模】|【网格】|【平滑网格】菜单命令，将创建的长方体实体模型创建为网格模型。命令行操作如下。

```
命令：_meshsmooth
    选择要转换的对象：          //选择创建的长方体实体模型
    选择要转换的对象：          //按Enter键，将其创建为网格模型，结果如图12-72所示
```

图12-71　长方体实体模型　　　　　　　　图12-72　转换为网格模型

④ 执行【多段线】命令，绘制任意闭合的多段线图形。

⑤ 执行【绘图】|【建模】|【网格】|【平滑网格】菜单命令，将创建的闭合多段线创建为网格模型。命令行操作如下。

```
命令：_meshsmooth
    选择要转换的对象：              //选择创建的闭合多段线，弹出如图12-73所示的对话框
```

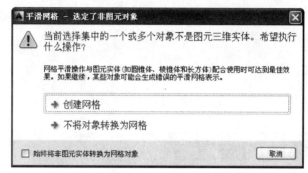

图12-73　弹出对话框

⑥ 在该对话框中选择【创建网格】选项，将闭合多段线创建为网格模型，如图12-74所示是创建前的闭合多段线，如图12-75所示是创建后的网格模型。

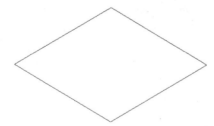

图12-74　闭合多段线

图12-75　创建网格模型

⑦ 使用相同的方法，还可以将曲面转换为网格模型。如图12-76所示是曲面模型，如图12-77所示是转换为网格模型后的效果。

图12-76　曲面模型

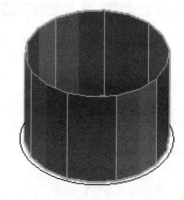

图12-77　转换为网格模型

第13章 AutoCAD图形设计的最后阶段
——设计图纸的输出

AutoCAD设计图纸的输出，是AutoCAD图形设计中的最后环节。AutoCAD 2014提供了模型和布局两种空间，在这两种空间中都可以打印输出设计图纸，只是相关的打印设置不同。

本章学习内容：

◆ 打印环境的设置
◆ 图形的打印

13.1 打印环境的设置

 视频讲解 "视频文件" \ "第13章" \ "13.1 打印环境的设置.avi"

在打印图形之前，首先需要设置打印环境，具体包括配置打印设备、定义打印图纸尺寸、添加打印样式表以及设置打印页面等。

13.1.1 添加绘图仪

添加绘图仪是通过【绘图仪管理器】命令来实现的。

执行【绘图仪管理器】命令主要有以下几种方式。

◆ 执行【文件】|【绘图仪管理器】菜单命令。
◆ 在命令行中输入"Plottermanager"后按Enter键。
◆ 单击【输出】选项卡中【打印】面板中的 按钮。

下面学习打印设备的配置。

❶ 执行【绘图仪管理器】命令后，打开如图13-1所示的【Plotte】窗口。

图13-1 打开窗口

❷ 双击 【添加绘图仪向导】图标，打开【添加绘图仪-简介】对话框，依次单击 下一步(N) > 按钮，直到打开【添加绘图仪－绘图仪型号】对话框，在此设置绘图仪型号及其生产商，如图13-2所示。

❸ 依次单击 下一步(N) > 按钮，直到打开如图13-3所示的【添加绘图仪－绘图仪名称】对话框，为添

加的绘图仪命名，在此采用默认设置。

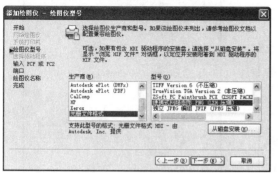

图13-2 【添加绘图仪-绘图仪型号】

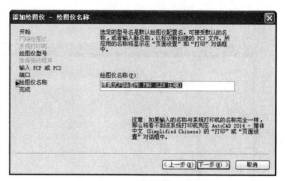

图13-3 【添加绘图仪-绘图仪名称】对话框

❹ 单击下一步(N) >按钮，打开【添加绘图仪-完成】对话框，单击完成(F)按钮，添加的绘图仪会自动出现在如图13-4所示的【Plotte】窗口内。

图13-4 添加绘图仪

13.1.2 定义打印图纸尺寸

图纸尺寸是保证正确打印图形的关键，尽管不同型号的绘图仪都有适合该绘图仪规格的图纸尺寸，但有时这些图纸尺寸与打印图形很难相匹配，这就需要用户重新定义图纸尺寸。

下面通过具体实例，学习图纸尺寸的定义过程。

❶ 继续上例的操作。

❷ 双击添加的绘图仪，打开【绘图仪配置编辑器】对话框。

❸ 在【绘图仪配置编辑器】对话框中进入【设备和文档设置】选项卡，然后单击【自定义图纸尺寸】选项，显示【自定义图纸尺寸】选项组。

❹ 单击添加(A)...按钮，此时系统打开【自定义图纸尺寸-开始】对话框，单击下一步(N) >按钮，打开【自定义图纸尺寸-介质边界】对话框，然后分别设置图纸的宽度、高度以及单位，如图13-5所示。

❺ 依次单击下一步(N) >按钮，直至打开【自定义图纸尺寸-完成】对话框，完成图纸尺寸的自定义过程。

❻ 单击完成(F)按钮，新定义的图纸尺寸自动出现在步骤3打开的【自定义图纸尺寸】选项组中，如图13-6所示。

中文版
AutoCAD 2014从入门到精通

第**1**篇 快速入门

第**2**篇 技能进阶

第**3**篇 三维设计

第**4**篇 工程应用

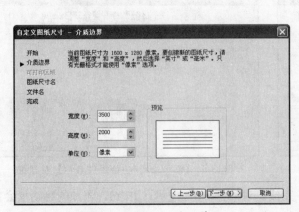

图13-5　设置图纸尺寸及单位

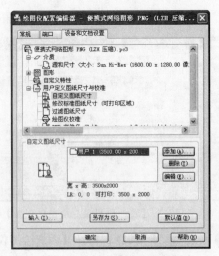

图13-6　图纸尺寸的定义结果

⑦ 如果用户需要将此图纸尺寸进行保存，可以单击 另存为(S)... 按钮；如果用户仅在当前使用一次，可以单击 确定 按钮。

13.1.3　添加打印样式表

打印样式表其实是一组打印样式的集合，而打印样式则用于控制图形的打印效果，修改打印图形的外观。使用【打印样式管理器】命令可以创建和管理打印样式表。

　一种打印样式只控制图形某一方面的打印效果，要让打印样式控制一张图纸的打印效果，就需要有一组打印样式。

下面通过添加名为"stb01"的颜色相关打印样式表，学习【打印样式管理器】命令的使用方法。

① 执行【文件】|【打印样式管理器】菜单命令，打开【Plotte】窗口。

② 双击窗口中的 图 【添加打印样式表向导】图标，打开【添加打印样式表】对话框。

③ 依次单击 下一步(N) > 按钮，在打开的【添加打印样式表-开始】对话框中，选中【创建新打印样式表】选项，然后单击 下一步(N) > 按钮。

④ 继续在打开的【添加打印样式表-选择打印样式表】对话框中，选中【颜色相关打印样式表】选项。

⑤ 单击 下一步(N) > 按钮，在打开的【添加打印样式表-文件名】对话框中，为打印样式表命名，如图13-7所示。

⑥ 单击 下一步(N) > 按钮，打开【添加打印样式表-完成】对话框，单击 完成 按钮，即可添加设置的打印样式表，新建的打印样式表文件图标显示在【Plotte】窗口中，如图13-8所示。

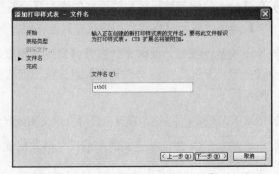

图13-7　【添加打印样式表-文件名】对话框

图13-8 【Plotte】窗口

13.1.4 设置打印页面

在配置好打印设备后，下面继续设置打印页面参数。打印页面参数一般是通过【页面设置管理器】命令来设置的。

❶ 执行【文件】|【页面设置管理器】菜单命令，打开【页面设置管理器】对话框，如图13-9所示。

❷ 单击 新建(N)... 按钮，在打开的【新建页面设置】对话框中为新页面命名，如图13-10所示。

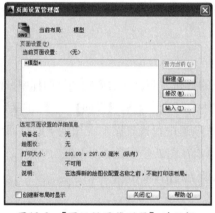

图13-9 【页面设置管理器】对话框

图13-10 【新建页面设置】对话框

❸ 单击 确定(O) 按钮，打开【页面设置-模型】对话框，如图13-11所示，在此对话框中可以进行打印设备的配置、图纸尺寸的匹配、打印区域的选择以及打印比例的调整等操作。

1.选择打印设备

在【打印机/绘图仪】选项组中配置打印设备，展开【名称】下拉列表，可以选择Windows系统打印机或AutoCAD内部打印机（*.Pc3文件）作为输出设备。

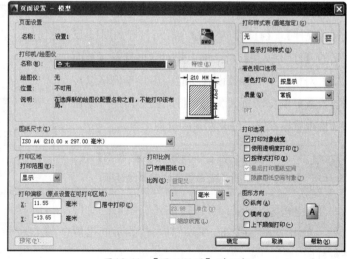

图13-11 【页面设置】对话框

2. 配置图纸幅面

展开【图纸尺寸】下拉列表，可以配置图纸幅面，在此下拉列表中包含了选定打印设备可用的标准图纸尺寸。

当选择了某种幅面的图纸时，该列表右上角会出现所选图纸及实际打印范围的预览图像，将光标移到预览区中，光标位置处会显示出精确的图纸尺寸以及图纸的可打印区域的尺寸。

3. 指定打印区域

在【打印区域】选项组中，设置需要输出的图形范围。展开【打印范围】下拉列表，在此包含4种打印区域的设置方式，具体有【显示】、【窗口】、【范围】和【图形界限】等。

4. 设置打印比例

在【打印比例】选项组中设置图形的打印比例。其中，【布满图纸】复选框仅适用于模型空间中的打印。当选中该复选框后，AutoCAD将自动缩放调整图形，与打印区域和选定的图纸等相匹配，使图形获取最佳位置和比例。

5. 设置着色参数

在【着色视口选项】选项组中，可以将需要打印的三维模型设置为着色、线框或以渲染图的方式进行输出。

6. 调整打印方向

在【图形方向】选项组中，调整图形在图纸上的打印方向。在右侧的图纸图标中，图标代表图纸的放置方向，图标中的字母A代表图形在图纸上的打印方向，共有【纵向】、【横向】两种方向。

在【打印偏移（原点设置在可打印区域）】选项组中，设置图形在图纸上的打印位置。默认设置下，AutoCAD从图纸左下角打印图形，打印原点在图纸左下角，坐标是（0,0）。用户可以在此选项组中重新设定新的打印原点，这样图形在图纸上将沿x轴和y轴移动。

13.1.5 图形的预览与打印

打印环境设置完毕后，即可进行图形的打印。执行【文件】|【打印】菜单命令，可打开如图13-12所示的【打印-模型】对话框。此对话框具备【页面设置】对话框中的参数设置功能，用户不仅可以按照已设置好的打印页面预览和打印图形，还可以在对话框中重新设置、修改图形的页面参数。

单击对话框右下角的【扩展/收缩】按钮 ⊙，可以展开或隐藏右侧的部分选项。

单击 预览(P)... 按钮，可以提前预览图形的打印结果，单击 确定 按钮，即可对当前的页面设置进行打印。

图13-12 【打印】对话框

13.2 图形的打印

视频讲解 "视频文件" \ "第13章" \ "13.2 图形的打印.avi"

在上面章节学习了打印环境的设置，下面通过具体实例，学习在不同空间打印不同图形文件的操作，对所学知识进行巩固。

13.2.1 快速打印实例——打印机械零件图

下面将在模型空间内快速打印如图13-13所示的阀体零件三视图及辅助视图，学习模型空间内的快速打印知识。

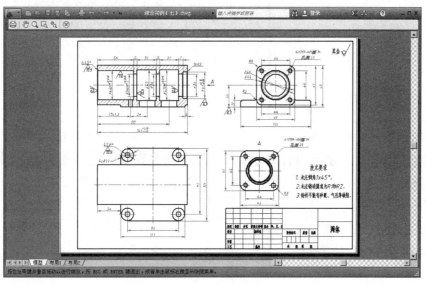

图13-13　打印效果

❶ 打开随书光盘中的"素材文件" \ "阀体零件三视图.dwg"文件，修改图纸的可打印区域。

❷ 执行【文件】|【绘图仪管理器】菜单命令，在打开的窗口中双击如图13-14所示的"DWF6 ePlot"图标，打开【绘图仪配置编辑器- DWF6 ePlot.pc3】对话框。

图13-14　打开窗口

❸ 进入【设备和文档设置】选项卡，选择【修改标准图纸尺寸（可打印区域）】选项，在【修改标准图纸尺寸】选择组中选择如图13-15所示的图纸尺寸。

❹ 单击 修改(M)... 按钮，在打开的【自定义图纸尺寸—可打印区域】对话框中设置参数，如图13-16所示。

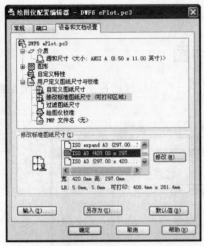

图13-15　选择图纸尺寸

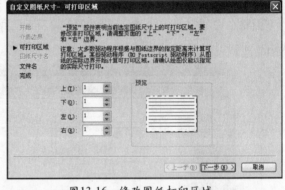

图13-16　修改图纸打印区域

❺ 单击 下一步(N) > 按钮，在打开的【自定义图纸尺寸-文件名】对话框中设置文件名，如图13-17所示。

❻ 依次单击 下一步(N) > 按钮，在打开的【自定义图纸尺寸-完成】对话框中，列出了修改后的标准图纸的尺寸。

❼ 单击 完成 按钮，系统返回【绘图仪配置编辑器- DWF6 ePlot.pc3】对话框，然后单击 另存为(S)... 按钮，将当前配置进行保存。

图13-17　【自定义图纸尺寸-文件名】对话框

❽ 返回【绘图仪配置编辑器- DWF6 ePlot.pc3】对话框，单击 确定 按钮，结束命令。

下面设置打印页面。

❾ 执行【文件】|【页面设置管理器】菜单命令，在打开的【页面设置管理器】对话框中单击 新建(N)... 按钮，将新页面命名为"模型打印"。

❿ 单击 确定 按钮，打开【页面设置-模型】对话框，配置打印设备及设置图纸尺寸、打印偏移、打印比例、图形方向等参数，如图13-18所示。

⓫ 展开【打印范围】下拉列表，选择【窗口】选项，返回绘图区，根据命令行的操作提示，分别捕捉图框的两个对角点，指定打印区域。

⓬ 系统自动返回【页面设置-模型】对话框，单击 确定 按钮返回【页面设置管理器】对话框，将创建的新页面设置为当前，然后关闭该对话框。

⑬ 执行【文件】|【打印预览】菜单命令，对图形进行打印预览。

 为了更好地显示线宽特性，在打开图形之前，可以将"轮廓线"图层的线宽设置为0.9mm。

⑭ 单击鼠标右键，在弹出的菜单中选择【打印】命令，此时系统打开【浏览打印文件】对话框，设置打印文件的保存路径及文件名并进行保存。

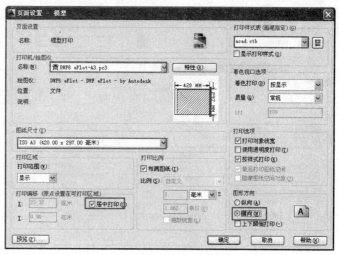

图13-18　设置页面参数

 将打印文件进行保存，可以方便用户进行网上发布、使用和共享。

⑮ 单击 保存... 按钮，系统弹出【打印作业进度】对话框，此对话框关闭后，打印过程即可结束。

⑯ 执行【另存为】命令，将图形命名存储为"快速打印.dwg"。

13.2.2　精确打印实例——打印建筑施工图

下面通过在布局空间内按照1：100的精确出图比例，将某建筑平面施工图打印输出到2号标准图纸上，学习布局空间的精确打印知识。

❶ 打开随书光盘中的"素材文件"\"建筑平面图.dwg"文件。

❷ 单击绘图区下方的 布局2 标签，进入【布局2】空间，执行【删除】命令，删除系统自动产生的视口。

❸ 执行【文件】|【页面设置管理器】菜单命令，在打开的【页面设置管理器】对话框中单击 新建(N)... 按钮，将新页面命名为"精确打印"，然后单击 确定 按钮，打开【页面设置-布局1】对话框。

❹ 在该对话框中配置打印设备及设置图纸尺寸、打印偏移、打印比例、图形方向等参数，如图13-19所示。

❺ 单击 确定 按钮，返回【页面设置管理器】对话框，将创建的新页面置为当前。

❻ 执行【插入块】命令，插入"A2-H.dwg"内部块，块参数设置如图13-20所示。

❼ 单击 确定 按钮，插入结果如图13-21所示。

❽ 执行【视图】|【视口】|【多边形视口】菜单命令，分别捕捉图框内边框的角点，创建多边形视口，将平面图从模型空间添加到布局空间，如图13-22所示。

第 *1* 篇　快速入门

第 *2* 篇　技能进阶

第 *3* 篇　三维设计

第 *4* 篇　工程应用

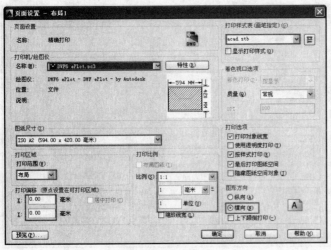

图13-19　设置参数

图13-20　设置块参数

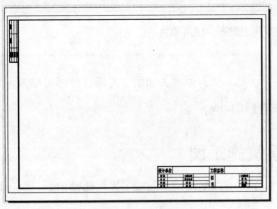

图13-21　插入结果

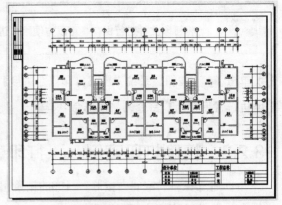

图13-22　创建多边形视口

❾ 单击状态栏中的图纸按钮，激活刚创建的视口，打开【视口】工具栏，调整比例为1：100，然后使用【实时平移】工具调整图形的出图位置。

　如果状态栏中没有显示图纸按钮，可以在状态栏的右键菜单中选择【图纸】|【模型】选项。

❿ 单击模型按钮返回图纸空间，设置"文本层"为当前图层，设置"宋体"为当前文字样式，并使用【窗口缩放】工具将图框放大显示。

⓫ 使用快捷键"T"激活【多行文字】命令，设置字高为5、对正方式为【正中】，为标题栏填充图名和比例，如图13-23所示。

⓬ 使用【全部缩放】工具调整图形的位置，使其全部显示，然后执行【打印】命令，在打开的【打印】对话框中单击 确定 按钮，进行打印输出。

⓭ 执行【另存为】命令，将图形命名存储为"精确打印.dwg"文件。

设计单位		工程总称			
批准	工程主持	图 名	某住宅楼 建筑施工图	工程编号	
审定	项目负责			图号	
审核	设计			比例	1:100
校对	绘图			日期	

图13-23　填充图名

13.2.3　多视口打印实例——打印零件三维模型

下面以并列视图的方式打印减速器箱体零件的三维模型，学习零件三维模型的多视图打印知识。

1 打开随书光盘中的"素材文件"\"减速器箱体.dwg"文件.

2 单击 布局1 标签，进入布局空间，使用快捷键"E"激活【删除】命令，删除系统自动产生的矩形视口。

3 执行【文件】|【页面设置管理器】菜单命令，在【页面设置管理器】对话框中单击 新建(N)... 按钮，将新页面赋名为"多视口打印"。

4 单击 确定 按钮，打开【页面设置-布局1】对话框，设置打印机配置、图纸尺寸、打印比例和图形方向等页面参数，如图13-24所示。

5 单击 确定 按钮，返回【页面设置管理器】对话框，将创建的新页面置为当前，然后关闭该对话框。

6 返回布局空间，在【图层控制】下拉列表中将"0"图层设置为当前图层。

7 使用快捷键"I"激活【插入块】命令，插入随书光盘中的"图块文件"\"A4.dwg"图块，参数设置如图13-25所示。

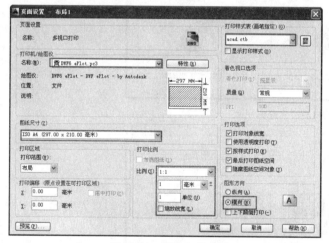

图13-24　设置打印参数

图13-25　设置参数

8 单击 确定 按钮将其插入，结果如图13-26所示。

9 执行【视图】|【视口】|【新建视口】菜单命令，在打开的【视口】对话框中选择【四个：相等】选项。

10 单击 确定 按钮，返回绘图区，根据命令行的提示，捕捉内框的两个对角点，将内框区域分割为4个视口，结果如图13-27所示。

11 单击状态栏中的 图纸 按钮，进入浮动式的模型空间。

12 分别激活每个视口，调整每个视口内的视图及着色方式，结果如图13-28所示。

13 返回图纸空间，执行【文件】|【打印预览】菜单命令，对图形进行打印预览。

第1篇 快速入门

第2篇 技能进阶

第3篇 三维设计

第4篇 工程应用

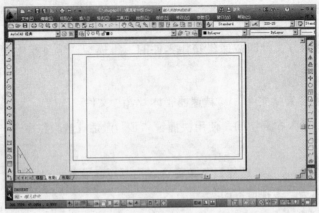

图13-26 插入图块

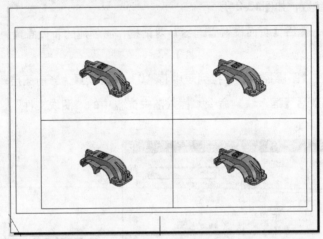

图13-27 分割视口

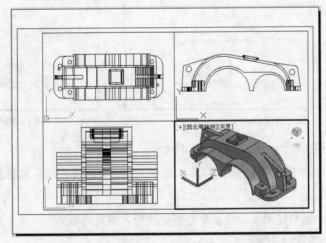

图13-28 调整结果

⑭ 单击鼠标右键，在弹出的菜单中选择【打印】命令，在打开的【浏览打印文件】对话框中设置打印文件的保存路径及文件名，单击 保存 按钮将其保存并打印图形。

⑮ 执行【另存为】命令，将图形命名存储为"多视口打印.dwg"文件。

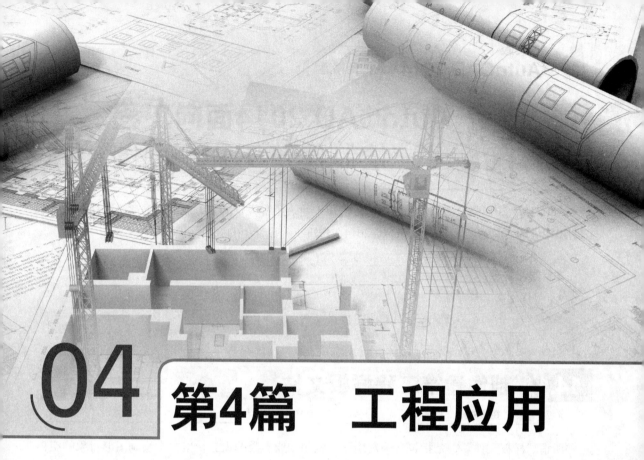

04

第4篇 工程应用

　　本篇通过展示具体工程案例的操作，重点讲解了AutoCAD 2014在实际工程中的相关应用，具体内容包括绘制建筑工程施工平面图、建筑工程施工立面图，绘制机械零件主视图、俯视图、左视图和剖视图等，使读者通过对本篇内容的学习，彻底掌握AutoCAD 2014在实际工程项目中的应用技巧，真正成为行业制图高手。

本篇学习内容：

AutoCAD 2014面向工程——绘制建筑工程平面图

AutoCAD 2014面向工程——绘制建筑工程立面图

AutoCAD 2014面向工程——绘制机械零件图

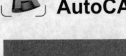
第14章 AutoCAD 2014面向工程
——绘制建筑工程平面图

AutoCAD 2014强大的制图功能被广泛应用于建筑工程设计的方方面面。本章通过具体工程案例的操作讲解，向读者展示了AutoCAD 2014在建筑工程设计中的应用知识。

本章学习内容：

- ◆ 制作建筑工程样板文件
- ◆ 绘制"幸福花园1#楼"建筑施工平面图

14.1 制作建筑工程样板文件

  视频讲解 "视频文件" \ "第14章" \ "制作建筑工程样板文件.dwg"

所谓"样板文件"，是指包含一定绘图环境和专业参数的设置，但并未绘制图形对象的空白文件，其文件扩展名为*.dwt。在AutoCAD 2014建筑设计中，应用绘图样板文件能够避免许多参数的重复设置，不仅提高了绘图效率，还可以使绘制的图形更符合规范、更标准。下面通过制作一个A2幅面的建筑工程制图样板文件，学习样板图的具体制作过程。

14.1.1 设置建筑工程样板文件的绘图环境

建筑样板文件绘图环境的设置主要包括绘图单位设置、单位精度设置、图形界限设置、捕捉模式设置以及一些常用变量设置等。

❶ 单击【快速访问】工具栏或【标准】工具栏中的▢按钮，打开【选择样板】对话框。

❷ 在【选择样板】对话框中选择【acadISO -Named Plot Styles】作为基础样板，新建空白文件。

 acadISO -Named Plot Styles是一个命令打印样式模板文件，如果用户需要使用颜色相关打印样式作为模板文件的打印样式，可以选择acadiso基础样式文件。

❸ 设置绘图单位。执行【格式】|【单位】菜单命令，在打开的【图形单位】对话框中设置长度、角度等参数，如图14-1所示。

 默认设置下以逆时针作为角度的旋转方向，其基准角度为"东"，也就是以坐标系x轴正方向作为起始方向。

❹ 设置图形界限。执行【格式】|【图形界限】菜单命令，设置图形区域为59400×42000。命令行操作如下。

```
命令：'_limits
    重新设置模型空间界限：
    指定左下角点或 [开(ON)/关(OFF)] <0.0,0.0>:      //按Enter键，以原点作为左下角点
    指定右上角点 <420.0,297.0>:         //输入"59400,42000"后按Enter键，输入右上角点坐标
```

⑤ 执行【视图】|【缩放】|【全部】菜单命令，将设置的图形界限最大化显示。

> 如果用户想直观地观察到设置的图形界限，可按F7功能键打开【栅格】功能，通过坐标的栅格点，直观形象地显示出图形界限。

⑥ 设置捕捉模式。执行【工具】|【草图设置】菜单命令，或使用快捷键"DS"激活【草图设置】命令，打开【草图设置】对话框。

⑦ 在【草图设置】对话框中进入【对象捕捉】选项卡，启用和设置一些常用的对象捕捉功能，如图14-2所示。

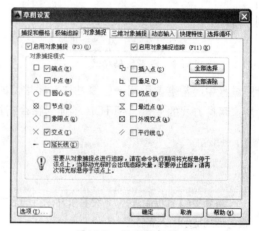

图14-1 设置参数   图14-2 设置捕捉模式

⑧ 进入【极轴追踪】选项卡，启用并设置【极轴追踪】功能，如图14-3所示。

⑨ 按F12功能键，打开状态栏中的【动态输入】功能。

⑩ 设置常用变量。在命令行中输入系统变量LTSCALE，调整线型的显示比例。命令行操作如下。

```
命令：LTSCALE                        //按Enter键，激活此系统变量
    输入新线型比例因子 <1.0000>:           //输入线型的比例，如"100"，按Enter键
    正在重生成模型。
```

⑪ 在命令行中输入系统变量DIMSCALE，设置和调整标注比例。命令行操作如下。

```
命令：DIMSCALE                       //按Enter键，激活此系统变量
    输入 DIMSCALE 的新值 <1>:           //输入"100"后按Enter键，将标注比例放大100倍
```

> 将比例调整为100，并不是一个绝对的参数值，用户也可根据实际情况修改此变量值。

⑫ 在命令行中输入系统变量MIRRTEXT，设置镜像文字的可读性。命令行操作如下。

| 命令：MIRRTEXT | //按Enter键，激活此系统变量 |
| 输入 MIRRTEXT 的新值 <1>: | //输入"0"后按Enter键，将变量值设置为0 |

当变量MIRRTEXT=0时，镜像后的文字具有可读性；当变量MIRRTEXT=1时，镜像后的文字不可读，如图14-4所示。

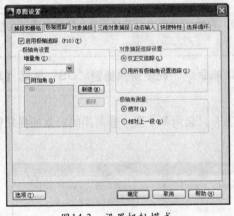

图14-3 设置极轴模式

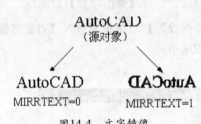

图14-4 文字镜像

⑬ 在绘图过程中经常需要引用一些属性块，属性值的输入一般有对话框和命令行两种方式，而用于控制这两种方式的变量为ATTDIA的值。命令行操作如下。

| 命令：ATTDIA | //按Enter键，激活此系统变量 |
| 输入 ATTDIA 的新值 <0>: | //输入"1"后按Enter键，将此变量值设置为1 |

当变量ATTDIA=0时，系统将以命令行的形式提示输入属性值；当变量ATTDIA=1时，以对话框的形式提示输入属性值。

⑭ 执行【保存】命令，将文件命名保存为"设置建筑工程样板文件绘图环境.dwg"文件。

14.1.2 设置建筑工程样板文件的图层及其特性

在建筑工程样板文件中，除设置样板文件的绘图环境之外，样板文件的图层及其特性的设置也是必不可少的。图层的这些特性包括线型、线宽和颜色等。下面继续学习建筑工程样板文件图层特性的设计。

❶ 继续上一节的操作，或者打开随书光盘中的"效果文件"\"第14章"\"设置建筑工程样板文件绘图环境.dwg"文件。

❷ 单击【绘图】工具栏中的▦按钮，激活【图层】命令，打开【图层特性管理器】窗口，分别创建"墙线层"、"门窗层"、"楼梯层"、"文本层"、"尺寸层"、"其他层"等图层，如图14-5所示。

❸ 设置工程样板的颜色特性。选择"轴线层"，在该图层的颜色块上单击鼠标左键，打开【选择颜色】对话框。

❹ 在【选择颜色】对话框中的【颜色】文本框中输入"124"，为所选图层设置颜色值。

❺ 单击 确定 按钮，返回【图层特性管理器】窗口，"轴线层"的颜色被设置为124号色。

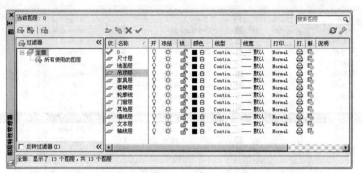

图14-5　设置图层

❻ 使用相同的方法，分别为其他图层设置颜色特性，设置结果如图14-6所示。

图14-6　设置颜色特性

❼ 设置工程样板的线型特性。选择"轴线层"，在该图层的【线型】位置上单击鼠标左键，打开【选择线型】对话框。

❽ 单击 加载... 按钮，从打开的【加载或重载线型】对话框中选择名为"ACAD_ISO04W100"的线型，单击 确定 按钮，选择的线型被加载到【选择线型】对话框中。

❾ 选择刚加载的线型，单击 确定 按钮，将加载的线型附给当前被选择的"轴线层"，结果如图14-7所示。

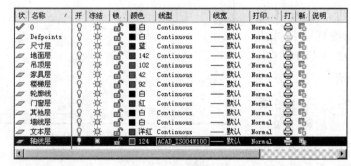

图14-7　设置图层线型

❿ 设置工程样板的线宽特性。选择"墙线层"，在该图层的【线宽】位置上单击鼠标左键，在打开的【线宽】对话框中选择1.00mm的线宽。

第**1**篇　快速入门

第**2**篇　技能进阶

第**3**篇　三维设计

第**4**篇　工程应用

⑪ 单击 确定 按钮，返回【图层特性管理器】窗口，结果"墙线层"的线宽被设置为1.00mm，如图14-8所示。

状.	名称	开	冻结	锁.	颜色	线型	线宽	打印...	打.	新	说明
✓	0				■白	Continuous	—— 默认	Normal			
	Defpoints				■白	Continuous	—— 默认	Normal			
	尺寸层				■蓝	Continuous	—— 默认	Normal			
	楼梯层				■92	Continuous	—— 默认	Normal			
	轮廓线				■白	Continuous	—— 默认	Normal			
	门窗层				■红	Continuous	—— 默认	Normal			
	剖面线				■142	Continuous	—— 默认	Normal			
	其他层				■白	Continuous	—— 默认	Normal			
	墙线层				□白	Continuous	—— 1.00 毫米	Normal			
	图块层				■42	Continuous	—— 默认	Normal			
	文本层				■洋红	Continuous	—— 默认	Normal			
	轴线层				■124	ACAD_ISO04...	—— 默认	Normal			

图14-8 设置线宽

⑫ 在【图层特性管理器】窗口中单击✖按钮，关闭窗口。

⑬ 执行【另存为】命令，将文件命名保存为"设置建筑工程样板文件的图层及其特性.dwg"文件。

14.1.3 设置建筑工程样板文件的墙线和窗线样式

在建筑工程制图中，墙线与窗线是使用较多的元素。设置这些元素的样式，可以方便用户快速地使用这些样式，提高绘图的速度和质量。下面继续学习建筑工程制图样板文件中墙线和窗线样式的设置。

❶ 继续上一节的操作，或者打开随书光盘中的"效果文件"\"第14章"\"设置建筑工程样板文件的图层及其特性.dwg"文件。

❷ 执行【格式】|【多线样式】菜单命令，打开【多线样式】对话框。

❸ 在【多线样式】对话框中单击 新建(N)... 按钮，打开【创建新的多线样式】对话框，然后将新样式命名为"墙线样式"。

❹ 单击 继续 按钮，打开【新建多线样式：墙线样式】对话框，设置多线样式的封口形式，如图14-9所示。

❺ 单击 确定 按钮返回【多线样式】对话框，然后再次单击 新建(N)... 按钮，打开【创建新的多线样式】对话框，将新样式命名为"窗线样式"。

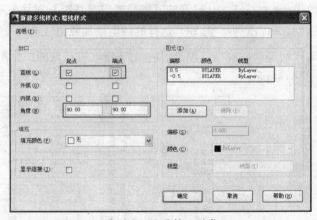

图14-9 设置封口形式

❻ 进入【新建多线样式：窗线样式】对话框，设置"窗线样式"参数，如图14-10所示。

❼ 单击 确定 按钮，返回【多线样式】对话框，设置的窗线样式效果如图14-11所示。

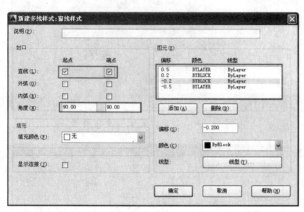

图14-10 设置参数

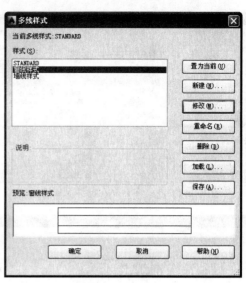

图14-11 窗线样式

 　如果用户需要将新设置的样式应用在其他图形文件中，可以单击 保存... 按钮，在弹出的对话框中以*.mln的格式进行保存，在其他文件中使用时，仅需要加载即可。

8 选择"墙线样式"，单击 置为当前(U) 按钮，将其设置为当前样式，关闭对话框。

9 执行【另存为】命令，将文件命名保存为"设置建筑工程样板文件墙线和窗线样式.dwg"文件。

14.1.4 设置建筑工程样板文件的注释样式

在建筑制图中，图纸中会有很多注释，包括数字、字母、汉字、轴号等。下面继续设置这些注释。

1 继续上一节的操作，或者打开随书光盘"效果文件"\"第14章"\"设置建筑工程样板文件墙线和窗线样式.dwg"文件。

2 单击【样式】工具栏中的 按钮，激活【文字样式】命令，打开【文字样式】对话框。

3 单击 新建(N) 按钮，在弹出的打开【新建文字样式】对话框中将新样式命名为"仿宋"。

4 单击 确定 按钮，返回【文字样式】对话框，设置新样式的字体、字高以及宽度比例等参数，如图14-12所示。

5 单击 应用(A) 按钮，至此创建了一种名为"仿宋"的文字样式。

6 使用相同的方法，设置一种名为"宋体"的文字样式，其参数设置如图14-13所示。

7 参照汉字样式的设置过程，重复执行【文字样式】命令，设置一种名为"COMPLEX"的轴号字体样式，其参数设置如图14-14所示。

8 单击 应用(A) 按钮，结束文字样式的设置过程。

9 参照汉字样式的设置过程，重复执行【文字样式】命令，设置一种名为"SIMPLEX"的文字样式，其参数设置如图14-15所示。

第**1**篇 快速入门

第**2**篇 技能进阶

第**3**篇 三维设计

第**4**篇 工程应用

中文版
AutoCAD 2014从入门到精通

第
1
篇
快速入门

第
2
篇
技能进阶

第
3
篇
三维设计

第
4
篇
工程应用

图14-12 设置"仿宋"文字样式

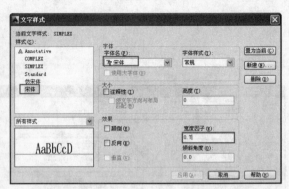

图14-13 设置"宋体"文字样式

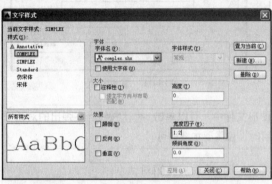

图14-14 设置"COMPLEX"文字样式

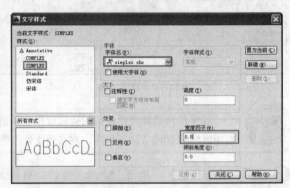

图14-15 设置"SIMPLEX"文字样式

⑩ 执行【另存为】命令，将文件命名保存为"设置建筑工程样板文件注释样式.dwg"文件。

14.1.5 设置建筑工程样板文件的尺寸样式

尺寸标注是建筑工程制图中的主要内容，也是建筑工程施工的重要依据。下面继续设置工程样板图中的尺寸箭头以及尺寸标注样式等，以方便用户对工程图标注尺寸。

❶ 继续上一节的操作，或打开随书光盘"效果文件"\"第14章"\"设置建筑工程样板文件注释样式.dwg"文件。

❷ 单击【绘图】工具栏中的 ⌐ 按钮，绘制宽度为0.5、长度为2的多段线，作为尺寸箭尖。

❸ 使用【窗口缩放】功能，将绘制的多段线放大显示。

❹ 使用快捷键"L"激活【直线】命令，绘制长度为3的水平线段，并使直线段的中点与多段线的中点对齐，如图14-16所示，作为尺寸箭头。

❺ 执行【旋转】命令，将箭头旋转45°，如图14-17所示。

图14-16 绘制细线

图14-17 旋转结果

❻ 执行【绘图】|【块】|【创建】菜单命令，在打开的【块定义】对话框中设置块参数，如图14-18所示。

❼ 单击 🔳【拾取点】按钮，返回绘图区，捕捉多段线的中点作为块的基点，然后将其创建为图块。

❽ 单击【样式】工具栏中的 ◢ 按钮，在打开的【标注样式管理器】对话框中单击 新建(N)... 按钮，将新样式命名为"建筑标注"。

❾ 单击 继续 按钮，打开【新建标注样式：建筑标注】对话框，设置基线间距、起点偏移量等参数，如图14-19所示。

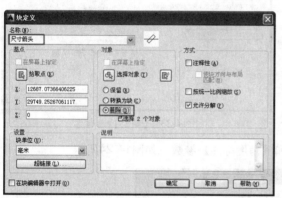

图14-18 设置块参数

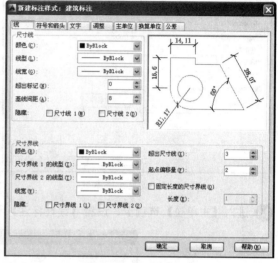

图14-19 设置参数

❿ 进入【符号和箭头】选项卡，然后展开【箭头】选项组中的【第一个】下拉列表，选择列表中的【用户箭头】选项，此时系统弹出【选择自定义箭头块】对话框，然后选择【尺寸箭头】选项作为尺寸箭头，如图14-20所示。

⓫ 单击 确定 按钮，返回【新建标注样式：建筑标注】对话框的【符号和箭头】选项卡，设置其他参数，如图14-21所示。

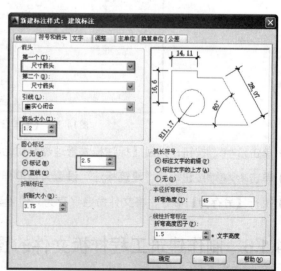

图14-20 选择【尺寸箭头】选项

图14-21 设置参数

第**1**篇 快速入门

第**2**篇 技能进阶

第**3**篇 三维设计

第**4**篇 工程应用

⑫ 进入【文字】选项卡，设置尺寸文字的样式、颜色、高度等参数，如图14-22所示。

⑬ 进入【调整】选项卡，调整文字位置、标注比例等参数，如图14-23所示。

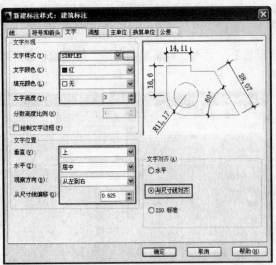

图14-22 设置文字参数

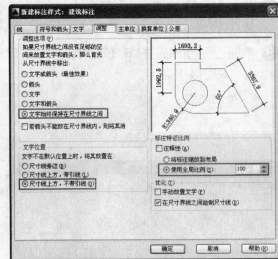

图14-23 【调整】选项卡

⑭ 进入【主单位】选项卡，设置【线性标注】和【角度标注】参数，如图14-24所示。

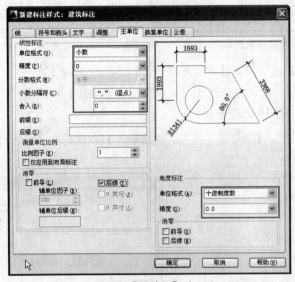

图14-24 【主单位】选项卡

⑮ 单击 确定 按钮，返回【标注样式管理器】对话框，新设置的尺寸样式出现在此对话框中。

⑯ 单击 置为当前(U) 按钮，将"建筑标注"设置为当前样式，同时结束命令。

⑰ 执行【另存为】命令，将文件命名保存为"设置建筑工程样板文件尺寸样式.dwg"文件。

14.1.6　制作建筑工程样板文件的图纸边框

下面继续设置2号标准图框以及标题栏文字的填充等，以方便用户对施工图配置图框。

❶ 继续上一节的操作，或者打开随书光盘"效果文件"\"第14章"\"设置建筑工程样板文件尺寸样式.dwg"文件。

❷ 单击【绘图】工具栏中的□按钮，绘制长度为594、宽度为420的矩形，作为2号图纸的外边框。

❸ 重复执行【矩形】命令，配合【捕捉自】功能，绘制内框。命令行操作如下。

```
命令：                              //按Enter键
    RECTANG
    指定第一个角点或 [倒角(C)/标高(E)/圆角(F)/厚度(T)/宽度(W)]：//输入"w"后按Enter键
    指定矩形的线宽 <0>：            //输入"2"后按Enter键，设置线宽
    指定第一个角点或 [倒角(C)/标高(E)/圆角(F)/厚度(T)/宽度(W)]：   //激活【捕捉自】功能
    _from 基点：                    //捕捉外框的左下角点
    <偏移>：                        //输入"@25,10"后按Enter键
    指定另一个角点或 [面积(A)/尺寸(D)/旋转(R)]：              //激活【捕捉自】功能
    _from 基点：                    //捕捉外框的右上角点
    <偏移>：                        //输入"@-10,-10"后按Enter键，绘制结果如图14-25所示
```

❹ 重复执行【矩形】命令，配合【端点捕捉】功能，绘制标题栏外框。命令行操作如下。

```
命令：_rectang
    当前矩形模式： 宽度=2.0
    指定第一个角点或 [倒角(C)/标高(E)/圆角(F)/厚度(T)/宽度(W)]： //输入"w"后按Enter键
    指定矩形的线宽 <2.0>：          //输入"1.5"后按Enter键，设置线宽
    指定第一个角点或 [倒角(C)/标高(E)/圆角(F)/厚度(T)/宽度(W)]：
                                    //捕捉内框的右下角点
    指定另一个角点或 [面积(A)/尺寸(D)/旋转(R)]：
                                    //输入"@-240,50"后按Enter键，绘制结果如图14-26所示
```

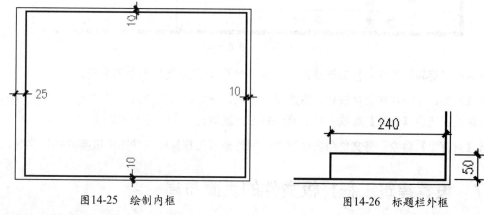

图14-25 绘制内框　　　　　　　　　图14-26 标题栏外框

❺ 重复执行【矩形】命令和【直线】命令，配合【端点捕捉】功能，绘制标题栏和会签栏，结果如图14-27和图14-28所示。

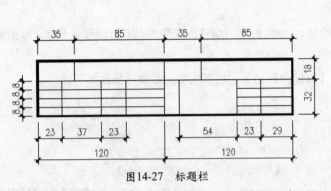

图14-27 标题栏

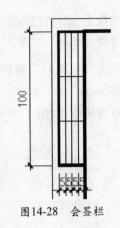

图14-28 会签栏

⑥ 执行【多行文字】命令，在【文字格式】编辑器中设置文字样式为"宋体"、字体高度为8，然后在文字输入框内输入"设计单位"字样。

⑦ 重复执行【多行文字】命令，设置字体样式为"宋体"、字体高度为4.6、对正方式为【正中】，填充标题栏其他文字，如图14-29所示。

图14-29 标题栏填充结果

⑧ 单击【修改】工具栏中的◎按钮，将会签栏旋转-90°，然后执行【多行文字】命令，设置样式为"宋体"、字体高度为2.5，对正方式为【正中】，为会签栏填充文字，结果如图14-30所示。

图14-30 填充文字

⑨ 重复执行【旋转】命令，将会签栏及文字旋转-90°，完成图框文字的填充。

⑩ 单击【绘图】工具栏中的◎按钮，激活【创建块】命令，设置块名为"A2-H"，基点为外框的左下角点，选中【删除】选项，然后确认将图框及填充文字创建为内部块。

⑪ 执行【另存为】命令，将文件命名保存为"制作建筑工程样板文件图纸边框.dwg"文件。

14.1.7 设置建筑工程样板文件的页面布局

为了便于图纸的相互交流，一般情况下，还需要将绘制好的建筑工程图打印输出到相应图号的图纸上。下面继续设置建筑工程图纸打印页面的布局与图纸边框的配置。

① 继续上一节的操作，或者打开随书光盘中的"效果文件"\"第14章"\"制作建筑工程样板文件图纸边框.dwg"文件。

② 单击绘图区底部的【布局1】标签，进入到布局空间。

③ 使用快捷键"E"激活【删除】命令，选择布局内的矩形视口进行删除。

④ 执行【文件】|【页面设置管理器】菜单命令，在打开的对话框中单击 新建(N)... 按钮，打开【新建页面设置】对话框，将新页面命名为"布局打印"。

⑤ 单击 确定(O) 按钮，进入【页面设置-布局1】对话框，然后设置打印设备、图纸尺寸、打印样式、打印比例等页面参数，如图14-31所示。

⑥ 单击 确定(O) 按钮，返回【页面设置管理器】话框，将刚设置的新页面设置为当前。

⑦ 单击的 关闭(C) 按钮，结束命令，完成新布局的页面设置。

⑧ 单击【绘图】工具栏中的 按钮，或使用快捷键"I"激活【插入块】命令，打开【插入】对话框，设置插入点、轴向比例等参数，如图14-32所示。

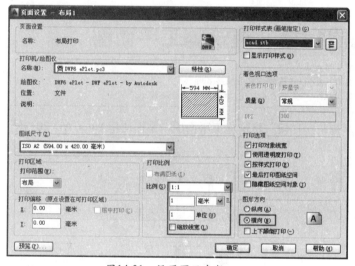

图14-31 设置页面参数

图14-32 设置块参数

⑨ 单击 确定(O) 按钮，A2-H图表框被插入到当前布局中的原点位置上，如图14-33所示。

⑩ 单击状态栏中的 图纸 按钮，返回模型空间。

⑪ 执行【文件】|【另存为】菜单命令，或按Ctrl+Shift+S组合键，打开【图形另存为】对话框。

⑫ 在【图形另存为】对话框中，设置文件的存储类型为【AutoCAD 图形样板（*.dwt）】，如图14-34所示。

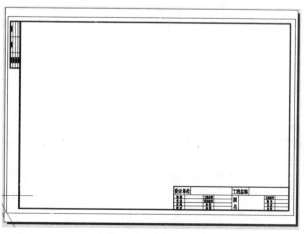

图14-33 插入结果

中文版
AutoCAD 2014从入门到精通

⑬ 在【图形另存为】对话框下方的【文件名】文本框中输入"建筑样板",单击 保存 按钮,打
   开【样板选项】对话框,输入"A2-H幅面样板文件",如图14-35所示。

⑭ 单击 确定 按钮,创建图形样板文件,并将其保存于"AutoCAD"\"Template"路径下。

⑮ 执行【另存为】命令,将文件命名保存为"设置建筑工程样板文件的页面布局.dwg"文件。

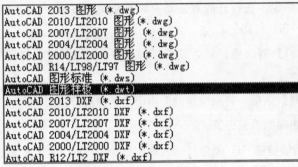

图14-34 【文件类型】下拉列表

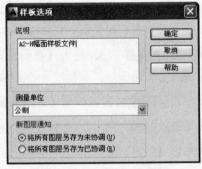

图14-35 【样板选项】对话框

14.2 绘制"幸福花园1#楼"建筑施工平面图

样板文件 "样板文件"\"建筑样板.dwg"
效果文件 "第14章"\"绘制幸福花园1#楼墙体定位轴线.dwg"
视频文件 "视频文件"\"第14章"\"绘制幸福花园1#楼墙体定位轴线.avi"

下面学习绘制如图14-36所示的"幸福花园1#楼"建筑施工平面图,掌握使用AutoCAD 2014绘
制建筑施工图的相关知识。

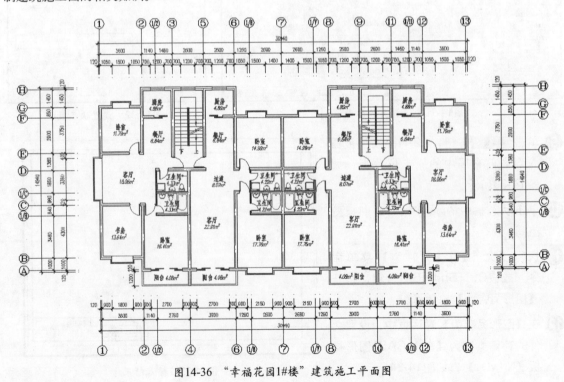

图14-36 "幸福花园1#楼"建筑施工平面图

14.2.1　绘制"幸福花园1#楼"墙体的定位轴线

施工图定位轴线用于表达建筑物纵、横向墙体之间的结构位置关系，是墙体定位的主要依据。

1 执行【新建】命令，以随书光盘中的"样板文件"\"建筑样板.dwt"文件作为基础样板，新建绘图文件。

2 展开【图层】工具栏中的【图层控制】下拉列表，将"轴线层"设置为当前图层。

3 使用快捷键"LT"激活【线型】命令，在打开的【线型管理器】对话框中调整线型比例为1。

4 使用快捷键"REC"激活【矩形】命令，绘制长度为15350、宽度为16020的矩形作为基准线。

5 使用快捷键"X"激活【分解】命令，将矩形分解为4条独立的线段。

6 单击【修改】工具栏中的 按钮，将矩形左侧边向右偏移，偏移距离为3600，效果如图14-37所示。

7 重复执行【偏移】命令，根据图纸尺寸，继续偏移出内部的垂直轴线，结果如图14-38所示。

图14-37　偏移图线

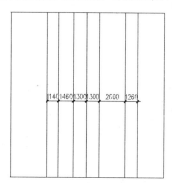

图14-38　偏移图线

8 继续执行【偏移】命令，根据图纸尺寸，分别偏移水平轴线，结果如图14-39所示。

9 使用快捷键"E"激活【删除】命令，删除矩形下方的水平边。

10 单击【修改】工具栏中的 按钮，以垂直轴线2作为剪切边界，分别对水平轴线A、B、G、H、J、K进行修剪，结果如图14-40所示。

图14-39　偏移水平图线

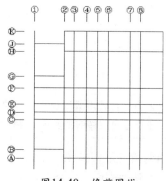

图14-40　修剪图线

11 重复执行【修剪】命令，以轴线3作为剪切边界，分别对轴线C、D、E、F进行修剪，修剪结果

如图14-41所示。

⑫ 重复执行【修剪】命令，对相应的垂直轴线和水平轴线进行修剪，修剪结果如图**14-42**所示。

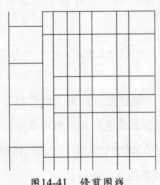 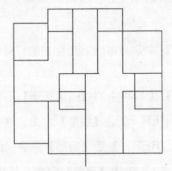

图14-41 修剪图线　　　　　　　　　　　图14-42 修剪图线

⑬ 使用快捷键"O"激活【偏移】命令，将最左侧的垂直轴线向右偏移，偏移距离为1050、2550。

⑭ 单击【修改】工具栏中的 按钮，以刚偏移的两条垂直轴线作为剪切边，点击位于两条辅助轴线之间的水平轴线J，然后将偏移出的辅助轴线删除，结果如图**14-43**所示。

⑮ 单击【修改】工具栏中的 按钮，在最上方的水平轴线上创建宽度为1200的窗洞。命令行操作如下。

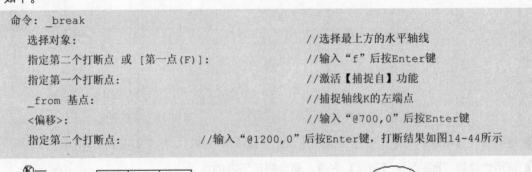

```
命令: _break
    选择对象:                              //选择最上方的水平轴线
    指定第二个打断点 或 [第一点(F)]:        //输入"f"后按Enter键
    指定第一个打断点:                      //激活【捕捉自】功能
    _from 基点:                           //捕捉轴线K的左端点
    <偏移>:                              //输入"@700,0"后按Enter键
    指定第二个打断点:          //输入"@1200,0"后按Enter键，打断结果如图14-44所示
```

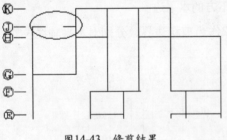 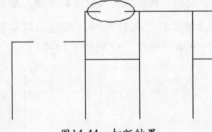

图14-43 修剪结果　　　　　　　　　　　图14-44 打断结果

 此开洞方式是使用频率最高的一种方式，特别是在内部结构比较复杂的施工图中。使用此开洞方式，不需要绘制任何辅助线，操作极为简捷。

⑯ 在无命令执行的前提下，夹点显示如图**14-45**所示的轴线，同时进入夹点编辑模式，配合【正交】功能，向左移动光标，在命令行中输入"1600"后按Enter键。

⑰ 退出夹点编辑模式，并取消轴线的夹点显示，结果如图**14-46**所示。

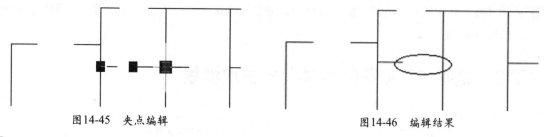

图14-45　夹点编辑　　　　　　　　　图14-46　编辑结果

⑱ 综合以上开洞方式，根据图示尺寸，创建其他位置处的门洞和窗洞，结果如图14-47所示。

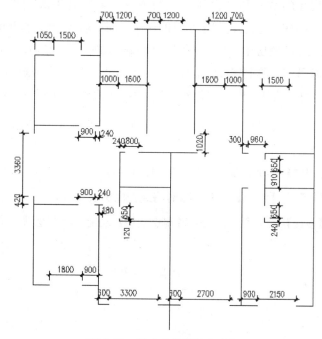

图14-47　创建完成门洞和窗洞

⑲ 执行【修改】|【镜像】菜单命令，以右侧的垂直轴线作为镜像轴，对轴线网进行镜像操作，结果如图14-48所示。

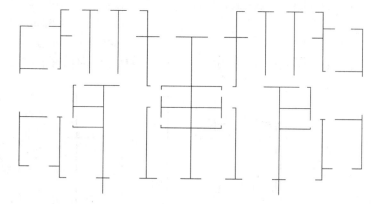

图14-48　镜像结果

⑳ 执行【格式】|【线型】菜单命令，在打开的【线型管理器】对话框中，修改线型比例为100。

第**1**篇　快速入门

第**2**篇　技能进阶

第**3**篇　三维设计

第**4**篇　工程应用

㉑ 关闭【线型管理器】对话框，执行【保存】命令，将该文件保存为 "绘制幸福花园1#楼墙体定位轴线.dwg"文件。

14.2.2 绘制"幸福花园1#楼"的主次墙线

 素材文件 "效果文件"\"第14章"\"绘制幸福花园1#楼墙体定位轴线.dwg"
效果文件 "效果文件"\"第14章"\"绘制幸福花园1#楼主次墙线.dwg"
视频文件 "视频文件"\"第14章"\"绘制幸福花园1#楼主次墙线.avi"

墙线用于表示房屋的结构和各房间之间的关系。墙线有主次墙线之分，主墙线一般为240mm，是房屋的主体结构，主要起到了承重的作用；而次墙线一般为120mm，次墙线不承担房屋的承重功能，主要用于分割房屋空间。在绘制建筑施工图时，当绘制好墙体定位轴线后，就可以根据定位轴线来绘制墙线了，绘制墙线时需要设置墙线样式，并设置墙线样式的比例。

下面继续绘制"幸福花园1#楼"的主次墙线，学习主次墙线的具体绘制过程与绘图技巧。

❶ 继续上一节的操作，或者打开随书光盘"效果文件"\"第14章"\"绘制幸福花园1#楼墙体定位轴线.dwg"文件。

❷ 执行【格式】|【图层】菜单命令，在打开的对话框中双击"墙线层"，将其设置为当前图层。

❸ 使用快捷键"LT"激活【线型】命令，暂时将线型比例设置为1。

❹ 执行【绘图】|【多线】菜单命令，配合【端点捕捉】功能，绘制墙线。命令行操作如下。

```
命令：_mline
    当前设置：对正 = 上，比例 = 20.00，样式 = 墙线样式
    指定起点或 [对正(J)/比例(S)/样式(ST)]：          //输入"j"后按Enter键
    输入对正类型 [上(T)/无(Z)/下(B)] <上>：           //输入"z"后按Enter键
    当前设置：对正 = 无，比例 = 20.00，样式 = 墙线 一
    指定起点或 [对正(J)/比例(S)/样式(ST)]：          //输入"s"后按Enter键
    输入多线比例 <20.00>：                           //输入"240"后按Enter键
    当前设置：对正 = 无，比例 = 240.00，样式 = 墙线样式
    指定起点或 [对正(J)/比例(S)/样式(ST)]：          //捕捉图14-49中的端点1
    指定下一点：                                     //捕捉图14-49中的端点2
    指定下一点或 [放弃(U)]：                         //捕捉图14-49中的端点3
    指定下一点或 [闭合(C)/放弃(U)]：                 //按Enter键，绘制结果如图14-49所示
```

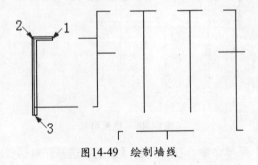

图14-49 绘制墙线

❺ 重复执行【多线】命令，保持多线样式、对正方式和多线比例不变，配合捕捉功能，分别绘制其他位置的墙线，结果如图14-50所示。

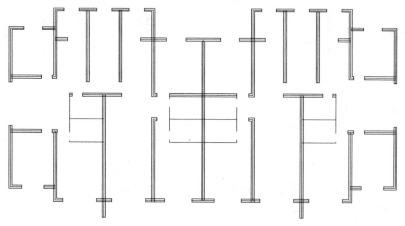

图14-50 绘制主墙线

❻ 重复执行【多线】命令，保持多线样式、对正方式不变，将多线比例修改为120，绘制卫生间处的墙线，结果如图14-51所示。

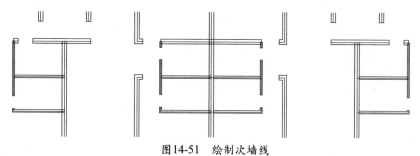

图14-51 绘制次墙线

❼ 展开【图层控制】列表，关闭"轴线层"图层，图形的显示结果如图14-52所示。

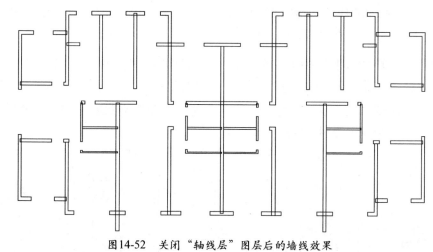

图14-52 关闭"轴线层"图层后的墙线效果

❽ 执行【修改】|【对象】|【多线】菜单命令，在打开的对话框中双击🔲按钮，激活【T形合并】功能，然后在命令行"选择第一条多线："的提示下，选择如图14-53所示的墙线1。

⑨ 在命令行"选择第二条多线："的提示下，选择图14-53中的墙线2，将这两条垂直相交的多线进行合并，结果如图14-54所示。

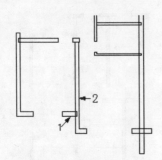

图14-53　选择墙线1

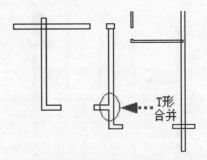

图14-54　编辑多线的结果

⑩ 继续在命令行"选择第一条多线或 [放弃（U）]："的提示下，分别选择其他位置的T形墙线并进行合并，结果如图14-55所示。

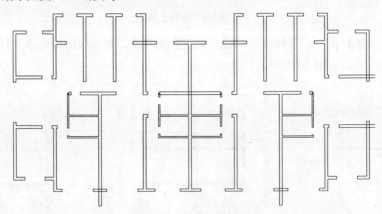

图14-55　编辑墙线的结果

> 当两条多线的位置为T形时，要先点选下方的那条多线；当两条多线的位置为⊥形时，要先点选上方的那条多线；当两条多线的位置为⊣形时，要先点选左侧的那条多线；当两条多线的位置为⊢形时，要先点选右侧的那条多线。

⑪ 执行【修改】|【对象】|【多线】菜单命令，在打开的对话框中双击▦按钮，在命令行"选择第一条多线："的提示下，选择如图14-56所示的墙线1。

⑫ 在命令行"选择第二条多线："的提示下，选择如图14-56所示的墙线2，对这两条垂直相交的多线进行合并，结果如图14-57所示。

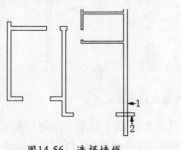

图14-56　选择墙线

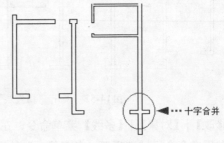

图14-57　编辑结果

⑬ 继续在命令行"选择第一条多线或 [放弃（U）]："的提示下，分别选择其他位置的十字形墙线并进行合并，结果如图14-58所示。

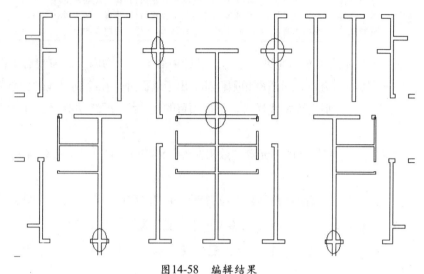

图14-58　编辑结果

⑭ 在需要编辑的墙线上双击鼠标左键，在打开的对话框中双击 L 按钮，激活【角点结合】功能，然后在命令行"选择第一条多线："的提示下，选择如图14-59所示的墙线A。

⑮ 在命令行"选择第二条多线："的提示下，选择如图14-59所示的墙线B，对这两条垂直相交的多线进行角点结合，结果如图14-60所示。

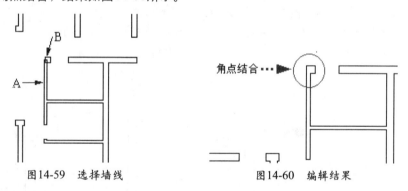

图14-59　选择墙线　　　　　　　　　图14-60　编辑结果

⑯ 继续在命令行"选择第一条多线或 [放弃（U）]："的提示下，分别选择其他位置的墙线进行角点结合，结果如图14-61所示。

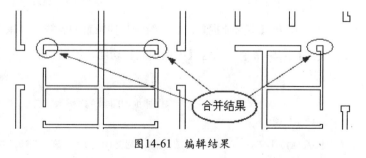

图14-61　编辑结果

⑰ 执行【另存为】命令，将图形命名保存为"绘制幸福花园1#楼主次墙线.dwg"文件。

14.2.3　绘制"幸福花园1#楼"的窗户与阳台

素材文件　"效果文件"\"第14章"\"绘制幸福花园1#楼主次墙线.dwg"
效果文件　"效果文件"\"第14章"\"绘制幸福花园1#楼窗与阳台.dwg"
视频文件　"视频文件"\"第14章"\"绘制幸福花园1#楼窗与阳台.avi"

　　窗户和阳台用于房屋的采光和通风，是建筑设计中必不可少的内容。窗户有平面窗和凸窗之分，平面窗是平行于墙线的窗户，而凸窗和阳台都突出于墙面外。在绘制墙线时会事先在墙线上预留好凸窗和阳台的位置，然后设置窗线样式，根据预留的尺寸绘制凸窗和阳台。下面继续绘制窗户和阳台构件。

① 继续上一节的操作，或者打开随书光盘"效果文件"\"第14章"\"绘制幸福花园1#楼主次墙线.dwg"文件。

② 展开【图层】工具栏中的【图层控制】下拉列表，将"门窗层"设置为当前图层。

③ 执行【格式】|【多线样式】菜单命令，将"窗线样式"设置为当前样式。

④ 使用快捷键"ML"激活【多线】命令，配合【中点捕捉】功能，绘制窗线。命令行操作如下。

```
命令: _mline
    当前设置: 对正 = 无，比例 = 120.00，样式 = 窗线样式
    指定起点或 [对正(J)/比例(S)/样式(ST)]:      //输入"s"后按Enter键，激活【比例（S）】选项
    输入多线比例 <120.00>:                        //输入"240"后按Enter键，设置多线比例
    当前设置: 对正 = 无，比例 = 240.00，样式 = 窗线样式
    指定起点或 [对正(J)/比例(S)/样式(ST)]:      //捕捉如图14-62所示的中点
    指定下一点:                                   //捕捉如图14-63所示的中点
    指定下一点或 [放弃(U)]:                       //按Enter键，绘制窗线
```

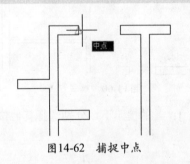

图14-62　捕捉中点

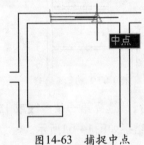

图14-63　捕捉中点

⑤ 重复执行【多线】命令，配合【中点捕捉】功能，绘制其他位置的窗线，结果如图14-64所示。

⑥ 执行【绘图】|【多段线】菜单命令，配合【中点捕捉】功能，绘制凸窗。命令行操作如下。

```
命令: _pline
    指定起点:                                    //捕捉如图14-64所示的点1
    当前线宽为 0.0
    指定下一个点或 [圆弧(A)/半宽(H)/长度(L)/放弃(U)/宽度(W)]: //输入"@0,240"后按Enter键
    指定下一点或 [圆弧(A)/闭合(C)/半宽(H)/长度(L)/放弃(U)/宽度(W)]:
```

```
                                     //输入"1500,0"后按Enter键
指定下一点或  [圆弧(A)/闭合(C)/半宽(H)/长度(L)/放弃(U)/宽度(W)]:
                                     //输入"@0,-240"后按Enter键
指定下一点或  [圆弧(A)/闭合(C)/半宽(H)/长度(L)/放弃(U)/宽度(W)]: //按Enter键命令:
                                     //按Enter键,重复执行命令
PLINE指定起点:                        //捕捉如图14-64所示的点3
当前线宽为  0.0
指定下一个点或  [圆弧(A)/半宽(H)/长度(L)/放弃(U)/宽度(W)]:
                                     //捕捉如图14-64所示的点4
指定下一点或  [圆弧(A)/闭合(C)/半宽(H)/长度(L)/放弃(U)/宽度(W)]:
                                     //按Enter键,结束命令,绘制结果如图14-65所示
```

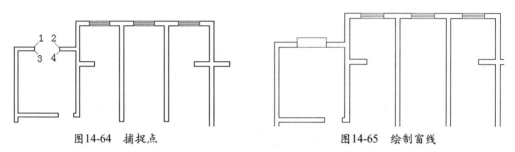

图14-64 捕捉点   图14-65 绘制窗线

❼ 使用快捷键"O"激活【偏移】命令,将刚绘制的多段线向外偏移,偏移距离为50和120,结果如图14-66所示。

❽ 执行【修改】|【复制】菜单命令,配合【端点捕捉】功能,将凸窗进行复制,结果如图14-67所示。

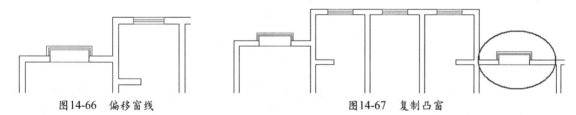

图14-66 偏移窗线   图14-67 复制凸窗

❾ 综合执行【多段线】和【偏移】等命令,绘制平面图其他侧面的凸窗,结果如图14-68所示。

❿ 执行【格式】|【多线样式】菜单命令,在打开的【多线样式】对话框中设置"墙线样式"为当前样式。

⓫ 使用快捷键"ML"激活【多线】命令,配合捕捉和追踪的相关功能,绘制阳台轮廓线。命令行操作如下。

```
命令:_ml                            //按Enter键,激活【多线】命令
   MLINE当前设置: 对正 = 无,比例 = 240.00,样式 = 墙线样式
   指定起点或 [对正(J)/比例(S)/样式(ST)]:    //输入"s"后按Enter键
   输入多线比例 <240.00>:              //输入"120"后按Enter键
   当前设置: 对正 = 无,比例 = 120.00,样式 = 墙线样式
```

第1篇 快速入门

第2篇 技能进阶

第3篇 三维设计

第4篇 工程应用

中文版
AutoCAD 2014从入门到精通

第1篇 快速入门

第2篇 技能进阶

第3篇 三维设计

第4篇 工程应用

指定起点或 [对正(J)/比例(S)/样式(ST)]:　　　　　　//输入"j"后按Enter键
输入对正类型 [上(T)/无(Z)/下(B)] <无>:　　　　　//输入"b"后按Enter键
当前设置: 对正 = 下, 比例 = 120.00, 样式 = 墙线样式
指定起点或 [对正(J)/比例(S)/样式(ST)]:　　　　　　//捕捉如图14-69所示的端点

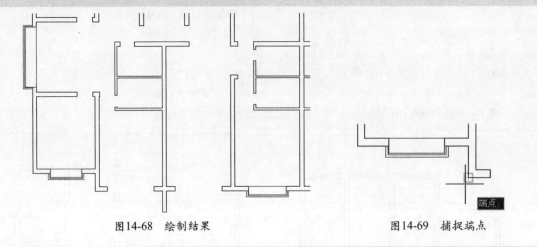

图14-68　绘制结果　　　　　　　　　　　　图14-69　捕捉端点

指定下一点:　　　　　　　　　　　　　//捕捉如图14-70所示的追踪矢量的交点

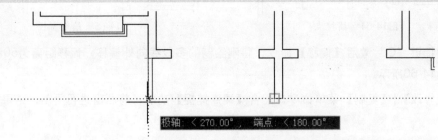

图14-70　捕捉交点

指定下一点或 [放弃(U)]:　　　　　　　　　//捕捉如图14-71所示的端点
指定下一点或 [闭合(C)/放弃(U)]:　　　　　//按Enter键, 结束命令

⑫ 使用快捷键"MI"激活【镜像】命令, 配合【中点捕捉】功能, 对刚绘制的阳台轮廓线进行镜像操作, 结果如图14-72所示。

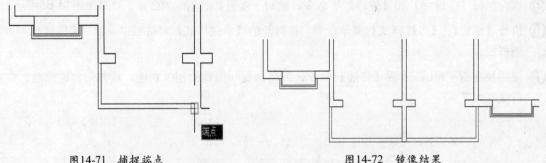

图14-71　捕捉端点　　　　　　　　　　　图14-72　镜像结果

⑬ 重复执行【镜像】命令, 选择所有位置的窗户、阳台的轮廓线并进行镜像操作, 结果如图14-73所示。

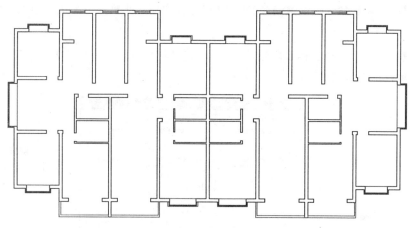

图14-73 制作结果

⑭ 执行【另存为】命令，将图形命名保存为"绘制幸福花园1#楼窗与阳台.dwg"文件。

14.2.4 插入其他建筑构件

素材文件 "效果文件"\"第14章"\"绘制幸福花园1#楼窗与阳台.dwg"
效果文件 "效果文件"\"第14章"\"插入其他建筑构件.dwg"
视频文件 "视频文件"\"第14章"\"插入其他建筑构件.avi"

在建筑平面图中，除了窗户和阳台建筑构件之外，还有其他建筑构件，具体有平面门、推拉门、楼梯以及卫生间基本设施等。这些建筑构件既可以根据具体尺寸进行绘制，也可以事先根据相关尺寸绘制并创建为图块，然后直接插入到建筑平面图中。下面向建筑平面图中插入这些构件的图块文件。

❶ 继续上一节的操作，或者打开随书光盘中的"效果文件"\"第14章"\"绘制幸福花园1#楼窗与阳台.dwg"文件。

❷ 单击【绘图】工具栏中的 按钮，在打开的对话框中单击 浏览(B)... 按钮，打开随书光盘中的"图块文件"\"单开门.dwg"文件，采用默认参数，将其插入到平面图中，插入点为如图14-74所示的中点。

❸ 重复执行【插入块】命令，设置块的旋转角度为-90°，继续插入单开门图例，插入点为如图14-75所示的交点。

图14-74 插入结果

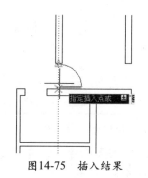

图14-75 插入结果

❹ 重复执行【插入块】命令，设置y轴向比例为-1，再次插入此单开门图例，插入点为如图14-76的点。

❺ 重复执行【插入块】命令，设置图块的参数，如图14-77所示，再次插入此单开门图例，插入点为如图14-78所示的点。

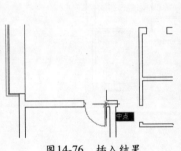

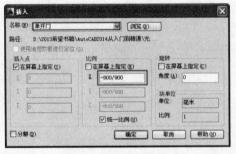

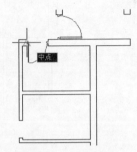

图14-76 插入结果　　　　　图14-77 设置参数　　　　　图14-78 插入结果

❻ 重复执行【插入块】命令，设置图块的参数，如图14-79所示，再次插入此单开门图例，插入点为如图14-80所示的点。

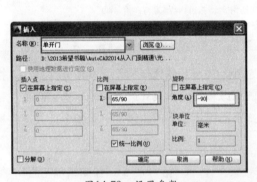

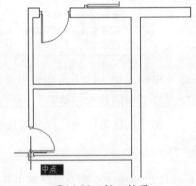

图14-79 设置参数　　　　　　　　　图14-80 插入结果

❼ 重复执行【插入块】命令，设置图块的参数，如图14-81所示，再次插入此单开门图例，插入点为如图14-82所示的点。

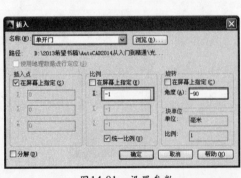

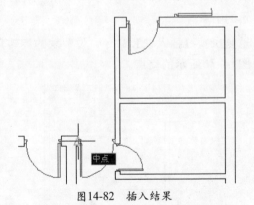

图14-81 设置参数　　　　　　　　　图14-82 插入结果

❽ 重复执行【插入块】命令，设置图块的参数，如图14-83所示，再次插入此单开门图例，插入点为如图14-84所示的点。

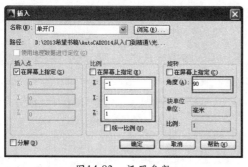

图14-83　设置参数

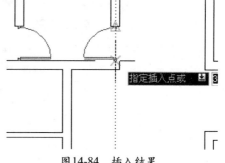

图14-84　插入结果

❾ 重复执行【插入块】命令，设置图块的参数，如图14-85所示，再次插入此单开门图例，插入点为如图14-86所示的点。

图14-85　设置参数

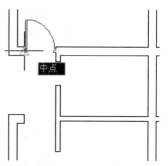

图14-86　插入结果

❿ 重复执行【插入块】命令，设置图块的参数，如图14-87所示，再次插入此单开门图例，插入点为如图14-88所示的点。

图14-87　设置参数

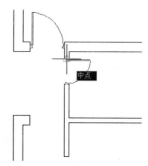

图14-88　插入结果

⓫ 使用快捷键"CO"激活【复制】命令，配合【中点捕捉】功能，将图14-89中左侧的两个单开门图例复制到平面图右侧的位置上。

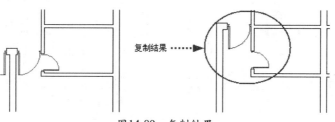

图14-89　复制结果

⑫ 继续执行【插入块】命令，采用系统的默认设置，插入随书光盘中的"图块文件"\"四扇推拉门.dwg"文件，插入结果如图14-90所示。

⑬ 重复执行【插入块】命令，采用系统的默认设置，插入随书光盘中的"图块文件"\"双扇推拉门.dwg"文件，插入结果如图14-91所示

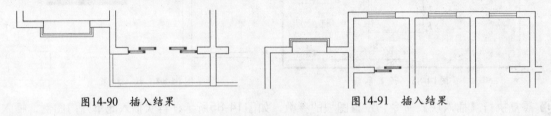

图14-90 插入结果   图14-91 插入结果

⑭ 展开【图层控制】下拉列表，将"图块层"设置当前图层。

⑮ 继续执行【插入块】命令，将随书光盘中的"图块文件"\"洗衣机.dwg"、"洗脸盆.dwg"、"便器二、淋浴器和浴盘"等图形文件插入到平面图中，结果如图14-92所示。

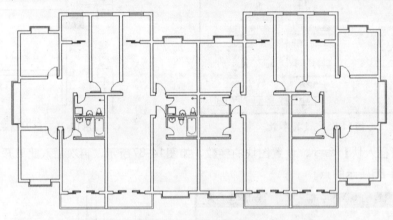

图14-92 插入构件

⑯ 展开【图层控制】下拉列表，将"楼梯层"设置为当前图层。

⑰ 执行【插入块】命令，插入随书光盘中的"图块文件"\"楼梯.dwg"文件，然后使用快捷键"MI"激活【镜像】命令，对插入的楼梯以及其他构件进行镜像，结果如图14-93所示。

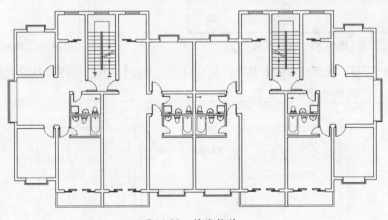

图14-93 镜像构件

⑱ 执行【另存为】命令，将图形命名保存为"插入其他建筑构件.dwg"文件。

14.2.5　标注"幸福花园1#楼"的文字注释

素材文件　"效果文件"\"第14章"\"插入其他建筑构件.dwg"
效果文件　"效果文件"\"第14章"\"标注幸福花园1#楼文字注释.dwg"
视频文件　"视频文件"\"第14章"\"标注幸福花园1#楼文字注释.avi"

　　文字注释是建筑平面图中的重要内容，主要用于表明建筑平面图各空间的功能和用途。在标注文字注释时，需要根据标注内容设置不同的文字样式。下面标注"幸福花园1#楼"平面图各房间的功能。

❶ 继续上一节的操作，或者打开随书光盘中的"效果文件"\"第14章"\"插入其他建筑构件.dwg"文件。

❷ 展开【图层】工具栏中的【图层控制】下拉列表，将"文本层"设置当前图层。

❸ 展开【样式】工具栏中的【文字样式控制】列表，选择"仿宋体"作为当前的文字样式。

❹ 执行【绘图】|【文字】|【单行文字】菜单命令，根据命令行的提示，标注平面图左上角的房间功能。命令行操作如下。

```
命令：_dtext
    当前文字样式："仿宋体"　文字高度：2.5　注释性：否
    指定文字的起点或 [对正(J)/样式(S)]:       //在左上角的房间内拾取起点
    指定高度 <2.5>:                          //输入"400"后按Enter键
    指定文字的旋转角度 <0.00>:                //按Enter键，然后输入文字"卧室"，按Enter键
结束操作，结果如图14-94所示
```

❺ 再次按Enter键，再次执行【单行文字】命令，在卧室右侧的房间内单击鼠标左键，输入文字"餐厅"，结果如图14-95所示。

> 使用【单行文字】命令可以在任意位置标注文字，而不需要重复执行该命令。

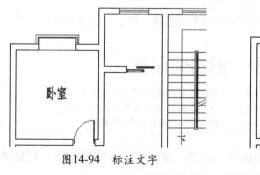

图14-94　标注文字

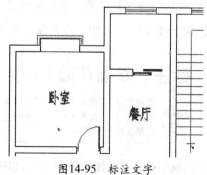

图14-95　标注文字

❻ 移动光标至其他房间内，标注各房间内的文字内容并结束命令，结果如图14-96所示。

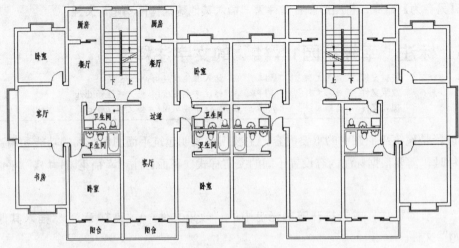

图14-96　标注文字

7 连续两次按Enter键，结束执行【单行文字】命令。

8 执行【工具】|【快速选择】菜单命令，在打开的对话框中设置过滤参数，如图14-97所示。

9 单击 确定 按钮，对文字进行过滤选择，选择结果如图14-98所示。

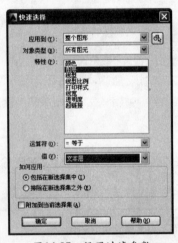

图14-97　设置过滤参数

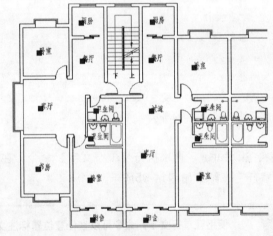

图14-98　选择文字

10 执行【修改】|【镜像】菜单命令，配合【中点捕捉】功能，对所选择的文字进行镜像操作。

11 执行【另存为】命令，将图形命名保存为"标注幸福花园1#楼文字注释.dwg"文件。

14.2.6　标注"幸福花园1#楼"的房间面积

素材文件　"效果文件"\"第14章"\"标注幸福花园1#楼文字注释.dwg"
效果文件　"效果文件"\"第14章"\"标注幸福花园1#楼房间面积.dwg"
视频文件　"视频文件"\"第14章"\"标注幸福花园1#楼房间面积.avi"

　　房间面积也是建筑施工图中的重要标注内容，表明了房间的实际使用面积，是房屋建筑审批的重要依据。下面标注"幸福花园1#楼"平面图各房间的使用面积。

① 继续上一节的操作，或者打开随书光盘中的"效果文件"\"第14章"\"标注幸福花园1#楼文字注释.dwg"文件。

② 使用快捷键"LA"激活【图层】命令，新建名为"面积层"的图层，并将此图层设置为当前图层。

③ 执行【工具】|【查询】|【面积】菜单命令，查询"卧室"的使用面积。命令行操作如下。

```
命令：
    输入选项 [距离(D)/半径(R)/角度(A)/面积(AR)/体积(V)] <距离>：_area
    指定第一个角点或 [对象(O)/增加面积(A)/减少面积(S)/退出(X)] <对象(O)>：
                                    //捕捉如图14-99所示的卧室内墙线角点1
    指定下一个点或 [圆弧(A)/长度(L)/放弃(U)]：  //捕捉如图14-99所示的卧室内墙线角点2
    指定下一个点或 [圆弧(A)/长度(L)/放弃(U)]：  //捕捉如图14-99所示的卧室内墙线角点3
    指定下一个点或 [圆弧(A)/长度(L)/放弃(U)/总计(T)] <总计>：
                                    //捕捉如图14-99所示的卧室内墙线角点4
    指定下一个点或 [圆弧(A)/长度(L)/放弃(U)/总计(T)] <总计>：      //按Enter键
    区域 = 10034512，周长 = 13049
    输入选项 [距离(D)/半径(R)/角度(A)/面积(AR)/体积(V)/退出(X)] <面积>：
                                    //输入"x"后按Enter键，结束命令
```

 在查询区域的面积时，需要按照一定的顺序依次拾取区域的各个角点，否则测量出来的结果是错误的。

④ 重复执行【面积】命令，配合捕捉与追踪功能，分别查询出其他各房间的使用面积。

⑤ 使用快捷键"ST"激活【文字样式】命令，设置名为"面积"的文字样式，并将其设置为当前样式，如图14-100所示。

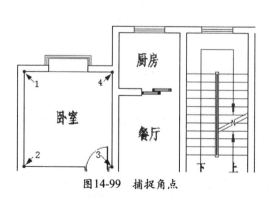

图14-99　捕捉角点

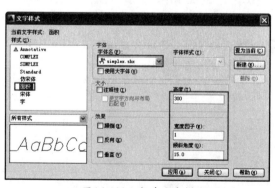

图14-100　新建文字样式

⑥ 单击【绘图】工具栏中的 **A** 按钮，在"次卧室"字样的下方拾取两点，打开【文字格式】编辑器，设置对正方式为【正中】，然后在下方的文本编辑框内单击鼠标左键，输入"11.79m2^"字样，如图14-101所示。

⑦ 在文字输入框中选择"2^"字样，使其反白显示，然后单击编辑器工具栏中的 【堆叠】按钮进行堆叠。

第1篇 快速入门

第2篇 技能进阶

第3篇 三维设计

第4篇 工程应用

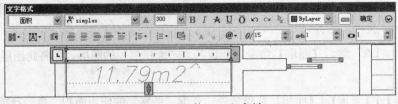

图14-101 输入面积字样

❽ 单击 确定 按钮,标注结果如图14-102所示。

❾ 执行【修改】|【复制】菜单命令,选择刚标注的面积字样,将其复制到其他房间内,并适当调整各文字的位置,结果如图14-103所示。

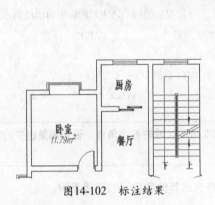

图14-102 标注结果

图14-103 复制面积标注

❿ 执行【修改】|【对象】|【文字】|【编辑】菜单命令,在命令行"选择注释对象或 [放弃(U)]:"的提示下,选择"阳台"下方的面积标注,在弹出的【文字格式】编辑器中输入阳台的使用面积,然后关闭该编辑器。

⓫ 继续在命令行"选择注释对象或 [放弃(U)]:"的提示下,分别选择其他房间的面积标注进行修改,修改结果如图14-104所示。

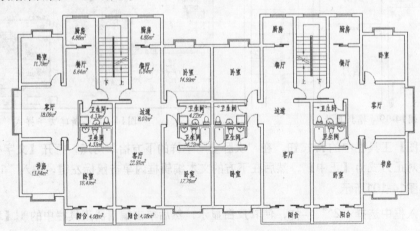

图14-104 修改结果

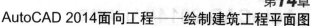

⓬ 执行【修改】|【镜像】菜单命令，对输入的面积标注进行镜像操作，结果如图14-105所示。

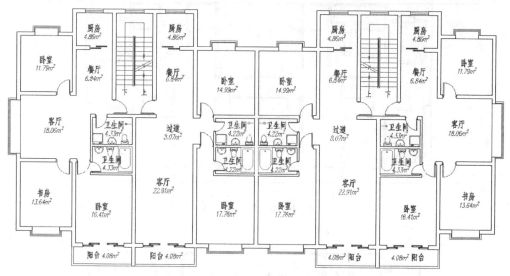

图14-105　镜像面积标注

⓭ 执行【另存为】命令，将图形命名保存为"标注幸福花园1#楼房间面积.dwg"文件。

14.2.7　标注"幸福花园1#楼"的施工尺寸

素材文件　"效果文件"\"第14章"\"标注幸福花园1#楼房间面积.dwg"
效果文件　"效果文件"\"第14章"\"标注幸福花园1#楼施工尺寸.dwg"
视频文件　"视频文件"\"第14章"\"标注幸福花园1#楼施工尺寸.avi"

施工尺寸是建筑施工图中的重要内容，也是建筑施工的重要依据。下面继续标注"幸福花园1#楼"的平面图施工尺寸。

❶ 继续上一节的操作，或者打开随书光盘中的"效果文件"\"第14章"\"标注幸福花园1#楼房间面积.dwg"文件。

❷ 使用快捷键"LA"激活【图层】命令，打开"轴线层"，冻结"面积层"、"图块层"和"文本层"，然后将"尺寸层"作为当前图层。

　　　　　通过巧妙冻结某些不相关的图层，可以加快数据的处理速度。

❸ 使用快捷键"XL"激活【构造线】命令，配合【端点捕捉】功能，在平面图的外侧绘制如图14-106所示的4条构造线作为尺寸定位辅助线。

❹ 执行【修改】|【偏移】菜单命令，将4条构造线向外侧偏移，偏移距离为800，并将源构造线删除，结果如图14-107所示。

　　　　　在操作过程中，可以巧妙使用【偏移】命令中的【删除】选项。在偏移过程中，将源对象删除。

第**1**篇 快速入门

第**2**篇 技能进阶

第**3**篇 三维设计

第**4**篇 工程应用

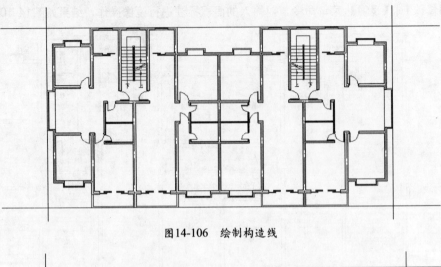

图14-106　绘制构造线

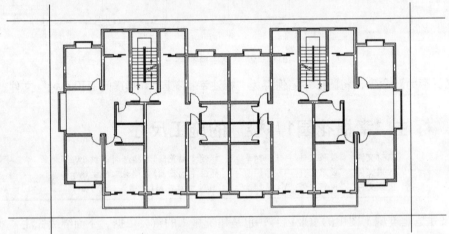

图14-107　偏移构造线

❺ 使用快捷键"F"激活【圆角】命令，将圆角半径设置为0，对偏移出的4条构造线进行圆角操作，结果如图14-108所示。

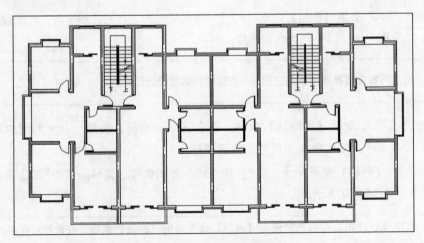

图14-108　编辑构造线

⑥ 使用快捷键"D"激活【标注样式】命令，在打开的对话框中修改当前尺寸样式的比例为100。

⑦ 执行【标注】|【线性】菜单命令，在命令行"指定第一个尺寸界线原点或<选择对象>："的提示下，以轴线的下端点为追踪点，向下引出垂直追踪虚线，然后捕捉追踪虚线与辅助线的交点，作为线性标注的第1条标注界线的起点，如图14-109所示。

⑧ 在命令行"指定第二尺寸界线原点："的提示下，捕捉如图14-110所示的追踪虚线与辅助线的交点，作为第2条标注界线的起点。

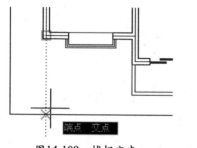

图14-109　捕捉交点

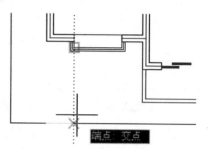

图14-110　捕捉交点

⑨ 在命令行"指定尺寸线位置或 [多行文字(M)/文字(T)/角度(A)/水平(H)/垂直(V)/旋转(R)]："的提示下，向下移动光标，输入"1000"并按Enter键，表示尺寸线距离标注辅助线为1000，结果如图14-111所示。

⑩ 执行【标注】|【连续】菜单命令，水平向右移动光标，在命令行"指定第二条尺寸线原点或[放弃（U）/选择（S）]<选择>："的提示下，捕捉如图14-112所示的追踪虚线与辅助线的交点。

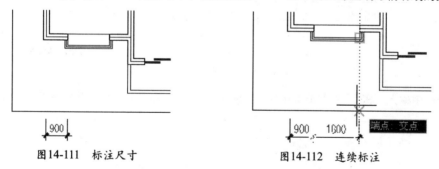

图14-111　标注尺寸　　　　　　　　　图14-112　连续标注

⑪ 继续在命令行"指定第二条尺寸界线原点或[放弃（U）/选择（S）]<选择>："的提示下，沿轴线向右依次捕捉墙体轴线及窗洞两侧的端点，进行连续标注，结果如图14-113所示。

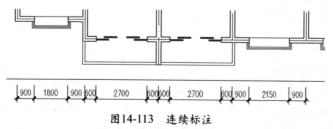

图14-113　连续标注

⑫ 在命令行"指定第二条尺寸界线原点或[放弃（U）/选择（S）]<选择>："的提示下，按Enter键结束【线性】命令。

第1篇 快速入门

第2篇 技能进阶

第3篇 三维设计

第4篇 工程应用

⓭ 在【图层控制】列表中暂时关闭"墙线层"。

⓮ 执行【标注】|【快速标注】菜单命令，在命令行"选择要标注的几何图形："的提示下，依次点取如图14-114所示的7条垂直轴线。

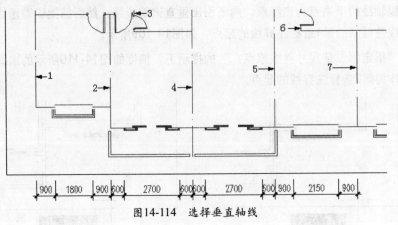

图14-114 选择垂直轴线

⓯ 按Enter键结束选择，在命令行"指定尺寸线位置或[连续（C）/并列（S）/基线（B）/坐标（O）/半径（R）/直径（D）/基准点（P）/编辑（E）]<连续>"的提示下，将尺寸线端点作为追踪点，垂直向下引出追踪虚线，如图14-115所示。

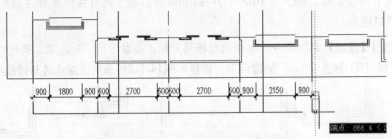

图14-115 向下引出追踪虚线

⓰ 在命令行中输入"900"并按Enter键，以确定轴线尺寸的位置，标注结果如图14-116所示。

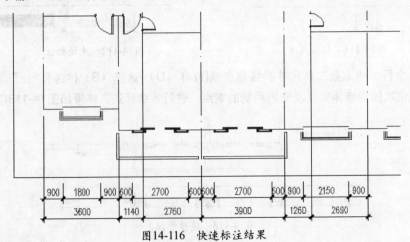

图14-116 快速标注结果

⓱ 在无任何命令执行的前提下，选择刚标注的轴线尺寸，使其夹点显示，如图14-117所示。

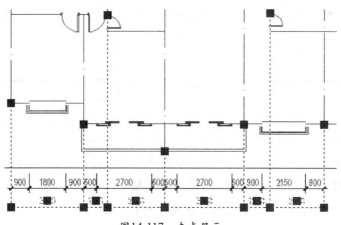

图14-117　夹点显示

⑱ 选择最下方的一个夹点，将其变为夹基点，进入夹点编辑模式。根据命令行的提示，捕捉此尺寸线与辅助线的交点作为拉伸的目标点，将此尺寸界线的端点放置在标注辅助线上，如图14-118所示。

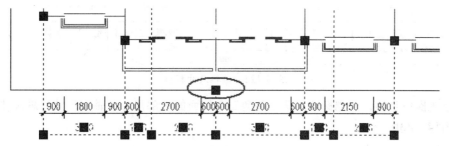

图14-118　夹点编辑

⑲ 按住Shift键依次点取下方处在同一水平位置的3个夹点，使其转为热点，进入夹点编辑模式。

⑳ 此时所选择的3个热点以红色显示，单击最右侧的一个热点，根据命令行的提示，捕捉尺寸界线与辅助线的交点作为拉伸的目标点，将此3个点拉伸至辅助线上，结果如图14-119所示。

㉑ 使用【夹点拉伸】功能，分别将其他位置的夹点拉伸至辅助线上，并按Esc键取消对象的夹点显示，结果如图14-120所示。

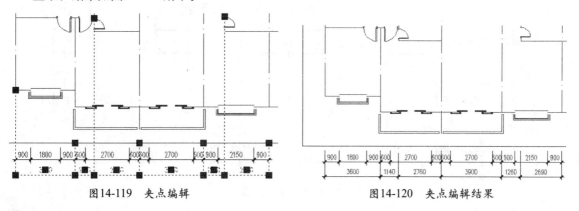

图14-119　夹点编辑　　　　　　　　图14-120　夹点编辑结果

㉒ 使用快捷键"MI"激活【镜像】命令，选择所有的尺寸进行镜像操作，结果如图14-121所示。

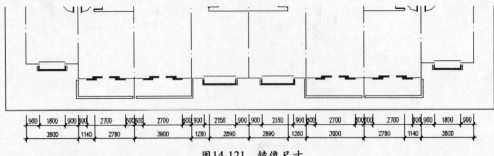

图14-121　镜像尺寸

㉓ 展开【图层控制】下拉列表，打开被关闭的"墙线层"。

㉔ 执行【线性】命令，标注平面图的总尺寸及墙体的半宽尺寸。

㉕ 执行【编辑标注文字】命令，适当调整半宽尺寸的位置，结果如图14-122所示。

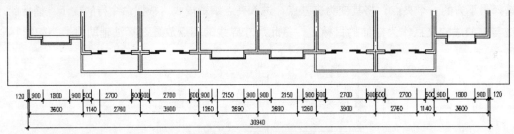

图14-122　编辑尺寸标注

㉖ 参照上述操作步骤，分别标注平面图其他三个侧面的细部尺寸、轴线尺寸和总尺寸，标注结果如图14-123所示。

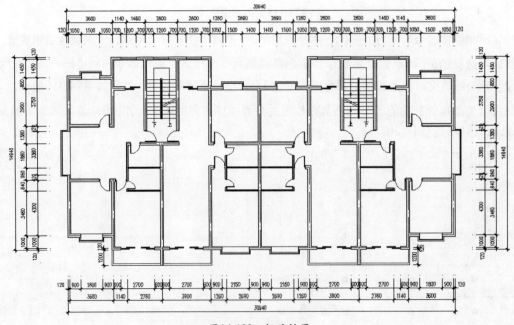

图14-123　标注结果

㉗ 执行【另存为】命令，将图形命名保存为"标注幸福花园1#楼施工尺寸.dwg"文件。

14.2.8 标注"幸福花园1#楼"的墙体序号

素材文件 "效果文件"\"第14章"\"标注幸福花园1#楼施工尺寸.dwg"
效果文件 "效果文件"\"第14章"\"标注幸福花园1#楼墙体序号.dwg"
视频文件 "视频文件"\"第14章"\"标注幸福花园1#楼墙体序号.avi"

下面继续标注"幸福花园1#楼"平面图中的墙体序号,学习建筑平面图墙体序号的快速标注过程和标注技巧。

① 继续上一节的操作,或者打开随书光盘中的"效果文件"\"第14章"\"标注幸福花园1#楼施工尺寸.dwg"文件。

② 展开【图层】工具栏中的【图层控制】下拉列表,将"其他层"设置为当前图层。

③ 打开【对象捕捉】功能,设置捕捉模式为【端点捕捉】、【象限点捕捉】和【圆心捕捉】。

④ 在无命令执行的前提下,选择平面图的一个轴线尺寸,使其夹点显示,如图14-124所示。

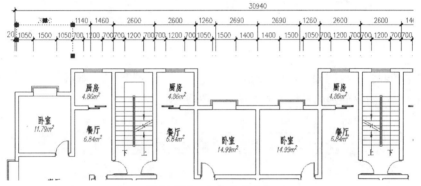

图14-124 夹点显示尺寸

⑤ 按Ctrl+1组合键,打开【特性】窗口,修改尺寸界线超出尺寸线的长度,如图14-125所示。

⑥ 关闭【特性】窗口,并取消夹点显示,轴线尺寸的尺寸界线被延长,结果如图14-126所示。

图14-125 设置延伸尺寸

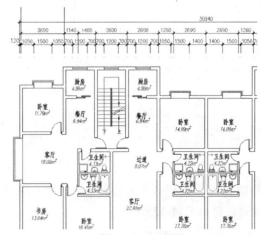

图14-126 延伸结果

⑦ 单击【标准】工具栏中的按钮,选择被延长的轴线尺寸作为源对象,将其尺寸界线特性复制给其他轴线尺寸,匹配结果如图14-127所示。

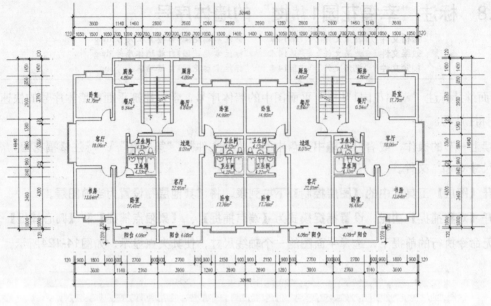

图14-127　匹配结果

❽ 展开【图层控制】下拉列表，冻结"面积层"、"图块层"和"文本层"，并设置"其它层"为当前图层，此时平面图的显示效果如图14-128所示。

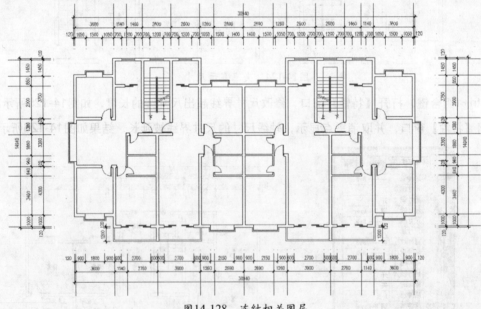

图14-128　冻结相关图层

❾ 使用快捷键"I"激活【插入块】命令，插入随书光盘中的"图块文件"\"轴标号.dwg"文件，参数设置如图14-129所示。

❿ 单击 确定 按钮，根据命令行的提示，为第1条纵向轴线进行编号，结果如图14-130所示。

⓫ 使用快捷键"CO"激活【复制】命令，将轴线标号复制到其他位置，基点为轴线标号圆心，目标点为各指示线的外端点，结果如图14-131所示。

图14-129 设置参数

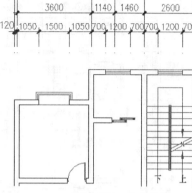

图14-130 插入结果

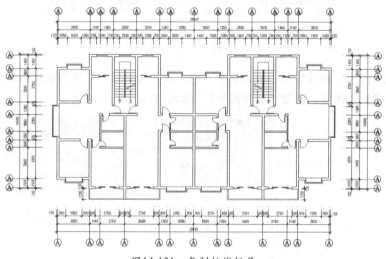

图14-131 复制轴线标号

⑫ 执行【修改】|【对象】|【属性】|【单个】菜单命令,选择平面图左上方的第1个轴线标号,修改属性块的值为"H",单击 应用(A) 按钮,轴线标号被修改为"H",结果如图14-132所示。

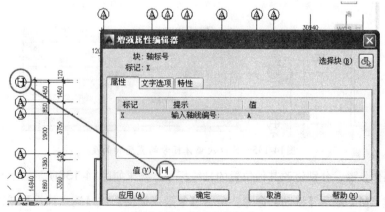

图14-132 修改轴线标号

⑬ 单击对话框右上角的 🔲【选择块】按钮，返回绘图区，分别选择其他位置的轴线标号进行修改，结果如图14-133所示。

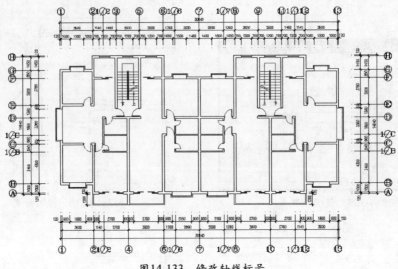

图14-133 修改轴线标号

⑭ 在编号为双位数字的轴线标号上双击鼠标左键，在打开的【增强属性编辑器】对话框中，进入到【文字选项】选项卡，修改【宽度因子】为0.8，如图14-134所示。

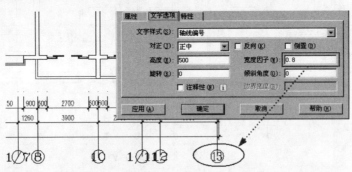

图14-134 修改轴线标号的宽度

⑮ 在次墙体的轴线标号上双击鼠标左键，在打开的对话框中修改【宽度因子】和【高度】值，如图14-135所示。

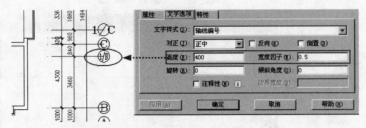

图14-135 修改次墙体标号的宽度和高度

⑯ 参照上述操作步骤，分别修改其他位置的轴线标号，结果如图14-136所示。

⑰ 使用快捷键"M"激活【移动】命令，配合【象限点捕捉】、【端点捕捉】或【交点捕捉】等功能，将轴线标号进行外移，结果如图14-137所示。

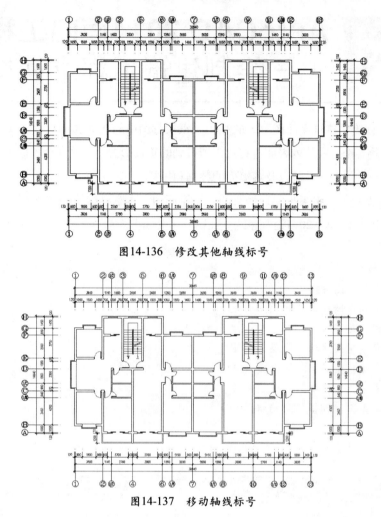

图14-136　修改其他轴线标号

图14-137　移动轴线标号

⓲ 展开【图层控制】下拉列表，打开被冻结的"图块层"、"文本层"和"面积层"，最终结果
如图14-138所示。

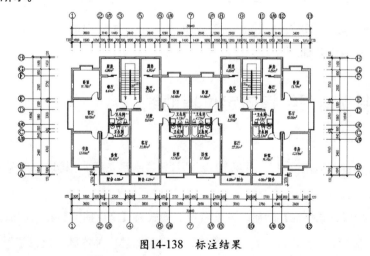

图14-138　标注结果

⓳ 执行【另存为】命令，将图形命名保存为"标注幸福花园1#楼墙体序号.dwg"文件。

第15章 AutoCAD 2014面向工程
——绘制建筑工程立面图

　　立面图也被称为"建筑立面图"，它相当于正投影图中的正立和侧立投影图，是使用直接正投影法，将建筑物各个方向的外表面进行投影所得到的正投影图。通过几个不同方向的立面图，可以反映一幢建筑物的体型、外貌以及各墙面的装饰和用料。

　　在上面章节绘制了"幸福花园1#楼"的建筑平面图，本章继续绘制"幸福花园1#楼"的建筑立面图，掌握使用AutoCAD 2014绘制建筑立面图的相关知识。

本章学习内容：
- ◆ 绘制"幸福花园1#楼"负一层立面图
- ◆ 绘制"幸福花园1#楼"底层立面图
- ◆ 绘制"幸福花园1#楼"二层与标准层立面图
- ◆ 绘制"幸福花园1#楼"顶层立面图
- ◆ 标注"幸福花园1#楼"立面图尺寸
- ◆ 标注"幸福花园1#楼"立面图标高
- ◆ 标注"幸福花园1#楼"外墙材质

15.1 绘制"幸福花园1♯楼"负一层立面图

样板文件　"效果文件"\"第14章"\"标注幸福花园1#楼墙体序号.dwg"
效果文件　"效果文件"\"第15章"\"绘制幸福花园1#楼负一层立面图.dwg"
视频文件　"视频文件"\"第15章\绘制幸福花园1#楼负一层立面图.avi"

　　立面图的绘制一般都是由首层或负一层开始的。下面首先绘制负一层立面图，为后面绘制该项目其他层的立面图奠定基础。

15.1.1 绘制立面图纵横向定位辅助线

　　首先绘制立面图的定位轴线。

❶ 打开随书光盘中的"效果文件"\"第14章"\"标注幸福花园1♯楼墙体序号.dwg"文件，如图15-1所示。

❷ 打开状态栏中的【对象捕捉】功能，并设置捕捉模式为【交点捕捉】和【端点捕捉】。

❸ 展开【图层控制】下拉列表，设置"轴线层"为当前图层，并冻结"尺寸层"、"文本层"、"面积层"和"其他层"，此时平面图的显示效果如图15-2所示。

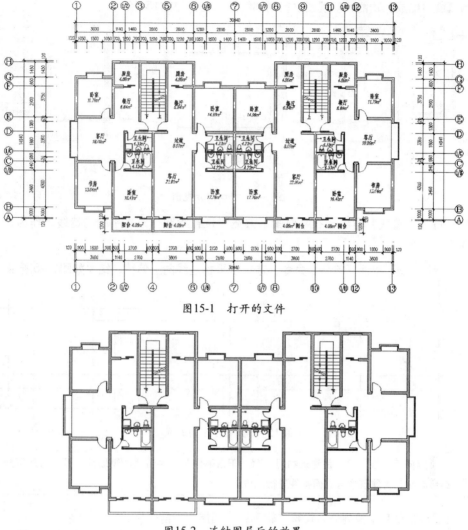

图15-1　打开的文件

图15-2　冻结图层后的效果

❹ 执行【绘图】|【构造线】菜单命令，根据视图间的对正关系，通过平面图下方各墙、窗等位置点，绘制如图15-3所示的垂直构造线，作为立面图纵向定位基准线。

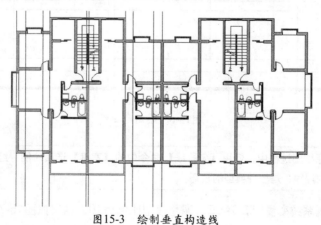

图15-3　绘制垂直构造线

❺ 使用【窗口缩放】功能，对视图进行局部缩放，结果如图15-4所示。

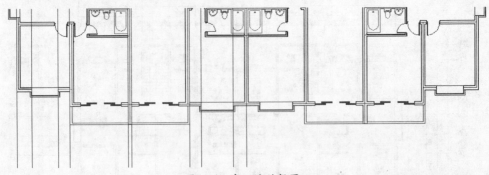

图15-4 窗口缩放视图

❻ 重复执行【构造线】命令，在平面图下方适当位置绘制一条水平的构造线，作为横向定位基准线。

❼ 使用快捷键"O"激活【偏移】命令，选择水平构造线向上偏移，结果如图15-5所示。

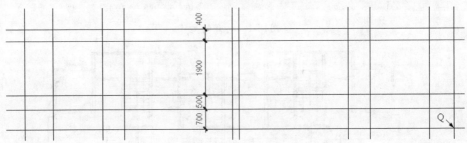

图15-5 偏移水平构造线

 　　　纵向定位线代表的是建筑物门、窗、阳台等建筑构件位置的辅助线，可以与建筑施工平面图结合起来，为建筑物各立面构件进行定位。

❽ 展开【图层控制】下拉列表，设置"轮廓线"图层为当前图层。

❾ 执行【绘图】|【多段线】菜单命令，以如图15-5所示的交点Q作为起点，绘制宽度为100的多段线作为地坪线，结果如图15-6所示。

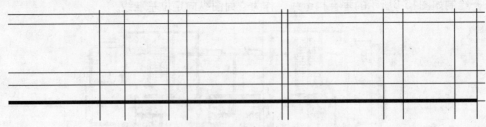

图15-6 绘制地坪线

 　　　在实际绘图过程中，使用【多段线】命令中的【宽度】选项功能，绘制具有一定线宽的多段线来表示地坪线，是一种典型的技巧。

❿ 在命令行中输入系统变量LTSCALE，调整线型比例为10，结果如图15-7所示。

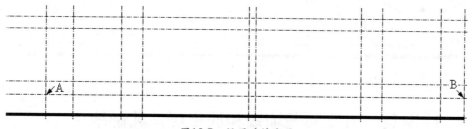

图15-7　设置系统变量

立面图定位轴线绘制完毕。

15.1.2　绘制负一层立面轮廓线

下面继续绘制负一层立面轮廓线。

❶ 使用快捷键"L"激活【直线】命令，以如图15-7所示的交点A、B作为起点和端点，绘制水平轮廓线。

❷ 使用快捷键"O"激活【偏移】命令，将刚绘制的水平轮廓线向下偏移，偏移距离为150、280、340，结果如图15-8所示。

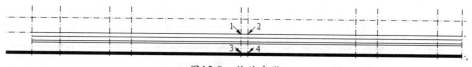

图15-8　偏移直线

❸ 使用快捷键"L"激活【直线】命令，以如图15-8所示的交点1和3、交点2和4作为直线的两个端点，绘制两条垂直的轮廓线，如图15-9所示。

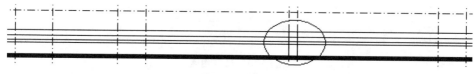

图15-9　绘制直线

❹ 执行【修改】|【偏移】菜单命令，根据图示尺寸，对刚绘制的两条垂直轮廓线进行偏移，结果如图15-10所示。

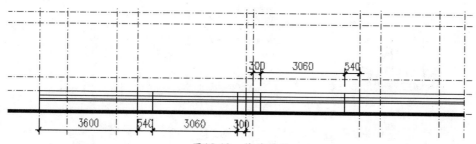

图15-10　偏移图线

❺ 使用快捷键"TR"激活【修剪】命令，对轮廓线进行修剪，删除不需要的轮廓线，结果如图15-11所示。

第1篇 快速入门

第2篇 技能进阶

第3篇 三维设计

第4篇 工程应用

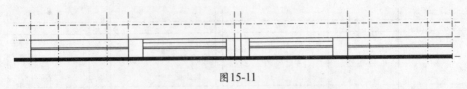

图15-11

15.1.3　绘制负一层立面装饰线和底层墙体轮廓线

下面继续绘制负一层立面装饰线和底层墙体轮廓线。

❶ 使用快捷键"REC"激活【矩形】命令，配合【中点捕捉】功能，绘制长度为300、宽度为200的矩形，如图15-12所示。

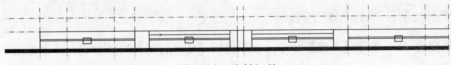

图15-12　绘制矩形

❷ 使用快捷键"L"激活【直线】命令，根据提示尺寸，绘制其他轮廓线，对立面图进一步完善，结果如图15-13所示。

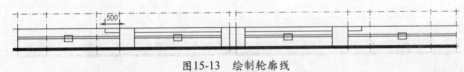

图15-13　绘制轮廓线

❸ 执行【修改】|【修剪】菜单命令，对图形进行修剪，删除不需要的立面轮廓线，结果如图15-14所示。

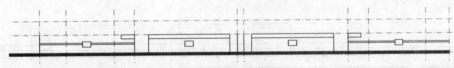

图15-14　修剪图线

❹ 使用快捷键"MI"激活【镜像】命令，选择如图15-14所示的负一层立面轮廓线和所有垂直构造线进行水平镜像操作，结果如图15-15所示。

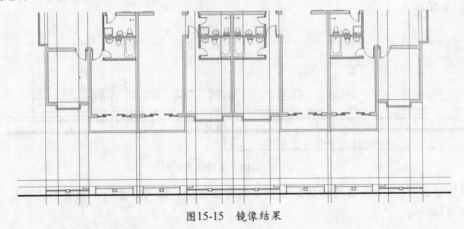

图15-15　镜像结果

⑤ 负一层立面图绘制完毕，执行【另存为】命令，将图形命名保存为"绘制幸福花园1#负一层立面图.dwg"文件。

15.2 绘制"幸福花园1#楼"底层立面图

样板文件 "效果文件"\"第15章"\"绘制幸福花园1#负一层立面图.dwg"
效果文件 "效果文件"\"第15章"\"绘制幸福花园1#楼底层立面图.dwg"
视频文件 "视频文件"\"第15章"\"绘制幸福花园1#楼底层立面图.avi"

完成负一层立面图的绘制之后，下面继续绘制底层立面图，底层立面图也被称为"首层立面图"。在绘制底层立面图时，要注意底层立面图与负一层立面图的关系，同时还要注意底层立面图的层高度以及该层上的各建筑构件的位置和具体尺寸。

15.2.1 绘制底层立面的主体轮廓和构件

首先绘制底层立面的主体轮廓和构件。

① 打开随书光盘中的"效果文件"\"第15章"\"绘制幸福花园1#负一层立面图.dwg"文件。

② 执行【修改】|【延伸】菜单命令，以最上方水平构造线作为延伸边界，对垂直立面轮廓线进行延伸，结果如图15-16所示。

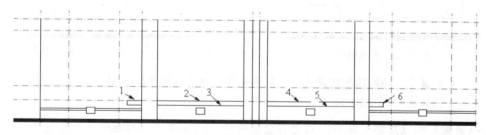

图15-16　延伸轮廓线

③ 使用快捷键"CO"激活【复制】命令，选择如图15-16所示的轮廓线1~6，沿y轴正方向进行复制，距离为2800，结果如图15-17所示。

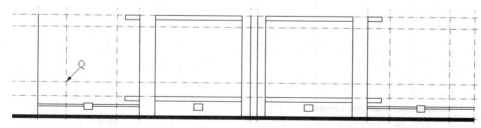

图15-17　复制轮廓线

④ 执行【绘图】|【矩形】菜单命令，配合【捕捉自】功能，以图15-17中的交点Q作为参照点，以点"@-120,0"作为左上角点，绘制长度为2040、宽度为-120的矩形。

⑤ 使用快捷键"CO"激活【复制】命令，对矩形进行复制，基点为任意点，目标点为"@0,2020"，结果如图15-18所示。

❻ 将"门窗层"设置为当前图层,执行【绘图】|【矩形】菜单命令,绘制矩形。命令行操作如下。

```
命令:_rectang
    指定第一个角点或 [倒角(C)/标高(E)/圆角(F)/厚度(T)/宽度(W)]:
                                    //捕捉如图15-18所示的交点A
    指定另一个角点或 [面积(A)/尺寸(D)/旋转(R)]:  //输入"@1800,500"后按Enter键
    命令:                            //按Enter键,重复执行命令
    RECTANG指定第一个角点或 [倒角(C)/标高(E)/圆角(F)/厚度(T)/宽度(W)]:
                                    //捕捉如图15-18所示的交点B
    指定另一个角点或 [面积(A)/尺寸(D)/旋转(R)]:
                                    //输入"@900,-1400"后按Enter键,结果如图15-19所示
```

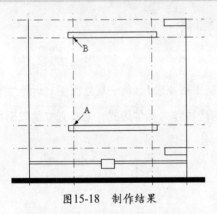

图15-18　制作结果

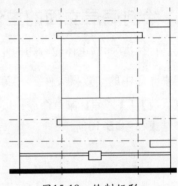

图15-19　绘制矩形

❼ 执行【偏移】命令,将刚绘制的两个矩形向内偏移,偏移距离为50,并绘制几组平行线作为玻璃示意线,结果如图15-20所示。

❽ 执行【镜像】和【复制】命令,对上方立面窗进行镜像操作,对玻璃示意线进行复制,结果如图15-21所示。

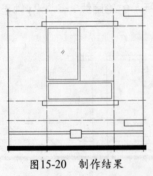

图15-20　制作结果

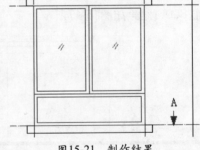

图15-21　制作结果

❾ 将如图15-21所示的水平定位线A向上偏移,偏移距离为400,然后执行【矩形】命令,绘制长度为1020、宽度为1600的矩形,并将矩形向内偏移,偏移距离为50,结果如图15-22所示。

❿ 执行【修改】|【阵列】|【矩形阵列】菜单命令,窗交选择如图15-23所示的两个矩形并阵列3份,其中列偏移为1020,结果如图15-24所示。

第1篇 快速入门

第2篇 技能进阶

第3篇 三维设计

第4篇 工程应用

⑪ 删除刚偏移出的水平构造线，执行【复制】命令，对玻璃示意线进行复制，然后调整门窗图层为"图块层"，同时适当调整内框的颜色，结果如图15-25所示。

图15-22　绘制矩形并偏移矩形

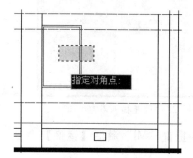

图15-23　选择矩形

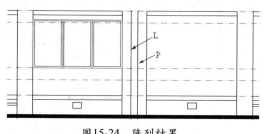

图15-24　阵列结果

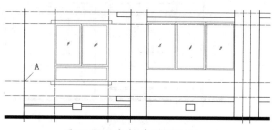

图15-25　复制并调整图层

15.2.2　绘制底层的其他建筑构件

下面绘制底层的其他建筑构件。

❶ 使用快捷键"I"激活【插入块】命令，以图15-25中的交点A作为插入点，插入随书光盘中的"图块文件"\"侧面凸窗.dwg"文件，结果如图15-26所示。

❷ 执行【绘图】|【块】|【创建】菜单命令，选择立面窗，将其创建为内部块，基点为窗扇的左下角点，对话框参数设置如图15-27所示。

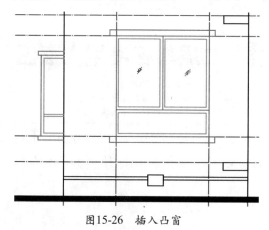

图15-26　插入凸窗

图15-27　参数设置

❸ 使用快捷键"I"激活【插入块】命令，插入刚定义的立面窗块，块参数设置如图15-28所示，插入结果如图15-29所示。

图15-28 设置插入参数

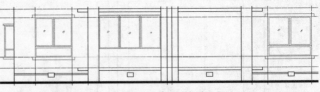

图15-29 插入结果

❹ 使用快捷键"MI"激活【镜像】命令，对内部的立面窗构件进行镜像操作，结果如图15-30所示。

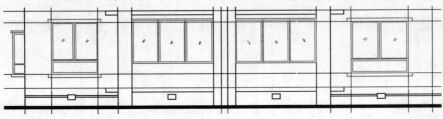

图15-30 镜像结果

❺ 暂时关闭"轴线层"，然后重复执行【镜像】命令，对底层立面轮廓线及立面构件进行镜像操作，结果如图15-31所示。

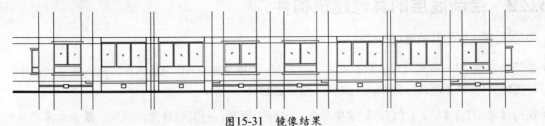

图15-31 镜像结果

❻ 执行【另存为】命令，将图形命名保存为"绘制幸福花园1#楼底层立面图.dwg"文件。

15.3 绘制"幸福花园1#楼"二层与标准层立面图

样板文件 "效果文件"\"第15章"\"绘制幸福花园1#楼底层立面图.dwg"
效果文件 "效果文件"\"第15章"\"绘制幸福花园1#楼二层与标准层立面图.dwg"
视频文件 "视频文件"\"第15章"\"绘制幸福花园1#楼二层与标准层立面图.avi"

下面继续绘制"幸福花园1#楼"二层与标准层立面图。在绘制二层与标准层立面图时，同样要注意其与底层立面图的关系，还要注意该层的层高以及该层中各建筑构件的位置和具体尺寸。

15.3.1 绘制二层立面图

首先绘制二层立面图。

❶ 继续上一节的操作，或者打开随书光盘中的"效果文件"\"第15章"\"幸福花园1#楼底层立面图.dwg"文件。

❷ 执行【修改】|【偏移】菜单命令，将最上方的水平定位线向上偏移，偏移距离为500、2400、2800。

❸ 执行【修改】|【拉长】菜单命令，对各垂直轮廓线进行拉长，拉长结果如图15-32所示。

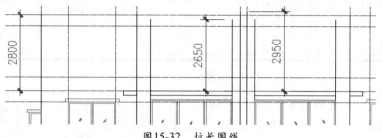

图15-32 拉长图线

❹ 使用快捷键"L"激活【直线】命令，以右上方定位线的交点作为起点，绘制如图15-33所示的轮廓线。

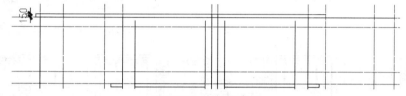

图15-33 绘制轮廓线

❺ 使用快捷键"CO"激活【复制】命令，选择一层立面图的中立面窗、阳台栏杆等立面图例进行复制，基点为任意点，目标点为"@0,2800"，并对图例进行完善，结果如图15-34所示。

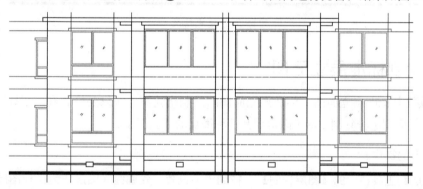

图15-34 复制立面窗和阳台

❻ 执行【修改】|【镜像】菜单命令，选择二层立面轮廓图进行镜像操作，然后关闭"轴线层"，结果如图15-35所示。

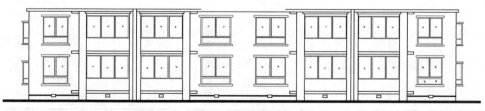

图15-35 镜像结果

❼ 执行【绘图】|【构造线】菜单命令，绘制如图15-36所示的水平构造线作为辅助线。

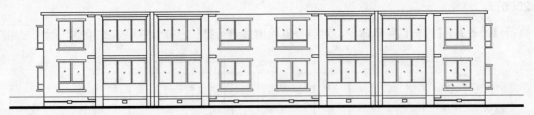

图15-36 绘制水平构造线

❽ 单击【绘图】工具栏中的▣按钮，在打开的对话框中设置填充图案与参数，如图15-37所示，对立面图填充如图15-38所示的墙砖图案。

二层立面图绘制完毕。

图15-37 设置填充图案与参数

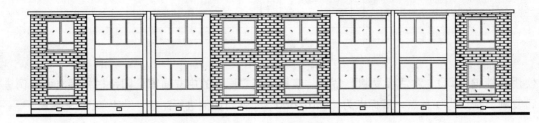

图15-38 填充结果

15.3.2 绘制标准层立面图

下面继续绘制标准层立面图。标准层立面图的绘制比较简单，只要绘制好一层标准层的立面图，通过对该立面图进行复制，就可以得到其他标准层的立面图了。

❶ 继续上一节的操作。

❷ 展开【图层】工具栏中的【图层控制】下拉列表，设置"轮廓线"图层作为当前图层。

❸ 执行【修改】|【偏移】菜单命令，将最上方的水平构造线向上偏移，偏移距离为500、2400和2800，结果如图15-39所示。

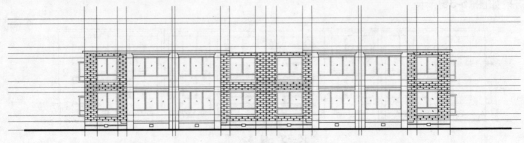

图15-39 偏移图线

④ 执行【直线】命令，配合【交点捕捉】功能，绘制立面轮廓线和上方的水平轮廓线，如图15-40所示。

⑤ 使用快捷键"O"激活【偏移】命令，将水平轮廓线向下偏移，偏移距离为150，然后使用快捷键"TR"激活【修剪】命令，以内部的两条垂直轮廓线作为边界，对两条水平轮廓线进行修剪，修剪结果如图15-41所示。

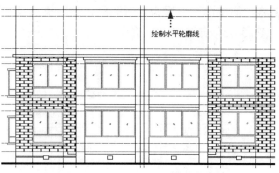

图15-40　绘制立面轮廓线和水平轮廓线

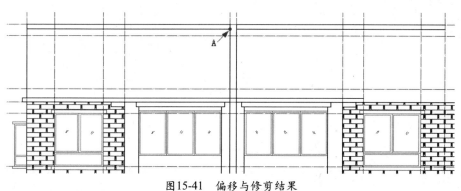

图15-41　偏移与修剪结果

⑥ 执行【绘图】|【多段线】菜单命令，配合【端点捕捉】和【坐标输入】功能，继续绘制内部的轮廓线。命令行操作如下。

```
命令: _pline
    指定起点:                                    //激活【捕捉自】功能
    _from 基点:                                  //捕捉如图15-41所示的端点A
    <偏移>:                                      //输入"@0,-100"后按Enter键
    指定下一个点或 [圆弧(A)/半宽(H)/长度(L)/放弃(U)/宽度(W)]:
                                                 //输入"/@-4020,0"后按Enter键
    指定下一点或 [圆弧(A)/闭合(C)/半宽(H)/长度(L)/放弃(U)/宽度(W)]:
                                                 //输入"@0,100"后按Enter键
    指定下一点或 [圆弧(A)/闭合(C)/半宽(H)/长度(L)/放弃(U)/宽度(W)]:
                                                 //输入"@-50,0"后按Enter键
    指定下一点或 [圆弧(A)/闭合(C)/半宽(H)/长度(L)/放弃(U)/宽度(W)]:
                                                 //输入"@0,150"后按Enter键
    指定下一点或 [圆弧(A)/闭合(C)/半宽(H)/长度(L)/放弃(U)/宽度(W)]:
                                                 //按Enter键，绘制结果如图15-42所示
```

⑦ 执行【修改】|【镜像】菜单命令，配合【两点之间的中点】捕捉功能，将刚绘制的多段线进行镜像操作，结果如图15-43所示。

⑧ 执行【修改】|【复制】菜单命令，选择二层立面中的构件进行复制，基点为任意点，目标点为"@0,2800"，结果如图15-44所示。

❾ 将"图块层"设置为当前图层，然后执行【构造线】命令，根据视图间的对正关系，绘制如图15-45所示的两条垂直定位线。

图15-42 绘制多段线

图15-43 镜像多段线

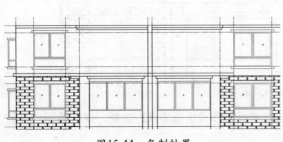

图15-44 复制结果

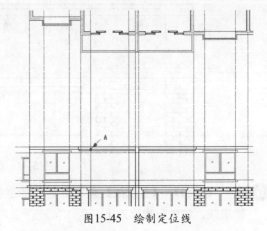

图15-45 绘制定位线

❿ 使用快捷键"I"激活【插入块】命令，以图15-45中的构造线交点A作为插入点，采用默认设置，插入随书光盘中的"图块文件"\"立面推拉门.dwg"文件，结果如图15-46所示。

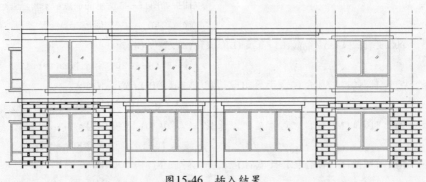

图15-46 插入结果

⓫ 重复执行【插入块】命令，采用默认设置，插入随书光盘中的"图块文件"\"阳台栏杆.dwg"文件，并对其进行位移，结果如图15-47所示。

⓬ 将立面推拉门图块进行分解，然后执行【修剪】和【删除】命令，对图线进行修剪，并删除多余的图线和构造线，结果如图15-48所示。

⓭ 执行【修改】|【镜像】菜单命令，对阳台栏杆和推拉门图线进行镜像操作，并对重合图线进行修剪，结果如图15-49所示。

图15-47　插入结果　　　　　　　　　　图15-48　修剪和删除结果

图15-49　镜像及修剪结果

⑭ 重复执行【镜像】命令，对三层立面构件及轮廓线进行镜像操作，结果如图15-50所示。

图15-50　镜像结果

⑮ 执行【修剪】和【合并】等命令，对二、三层立面之间的水平图线进行修剪和合并，结果如图15-51所示。

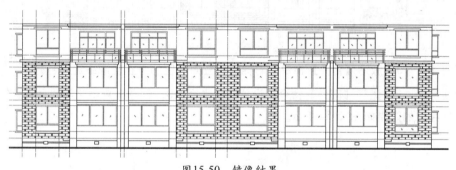

图15-51　修剪与合并结果

⑯ 执行【修改】|【阵列】|【矩形阵列】菜单命令，选择如图15-52所示的三层立面图线阵列4份，行偏移为2800，阵列结果如图15-53所示。

图15-52 选择阵列对象

图15-53 阵列结果

⑰ 使用快捷键"J"激活【合并】命令，对标准层立面两侧的垂直轮廓线进行合并。

⑱ 使用快捷键"F"激活【圆角】命令，设置圆角半径为0，创建两户型之间的垂直装饰轮廓线，关闭轴线后的效果如图15-54所示。

图15-54 创建垂直装饰轮廓线

⑲ 执行【另存为】命令，将图形命名保存为"绘制幸福花园1#二层与标准层立面图.dwg"文件。

第1篇 快速入门

第2篇 技能进阶

第3篇 三维设计

第4篇 工程应用

15.4 绘制"幸福花园1♯楼"顶层立面图

样板文件 "效果文件"\"第15章"\"绘制幸福花园1♯楼二层与标准层立面图.dwg"
效果文件 "效果文件"\"第15章"\"绘制幸福花园1♯楼顶层立面图.dwg"
视频文件 "视频文件"\"第15章"\绘制幸福花园1♯楼顶层立面图.avi

所谓"顶层",是指位于建筑物最顶部的楼层。由于顶层包括屋顶的坡面结构、屋檐等,其结构一般较复杂。在绘制顶层立面图时,一定要搞清楚各结构的具体尺寸与相互关系。下面继续绘制"幸福花园1♯楼"顶层立面图。

15.4.1 绘制顶层立面定位线与主要轮廓线

首先绘制顶层立面图的定位线与主要轮廓线。

❶ 继续上一节的操作,或者打开随书光盘中的"效果文件"\"第15章"\"绘制幸福花园1♯二层与标准层立面图.dwg"文件。

❷ 展开【图层】工具栏中的【图层控制】下拉列表,设置"轮廓线"图层为当前图层。

❸ 执行【修改】|【偏移】菜单命令,根据图示尺寸,偏移出如图15-55所示的水平定位线。

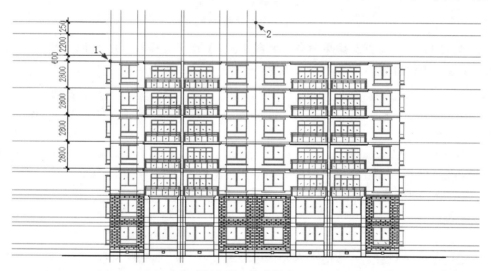

图15-55 偏移图线

❹ 执行【绘图】|【直线】菜单命令,配合【正交】功能,绘制顶层立面的外轮廓线。命令行操作如下。

```
命令: _line
    指定第一点:                          //捕捉如图15-55所示的端点1
    指定下一点或 [放弃(U)]:               //向上移动光标,输入"200"后按Enter键
    指定下一点或 [放弃(U)]:               //向左移动光标,输入"300"后按Enter键
    指定下一点或 [闭合(C)/放弃(U)]:       //向上移动光标,输入"150"后按Enter键
    指定下一点或 [闭合(C)/放弃(U)]:       //向左移动光标,输入"150"后按Enter键
    指定下一点或 [闭合(C)/放弃(U)]:       //向上移动光标,输入"250"后按Enter键
```

指定下一点或 [闭合(C)/放弃(U)]:	//向右移动光标，输入"350"后按Enter键
指定下一点或 [闭合(C)/放弃(U)]:	//向上移动光标，输入"2000"后按Enter键
指定下一点或 [闭合(C)/放弃(U)]:	//向左移动光标，输入"60"后按Enter键
指定下一点或 [闭合(C)/放弃(U)]:	//向上移动光标，输入"80"后按Enter键
指定下一点或 [闭合(C)/放弃(U)]:	//向左移动光标，输入"60"后按Enter键
指定下一点或 [闭合(C)/放弃(U)]:	//向上移动光标，输入"120"后按Enter键
指定下一点或 [闭合(C)/放弃(U)]:	//向右移动光标，输入"340"后按Enter键
指定下一点或 [闭合(C)/放弃(U)]:	//输入"@2500<30"后按Enter键
指定下一点或 [闭合(C)/放弃(U)]:	//捕捉如图15-55所示的交点2
指定下一点或 [闭合(C)/放弃(U)]:	//按Enter键，绘制结果如图15-56所示

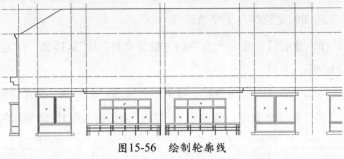

图15-56　绘制轮廓线

❺ 执行【绘图】|【多段线】菜单命令，配合【正交】或【坐标输入】功能，绘制顶层立面轮廓线。命令行操作如下。

```
命令: _pline
    指定起点:                                      //捕捉如图15-57所示的端点A
    当前线宽为 100
    指定下一个点或 [圆弧(A)/半宽(H)/长度(L)/放弃(U)/宽度(W)]:    //输入"w"后按Enter键
    指定起点宽度 <100>:                             //输入"0"后按Enter键，修改线宽
    指定端点宽度 <0>:                               //按Enter键，修改线宽
    指定下一个点或 [圆弧(A)/半宽(H)/长度(L)/放弃(U)/宽度(W)]:
                                                   //向左移动光标，输入"70"后按Enter键
    指定下一点或 [圆弧(A)/闭合(C)/半宽(H)/长度(L)/放弃(U)/宽度(W)]:
                                                   //向上移动光标，输入"200"后按Enter键
    指定下一点或 [圆弧(A)/闭合(C)/半宽(H)/长度(L)/放弃(U)/宽度(W)]:
                                                   //向右移动光标，输入"180"后按Enter键
    指定下一点或 [圆弧(A)/闭合(C)/半宽(H)/长度(L)/放弃(U)/宽度(W)]:
                                                   //向上移动光标，输入"1800"后按Enter键
    指定下一点或 [圆弧(A)/闭合(C)/半宽(H)/长度(L)/放弃(U)/宽度(W)]:
                                                   //向左移动光标，输入"300"后按Enter键
    指定下一点或 [圆弧(A)/闭合(C)/半宽(H)/长度(L)/放弃(U)/宽度(W)]:
                                                   //向上移动光标，输入"350"后按Enter键
    指定下一点或 [圆弧(A)/闭合(C)/半宽(H)/长度(L)/放弃(U)/宽度(W)]:
                                                   //输入"a"后按Enter键
```

指定圆弧的端点或[角度(A)/圆心(CE)/闭合(CL)/方向(D)/半宽(H)/直线(L)/半径(R)/第二个点(S)/放弃(U)/宽度(W)]: 　　　　　　　　//输入"s"后按Enter键

指定圆弧上的第二个点: 　　　　　　　　//输入"@4380,1450"后按Enter键

指定圆弧的端点: 　　　　　　　　//输入"@4380,-1450"后按Enter键

指定圆弧的端点或[角度(A)/圆心(CE)/闭合(CL)/方向(D)/半宽(H)/直线(L)/半径(R)/第二个点(S)/放弃(U)/宽度(W)]: 　　　　　　　　//输入"l"后按Enter键

指定下一点或 [圆弧(A)/闭合(C)/半宽(H)/长度(L)/放弃(U)/宽度(W)]:
　　　　　　　　//向下移动光标,输入"350"后按Enter键

指定下一点或 [圆弧(A)/闭合(C)/半宽(H)/长度(L)/放弃(U)/宽度(W)]:
　　　　　　　　//向左移动光标,输入"300"后按Enter键

指定下一点或 [圆弧(A)/闭合(C)/半宽(H)/长度(L)/放弃(U)/宽度(W)]:
　　　　　　　　//向下移动光标,输入"1800"后按Enter键

指定下一点或 [圆弧(A)/闭合(C)/半宽(H)/长度(L)/放弃(U)/宽度(W)]:
　　　　　　　　//向右移动光标,输入"180"后按Enter键

指定下一点或 [圆弧(A)/闭合(C)/半宽(H)/长度(L)/放弃(U)/宽度(W)]:
　　　　　　　　//向下移动光标,输入"200"后按Enter键

指定下一点或 [圆弧(A)/闭合(C)/半宽(H)/长度(L)/放弃(U)/宽度(W)]:
　　　　　　　　//向左移动光标,输入"70"后按Enter键

指定下一点或 [圆弧(A)/闭合(C)/半宽(H)/长度(L)/放弃(U)/宽度(W)]:
　　　　　　　　//按Enter键,绘制结果如图15-57所示

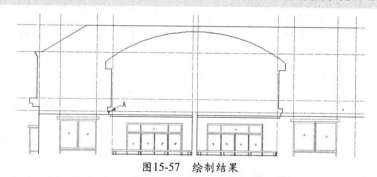

图15-57　绘制结果

❻ 执行【绘图】|【构造线】菜单命令,分别通过各角点,绘制如图15-58所示的水平构造线。

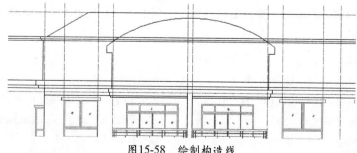

图15-58　绘制构造线

❼ 执行【修改】|【修剪】菜单命令,以纵向立面轮廓线作为剪切边界,对刚绘制的水平构造线进行修剪,结果如图15-59所示。

第*1*篇 快速入门

第*2*篇 技能进阶

第*3*篇 三维设计

第*4*篇 工程应用

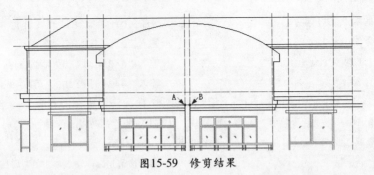

图15-59 修剪结果

⑧ 将"墙线样式"设置为当前多线样式，然后执行【绘图】|【多线】菜单命令，配合【两点之间的中点】捕捉功能，绘制细部轮廓线。命令行操作如下。

```
命令：_mline
    当前设置：对正 = 上，比例 = 240.00，样式 = 墙线样式
    指定起点或 [对正(J)/比例(S)/样式(ST)]：          //输入"j"后按Enter键
    输入对正类型 [上(T)/无(Z)/下(B)] <上>：          //输入"z"后按Enter键
    当前设置：对正 = 无，比例 = 240.00，样式 = 墙线一
    指定起点或 [对正(J)/比例(S)/样式(ST)]：          //激活【两点之间的中点】功能
    _m2p 中点的第一点：                             //捕捉如图15-59所示的端点A
    中点的第二点：                                  //捕捉如图15-59所示的端点B
    指定下一点：                                    //输入"@0,3200"后按Enter键
    指定下一点或 [放弃(U)]：                         //按Enter键，绘制结果如图15-60所示
```

⑨ 使用快捷键"L"激活【直线】命令，配合【端点捕捉】功能，补画内部的水平轮廓线，结果如图15-61所示。

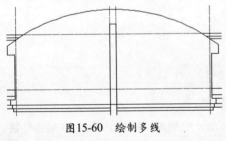

图15-60 绘制多线

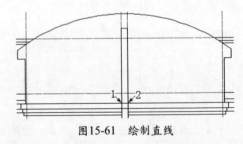

图15-61 绘制直线

⑩ 执行【绘图】|【多线】菜单命令，配合【两点之间的中点】捕捉功能，继续绘制立面轮廓线。命令行操作如下。

```
命令：_mline
    当前设置：对正 = 无，比例 = 240.00，样式 = 墙线样式
    指定起点或 [对正(J)/比例(S)/样式(ST)]：          //输入"s"后按Enter键
    输入多线比例 <240.00>：                          //输入"880"后按Enter键
    当前设置：对正 = 无，比例 = 880.00，样式 = 墙线样式
    指定起点或 [对正(J)/比例(S)/样式(ST)]：          //激活【两点之间的中点】功能
    _m2p 中点的第一点：                             //捕捉如图15-61所示的交点1
    中点的第二点：                                  //捕捉如图15-61所示的交点2
```

指定下一点：	//输入"@0,3750"后按Enter键
指定下一点或 [放弃(U)]：	//按Enter键，绘制结果如图15-62所示

⓫ 重复执行【多线】命令，配合【两点之间的中点】捕捉功能，继续绘制立面轮廓线。命令行操作如下。

```
命令：_mline
    当前设置：对正 = 无，比例 = 240.00，样式 = 墙线样式
    指定起点或 [对正(J)/比例(S)/样式(ST)]:        //输入"s"后按Enter键
    输入多线比例 <240.00>:                        //输入"120"后按Enter键当前设置：对正
=无，比例=880.00，样式=墙线一
    指定起点或 [对正(J)/比例(S)/样式(ST)]:        //激活【两点之间的中点】功能
    _m2p 中点的第一点：                           //捕捉如图15-62所示的交点1
    中点的第二点：                                //捕捉如图15-62所示的交点2
    指定下一点：                                  //输入"@0,4500"后按Enter键
    指定下一点或 [放弃(U)]:                        //按Enter键，结束命令
命令：
MLINE当前设置：对正=无，比例=120.00，样式=墙线一
    指定起点或 [对正(J)/比例(S)/样式(ST)]:        //激活【两点之间的中点】功能
    _m2p 中点的第一点：                           //捕捉如图15-62所示的交点3
    中点的第二点：                                //捕捉如图15-62所示的交点4
    指定下一点：                                  //输入"@0,4500"后按Enter键
    指定下一点或 [放弃(U)]:                        //按Enter键，绘制结果如图15-63所示
```

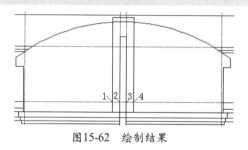

图15-62 绘制结果

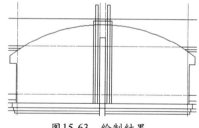

图15-63 绘制结果

⓬ 将弧形轮廓线进行分解，然后执行【偏移】命令，选择分解后的弧形轮廓线，将其向内偏移，偏移距离为100和300，结果如图15-64所示。

⓭ 使用快捷键"TR"激活【修剪】命令，对偏移出的弧线进行修剪，并执行【直线】命令，连接偏移出的弧线的端点，结果如图15-65所示。

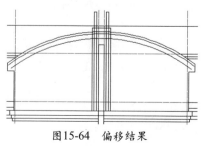

图15-64 偏移结果

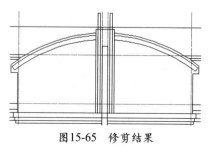

图15-65 修剪结果

第1篇 快速入门

第2篇 技能进阶

第3篇 三维设计

第4篇 工程应用

15.4.2 绘制顶层立面构件

下面继续绘制顶层的立面构件，对顶层立面图进行完善。

① 继续上一节的操作。

② 将"图块层"设置为当前图层，执行【矩形】命令，以如图15-66所示的交点A作为角点，以点"@1800,1800"作为对角点，绘制长度、宽度都为1800的矩形作为推拉门的外轮廓。

③ 执行【直线】命令，分别连接矩形上下两条水平边的中点绘制直线，并将绘制的直线向左移动，距离为25，结果如图15-67所示。

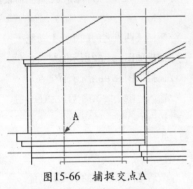

图15-66　捕捉交点A

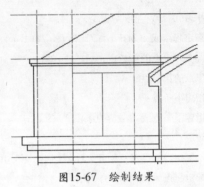

图15-67　绘制结果

④ 使用快捷键"O"激活【偏移】命令，将矩形向内偏移，偏移距离为50，将垂直线段向右偏移，偏移距离为50，并将偏移出的图线颜色设置为161号色，结果如图15-68所示。

⑤ 对偏移后的立面窗轮廓图线进行修剪，修剪掉不需要的对象，并绘制两组平行线作为玻璃示意线，结果如图15-69所示。

图15-68　偏移结果

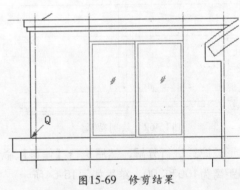

图15-69　修剪结果

⑥ 使用快捷键"ML"激活【多线】命令，绘制栏杆轮廓线。命令行操作如下。

```
命令：_ml                                      //按Enter键，激活【多线】命令
    MLINE当前设置：对正 = 无，比例 = 120.00，样式 = 墙线一
    指定起点或 [对正(J)/比例(S)/样式(ST)]：     //输入"s"后按Enter键，激活【比例（S）】选项
    输入多线比例 <120.00>：                     //输入"50"后按Enter键，重新设置比例
    当前设置：对正 = 无，比例 = 50.00，样式 = 墙线一
    指定起点或 [对正(J)/比例(S)/样式(ST)]：     //激活【捕捉自】功能
    _from 基点：                               //捕捉如图15-69所示的交点Q
```

<偏移>:	//输入"@0,425"后按Enter键
指定下一点:	//输入"@3640,0"后按Enter键
指定下一点或 [放弃(U)]:	//按Enter键，结束命令
命令:	//按Enter键，重复执行命令
MLINE当前设置: 对正 = 无，比例 = 120.00，样式 = 墙线一	
指定起点或 [对正(J)/比例(S)/样式(ST)]:	//捕捉刚绘制的多线的中点
指定下一点:	//输入"@0,-400"后按Enter键
指定下一点或 [放弃(U)]:	//按Enter键，绘制结果如图15-70所示

❼ 执行【修改】|【复制】菜单命令，选择垂直栏杆轮廓线进行复制。命令行操作如下。

命令: _copy	
选择对象:	//选择刚绘制的垂直多线
选择对象:	//按Enter键，结束选择
当前设置: 复制模式 = 多个	
指定基点或 [位移(D)/模式(O)] <位移>:	//拾取任意点
指定第二个点或 <使用第一个点作为位移>:	//输入"@600,0"后按Enter键
指定第二个点或 [退出(E)/放弃(U)] <退出>:	//输入"@1200,0"后按Enter键
指定第二个点或 [退出(E)/放弃(U)] <退出>:	//输入"@-600,0"后按Enter键
指定第二个点或 [退出(E)/放弃(U)] <退出>:	//输入"@-1200,0"后按Enter键
指定第二个点或 [退出(E)/放弃(U)] <退出>:	//按Enter键，结果如图15-71所示

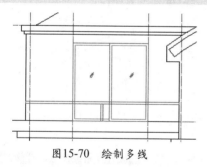

图15-70　绘制多线

图15-71　复制结果

❽ 执行【修改】|【修剪】菜单命令，以栏杆轮廓线作为剪切边界，修剪掉位于栏杆轮廓线内的推拉门轮廓线，结果如图15-72所示。

❾ 参照上述操作步骤，综合执行【矩形】、【多线】、【修剪】等命令，绘制如图15-73所示的推拉门和栏杆立面轮廓图。

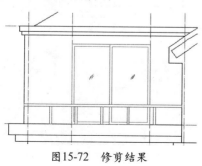

图15-72　修剪结果

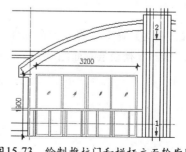

图15-73　绘制推拉门和栏杆立面轮廓图

⓾ 使用快捷键"MI"激活【镜像】命令，选择刚绘制的推拉门和阳台栏杆进行镜像操作。命令行操作如下。

```
命令：_mirror
    选择对象：                              //选择4扇推拉门和栏杆
    选择对象：                              //按Enter键
    指定镜像线的第一点：                    //捕捉如图15-73所示的中点1
    指定镜像线的第二点：                    //捕捉如图15-73所示的中点2
    是否删除源对象？[是(Y)/否(N)] <N>：    //按Enter键，镜像结果如图15-74所示
```

⓫ 综合执行【矩形】、【直线】等命令，根据图示尺寸，绘制如图15-75所示的立面窗图形。

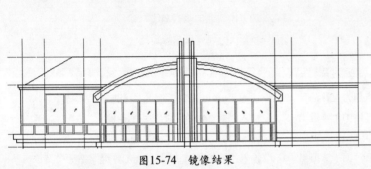

图15-74　镜像结果

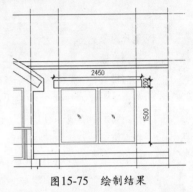

图15-75　绘制结果

⓬ 执行【修改】|【镜像】菜单命令，选择顶层立面图进行垂直镜像操作，结果如图15-76所示。

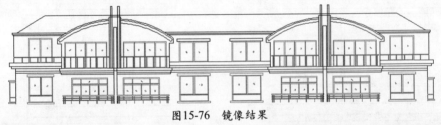

图15-76　镜像结果

⓭ 展开【图层控制】下拉列表，将"剖面线"图层设置为当前图层。

⓮ 使用快捷键"H"激活【图案填充】命令，在打开的对话框中设置填充图案及填充参数，如图15-77所示，对顶层立面填充如图15-78所示的图案。

⓯ 执行【另存为】命令，将图形命名保存为"绘制幸福花园1#楼顶层立面图.dwg"文件。

图15-77　设置填充图案和填充参数

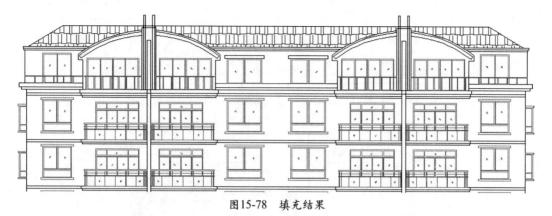

图15-78　填充结果

15.5　标注"幸福花园1♯楼"立面图尺寸

样板文件　"效果文件"\"第15章"\"绘制幸福花园1♯楼顶层立面图.dwg"
效果文件　"效果文件"\"第15章"\"标注幸福花园1♯楼立面图尺寸.dwg"
视频文件　"视频文件"\"第15章"\"标注幸福花园1♯楼立面图尺寸.avi"

建筑立面图的尺寸标注要求与建筑平面图的尺寸标注要求不同。建筑立面图只要在立面图的一侧标注出层高尺寸、细部尺寸与总尺寸即可，但其尺寸标注方法与平面图的尺寸标注方法相同，可以使用【线性】、【连续】、【快速标注】以及【编辑标注】等命令进行标注。下面标注"幸福花园1♯楼"的立面图尺寸。

❶ 继续上一节的操作，或者打开随书光盘中的"效果文件"\"第15章"\"绘制幸福花园1♯楼顶层立面图.dwg"文件。

❷ 按F3和F11功能键，打开【对象捕捉】和【对象追踪】功能。

❸ 使用快捷键"LA"激活【图层】命令，在弹出的对话框中打开"尺寸层"和"轴线层"，并将"尺寸层"设置为当前图层。

❹ 使用快捷键"D"激活【标注样式】命令，将"建筑标注"设置为当前样式，并修改标注比例为100。

❺ 执行【绘图】|【构造线】菜单命令，在立面图的右侧绘制一条垂直的构造线作为标注辅助线，如图15-79所示。

❻ 单击【标注】工具栏中的⊟按钮，配合【交点捕捉】功能，标注立面图下方的细部尺寸。命令行操作如下。

```
命令: _dimlinear
    指定第一个尺寸界线原点或 <选择对象>:          //捕捉如图15-80所示的交点
    指定第二条尺寸界线原点:                      //捕捉如图15-81所示的交点
    指定尺寸线位置或[多行文字(M)/文字(T)/角度(A)/水平(H)/垂直(V)/旋转(R)]:
                    //水平向右引导光标，输入"1000"，定位尺寸位置，标注结果如图15-82所示
    标注文字 = 700
```

图15-79 绘制构造线

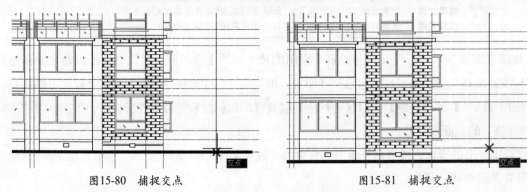

图15-80 捕捉交点   图15-81 捕捉交点

❼ 执行【标注】|【连续】菜单命令，以刚标注的线性尺寸作为基准尺寸，配合【交点捕捉】功能，标注如图15-83所示的连续尺寸。

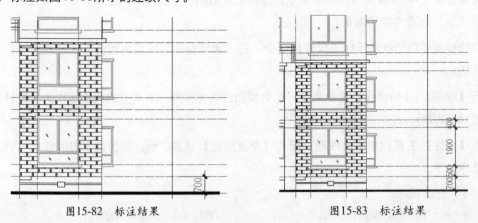

图15-82 标注结果   图15-83 标注结果

❽ 单击【标注】工具栏中的 按钮，激活【编辑标注文字】命令，适当调整尺寸文字，结果如图15-84所示。

❾ 执行【修改】|【阵列】|【矩形阵列】菜单命令，窗口选择如图15-85所示的尺寸并阵列7份。命令行操作如下。

```
命令: _arrayrect
    选择对象:                                    //窗口选择如图15-85所示的3个尺寸
    选择对象:                                    //按Enter键
    类型 = 矩形  关联 = 否
    为项目数指定对角点或 [基点(B)/角度(A)/计数(C)] <计数>: //按Enter键
    输入行数或 [表达式(E)] <4>:                  //输入"7"后按Enter键
    输入列数或 [表达式(E)] <4>:                  //输入"1"后按Enter键
    指定对角点以间隔项目或 [间距(S)] <间距>:      //按Enter键
    指定行之间的距离或 [表达式(E)] <4920>:       //输入"2800"后按Enter键
    按 Enter 键接受或 [关联(AS)/基点(B)/行(R)/列(C)/层(L)/退出(X)] <退出>:
                                                //输入"as"后按Enter键
    创建关联阵列 [是(Y)/否(N)] <否>:            //输入"n"后按Enter键
    按Enter键接受或 [关联(AS)/基点(B)/行(R)/列(C)/层(L)/退出(X)] <退出>:
                                                //按Enter键，阵列结果如图15-86所示
```

⑩ 重复执行【连续】命令，配合【交点捕捉】功能，标注最上方的细部尺寸，结果如图15-87所示。

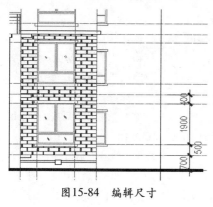

图15-84   编辑尺寸

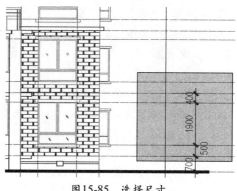

图15-85   选择尺寸

图15-86   阵列结果

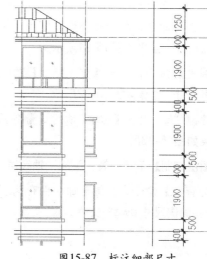

图15-87   标注细部尺寸

⑪ 执行【标注】|【线性】菜单命令，配合【交点捕捉】功能，标注如图15-88所示的线性尺寸。

⑫ 单击【标注】工具栏中的⊟按钮，激活【连续】命令，标注如图15-89所示的层高尺寸。

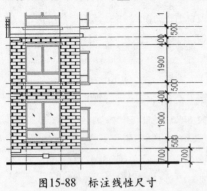

图15-88　标注线性尺寸

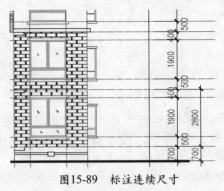

图15-89　标注连续尺寸

⑬ 执行【修改】|【阵列】|【矩形阵列】菜单命令，选择底层立面图的层高尺寸并阵列7份。命令行操作如下。

```
命令：_arrayrect
    选择对象：                                        //选择刚标注的底层层高尺寸
    选择对象：                                        //按Enter键
    类型 = 矩形  关联 = 否
    为项目数指定对角点或 [基点(B)/角度(A)/计数(C)] <计数>： //按Enter键
    输入行数或 [表达式(E)] <4>：                       //输入"7"后按Enter键
    输入列数或 [表达式(E)] <4>：                       //输入"1"后按Enter键
    指定对角点以间隔项目或 [间距(S)] <间距>：           //按Enter键
    指定行之间的距离或 [表达式(E)] <4920>：            //输入"2800"后按Enter键
    按 Enter 键接受或 [关联(AS)/基点(B)/行(R)/列(C)/层(L)/退出(X)] <退出>：
                                                     //输入"as"后按Enter键
    创建关联阵列 [是(Y)/否(N)] <否>：                  //输入"n"后按Enter键
    按 Enter 键接受或 [关联(AS)/基点(B)/行(R)/列(C)/层(L)/退出(X)] <退出>：
                                                     //按Enter键，阵列结果如图15-90所示
```

⑭ 执行【连续】命令，配合【交点捕捉】功能，标注最上方的层高尺寸，结果如图15-91所示。

⑮ 使用【线性】命令，配合【交点捕捉】功能，标注立面图的总高尺寸，结果如图15-92所示。

⑯ 使用快捷键"E"激活【删除】命令，删除尺寸定位辅助线，结果如图15-93所示。

⑰ 展开【图层控制】下拉列表，关闭"轴线层"。

⑱ 执行【另存为】命令，将图形命名保存为"标注幸福花园1#楼立面图尺寸.dwg"文件。

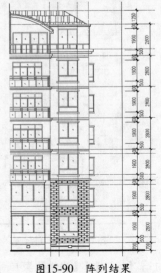

图15-90　阵列结果

图15-91　标注连续尺寸

图15-92　标注总高尺寸

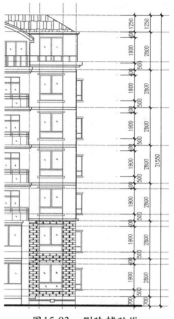

图15-93　删除辅助线

15.6　标注"幸福花园1♯楼"立面图标高

　样板文件　"效果文件"\"第15章"\"标注幸福花园1♯楼立面图尺寸.dwg"
　效果文件　"效果文件"\"第15章"\"标注幸福花园1♯楼立面图标高.dwg"
　视频文件　"视频文件"\"第15章"\"标注幸福花园1♯楼立面图标高.avi"

　　标高主要表明了各楼层之间的高度，它是建筑施工的重要依据。下面标注"幸福花园1♯楼"建筑立面图的标高。

❶ 继续上一节的操作，或者打开随书光盘中的"效果
文件"\"第15章"\"标注幸福花园1♯楼立面图
尺寸.dwg"文件。

❷ 在无任何命令执行的前提下，选择下方尺寸文本为
700的层高尺寸，使其夹点显示，如图15-94所示。

❸ 按Ctrl+1组合键，在打开的【特性】窗口中修改尺
寸界线超出尺寸线的长度，如图15-95所示。

❹ 关闭【特性】窗口，并取消对象的夹点显示，所
选择的层高尺寸的尺寸界线被延长，如图15-96
所示。

❺ 单击【标准】工具栏中的■按钮，激活【特性匹
配】命令，选择被延长的层高尺寸作为匹配的源对
象，将其尺寸界线的特性复制给其他位置的层高尺
寸，结果如图15-97所示。

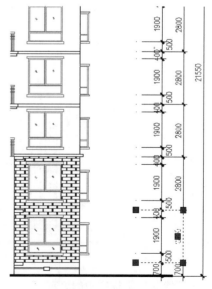

图15-94　夹点显示尺寸

图15-95 设置参数

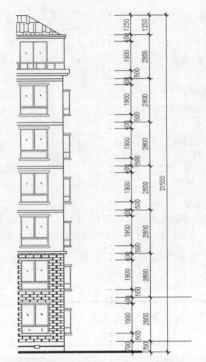

图15-96 调整尺寸线后的效果

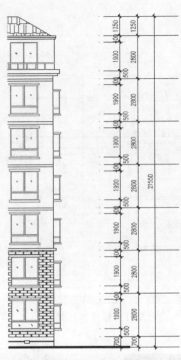

图15-97 特性匹配结果

❻ 展开【图层】工具栏中的【图层控制】下拉列表，设置"其他层"作为当前图层。

❼ 单击【绘图】工具栏中的 按钮，激活【插入块】命令，插入随书光盘中的"图块文件"\"标高符号01.dwg"文件，然后选中【统一比例】选项，并设置"X"值为100，其他参数保持默认设置。

❽ 确认回到绘图区，采用默认属性值，将其插入到立面图中，结果如图15-98所示。

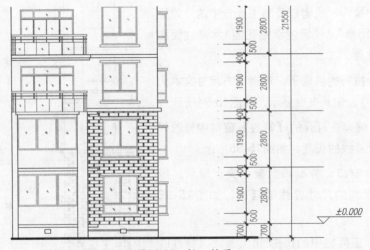

图15-98 插入结果

❾ 单击【修改】工具栏中的 按钮，将标高符号进行复制，基点为插入点，目标点为各层高尺寸界线的端点，结果如图15-99所示。

图15-99 复制结果

⑩ 执行【修改】|【对象】|【属性】|【单个】菜单命令，选择最下方的标高属性块，在打开的【增强属性编辑器】对话框中修改属性值，如图15-100所示。

⑪ 单击 应用(A) 按钮，然后单击右上角的 【选择块】按钮，返回绘图区，选择复制出的标高，修改其属性值，结果如图15-101所示。

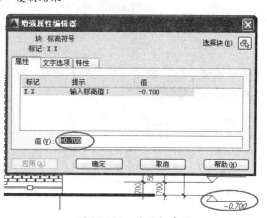

图15-100 修改标高值

图15-101 修改标高值

⑫ 使用快捷键"MI"激活【镜像】命令，选择标高值为"-0.700"的标高进行镜像操作。命令行操作过程如下。

```
命令: mi                                    //按Enter键，激活【镜像】命令
    MIRROR选择对象：                         //选择"-0.700"标高属性块
    选择对象：                               //按Enter键，结束选择
    指定镜像线的第一点：                      //捕捉标高块的下端点
    指定镜像线的第二点：                      //输入"@1,0"后按Enter键
    要删除源对象吗？[是(Y)/否(N)] <N>:        //输入"y"后按Enter键，镜像结果如图15-102所示
```

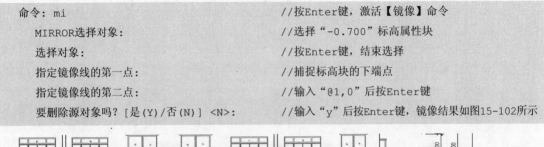

图15-102   镜像标高

⑬ 使用快捷键"XL"激活【构造线】命令，根据视图间的对正关系，绘制如图15-103所示的两条构造线作为辅助线。

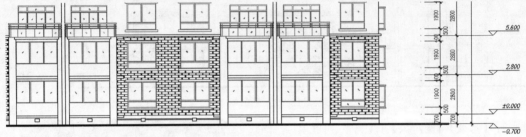

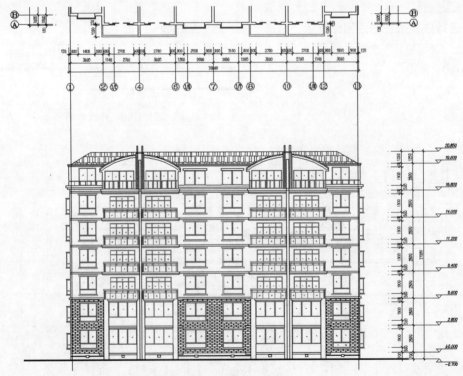

图15-103   绘制垂直构造线

⑭ 执行【修改】|【复制】菜单命令，配合【最近点捕捉】功能，选择平面图中的第1、13条轴线

标号进行复制，复制结果如图15-104所示。

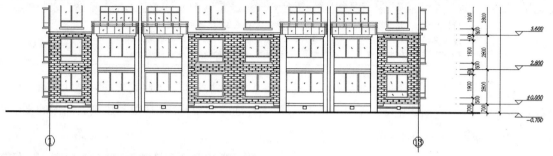

图15-104 复制轴线标号

⑮ 使用快捷键"TR"激活【修剪】命令，以地坪线和轴线标号作为剪切边界，对构造线进行修剪，并删除多余图线，结果如图15-105所示。

图15-105 修剪构造线并删除多余图线

⑯ 调整视图，使立面图最大化显示，结果如图15-106所示。

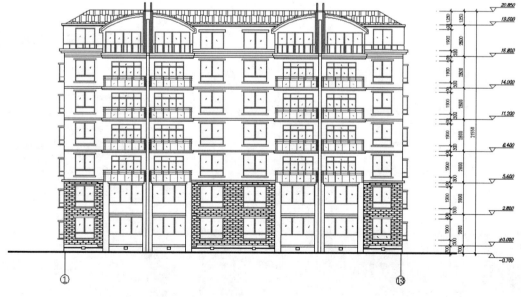

图15-106 制作结果

⑰ 执行【另存为】命令，将图形命名保存为"标注幸福花园1#楼立面图标高.dwg"文件。

第1篇 快速入门

第2篇 技能进阶

第3篇 三维设计

第4篇 工程应用

15.7 标注"幸福花园1♯楼"外墙材质

样板文件　"效果文件"\"第15章"\"标注幸福花园1#楼立面图标高.dwg"
效果文件　"效果文件"\"第15章"\"标注幸福花园1#楼外墙面材质.dwg"
视频文件　"视频文件"\"第15章"\"标注幸福花园1#楼外墙面材质.avi"

在建筑立面图中，除了标注施工尺寸、标高外，还要通过文字注释表明建筑物外墙材质以及做法等，这是建筑立面图中不可缺少的内容。下面标注"幸福花园1#楼"建筑立面图的文字注释，以表明该建筑外墙的材质等。

❶ 继续上一节的操作，或者打开随书光盘中的"效果文件"\"第15章"\"标注幸福花园1#楼立面图标高.dwg"文件。

❷ 展开【图层控制】下拉列表，设置"剖面线"图层为当前图层。

❸ 使用快捷键"LT"激活【线型】命令，加载DOT线型并设置线型比例，如图15-107所示。

❹ 在无任何命令执行的前提下，选择如图15-108所示的墙面砖图案，使其夹点显示。

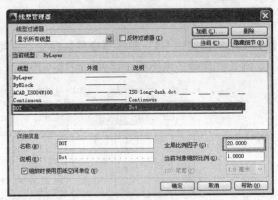

图15-107　加载线型

❺ 打开【特性】窗口，修改其线型、线型比例及颜色特性，如图15-109所示，然后关闭【特性】窗口，并按Esc键取消图案的夹点显示。

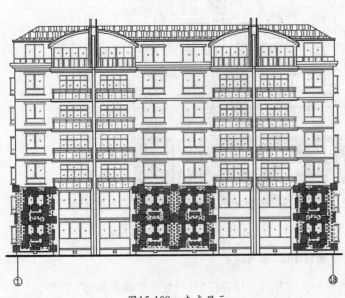

图15-108　夹点显示

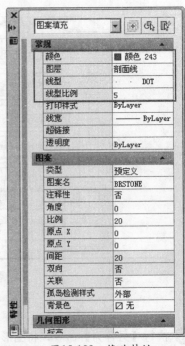

图15-109　修改特性

❻ 执行【图案填充】命令，在打开的对话框中设置填充图案与填充参数，如图15-110所示，为立面图墙面填充墙面图案，结果如图15-111所示。

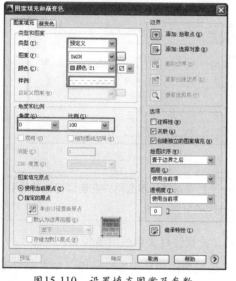

图15-110　设置填充图案及参数

图15-111　填充结果

❼ 将"文本层"设置为当前图层，然后执行【标注样式】命令，在打开的【标注样式管理器】对话框中单击 替代(O)... 按钮，打开【替代当前样式：建筑标注】对话框。

❽ 进入【文字】选项卡，修改尺寸的文字样式，如图15-112所示。

❾ 进入【调整】选项卡，修改尺寸比例为220，其他参数设置如图15-113所示。

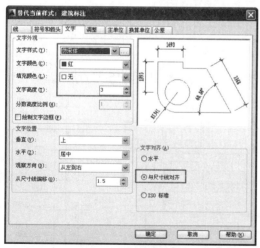

图15-112　修改参数

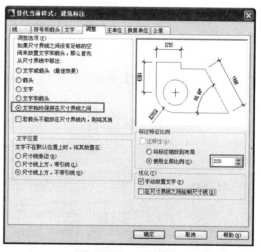

图15-113　调整参数

❿ 单击 确定 按钮，返回【标注样式管理器】对话框，然后关闭该对话框。

⓫ 使用快捷键"LE"激活【快速引线】命令，在命令行"指定第一个引线点或 [设置(S)] <设置>："的提示下，输入"s"并按Enter键，打开【引线设置】对话框。

⓬ 进入【注释】选项卡，设置引线注释参数，如图15-114所示。

第1篇 快速入门

第2篇 技能进阶

第3篇 三维设计

第4篇 工程应用

⑬ 进入【引线和箭头】选项卡，设置参数如图15-115所示。

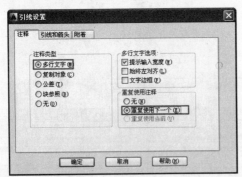

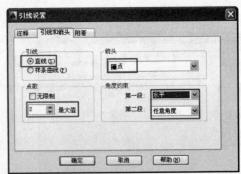

图15-114 设置参数　　　　　　图15-115 设置参数

在【注释】选项卡中，如果选中了【重复使用下一个】单选项，那么用户在连续标注其他引线注释时，系统会自动以第1次标注的文字注释作为下一次的引线注释。

⑭ 进入【附着】选项卡，选中【最后一行加下划线】选项，设置注释文字的附着位置。

⑮ 单击 确定 按钮返回绘图区，根据命令行的提示，在二层墙面砖处单击拾取一点，向左引导光标到合适位置拾取第2点，然后按Enter键，打开【文字格式】编辑器，在下方的文字输入框中输入文字"浅褐色外墙面砖"，如图15-116所示。

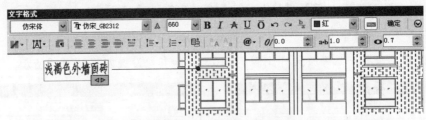

图15-116 标注第1个引线注释

⑯ 重复执行【快速引线】命令，继续标注其他位置的引线注释，结果如图15-117所示。

图15-117 标注其他引线注释

⑰ 执行【修改】|【对象】|【文字】|【编辑】菜单命令，在命令行"选择注释对象或 [放弃(U)]："的提示下，选择第2行的引线注释。

⑱ 系统自动打开【文字格式】编辑器，在文字输入框中输入正确的文字注释"藤黄色乳胶漆"，然后单击 确定 按钮。

⑲ 继续在命令行"选择注释对象或 [放弃(U)]："的提示下，分别修改其他位置的引线注释，结果如图15-118所示。

图15-118 修改其他文字注释

⑳ 调整视图，查看引线注释结果，如图15-119所示。

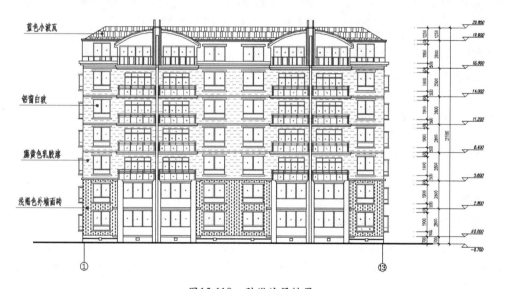

图15-119 引线注释结果

㉑ 执行【另存为】命令，将图形命名保存为"标注幸福花园1#楼外墙面材质.dwg"文件。

第16章 AutoCAD 2014面向工程
——绘制机械零件图

AutoCAD 2014不仅在建筑制图中有着不俗的表现，在机械零件制图中也同样受到用户的青睐。本章通过具体工程案例，学习使用AutoCAD 2014绘制机械零件图的相关知识。

本章学习内容如下：

◆ 关于机械零件图
◆ 绘制减速器箱体的主视图与局部剖视图
◆ 绘制减速器箱体的左视图与局部剖视图
◆ 绘制减速器箱体的俯视图
◆ 绘制减速器箱体的出油口视图
◆ 标注减速器箱体的零件图尺寸
◆ 标注减速器箱体的公差与技术要求

16.1 关于机械零件图

视频讲解 "视频文件"\"第16章"\"16.1 关于机械零件图.avi"

机械零件图是表达单个零件的机械图样，它是生产和检验零件的依据。在学习绘制机械零件图之前，首先要了解有关机械零件图的相关知识。

16.1.1 机械零件图的表达内容

完整的机械零件图应包括：视图、尺寸、技术要求以及标题栏等内容。

1. 视图

视图用于完整、清晰地表达零件的结构和形状。根据零件的功用以及结构形状，不同的机械零件其视图及表达方式也不同。例如，一个简单的轴套零件，使用主视图和左视图（或俯视图）两个视图即可表达清楚，被称为"零件二视图"；而对于较为复杂的箱体、壳体、夹具等零件，则需要主视图、左视图、俯视图以及剖视图等多个视图来表达，常见的有"零件三视图"，如图16-1所示。

2. 尺寸

尺寸用于表达零件各部分的大小和各部分之间的相对位置关系，是零件加工的重要依据，也是零件图必不可少的组成部分。图16-1所示的零件图中，标注了零件的相关尺寸。

3. 图框

一般情况下，绘制完成的零件图都要配置图框，图框上有标题栏、会签栏以及技术要求等内容。标题栏和会签栏用于填写零件名称、材料、比例、图号、单位名称及设计、审核、批准等有关

第**16**章
AutoCAD 2014面向工程——绘制机械零件图

第**1**篇 快速入门

第**2**篇 技能进阶

第**3**篇 三维设计

第**4**篇 工程应用

人员的签字等，技术要求用于表示或者说明零件在加工、检验过程中所需的要求（如零件公差以及粗糙度等），如图16-2所示是配置了图框的某机械零件图。

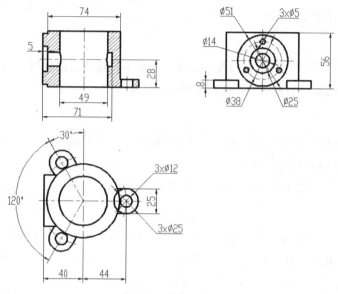

图16-1　零件三视图

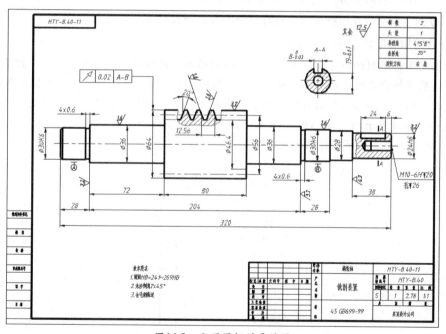

图16-2　配置图框的零件图

16.1.2　零件视图的类型

为了能准确表达零件的内、外部结构特征，同时方便零件的加工制造，工程上一般多采用三面正投影图来准确表达物体的形状，三面正投影图又被称为"三视图"，即主视图、俯视图和左视图。除了这3个视图之外，有时还会绘制零件剖视图、轴测图、三维视图以及装配图等其他视图。

1. 主视图

主视图是指从物体的前面向后面投射所得的视图，简单地说，就是从物体前面所看到的视图，主视图能反映物体前面的形状。

2. 俯视图

俯视图也被称为"顶视图"。俯视图是物体由上往下投射所得的视图，简单地说，就是从物体顶部向下所看到的视图，俯视图能反映物体顶部的形状。

3. 左视图

左视图一般指由物体左侧向右做正投影得到的视图，简单地说，就是从物体左侧向右所看到的视图，左视图能反映物体左侧的形状。

主视图、俯视图和左视图三者的关系是：长对正，高平齐，宽相等。

4. 剖视图

由于三视图只能表明机械零件外形的可见部分，形体上不可见部分在投影图中用虚线表示，这对于内部构造比较复杂的形体来说，必然形成图中虚线和实线的重叠交错、混淆不清，既不易识读，又不便于标注尺寸。为此，在工程制图中采用剖视的方法，假想用一个剖切面将形体剖开，移去剖切面与观察者之间的那部分形体，将剩余部分与剖切面平行的投影面做投影，并在剖切面与形体接触的部分画上剖面线或材料图例，这样得到的投影图被称为"剖视图"。

剖视图的常用类型具体有以下几种。

◆ 全剖视图：用剖切面完全地剖开物体所得到的剖视图被称为"全剖视图"。此类型的剖视图适用于结构不对称的形体，或者虽然结构对称但外形简单、内部结构比较复杂的形体。

◆ 半剖视图：当物体内外形状均匀为左右对称或前后对称而外形又比较复杂时，可将其投影的一半画成表示物体外部形状的正投影，另一半画成表示物体内部结构的剖视图。如图16-3所示，是某机械零件的半剖视图。

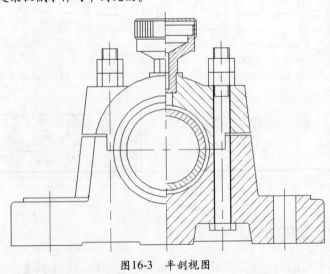

图16-3　半剖视图

◆ 局部剖视图：使用剖切面局部地剖开物体后所得到的视图，被称为"局部剖视图"，多用于结构比较复杂、视图较多的情况。如图16-4所示是某机械零件图的局部剖视图。

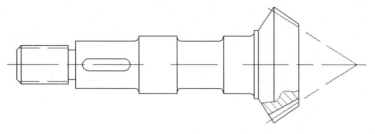

图16-4 局部剖视图

5. 轴测图

轴测图是一种在二维空间中快速表达机械零件三维形体的最简单的方法。通过轴测图，可以快速获得零件的外形特征信息。轴测图的绘制方法一般有坐标法、切割法和组合法。

◆ 坐标法：对于完整的立体，可沿坐标轴方向测量，按照坐标轴画出各定点的位置，然后连线绘图。

◆ 切割法：对于不完整的立体，可先画出完整形体的轴测图，然后再利用切割的方法画出不完整的部分。

◆ 组合法：对于比较复杂的形体，可先将其分成若干个基本形体，在相应位置上逐一画出，然后再将各部分形体组合起来。

如图16-5所示，是某机械零件的轴测图和轴测剖视图。

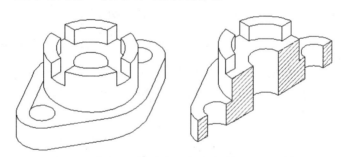

图16-5 轴测图及其轴测剖视图

6. 三维视图

与轴测图不同，三维视图才真正具有三维模型的一切特征。这种视图不仅可以进行渲染，还可以为模型赋予相关的材质，很好地体现三维模型的光、色等，并可以从不同角度观察三维模型。如图16-6所示是某机械零件的三维视图和三维剖视图。

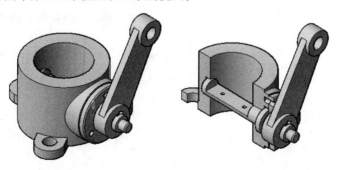

图16-6 三维视图和三维剖视图

7. 装配图

装配图是表达机械或部件的图样，主要用于表达机械的工作原理和装配关系。在机械设计过程中，装配图的绘制位于零件图之前。

装配图与零件图的表达内容不同。装配图主要用于机械或部件的装配、调试、安装、维修等，也是生产中的一种重要的技术文件。如图16-7所示是某阀体零件的零件装配图和装配结果。

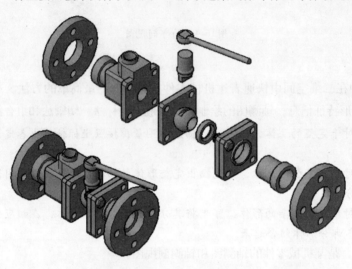

图16-7 零件装配图和装配结果

8. 其他视图

主视图、俯视图和左视图是机械零件的3个主要视图。这3个视图基本能反映出零件的结构特征，但在具体情况中究竟需要绘制多少个视图才能反映出一个零件的结构特征，这需要根据机械零件本身的特征来决定。如果主视图已经能很清楚地表达出零件的结构特征，则不需要绘制俯视图和左视图，而对于主视图尚不能表达清楚的主要结构形状，则要通过俯视图或左视图来表达，有时还需要绘制仰视图（从下往上看）、后视图（从后向前看）和右视图（从右向左看）以及局部放大图等进一步表达机械零件的结构特征。

16.1.3 机械零件图的绘制原则与绘制步骤

根据零件的结构和复杂程度的不同，在绘制零件视图时要遵循以下原则。

◆ 满足形体特征原则：根据零件的结构特点，要使零件在加工过程中能满足工件旋转和车刀移动。

◆ 符合工作位置原则：主视图的位置应尽可能与零件在机器或部件中的工作位置相一致。

◆ 符合加工位置原则：主视图所表达的零件位置要与零件在机床上加工时所处的位置相一致，这样方便加工人员在加工零件时查看图。

在绘制零件视图之前，首先要根据具体情况进行分析，从有利于看图出发。在满足零件形体特征原则的前提下，应充分考虑零件的工作位置和加工位置，便于加工人员能顺利加工出符合要求的零件。

不管绘制什么零件图，也不管需要绘制多少视图，能够完整、清晰地表达零件的结构和形状材质是最重要的。因此，所有视图要能满足以下要求。

- ◆ 完全。零件各部分的结构、形状、相对位置等要表达完全，并且唯一确定，以便于零件的加工。
- ◆ 正确。零件图各视图之间的投影关系以及表达方法要正确无误，避免加工出错误的零件。
- ◆ 清楚。所有视图中所画图形要清晰易懂，便于加工人员识图和加工。

在绘制机械零件图的过程中，可以参照以下步骤进行绘制。

- ◆ 确定正视图方向。
- ◆ 布置视图。
- ◆ 画出能反映物体真实形状的一个视图，一般为主视图。
- ◆ 运用"长对正、高平齐、宽相等"原则画出其他视图和辅助视图。

根据机械设计制图要求的规定，在布置三视图时，俯视图位于主视图的正下方，左视图位于主视图的正右方向。

16.2　绘制减速器箱体的主视图与局部剖视图

样板文件　"样板文件"\"机械样板.dwt"
效果文件　"效果文件"\"第16章"\"绘制减速器箱体主视图与局部剖视图.dwg"
视频文件　"视频文件"\"第16章"\"16.2 绘制减速器箱体主视图与局部剖视图.avi"

减速器箱体是减速器零件的主要组成部分，该箱体零件结构复杂，要想清楚表达该零件结构，需要绘制多个视图。下面绘制减速器箱体的主视图与局部剖视图。

16.2.1　绘制减速器箱体的主视图

首先绘制减速器箱体的主视图。

❶ 执行【新建】命令，以随书光盘中的"样板文件"\"机械样板.dwt"文件作为基础样板，新建空白绘图文件。

❷ 展开【图层控制】下拉列表，将"轮廓线"图层设置为当前图层。

❸ 单击【绘图】工具栏中的 ✎ 按钮，执行【直线】命令，绘制主视图的外轮廓线。命令行操作如下。

```
命令: _line 指定第一点:                    //输入"200,1000"后按Enter键
  指定下一点或 [放弃(U)]:                  //输入"@0,-30"后按Enter键
  指定下一点或 [放弃(U)]:                  //输入"@45,0"后按Enter键
  指定下一点或 [闭合(C)/放弃(U)]:          //输入"@0,-220"后按Enter键
  指定下一点或 [闭合(C)/放弃(U)]:          //输入"@5,0"后按Enter键
  指定下一点或 [闭合(C)/放弃(U)]:          //输入"@0,-410"后按Enter键
  指定下一点或 [闭合(C)/放弃(U)]:          //输入"@-5,0"后按Enter键
  指定下一点或 [闭合(C)/放弃(U)]:          //输入"@0,-35"后按Enter键
```

指定下一点或 [闭合(C)/放弃(U)]:   //输入"@2120,0"后按Enter键
指定下一点或 [闭合(C)/放弃(U)]:   //输入"@0,35"后按Enter键
指定下一点或 [闭合(C)/放弃(U)]:   //输入"@-5,0"后按Enter键
指定下一点或 [闭合(C)/放弃(U)]:   //输入"@0,410"后按Enter键
指定下一点或 [闭合(C)/放弃(U)]:   //输入"@5,0"后按Enter键
指定下一点或 [闭合(C)/放弃(U)]:   //输入"@0,220"后按Enter键
指定下一点或 [闭合(C)/放弃(U)]:   //输入"@45,0"后按Enter键
指定下一点或 [闭合(C)/放弃(U)]:   //输入"@0,30"后按Enter键
指定下一点或 [闭合(C)/放弃(U)]:   //输入"c"后按Enter键，绘制结果如图16-8所示

❹ 单击【绘图】工具栏中的✐命令，配合【端点捕捉】功能，绘制内部的两条水平图线，结果如图16-9所示。

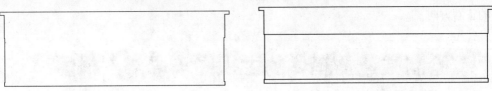

图16-8 绘制轮廓线   图16-9 绘制内部轮廓线

❺ 将"中心线"图层设置为当前图层，然后执行【直线】命令，绘制圆弧中心线。命令行操作如下。

命令：_line 指定第一点：   //输入"975,1020"后按Enter键
指定下一点或 [放弃(U)]:   //输入"@0,-715"后按Enter键
指定下一点或 [放弃(U)]:   //按Enter键
命令：   //按Enter键
LINE 指定第一点：   //输入"1685,1010"后按Enter键
指定下一点或 [放弃(U)]:   //输入"@0,-715"后按Enter键
指定下一点或 [放弃(U)]:   //按Enter键
命令：   //按Enter键
LINE 指定第一点：   //输入"2085,1010"后按Enter键
指定下一点或 [放弃(U)]:   //输入"@0,-190"后按Enter键
指定下一点或 [放弃(U)]:   //按Enter键，结果如图16-10所示

❻ 单击【绘图】工具栏中的✐按钮，以左侧中心线与水平直线的交点为圆心，绘制圆弧。命令行操作如下。

命令：_arc
指定圆弧的起点或 [圆心(C)]:   //输入"c"后按Enter键
指定圆弧的圆心：   //捕捉左侧中心线与最上方直线的交点
指定圆弧的起点：   //输入"@-225,0"后按Enter键
指定圆弧的端点或 [角度(A)/弦长(L)]:   //输入"a"后按Enter键
指定包含角：   //输入"180"后按Enter键，结果如图16-11所示

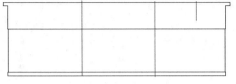

图16-10 绘制中心线

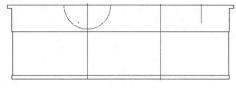

图16-11 绘制圆弧

⑦ 将"轮廓线"图层设置为当前图层，然后执行【圆弧】命令，以点（@-250,0）、点（-200,0）、点（@-198,0）为起点，绘制包含角度为180°的3条同心圆弧，结果如图16-12所示。

⑧ 单击【修改】工具栏中的◎按钮，将左侧垂直中心线绕同心圆弧的圆心为基点，旋转并复制旋转75°，结果如图16-13所示。

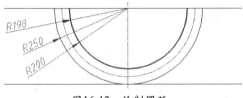

图16-12 绘制圆弧

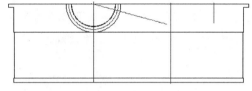

图16-13 旋转结果

⑨ 单击【绘图】工具栏中的◎按钮，配合【交点捕捉】功能，绘制半径为8的圆形，结果如图16-14所示。

⑩ 使用【夹点拉伸】功能，调整倾斜中心线的长度，使其超出圆形轮廓的距离为2，结果如图16-15所示。

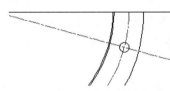

图16-14 绘制圆形

图16-15 夹点拉伸

⑪ 使用快捷键"AR"激活【环形阵列】命令，将圆及中心线环形阵列6份，中心点为弧的圆心，填充角度为-150°，阵列结果如图16-16所示。

⑫ 参照以上操作步骤，绘制右侧的两处凸台，结果如图16-17所示。

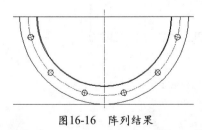

图16-16 阵列结果

图16-17 绘制凸台

⑬ 将左侧的两条垂直中心线左右对称偏移，偏移距离为11，然后将偏移出的4条垂直图线放置到"轮廓线"图层中，结果如图16-18所示。

⑭ 单击【修改】工具栏中的╱按钮，对偏移出的4条垂直图线进行修剪，结果如图16-19所示。

第**1**篇 快速入门

第**2**篇 技能进阶

第**3**篇 三维设计

第**4**篇 工程应用

中文版
AutoCAD 2014从入门到精通

第1篇 快速入门

第2篇 技能进阶

第3篇 三维设计

第4篇 工程应用

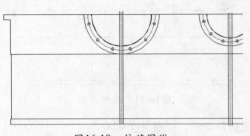

图16-18　偏移图线

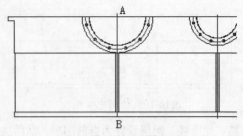

图16-19　修剪图线

⑮ 单击【修改】工具栏中的◢按钮，将垂直中心线AB向左偏移，偏移距离为610；然后将偏移出的垂直图线左右对称偏移，偏移距离为22和50；将最后偏移出的4条垂直图线放置到"轮廓线"图层中，结果如图16-20所示。

⑯ 重复执行【偏移】命令，将水平线L2向上偏移，偏移距离为10，然后执行【修剪】命令，将各图线编辑成如图16-21所示的地脚螺栓结构。

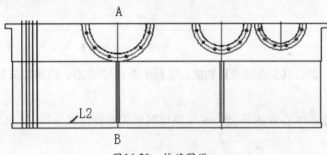

图16-20　偏移图线

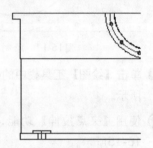

图16-21　编辑螺栓结构

⑰ 使用【夹点编辑】功能，调整地脚螺栓中心线，使其超出轮廓的距离为2，然后单击【修改】工具栏中的▦按钮，将地脚螺栓孔向右阵列5份，列偏移为470，阵列结果如图16-22所示。

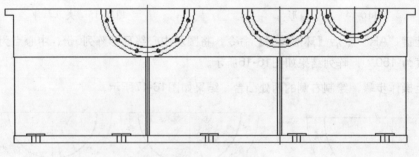

图16-22　阵列结果

16.2.2　绘制减速器箱体的局部剖视图

为了准确表达零件内部的结构特征，需要绘制减速器箱体的局部剖视图。其局部剖视图比较简单，可以在主视图的基础上进行绘制。

❶ 继续上一节的操作。

② 展开【图层控制】下拉列表，将"波浪线"图层设置为当前图层。

③ 单击【绘图】工具栏中的〜按钮，配合【最近点捕捉】功能，绘制剖视图的边界线。命令行操作如下。

```
命令：_spline
    指定第一个点或 [对象(O)]:                        //输入"400,1000"后按Enter键
    指定下一点：                                    //输入"390,800"后按Enter键
    指定下一点或 [闭合(C)/拟合公差(F)] <起点切向>:   //输入"340,680"后按Enter键
    指定下一点或 [闭合(C)/拟合公差(F)] <起点切向>:   //输入"250,680"后按Enter键
    指定下一点或 [闭合(C)/拟合公差(F)] <起点切向>:   //按Enter键
    指定起点切向：                                  //按Enter键
    指定端点切向：                                  //按Enter键，结果如图16-23所示
```

④ 将"轮廓线"图层设置为当前图层，然后单击【绘图】工具栏中的◢按钮，绘制剖切后的主视图轮廓。命令行操作如下。

```
命令：_line 指定第一点：                    //输入"310,1000"后按Enter键
    指定下一点或 [放弃(U)]:                //输入"@0,-65"后按Enter键
    指定下一点或 [放弃(U)]:                //输入"@-65,0"后按Enter键
    指定下一点或 [闭合(C)/放弃(U)]:        //按Enter键，结果如图16-24所示
```

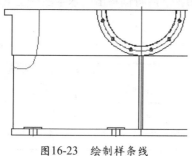

图16-23　绘制样条线

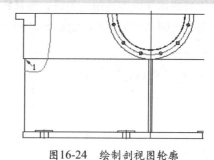

图16-24　绘制剖视图轮廓

⑤ 重复执行【直线】命令，以图16-24中的点1为起点，配合【垂足点捕捉】功能，绘制如图16-25所示的垂直直线段。

⑥ 单击【修改】工具栏中的�📋按钮，将刚绘制的垂直线段向右偏移，偏移距离为19，结果如图16-26所示。

⑦ 单击【修改】工具栏中的╱按钮，以图16-26所示的水平轮廓线L3作为边界，延伸垂直线L1；以样条曲线为延伸边界，延伸垂直线L2，结果如图16-27所示。

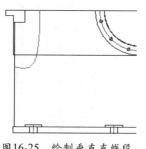

图16-25　绘制垂直直线段

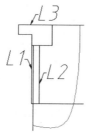

图16-26　偏移结果

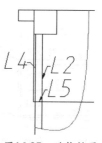

图16-27　延伸结果

⑧ 单击【修改】工具栏中的 ✐ 按钮，以图16-27中的垂直线L2、L4为修剪边界，修剪水平线L5，结果如图16-28所示。

⑨ 将"剖面线"图层设置为当前图层，然后执行【图案填充】命令，设置填充图案为ANSI31、填充比例为5，为剖视图填充如图16-29所示的图案。

⑩ 重复执行【图案填充】命令，保持填充图案及填充比例不变，将填充角度修改为90°，为局部剖视图填充如图16-30所示的图案。

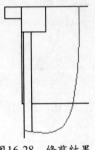
图16-28　修剪结果

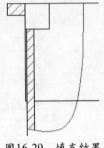
图16-29　填充结果

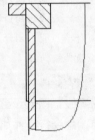
图16-30　填充结果

⑪ 将"波浪线"图层设置为当前图层，然后执行【样条曲线】命令，配合【最近点捕捉】功能，以如图16-31所示的样条曲线作为剖视图的边界线。

⑫ 将最下方的水平轮廓线向上偏移，偏移距离为140，然后将偏移出的水平图线上下对称偏移，偏移距离为94和115，结果如图16-32所示。

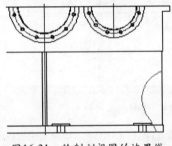
图16-31　绘制剖视图的边界线

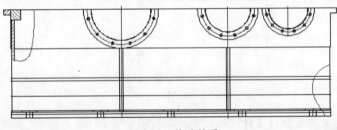
图16-32　偏移结果

⑬ 重复执行【偏移】命令，将最右侧的垂直轮廓线向左偏移，偏移距离为10，结果如图16-33所示。

⑭ 单击【绘图】工具栏中的 ✐ 按钮，分别以图16-33中的点A、点B作为起点和终点，绘制如图16-34所示的垂直轮廓线。

⑮ 单击【修改】工具栏中的 ✐ 按钮，对各图线进行修剪编辑，结果如图16-35所示。

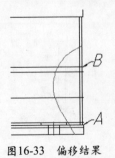
图16-33　偏移结果

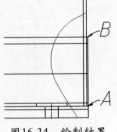
图16-34　绘制结果

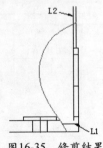
图16-35　修剪结果

⑯ 单击【修改】工具栏中的 ⊣ 按钮，以图16-35中的水平轮廓线L1为延伸边界，延伸垂直线L2，结果如图16-36所示。

⑰ 夹点显示图16-36中的水平线L3，将其放置到"中心线"图层中，并对其进行夹点拉伸，使其超出左右轮廓线的距离为2，结果如图16-37所示。

⑱ 单击【绘图】工具栏中的 ▦ 按钮，为局部剖视图填充ANSI31图案，设置填充比例为4、填充角度为90°，填充结果如图16-38所示。

⑲ 重复执行【图案填充】命令，设置填充比例为3，其他参数保持不变，为局部剖视图填充如图16-39所示的剖面线。

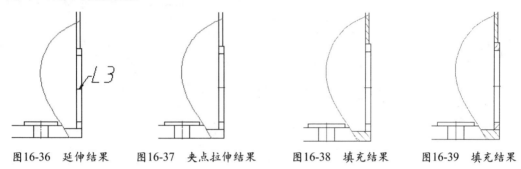

图16-36　延伸结果　　　图16-37　夹点拉伸结果　　　图16-38　填充结果　　　图16-39　填充结果

⑳ 调整视图查看结果，结果如图16-40所示。

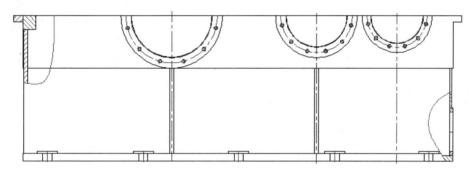

图16-40　减速器箱体的主视图与局部剖视图

㉑ 将图形命名保存为"绘制减速器箱体主视图与局部剖视图.dwg"文件。

16.3　绘制减速器箱体的左视图与局部剖视图

素材文件　"效果文件"\"第16章"\"绘制减速器箱体主视图与局部剖视图.dwg"
效果文件　"效果文件"\"第16章"\"绘制减速器箱体左视图与局部剖视图.dwg"
视频文件　"视频文件"\"第16章"\"16.3 绘制减速器箱体左视图与局部剖视图.avi"

　　下面继续绘制减速器箱体的左视图。在绘制左视图时，可以参照主视图，根据视图间的对正关系进行绘制。

❶ 继续上一节的操作，或者打开随书光盘中的"效果文件"\"第16章"\"绘制减速器箱体主视图与局部剖视图.dwg"文件作为当前文件。

❷ 展开【图层控制】下拉列表，选择"中心线"图层为当前图层。

❸ 单击【绘图】工具栏中的 ✎ 按钮，执行【直线】命令，绘制中心线。命令行操作如下。

命令：指定第一点：	//输入"3325,1070"后按Enter键
指定下一点或 [放弃(U)]：	//输入"@0,-800"后按Enter键
指定下一点或 [放弃(U)]：	//按Enter键

❹ 将"波浪线"图层设置为当前图层，然后单击【绘图】工具栏中的 ✎ 按钮，绘制左视图轮廓线。命令行操作如下。

命令：_line 指定第一点：	//输入"3325,1000"后按Enter键
指定下一点或 [放弃(U)]：	//输入"@-405,0"后按Enter键
指定下一点或 [放弃(U)]：	//输入"@0,-250"后按Enter键
指定下一点或 [闭合(C)/放弃(U)]：	//输入"@120,0"后按Enter键
指定下一点或 [闭合(C)/放弃(U)]：	//输入"@0,250"后按Enter键
指定下一点或 [闭合(C)/放弃(U)]：	//按Enter键，结果如图16-41所示

❺ 重复执行【直线】命令，以点（3260,1000）为起点，点（3260,970）为第2点，点（@65,0）为终点，绘制左视图轮廓线，结果如图16-42所示。

❻ 重复执行【直线】命令，配合【点的输入】功能，绘制左视图轮廓线。命令行操作如下。

命令：_line 指定第一点：	//输入"3325,310"后按Enter键
指定下一点或 [放弃(U)]：	//输入"@-280,0"后按Enter键
指定下一点或 [放弃(U)]：	//输入"@0,-5"后按Enter键
指定下一点或 [闭合(C)/放弃(U)]：	//输入"@-160,0"后按Enter键
指定下一点或 [闭合(C)/放弃(U)]：	//输入"@0,35"后按Enter键
指定下一点或 [闭合(C)/放弃(U)]：	//输入"@160,0"后按Enter键
指定下一点或 [闭合(C)/放弃(U)]：	//输入"@0,-35"后按Enter键
指定下一点或 [闭合(C)/放弃(U)]：	//按Enter键，结果如图16-43所示

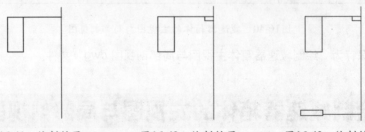

图16-41　绘制结果　　　　图16-42　绘制结果　　　　图16-43　绘制结果

❼ 重复执行【直线】命令，以点（2890,340）为起点，以点（2930,750）为终点，绘制左视图的轮廓线，结果如图16-44所示。

❽ 单击【修改】工具栏中的 ▲ 按钮，将垂直中心线向左偏移，偏移距离为390，结果如图16-45所示。

❾ 重复执行【偏移】命令，将偏移后的垂直线左右对称偏移，偏移距离为22和50，并将偏移出的4条垂直图线放置到"轮廓线"图层中，结果如图16-46所示。

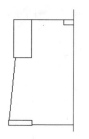
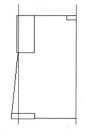
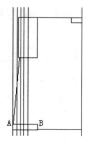

图16-44　绘制结果　　　　图16-45　偏移结果　　　图16-46　偏移结果

⑩ 单击【修改】工具栏中的▲按钮，将图16-46中的水平线AB向上偏移，偏移距离为10，并命名为线段"CD"，如图16-47所示。

⑪ 单击【修改】工具栏中的✂按钮，以水平线CD和AB为修剪边界，修剪偏移所得的4条垂直线和中心线，结果如图16-48所示。

⑫ 将垂直中心线向左偏移，偏移距离为315和334，将图16-48中的垂直线EF向右偏移，偏移距离为10，将水平线EG向下偏移，偏移距离为70，结果如图16-49所示。

⑬ 对偏移出的各图线进行修剪，并将修剪后的两条垂直中心线放置到"轮廓线"图层中，结果如图16-50所示。

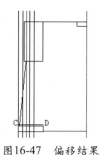
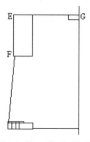
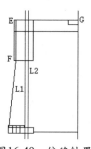
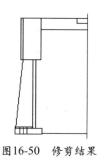

图16-47　偏移结果　　　　图16-48　修剪结果　　　图16-49　偏移结果　　　图16-50　修剪结果

⑭ 选择左视图中的地脚螺栓中心线，对其进行夹点编辑，使其两端均超出轮廓线的距离为2。

⑮ 单击【修改】工具栏中的▲按钮，选择垂直中心线的所有图元，以垂直中心线为镜像线，镜像所有图元，结果如图16-51所示。

⑯ 单击【绘图】工具栏中的✐按钮，配合【垂足点捕捉】功能，绘制如图16-52所示的水平轮廓线。

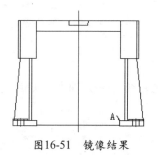
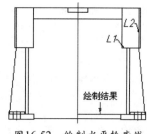

图16-51　镜像结果　　　　　　　图16-52　绘制水平轮廓线

⑰ 单击【修改】工具栏中的▲按钮，将图16-52中的水平线L1向上偏移，偏移距离为50，然后删除垂直线L2，结果如图16-53所示。

第*1*篇　快速入门

第*2*篇　技能进阶

第*3*篇　三维设计

第*4*篇　工程应用

⑱ 执行【线型】命令，调整线型比例为5，对图形进行完善，结果如图16-54所示。

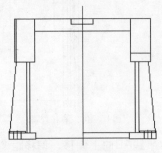
图16-53　偏移及删除结果

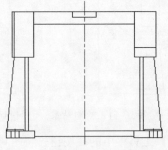
图16-54　调整线型

⑲ 选择"剖面线"图层为当前图层，然后单击【绘图】工具栏中的▦按钮，为局部剖视图填充ANSI31图案，填充比例为5，填充结果如图16-55所示。

⑳ 重复执行【图案填充】命令，设置填充角度为90°，其他参数保持不变，为局部剖视图填充如图16-56所示的剖面线。

㉑ 调整视图查看结果，结果如图16-57所示。

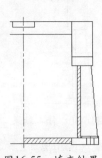
图16-55　填充结果

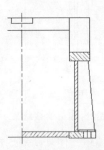
图16-56　填充结果

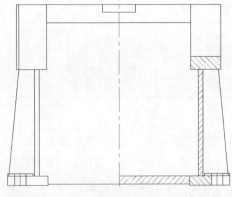
图16-57　减速器箱体的左视图与局部剖视图

㉒ 将图形命名保存为"绘制减速器箱体左视图与局部剖视图.dwg"文件。

16.4　绘制减速器箱体的俯视图

素材文件　"效果文件"\"第16章"\"绘制减速器箱体左视图与局部剖视图.dwg"
效果文件　"效果文件"\"第16章"\"绘制减速器箱体俯视图.dwg"
视频文件　"视频文件"\"第16章"\"16.4 绘制减速器箱体俯视图.avi"

　　下面继续绘制减速器箱体的俯视图。俯视图结构较复杂，在绘制时可以参照左视图，根据视图间的对正关系进行绘制。

❶ 继续上一节的操作，或者打开随书光盘中的"效果文件"\"第16章"\"绘制减速器箱体左视图与局部剖视图.dwg"文件作为当前文件。

❷ 将"中心线"图层设置为当前图层，然后单击【绘图】工具栏中的╱按钮，激活【直线】命

令，绘制俯视图的中心线。命令行操作如下。

```
命令: _line
    指定第一点:                                    //输入"180,-700"后按Enter键
    指定下一点或 [放弃(U)]:                        //输入"@2250,0"后按Enter键
    指定下一点或 [放弃(U)]:                        //按Enter键
    命令:                                          //按Enter键
    LINE 指定第一点:                               //输入"975,-700"后按Enter键
    指定下一点或 [放弃(U)]:                        //输入"@0,460"后按Enter键
    指定下一点或 [放弃(U)]:                        //按Enter键，结果如图16-58所示
```

❸ 单击【修改】工具栏中的◢按钮，将垂直中心线向右偏移，偏移距离为710和1110，结果如图16-59所示。

图16-58 绘制中心线   图16-59 偏移结果

❹ 将"轮廓线"图层设置为当前图层，然后单击【绘图】工具栏中的◢按钮，绘制俯视图的外轮廓线。命令行操作如下。

```
命令: _pline
    指定起点:                                              //输入"245,-700"后按Enter键
    当前线宽为 0.0
    指定下一个点或 [圆弧(A)/半宽(H)/长度(L)/放弃(U)/宽度(W)]:
                                                          //输入"@0,430"后按Enter键
    指定下一点或 [圆弧(A)/闭合(C)/半宽(H)/长度(L)/放弃(U)/宽度(W)]:
                                                          //输入"a"后按Enter键
    指定圆弧的端点或[角度(A)/圆心(CE)/闭合(CL)/方向(D)/半宽(H)/直线(L)/半径(R)/第二个点
(S)/放弃(U)/宽度(W)]:                                     //输入"@10,10"后按Enter键
    指定圆弧的端点或[角度(A)/圆心(CE)/闭合(CL)/方向(D)/半宽(H)/直线(L)/半径(R)/第二个点
(S)/放弃(U)/宽度(W)]:                                     //输入"1"后按Enter键
    指定下一点或 [圆弧(A)/闭合(C)/半宽(H)/长度(L)/放弃(U)/宽度(W)]:
                                                          //输入"@2100,0"后按Enter键
    指定下一点或 [圆弧(A)/闭合(C)/半宽(H)/长度(L)/放弃(U)/宽度(W)]:
                                                          //输入"a"后按Enter键
    指定圆弧的端点或[角度(A)/圆心(CE)/闭合(CL)/方向(D)/半宽(H)/直线(L)/半径(R)/第二个点
(S)/放弃(U)/宽度(W)]:                                     //输入"@10,-10"后按Enter键
    指定圆弧的端点或[角度(A)/圆心(CE)/闭合(CL)/方向(D)/半宽(H)/直线(L)/半径(R)/第二个点
(S)/放弃(U)/宽度(W)]:                                     //输入"1"后按Enter键
    指定下一点或 [圆弧(A)/闭合(C)/半宽(H)/长度(L)/放弃(U)/宽度(W)]:
                                                          //按Enter键，绘制结果如图16-60所示
```

第**1**篇 快速入门

第**2**篇 技能进阶

第**3**篇 三维设计

第**4**篇 工程应用

中文版
AutoCAD 2014从入门到精通

第1篇 快速入门

第2篇 技能进阶

第3篇 三维设计

第4篇 工程应用

图16-60 绘制结果

❺ 单击【绘图】工具栏中的✐按钮，绘制俯视图的内部轮廓线。命令行操作如下。

```
命令：_line
    指定第一点：                          //输入"330,-700"后按Enter键
    指定下一点或 [放弃(U)]：              //输入"@0,285"后按Enter键
    指定下一点或 [放弃(U)]：              //输入"@1950,0"后按Enter键
    指定下一点或 [闭合(C)/放弃(U)]：      //输入"@0,-285"后按Enter键
    指定下一点或 [闭合(C)/放弃(U)]：      //按Enter键，结果如图16-61所示
```

图16-61 绘制结果

❻ 单击【修改】工具栏中的❏按钮，将刚绘制的水平轮廓线向上偏移，偏移距离为120，结果如图16-62所示。

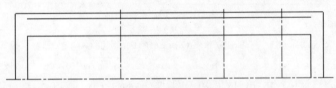

图16-62 偏移结果

❼ 单击【修改】工具栏中的❏按钮，以多线段的外轮廓为边界，延伸偏移所得的水平线，结果如图16-63所示。

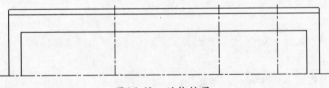

图16-63 延伸结果

❽ 将"中心线"图层设置为当前图层，然后单击【绘图】工具栏中的✐按钮，绘制圆弧轮廓的中心线。命令行操作如下。

```
命令：_line
    指定第一点：                          //输入"365,-330"后按Enter键
    指定下一点或 [放弃(U)]：              //输入"@0,90"后按Enter键
    指定下一点或 [放弃(U)]：              //按Enter键，结果如图16-64所示
```

❾ 将"轮廓线"图层设置为当前图层，然后以点（365,-310）为圆心，绘制半径分别为50和28的同心圆，结果如图16-65所示。

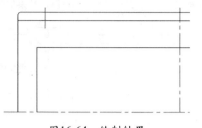

图16-64　绘制结果

图16-65　绘制结果

❿ 单击【修改】工具栏中的 ✦ 按钮，以中间的水平轮廓线作为边界，对同心圆进行修剪，修剪结果如图16-66所示。

图16-66　修剪结果

⓫ 单击【修改】工具栏中的 ⊞ 按钮，选择刚修剪出的两条圆弧及中心线，水平向右阵列5份，列偏移为470，阵列结果如图16-67所示。

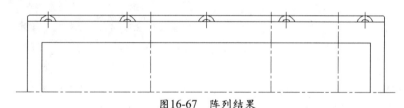

图16-67　阵列结果

⓬ 单击【绘图】工具栏中的 ╱ 按钮，激活【直线】命令，绘制肋板轮廓。命令行操作如下。

```
命令: _line
    指定第一点:                              //输入"964,-295"后按Enter键
    指定下一点或 [放弃(U)]:                   //输入"@0,30"后按Enter键
    指定下一点或 [放弃(U)]:                   //输入"@22,0"后按Enter键
    指定下一点或 [闭合(C)/放弃(U)]:           //输入"@0,-30"后按Enter键
    指定下一点或 [闭合(C)/放弃(U)]:           //按Enter键，结果如图16-68所示
```

⓭ 单击【修改】工具栏中的 ⬚ 按钮，激活【复制】命令，对刚绘制的肋板轮廓线进行复制。命令行操作如下。

```
命令: _copy
    选择对象:                                //拖出如图16-69所示的窗口选择框
    选择对象:                                //按Enter键
    当前设置:   复制模式 = 多个
```

中文版
AutoCAD 2014从入门到精通

第**1**篇 快速入门

第**2**篇 技能进阶

第**3**篇 三维设计

第**4**篇 工程应用

指定基点或 [位移(D)/模式(O)] <位移>:	//拾取任意点
指定第二个点或 [阵列(A)] <使用第一个点作为位移>:	//输入"@710,0"后按Enter键
指定第二个点或 [阵列(A)/退出(E)/放弃(U)] <退出>:	//按Enter键,结果如图16-70所示

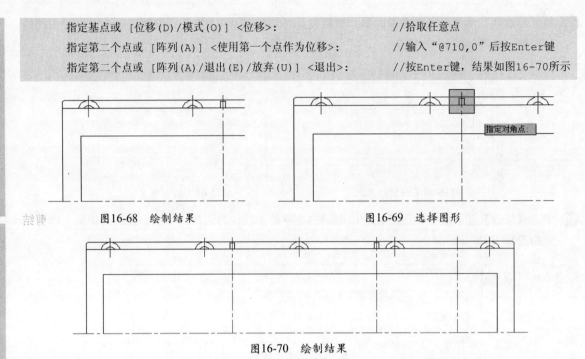

图16-68　绘制结果　　　　　　　　　　　图16-69　选择图形

图16-70　绘制结果

⓮ 单击【绘图】工具栏中的 按钮,激活【直线】命令,绘制轴承支座轮廓线。命令行操作如下。

```
命令: _line
    指定第一点:                        //输入"725,-415"后按Enter键
    指定下一点或 [放弃(U)]:            //输入"@0,-50 "后按Enter键
    指定下一点或 [放弃(U)]:            //输入"@500,0后按Enter键
    指定下一点或 [闭合(C)/放弃(U)]:    //输入"@0,50"后按Enter键
    指定下一点或 [闭合(C)/放弃(U)]:    //按Enter键
    命令:                             //按Enter键
    LINE
    指定第一点:                        //输入"725,-295"后按Enter键
    指定下一点或 [放弃(U)]:            //输入"@0,10"后按Enter键
    指定下一点或 [放弃(U)]:            //输入"@500,0"后按Enter键
    指定下一点或 [闭合(C)/放弃(U)]:    //输入"@0,-10"后按Enter键
    指定下一点或 [闭合(C)/放弃(U)]:    //按Enter键
    命令:                             //按Enter键
    LINE 指定第一点:                   //输入"775,-465"后按Enter键
    指定下一点或 [放弃(U)]:            //输入"@0,180"后按Enter键
    指定下一点或 [放弃(U)]:            //按Enter键
    命令:                             //按Enter键
    LINE 指定第一点:                   //输入"1175,-465"后按Enter键
    指定下一点或 [放弃(U)]:            //输入"@0,180"后按Enter键
    指定下一点或 [放弃(U)]:            //按Enter键,结果如图16-71所示
```

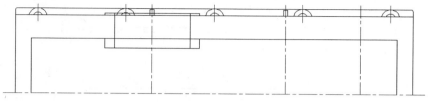

图16-71　绘制结果

⑮ 单击【修改】工具栏中的 ⬡ 按钮，激活【倒角】命令，对轴承支座轮廓进行倒角操作，倒角尺寸为5×45°，倒角结果如图16-72所示。

⑯ 单击【绘图】工具栏中的 ✎ 按钮，配合【端点捕捉】功能，绘制倒角线，结果如图16-73所示。

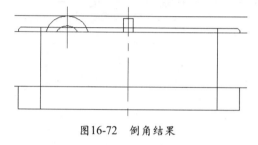

图16-72　倒角结果

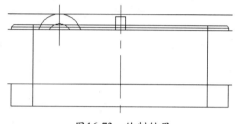

图16-73　绘制结果

⑰ 根据视图间的对正关系，执行【构造线】命令，绘制如图16-74所示的8条垂直构造线。

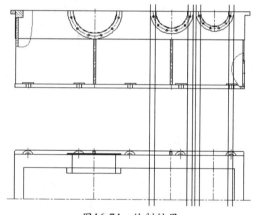

图16-74　绘制结果

⑱ 使用快捷键"O"激活【偏移】命令，将俯视图中最内侧的水平轮廓线向下偏移，偏移距离为50，然后向上偏移，偏移距离为130，结果如图16-75所示。

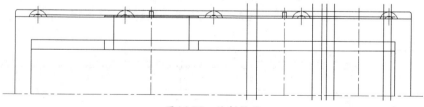

图16-75　绘制结果

⑲ 执行【修改】|【修剪】菜单命令，对偏移出的图线和绘制的构造线进行修剪，编辑出右侧的轴承支座结构，结果如图16-76所示。

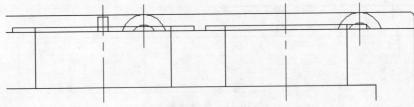

图16-76　修剪结果

⑳ 单击【修改】工具栏中的◢按钮，对轴承支座轮廓进行倒角操作，倒角尺寸为5×45°，倒角结果如图16-77所示。

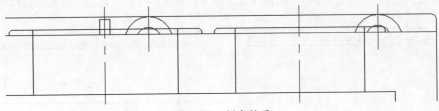

图16-77　倒角结果

㉑ 单击【绘图】工具栏中的◢按钮，配合【端点捕捉】功能，绘制倒角线，绘制结果如图16-78所示。

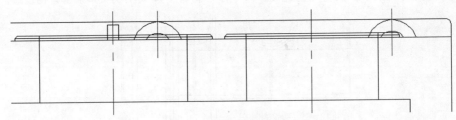

图16-78　绘制结果

㉒ 单击【绘图】工具栏中的◢按钮，激活【直线】命令，绘制支板轮廓。命令行操作如下。

```
命令: _line
    指定第一点:                              //输入"245,-645"后按Enter键
    指定下一点或 [放弃(U)]:                   //输入"@-35,0"后按Enter键
    指定下一点或 [放弃(U)]:                   //输入"@-10,-10"后按Enter键
    指定下一点或 [闭合(C)/放弃(U)]:           //输入"@0,-45"后按Enter键
    指定下一点或 [闭合(C)/放弃(U)]:           //按Enter键，结果如图16-79所示
```

㉓ 使用快捷键"MI"激活【镜像】命令，将绘制的支板轮廓线进行镜像操作，结果如图16-80所示。

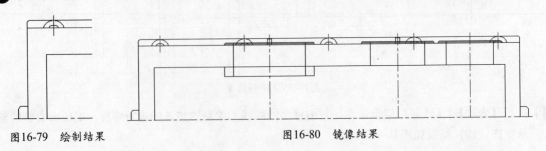

图16-79　绘制结果　　　　　　　　　　图16-80　镜像结果

㉔ 单击【修改】工具栏中的⛊按钮，将水平中心线向上偏移，偏移距离为125和358，将最左端的垂直中心线向左偏移，偏移距离为680，然后向右偏移，偏移距离为1340，结果如图16-81所示。

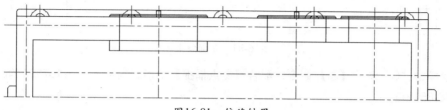

图16-81　偏移结果

㉕ 单击【绘图】工具栏中的⊙按钮，分别以两侧偏移出的图线交点为圆心，绘制半径为15的圆形，结果如图16-82所示。

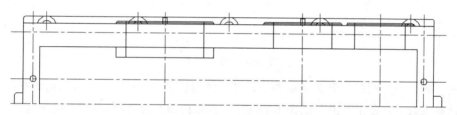

图16-82　绘制结果

㉖ 单击【修改】工具栏中的⛊按钮，将最右侧的垂直中心线向左偏移，偏移距离为40，然后对偏移出的中心线以及中间的水平中心线进行编辑，结果如图16-83所示。

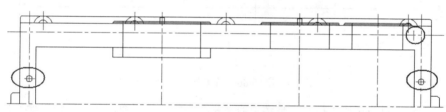

图16-83　偏移和编辑结果

㉗ 单击【修改】工具栏中的🗐按钮，将编辑后的垂直中心线进行多重复制。命令行操作如下。

```
命令: _copy
    选择对象:                                            //选择右上方刚编辑出的垂直中心线
    选择对象:                                            //按Enter键
    当前设置:    复制模式  = 多个
    指定基点或 [位移(D)/模式(O)] <位移>:                 //拾取任意点作为基点
    指定第二个点或 [阵列(A)] <使用第一个点作为位移>:      //输入 "@-381,0" 后按Enter键
    指定第二个点或 [阵列(A)/退出(E)/放弃(U)] <退出>:     //输入 "@-830,0" 后按Enter键
    指定第二个点或 [阵列(A)/退出(E)/放弃(U)] <退出>:     //输入 "@-1010,0" 后按Enter键
    指定第二个点或 [阵列(A)/退出(E)/放弃(U)] <退出>:     //输入 "@-1590,0" 后按Enter键
    指定第二个点或 [阵列(A)/退出(E)/放弃(U)] <退出>:     //输入 "@-1750,0" 后按Enter键
    指定第二个点或 [阵列(A)/退出(E)/放弃(U)] <退出>:     //输入 "@-1940,0" 后按Enter键
    指定第二个点或 [阵列(A)/退出(E)/放弃(U)] <退出>:     //按Enter键，结果如图16-84所示
```

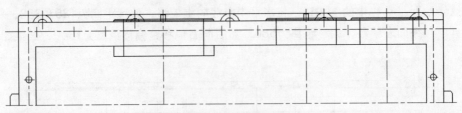

图16-84　复制结果

㉘ 使用快捷键"C"激活【圆】命令，配合【交点捕捉】功能，绘制半径为15和21的圆形，结果如图16-85所示。

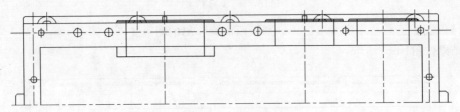

图16-85　绘制结果

㉙ 暂时将"剖面线"图层设置为当前图层，然后使用快捷键"H"激活【图案填充】命令，采用默认参数设置，在半径为21的圆形的一、三象限内填充图案ANSI36，填充结果如图16-86所示。

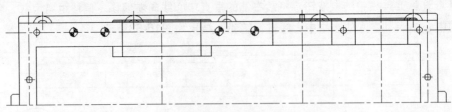

图16-86　填充结果

㉚ 单击【修改】工具栏中的⚠按钮，框选下方水平中心线外的所有图元进行镜像操作，镜像结果如图16-87所示。

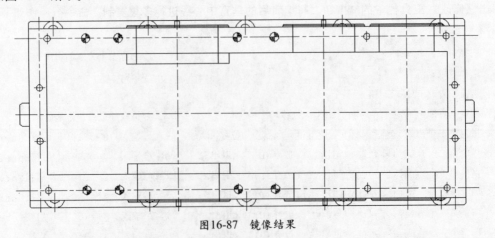

图16-87　镜像结果

㉛ 将图形命名存储为"绘制减速器箱体俯视图.dwg"文件。

16.5 绘制减速器箱体的出油口视图

素材文件 "效果文件"\\"第16章"\\"绘制减速器箱体俯视图.dwg"
效果文件 "效果文件"\\"第16章"\\"绘制减速器箱体出油口视图.dwg"
视频文件 "视频文件"\\"第16章"\\"16.5 绘制减速器箱体出油口视图.avi"

下面继续绘制减速器箱体的出油口视图，该视图非常简单。

❶ 继续上一节的操作，或者打开随书光盘中的"效果文件"\\"第16章"\\"绘制减速器箱体俯视图.dwg"文件作为当前文件。

❷ 展开【图层控制】下拉列表，将"中心线"图层设置为当前图层。

❸ 单击【绘图】工具栏中的 ✎ 按钮，在主视图右侧绘制长度和宽度都为250的两条相互垂直直线，作为出油口中心线，结果如图16-88所示。

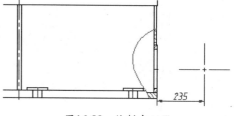

图16-88 绘制中心线

❹ 单击【修改】工具栏中的 ◢ 按钮，将两条中心线对称偏移，偏移距离为95和115，结果如图16-89所示。

❺ 选择偏移所得的8条图线，将其放置在"轮廓线"图层中，结果如图16-90所示。

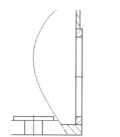
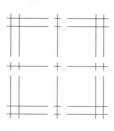
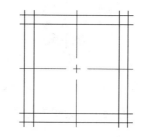

图16-89 偏移结果   图16-90 调整图层

❻ 单击【修改】工具栏中的 ◢ 按钮，激活【圆角】命令，对出油口视图的外轮廓线进行圆角操作，设置圆角半径为10，圆角结果如图16-91所示。

❼ 重复执行【圆角】命令，设置圆角半径为5，对内部的轮廓线进行圆角操作，结果如图16-92所示。

❽ 单击【修改】工具栏中的 ◢ 按钮，将两条中心线进行对称偏移，偏移距离为105，结果如图16-93所示。

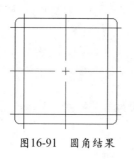
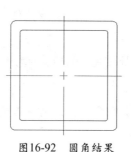
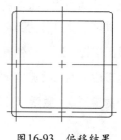

图16-91 圆角结果   图16-92 圆角结果   图16-93 偏移结果

第1篇 快速入门
第2篇 技能进阶
第3篇 三维设计
第4篇 工程应用

⑨ 单击【绘图】工具栏中的◎按钮，以偏移所得的4条线的交点为圆心，绘制半径为6和5的圆形作为螺孔，结果如图16-94所示。

⑩ 使用快捷键"TR"激活【修剪】命令，对外侧的圆形进行修剪，结果如图16-95所示。

⑪ 重复执行【修剪】命令，修剪螺孔的中心线，并对其进行夹点编辑，使其超出圆形轮廓的距离为2，结果如图16-96所示。

图16-94 绘制结果　　　　图16-95 修剪结果　　　　图16-96 修剪结果

⑫ 使用快捷键"TR"激活【修剪】命令，窗交选择如图16-97所示的对象并阵列2份，行偏移和列偏移都为210，阵列结果如图16-98所示。

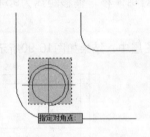

图16-97 选择图形

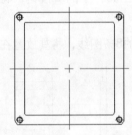

图16-98 阵列结果

⑬ 将图形命名存储为"绘制减速器箱体出油口视图.dwg"。

16.6 标注减速器箱体的零件图尺寸

素材文件 "效果文件"\"第16章"\"绘制减速器箱体出油口视图.dwg"
效果文件 "效果文件"\"第16章"\"标注减速器箱体零件图尺寸.dwg"
视频文件 "视频文件"\"第16章"\"16.6 标注减速器箱体零件图尺寸.avi"

　　下面标注减速器箱体零件图的尺寸。由于该零件图的结构较复杂，尺寸繁多，在标注时要准确、正确，以免给零件的加工带来不必要的麻烦。

❶ 继续上一节的操作，或者打开随书光盘中的"效果文件"\"第16章"\"绘制减速器箱体出油口视图.dwg"文件作为当前文件。

❷ 展开【图层控制】下拉列表，将"标注线"图层设置为当前图层。

❸ 打开状态栏中的【线宽显示】功能。

❹ 使用快捷键"D"激活【标注样式】命令，将"机械样式"设置为当前样式，并修改标注比例为10。

❺ 执行【标注】|【线性】菜单命令，标注主视图下方的水平尺寸。命令行操作如下。

```
命令： _dimlinear
    指定第一个尺寸界线原点或 <选择对象>：          //捕捉主视图的左下角点
    指定第二条尺寸界线原点：                        //捕捉地脚螺栓的中心线
    指定尺寸线位置或[多行文字(M)/文字(T)/角度(A)/水平(H)/垂直(V)/旋转(R)]：
                                                   //在下方拾取一点，标注结果如图16-99所示
    标注文字=120
```

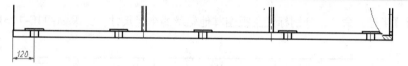

图16-99　标注尺寸

❻ 执行【标注】|【连续】菜单命令，配合【端点捕捉】功能，标注右侧的水平尺寸，标注结果如图16-100 所示。

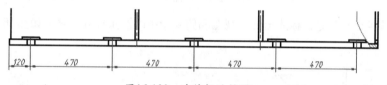

图16-100　连续标注结果

❼ 重复执行【线性】和【连续】命令，配合【对象捕捉】功能，标注其他位置的水平尺寸和垂直尺寸，标注结果如图16-101所示。

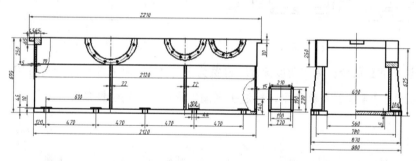

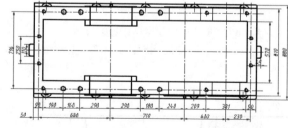

图16-101　标注水平尺寸和垂直尺寸

❽ 执行【标注】|【半径】菜单命令，标注主视图的轴承尺寸。命令行操作如下。

```
命令： _dimradius
    选择圆弧或圆：                                  //选择主视图最左端的轴承半径
```

第1篇 快速入门

第2篇 技能进阶

第3篇 三维设计

第4篇 工程应用

标注文字 = 250

指定尺寸线位置或 [多行文字(M)/文字(T)/角度(A)]: //指定尺寸线位置,结果如图16-102所示

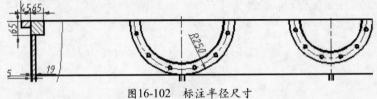

图16-102　标注半径尺寸

❾ 重复执行【半径】命令,分别标注主视图其他轴承的半径尺寸,结果如图**16-103**所示。

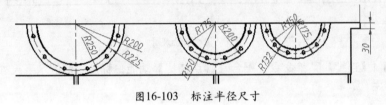

图16-103　标注半径尺寸

❿ 重复执行【半径】命令,标注出油口视图和俯视图中的圆角尺寸,结果如图**16-104**和图**16-105**所示。

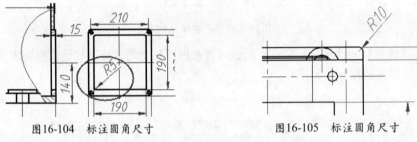

图16-104　标注圆角尺寸　　　　　　　　　图16-105　标注圆角尺寸

⓫ 执行【标注样式】命令,将"角度标注"设置为当前样式,并修改标注比例为**10**。

⓬ 执行【标注】|【角度】菜单命令,标注主视图轴承螺钉孔的位置角度为**15°**。命令行操作如下。

```
命令: _dimangular
    选择圆弧、圆、直线或 <指定顶点>:              //捕捉主视图最上方的水平轮廓线
    选择第二条直线:                              //捕捉最左端轴承螺钉的中心线
    指定标注弧线位置或 [多行文字(M)/文字(T)/角度(A)/象限点(Q)]:
                                              //捕捉一点放置中心线,标注结果如图16-106所示
    标注文字 = 15
```

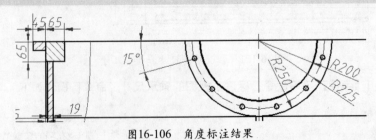

图16-106　角度标注结果

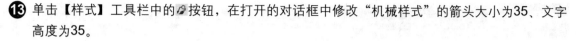

⑬ 单击【样式】工具栏中的 🖋 按钮，在打开的对话框中修改"机械样式"的箭头大小为35、文字高度为35。

⑭ 执行【标注】|【多重引线】菜单命令，标注主视图的螺钉孔。命令行操作如下。

```
命令: _mleader
    指定引线箭头的位置或 [引线基线优先(L)/内容优先(C)/选项(O)] <选项>:
                                    //捕捉主视图左侧的轴承螺钉孔
    指定引线基线的位置:                    //在适当位置指定点
```

⑮ 系统自动打开【文字格式】编辑器，在多行文字输入框中输入如图16-107所示的两行文字。

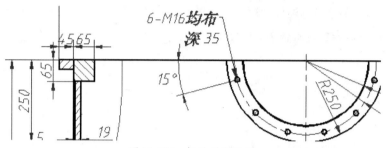

图16-107　标注引线注释

⑯ 重复执行【多重引线】命令，标注其他位置的螺钉孔和连接孔，标注结果如图16-108和图16-109所示。

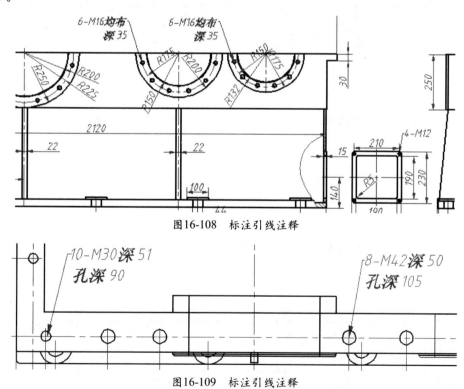

图16-108　标注引线注释

图16-109　标注引线注释

⑰ 将图形命名保存为"标注减速器箱体零件图尺寸.dwg"文件。

第
1
篇

快
速
入
门

第
2
篇

技
能
进
阶

第
3
篇

三
维
设
计

第
4
篇

工
程
应
用

16.7 标注减速器箱体的公差与技术要求

素材文件 "效果文件" \ "第16章" \ "标注减速器箱体图尺寸.dwg"
效果文件 "效果文件" \ "第16章" \ "标注减速器箱体公差与技术要求.dwg"
视频文件 "视频文件" \ "第16章" \ "16.7 标注减速器箱体公差与技术要求.avi"

下面继续标注减速器箱体零件图的公差与技术要求等内容，对该零件图进行完善，以满足零件图的加工需要。

❶ 继续上一节的操作，或者打开随书光盘中的 "效果文件" \ "第16章" \ "标注减速器箱体零件图尺寸.dwg" 文件作为当前文件。

❷ 使用快捷键 "D" 激活【标注样式】命令，将 "机械样式" 设置为当前标注样式。

❸ 执行【标注】|【线性】菜单命令，标注轴承支座的尺寸公差。命令行操作如下。

```
命令：_dimlinear
    指定第一个尺寸界线原点或 <选择对象>：          //捕捉最左端轴承支座的左侧轮廓线
    指定第二条尺寸界线原点：                       //捕捉轴承支座的右侧轮廓线
    指定尺寸线位置或[多行文字(M)/文字(T)/角度(A)/水平(H)/垂直(V)/旋转(R)]：
    //输入 "m" 后按Enter键，在打开的【文字格式】编辑器中输入如图16-110所示的公差后缀和直径符号
```

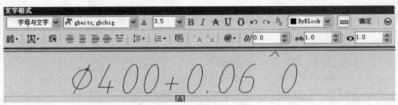

图16-110 输入公差

❹ 选择公差后缀 "+0.06^0"，然后单击 📑 按钮，对其进行堆叠，结果如图16-111所示。

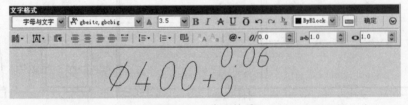

图16-111 堆叠结果

❺ 单击 确定 按钮，结束命令，标注结果如图16-112所示。

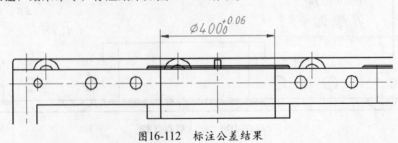

图16-112 标注公差结果

❻ 参照步骤3~步骤5的操作，标注右侧的轴承支座尺寸公差，标注结果如图16-113所示。

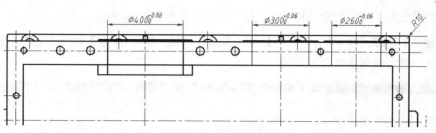

图16-113　标注结果

❼ 使用快捷键"LE"激活【快速引线】命令，打开【引线设置】对话框，在【注释】选项卡中选中【公差】选项，然后进入【引线和箭头】选项卡，设置参数如图16-114所示。

❽ 单击 确定 按钮，返回绘图区，在所需位置拾取3点。绘制引线后，系统自动弹出【形位公差】对话框，在其中选择公差符号、设置公差值及基准代号等，如图16-115所示。

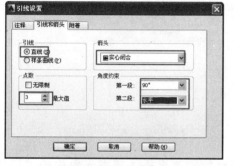

图16-114　设置参数

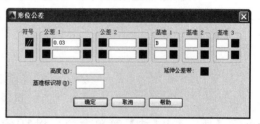

图16-115　设置参数

❾ 单击 确定 按钮，结束命令，标注结果如图16-116所示。

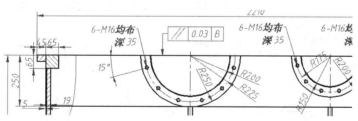

图16-116　标注公差

❿ 参照相同的方法，分别标注其他位置的形位公差，结果如图16-117所示。

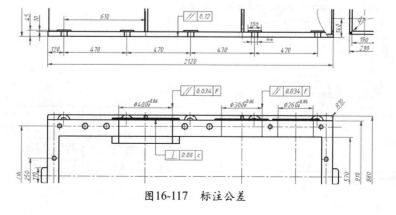

图16-117　标注公差

⑪ 展开【图层控制】下拉列表，将"细实线"图层设置为当前图层。

⑫ 执行【绘图】|【文字】|【多行文字】菜单命令，激活【多行文字】命令，标注如图16-118所示的技术标题，设置字体高度为80。

图16-118　输入文字

⑬ 按Enter键，在多行文字编辑框中分别输入技术要求的相关内容，如图16-119所示，设置字体高度为80。

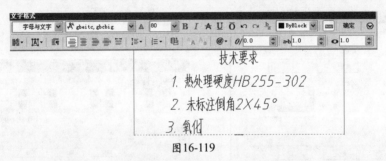

图16-119

⑭ 执行【插入】|【块】菜单命令，以10倍的等比缩放效果插入随书光盘中的"图块文件"\"A3-H.dwg"图框，并调整图框与零件视图的位置，结果如图16-120所示。

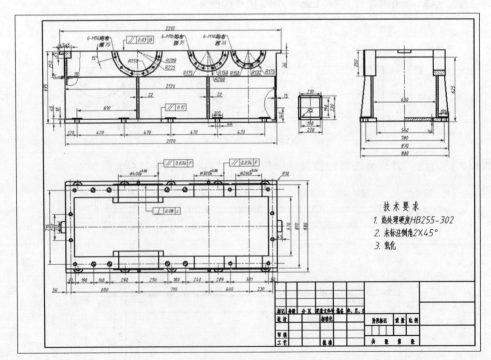

图16-120　插入图框

⓯ 执行【单行文字】命令，为标题栏填充图名，设置字体高度为70，字体样式为"仿宋"，最终结果如图16-121所示。

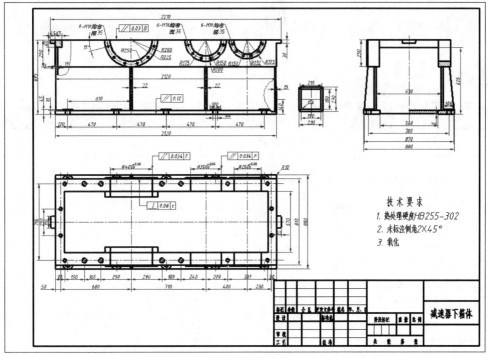

图16-121　最终结果

⓰ 将图形命名保存为"标注减速器箱体公差与技术要求.dwg"文件。

附　录

命令功能键

功能键	功　能
F1	AutoCAD帮助
F2	文本窗口打开
F3	对象捕捉开关
F4	数字化仪开关
F5	等轴测平面转换
F6	动态UCS开关
F7	栅格开关
F8	正交开关
F9	捕捉开关
F10	极轴开关
F11	对象跟踪开关
Ctrl+A	一次选择当前图形文件中的所有图形对象
Ctrl+N	新建文件
Ctrl+O	打开文件
Ctrl+S	保存文件
Ctrl+Shift+S	将图形文件另名保存
Ctrl+P	打印文件
Ctrl+Q	退出AutoCAD软件
Ctrl+Z	撤销上一步操作
Ctrl+Y	重复撤销的操作
Ctrl+X	剪切对象
Ctrl+C	复制对象
Ctrl+Shift+C	带基点复制
Ctrl+V	粘贴对象

（续表）

功能键	功 能
Ctrl+Shift+V	粘贴为块
Ctrl+K	超级链接
Ctrl+1	特性管理器
Ctrl+2	设计中心
Ctrl+3	工具选项板窗口
Ctrl+4	图纸集管理器
Ctrl+5	信息选项板
Ctrl+6	数据库链接
Ctrl+7	标记集管理器
Ctrl+8	快速计算器
Ctrl+9	命令行开关
Del	清除

命令快捷键

以下列出的常用命令快捷键实际上是各命令的英文简写。严格来说，它不算是快捷键，但是又的确能起到快捷键的作用，所以把这类命令简写称为"AutoCAD命令快捷键"。在执行这类快捷键时有一个共同的特点，就是在输入命令简写后需要按Enter键，这样AutoCAD才能执行命令。

命 令	快捷键	功 能
【设计中心】	ADC	用于打开【设计中心】资源管理器
【对齐】	AL	用于对齐图形对象
【圆弧】	A	用于绘制圆弧
【面积】	AA	用于计算对象及指定区域的面积和周长
【阵列】	AR	用于将对象矩形阵列或环形阵列
【定义属性】	ATT	用于以对话框的形式创建属性定义
【创建块】	B	用于创建内部图块，以供当前图形文件使用
【边界】	BO	用于以对话框的形式创建面域或多段线
【打断】	BR	用于删除图形一部分或把图形打断为两部分
【倒角】	CHA	用于对图形对象的边进行倒角操作

（续表）

命　令	快捷键	功　能
【特性】	CH	用于打开【特性】窗口
【圆】	C	用于绘制圆
【颜色】	COL	用于定义图形对象的颜色
【复制】	CO、CP	用于复制图形对象
【编辑文字】	ED	用于编辑文本对象和属性定义
【对齐标注】	DAL	用于创建对齐标注
【角度标注】	DAN	用于创建角度标注
【基线标注】	DBA	用于从上一或选定标注基线处创建基线标注
【圆心标注】	DCE	用于创建圆和圆弧的圆心标记或中心线
【连续标注】	DCO	用于从基准标注的第二尺寸界线处创建标注
【直径标注】	DDI	用于创建圆或圆弧的直径标注
【编辑标注】	DED	用于编辑尺寸标注
【线性标注】	Dli	用于创建线性尺寸标注
【坐标标注】	DOR	用于创建坐标点标注
【半径标注】	Dra	用于创建圆和圆弧的半径标注
【标注样式】	D	用于创建或修改标注样式
【距离】	DI	用于测量两点之间的距离和角度
【定数等分】	DIV	用于按照指定的等分数目等分对象
【圆环】	DO	用于绘制填充圆或圆环
【绘图顺序】	DR	用于修改图像和其他对象的显示顺序
【草图设置】	DS	用于设置或修改状态栏中的辅助绘图功能
【鸟瞰视图】	AV	用于打开【鸟瞰视图】窗口
【椭圆】	EL	用于创建椭圆或椭圆弧
【删除】	E	用于删除图形对象
【分解】	X	用于将组合对象分解为独立对象
【输出】	EXP	用于以其他文件格式保存对象
【延伸】	EX	用于根据指定的边界延伸或修剪对象
【拉伸】	EXT	用于拉伸或放样二维对象以创建三维模型
【圆角】	F	用于为两对象进行圆角操作

命 令	快捷键	功 能
【编组】	G	用于为对象进行编组，以创建选择集
【图案填充】	H	用于以对话框的形式为封闭区域填充图案
【编辑图案填充】	HE	用于修改现有的图案填充对象
【消隐】	HI	用于对三维模型进行消隐显示
【导入】	IMP	用于向AutoCAD输入多种文件格式
【插入】	I	用于插入已定义的图块或外部文件
【交集】	IN	用于创建相交两对象的公共部分
【图层】	LA	用于设置或管理图层及图层特性
【拉长】	LEN	用于拉长或缩短图形对象
【直线】	L	用于创建直线
【线型】	LT	用于创建、加载或设置线型
【列表】	LI、LS	显示选定对象的数据库信息
【线型比例】	LTS	用于设置或修改线型的比例
【线宽】	LW	用于设置线宽的类型、显示及单位
【特性匹配】	MA	用于把某一对象的特性复制给其他对象
【定距等分】	ME	用于按照指定的间距等分对象
【镜像】	MI	用于根据指定的镜像轴对图形进行对称复制
【多线】	ML	用于绘制多线
【移动】	M	用于将图形对象从原位置移动到所指定的位置
【多行文字】	T、MT	用于创建多行文字
【偏移】	O	用于按照指定的偏移间距对图形进行偏移复制
【选项】	OP	用于自定义AutoCAD设置
【对象捕捉】	OS	用于设置对象捕捉模式
【实时平移】	P	用于调整图形在当前视口内的显示位置
【编辑多段线】	PE	用于编辑多段线和三维多边形网格
【多段线】	PL	用于创建二维多段线
【点】	PO	用于创建点对象
【正多边形】	POL	用于绘制正多边形
【特性】	CH、PR	用于控制现有对象的特性

命 令	快捷键	功 能
【快速引线】	LE	用于快速创建引线和引线注释
【矩形】	REC	用于绘制矩形
【重画】	R	用于刷新显示当前视口
【全部重画】	RA	用于刷新显示所有视口
【重生成】	RE	用于重新生成图形并刷新显示当前视口
【全部重生成】	REA	用于重新生成图形并刷新显示所有视口
【面域】	REG	用于创建面域
【重命名】	REN	用于为对象重新命名
【渲染】	RR	用于创建具有真实感的着色渲染
【旋转实体】	REV	用于绕轴旋转二维对象以创建对象
【旋转】	RO	用于绕基点移动对象
【比例】	SC	用于在x、y和z方向等比例放大或缩小对象
【切割】	SEC	用剖切平面和对象的交集创建面域
【剖切】	SL	用平面剖切一组实体对象
【捕捉】	SN	用于设置捕捉模式
【二维填充】	SO	用于创建二维填充多边形
【样条曲线】	SPL	用于创建二次或三次（NURBS）样条曲线
【编辑样条曲线】	SPE	用于对样条曲线进行编辑
【拉伸】	S	用于移动或拉伸图形对象
【样式】	ST	用于设置或修改文字样式
【差集】	SU	用差集创建组合面域或实体对象
【公差】	TOL	用于创建形位公差标注
【圆环】	TOR	用于创建圆环形对象
【修剪】	TR	用其他对象定义的剪切边修剪对象
【并集】	UNI	用于创建并集对象
【单位】	UN	用于设置图形的单位及精度
【视图】	V	用于保存、恢复或修改视图
【写块】	W	用于创建外部块或将内部块转变为外部块
【楔体】	WE	用于创建三维楔体模型

490 | AutoCAD 2014